技术创新方法丛书

技术创新实施方法论(DAOV)

林　岳　谭培波
史晓凌　茹海燕　编著

中国科学技术出版社

·北　京·

图书在版编目(CIP)数据

技术创新实施方法论(DAOV)/林岳等编著. —北京:中国科学
技术出版社,2009.12

ISBN 978-7-5046-5559-2

Ⅰ.技… Ⅱ.林… Ⅲ.技术革新-方法论 Ⅳ.F062.4

中国版本图书馆 CIP 数据核字(2009)第 232213 号

本社图书贴有防伪标志,未贴为盗版。

内容简介

创新是立国之本,也是企业赖以生存的基础。本书系统地介绍了技术创新实施方法论(DAOV)的步骤,并对每一个方法进行了详细描述,是国内一本系统介绍技术创新实施的工程参考书。本书案例丰富、图文并茂,很多内容都是第一次与读者见面。

本书适合企业领导与管理人员、工程师、科研院所研究人员学习、培训或者自学参考。

责任编辑 郑洪炜 李 剑
封面设计 青鸟意讯艺术设计
责任校对 林 华
责任印制 王 沛

中国科学技术出版社出版

北京市海淀区中关村南大街 16 号 邮政编码:100081

电话:010-62173865 传真:010-62179148

http://www.kjpbooks.com.cn

科学普及出版社发行部发行

北京凯鑫彩色印刷有限公司印刷

*

开本:787 毫米×1092 毫米 1/16 印张:24.75 字数:500 千字

2009 年 12 月第 1 版 2009 年 12 月第 1 次印刷

印数:1-3000 册 定价:58.00 元

ISBN 978-7-5046-5559-2/F·682

序　言

人类社会的进步,既依赖于自强不息、坚忍不拔的意志,更依赖于对规律的认知和方法的探索。世界虽然纷繁缭乱,但掌握规律就可泰然处之;世事尽管千变万化,如果有方法也能游刃有余。

中国的繁荣发展,世人共睹。国人在自豪振奋之余,转而更要重视在科学发展观的指导下,不断地对规律和方法孜孜以求,为可持续发展蓄积势能。

企业发展是经济持续增长的坚实基础,而企业发展离不开技术创新。我们看到:自胡锦涛主席提出建设"创新型国家"以来,企业各界积极响应,竭力筹措。特别是在引进先进的制造设备、实验仪器等硬件方面,加大投入,成效显著,使我国自主创新能力所需要基础设施的建设水平得到了快速提高。但相比之下,对提高技术创新效率的方法推广和工具普及却严重滞后。

静心反思,60年发展过程中的每一次成功变革,都是一次思想和方法的创新。这些创新不是瞬间诞生,而是经过先驱者的探索而验证的。因此,对于企业的每一次关键性飞跃,都是一次观念的变革与方法的创新。

2007年,科技部、发改委、教育部和中国科协共同开展创新方法应用普及工作,通过细致调研企业需求、深入了解国外先进企业应用经验、全面听取和汇总国内专家意见之后,明确了可以借创新方法之力,帮助企业实现技术创新、乃至实现自主创新的有效方法和工具体系。

2009年,刘燕华副部长对创新方法工作进一步总结归纳,将由"研发链"、"产业链"(产品—小试—中试—产业)、"市场链"(商品供应—流通—销售—服务)形成的有机系统定义为"创新链"。事实上,它恰恰从科学技术发展的角度映射了经济学领域对创新的定义。如果将创新看作是复杂的系统行为,那么创新链的最终目标就是实现企业所追逐的产品市场竞争力、市场占有率,进而延伸到企业整体生存发展的成功。因此,创新不再是某一独立事件或事物,而是向统筹和集成的方向发展。

基于此,《技术创新实施方法论(DAOV)》将企业技术创新过程中的资源加以整合,从对技术系统的功能和结构分析中找到问题的根本原因,从而提出解决问题的方案,最终通过实验、批量生产来验证项目技术目标和财务目标能否实现。整个过程体现了技术创新实施方法的定义阶段(D)、分析阶段(A)、优化阶段(O)、验证阶段(V)的完整过程,也是企业技术创新、创新管理的思维过程,同时也为企业技术创新提供一种工具和方法。

DAOV 是一套创新方法集、是一种解决企业技术创新问题的流程。更为重要的是,DAOV 采用项目管理的方式,将创新的方法、解决问题的流程与企业最终财务目标相结合,达到技术提升和企业获利的双赢成效。这一点,可以成为企业关注本书的主要原因之一;另外一个主要原因,是中国企业在应对此次全球金融危机时不得不正面面对和解决的问题:技术创新。在技术创新的目标下,一定有着伴随和支撑其实现的思想和方法,也必然带来一次思想与方法的碰撞、创新过程。DAOV 就是其中的一个代表。

DAOV 不同于面向企业整体的流程管理、流程再造等系统,这些系统需要企业配合流程进行大量业务梳理工作,甚至全面颠覆企业原有管理体系。DAOV 从企业技术创新需求入手,只在资源分析的有关范围内调用企业资源,而 DAOV 的实施也确能潜移默化影响到企业的研发流程,乃至企业文化的变化,且这种变化显然是企业更乐于见到的,更加亲民,也更加容易为企业所接受。

DAOV 项目的成功实施,会逐步转变大多数企业粗放经营和无序创新的现实状态。不仅可以使技术创新有方可依,也使研发管理有章可循。同时也会通过创新项目所确立的明确目标,增加整个企业的凝聚力和创新合力。

2009 年年中,金融风暴还未偃旗息鼓,我国东南沿海、珠江三角洲等一部分劳动密集型企业已经开始复苏,这一轮复苏被深深烙上了技术创新的印记,希望作者经过数年的锤炼,将对技术创新方法的研究成果和创新项目的实施经验凝练成《技术创新实施方法论(DAOV)》一书,希望能够成为我国企业自主创新的孵化器、推进器和加速器。

前　言

随着中国创新立国国策的不断深入贯彻,尤其是 2007 年温总理批示"自主创新,方法先行"以来,企业越来越需要一种能够落地的创新方法。传统的创新方法多集中在制度和管理方面,这需要比较长的时间才能见到效果,尤其是在这种大变革时代,企业文化完全随着管理者的喜好而变,一场前任轰轰烈烈的创新活动,在他的下任看来就是无谓的折腾,应当立即悬崖勒马。这种事情在企业里屡见不鲜,这就是我们面临的企业现状。我们不能抱怨企业家们没有大志,这是现在这种生存环境下企业作出的必然选择。但我们也不能等到企业有了创新的文化基因之后再去创新,我们要适应现在这种浮躁的时代文化,通过企业能看得见摸得着的创新成果,实实在在地、一点一滴地构建企业的创新文化。

技术创新实施方法论(DAOV)是一套以项目为核心、以 TRIZ 理论为武器的创新方法集,是一个完整的创造性解决问题的流程。在我们几年的实践中,对于企业带来的实际问题,经过我们 2～4 个星期的培训和软件实践,我们看到,基本上所有的问题都有突破性的概念方案提出,至少 20% 的项目可以申报专利。这是所有面向企业、面向解决问题的方法中绝无仅有的奇迹,也正是因为这种朴实而守成的品格,DAOV 得到了企业和政府的青睐,成为中国企业创新成功的保证。DAOV 对企业的作用,与 20 世纪 70 年代田口方法对于日本企业品质成功的作用完全一样。每一个成功的项目都是企业的一座丰碑,长此以往,一种无形的创新的文化就会在企业里面固化下来,这种文化会渗透到企业的每一个员工心里,而不会随着人的变更而改变。

本书是一部全面介绍技术创新实施方法论 DAOV 的书籍,它由绪论和 DAOV 的四个阶段组成。本书对技术创新方法论(DAOV)各阶段用到的具体方法进行了详细描述,可作为企业创新培训中的创新方法操作手册。

本书由如下几部分组成:

在第 1 章,对创新的概念进行了描述,列举了一般的创新方法,阐述了企业产品创新的过程,使读者能从总体上把握创新的理论和实践的重点。

第 2—10 章是 DAOV 的 D 阶段,描述如何从企业的战略目标出发,自上而下地指配项目,主要是从财务和技术两个方面对项目做严格的挑选,采用项目管理方法对项目的进程进行跟踪管理。D 阶段在实践中往往被忽视,这是DAOV 实施过程中面对的最具挑战性的恶习。实践经验告诉我们,D 阶段是项目成败的关键。一个无足轻重的项目,即使做得再成功,放到整个企业这个大局来看,也是微不足道的。所以,实施 D 阶段一定要有大局观。

第 11—29 章是 DAOV 的 A 阶段,描述如何运用 TRIZ 理论,对企业的实际问题进行分解,并最终找到解决方案。本部分涉及少量数据分析方法,这是对 TRIZ 这一定性方法的补充。在 DAOV 的高级培训课程中,定量分析方法将占更大比例,这也是目前国际上 TRIZ 发展的流行趋势。A 阶段的重点是区分传统解决问题的方法和以矛盾为核心的 TRIZ 解决问题方法的异同,可以说,对矛盾认识的深浅决定了 DAOV 项目的成败。基本上所有经典 TRIZ 方法在这里都有详细的描述,这为那些想详细了解经典 TRIZ 精髓的读者们提供了方便。

第 30—35 章是 DAOV 的 O 阶段,描述如何从众多方案中选择可行的方案。选择方案可以有很多方法,最常见的是采用 Pugh(普氏)矩阵,将方案实施过程中的限制条件体现在矩阵的评价分数上。TRIZ 提供了根据产品进化趋势进行方案选择的方法,这是一种根本的、客观的方法。

第 36—41 章是 DAOV 的 V 阶段,描述如何通过实验来验证方案的可行性,并对项目开展过程中的成果进行固化。

本书由亿维讯公司总经理林岳组织专家团队编写,参加编写的成员有:谭培波、史晓凌、茹海燕、万欣、刘锋、解士昆、黄焱、安惠中、熊腾飞、孔晓琴。由于这些工作是交叉进行的,因此没有列出各位参与的细项。在编写过程中,还得到了安世亚太公司赵敏副总裁和段海波总工程师以及市场部郭曼丽、赵谦的帮助,在此一并表示感谢。

由于我们编写的时间比较仓促,水平有限,尤其是 DAOV 本身正处于一个发展变化的阶段,所以书中内容难免有不准确的地方,欢迎读者提出来讨论,我们将不胜感激。

林　岳

2009 年 6 月 1 日

目　录

第1章 绪 论

第一节 创新的概念

一、知识经济与创新

随着 21 世纪的到来,世界经济亦告别资源经济,踏上了知识经济的征途。知识经济亦称智能经济、信息经济或新经济。国际经济合作发展组织(OECD)定义为:知识经济是指建立在知识和信息的生产、分配和使用基础上的经济。知识经济与传统的劳力经济、资源经济相比较,具有经济发展可持续化、资产投入无形化、世界经济一体化、经济决策知识化、产品制造柔性化等特点。

知识经济直接依赖于知识的创新、传播和应用,知识作为一种生产投入替代物质投入,从而达到节约物质资源,提高经济效益的目的。在知识经济时代,世界科技的发展将更加迅速,产品的技术含量将不断提高,技术革命向产业转化的周期和技术产品的市场生命周期将更短,产品创新的加速发展也变得越来越重要。

(一)国际分工格局如图 1.1 所示

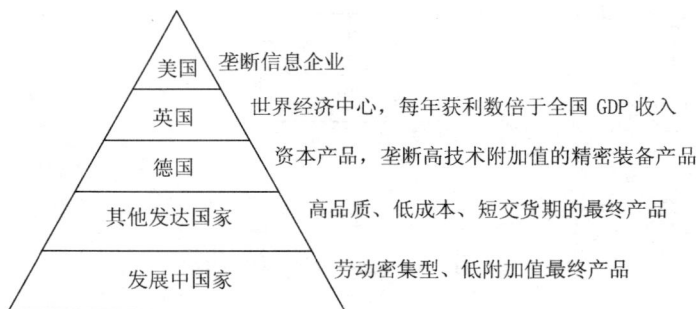

美国——垄断信息企业

英国——世界经济中心,每年获利数倍于全国 GDP 收入

德国——资本产品,垄断高技术附加值的精密装备产品

其他发达国家——高品质、低成本、短交货期的最终产品

发展中国家——劳动密集型、低附加值最终产品

图 1.1 国际分工格局

这种格局下,世界科技发展速度加快,发展中国家学习发达国家经验和技术以赶上发达国家的难度将加大,"后发优势"将减弱。

(二)知识经济的表现形式

1. 知识就是产品

产品概念扩展:硬产品(实物产品);软产品(知识产品,如软件)。以个人计算机为例,如图 1.2 所示。

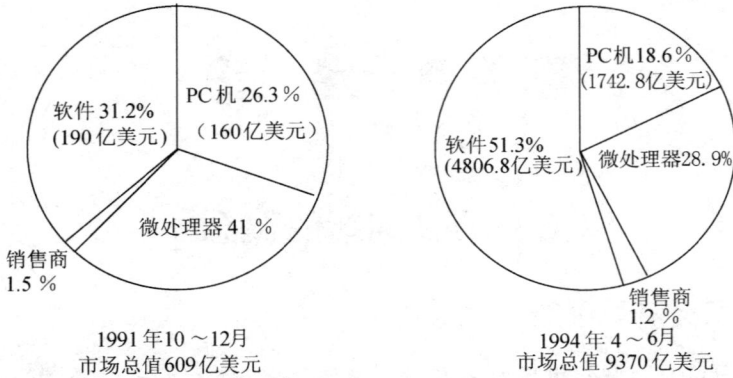

图 1.2　计算机产值中软件所占比例图

2. 知识转变为技术的进程加快,知识使产品附加值迅速增长,如图 1.3、图 1.4 所示

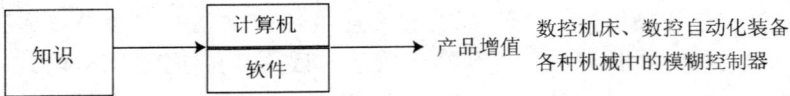

图 1.3　知识使软件产品增值图

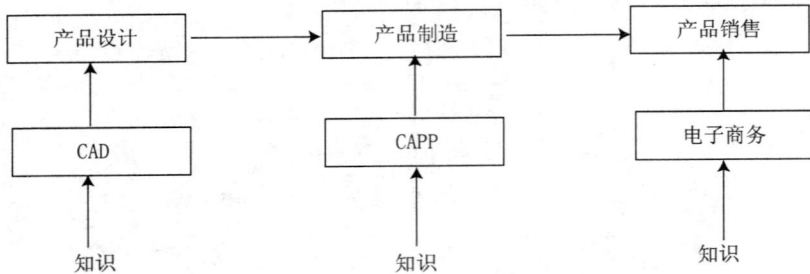

图 1.4　知识使产品流程增值图

3. 知识创新开发成为一个全新的产品群

创新是人类发展的永恒主题。随着知识经济的兴起,世界各国都在研究知识经济自身的规律、特点以及如何迎接知识经济带来的挑战。知识经济对发达国家而言,是生产力发展的自然结果;对处于工业化进程中的发展中国家,则是机遇与挑战并存。一个拥有持续创新能力和大量高素质人力资源的国家,将具备发展知识经济的巨大潜力。反之,一个缺乏科学储备和创新能力的国家,不仅将失去国际市场竞争力和国内市场竞争优势,还将失去知识经济带来的机遇。在美国,克林顿自 1993 年入主白宫以来,一直强调"技术是推进经济增长的发动机,技术创新是经济增长的原动力"。在日本,20 世纪 70 年代就提出了"技术立国"的战略,从而一跃成为威逼美国霸主地位的技术强国。我国则于 1996 年进一步完善了技术创新政策,由国家经贸委负责实施《技术创新工程》,从政府、企业和社会三方面系统推进技术创新工作。

二、创新的基本概念

最早的创新理论是由美籍奥裔经济学家熊彼特于 1912 年在其成名作《经济发展理论》中首先提出的,此书于 1934 年译成英文时,使用了"创新"(innovation)一词。按照熊彼特的观点,"创新"是指新技术、新发明在生产中的首次应用,是指建立一种新的生产函数或供应函数,是在生产体系中引进一种生产要素和生产条件的新组合。他认为创新包括五个方面的内容。

1)引入新产品或提供产品的新质量。

2)采用新的生产方法(主要是工艺)。

3)开辟新的市场。

4)获得一种原料或半成品的新的供给来源。

5)实现新的组织形式。

三、创新的发展概述

自从熊彼特提出创新理论以来,对创新的研究经历了半个多世纪,大体可分为以下三个阶段。

1. 20 世纪 50~60 年代:创新理论分解研究及技术创新理论的创立阶段

在此阶段,尚未形成完整的理论框架;在管理科学领域逐步形成专门的技术创新研究方向,由于技术变化对传统组织管理的冲击和挑战,对创新相关问题多从创新主体(企业、公司和社会团体)的组织结构变动、风险决策行为及管理策略的角度出发进行研究;研究已开始涉及创新过程中的信息交流与创新环境等。

2. 20 世纪 70 年代:技术创新理论的系统开发阶段

在此阶段,技术创新研究从管理科学和经济发展周期研究范畴中逐渐独立出来,初步形成了技术创新研究的理论体系,研究的具体对象开始逐步分解,出现了对创新不同侧面和不同层次内容的比较全面的探讨,同时逐步将多种理论和方法应用到技术创新领域中,如运用信息理论研究创新过程中信息流的发生、传递和作用等问题。

3. 20 世纪 80 年代:技术创新理论的综合化、专门化研究阶段

在此阶段,研究向综合化、专门化发展;在综合已有研究成果的基础上从已有研究范围中选出或提出新的重点专题深入研究;注重研究内容和成果对社会经济活动的指导作用。

四、创新与其他研究活动的关系

创新包括创造、发明、发现。

1）创造：破旧立新，一切具有独创性、新颖性、实用性（或无实用性）、时间性的人类活动。

2）发明：一切具有独创性、新颖性、实用性、时间性的技术成果。

3）发现：对科学研究中前所未知的事物、现象及其规律性的一种认识活动。

1. 创新与发明

发明是通过思维或实验过程创造出来的一种思想、一种构思或一个样品。准确地说，一件发明就是一个物质形态或概念形态存在的新的实体。而创新，按熊彼特的观点，则是发明的第一次商品化。具体而言，把发明引入生产体系并为商业化生产服务的过程就是创新。新是相对的，只要有所变化，即为创新。发明的数量很大，但是真正能转化为产品即产品创新的却寥寥无几，一是因为此过程往往耗时多，难度大，成功的概率相对较小；二是有些发明不具有商业开发价值。

2. 创新与 R&D（研究与开发）

R&D 是将科技知识用于获取新技术成果的活动与途径，是连接科学与技术的桥梁。国际经济合作与发展组织对 R&D 的定义是：研究和实验开发是在系统研究的基础上从事创造性的工作，其目的在于丰富有关人类、文化和社会的知识库，并利用这一知识进行新的发明。研究与开发包括三种活动：基础研究、应用研究和实验开发。其中基础研究和应用研究是创新的前期工作，是创新的投入，其成果是创新成功的物质和科学基础。创新的原型或样品都需要通过实验开发来确定。创新中的构思（发明）、形成样品和筛选评价都属于研究与开发的内容。

3. 创新与模仿、扩散

模仿是指企业通过分析、解剖创新产品，进而仿制创新产品的行为。模仿是创新传播的重要形式之一。没有模仿，创新的传播可能十分缓慢，创新对社会发展和人类进步的影响将被削弱。创造性的模仿可以推动新一轮的创新。

扩散是指创新的产品、技术被其他企业通过合法手段采用的过程。产品创新的潜在效用一般都会通过扩散而逐渐得到发挥。正因为模仿、扩散，创新才引起产业结构的改变。

五、创新的特征

创新推动社会的进步、企业的发展和市场的繁荣，因此创新是一种对社会、企业、消费者都非常有益的行为，为了促进企业更积极地致力于创新、更合理有效地组织创新，有必要认清创新的特征。一般而言，创新具有不确定性、易于受到抵制、偶然性或机遇以及时效性等特征。

1. 创新的不确定性

创新过程中存在着大量的不确定性因素,所碰到的决策多属于不确定型决策。

1)创新中可能遇到的风险及其程度是未知的。

2)其他人或其他企业已经或正在做什么并不十分明晰。

3)创新的经济价值具有不确定性。

2. 对创新的抵制

创新需要付出代价,创新同时又存在较大的不确定性,因此,现代组织一般都存在着"创新恐惧症",即对创新产生抵制情绪和行为,原因如下。

1)维护既得利益,以免受创新的威胁。

2)避免花费大量的投资来促进创新。

3)受定势思维的影响,试图维护现有的生活及工作方式。

4)团体强迫所属成员言行一致的固有趋势。

3. 偶然性或机遇

既然创新存在不确定性,由此决定了偶然性或机遇也是创新的特性之一。创新产品或者是来自实验室,或者是来自市场分析。不管创新来自哪种渠道,偶然性或机遇都在其中起着较大的作用。机遇与偶然性的区别在于:能够被人们抓住的偶然性就是机遇,而机遇永远给予那些有所准备的人。

4. 创新的时效性

创新具有市场需求的时效性特征,这种特征表现在不同创新类型的时序分配上。企业创新一般从产品创新开始,因为在创新初期,企业的注意力往往集中在产品研制上。新产品一旦被市场接受,企业的工作重点转向工艺创新,目的是降低成本,改进品质,提高效率。在产品创新和工艺创新相继完成之后,市场创新又会变成焦点,目的是提高产品的市场占有率。图1.5表示了不同创新类型的时序分布。

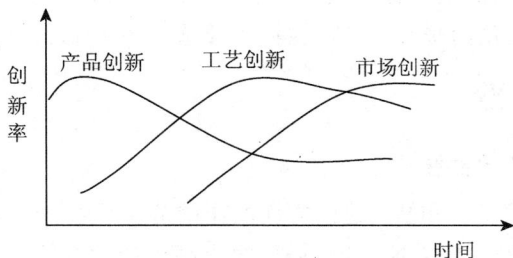

图1.5 不同类型创新时序的分布示意图

以上是针对某一项产品创新而言的,对于企业而言,某一项产品创新活动的结束,并不意味着企业创新活动的结束。随着市场竞争的加剧,原有的创新产品可能被新开发出来的满足同类需求的更新产品所替代,产品的创新活动是连续的。因此,这种替代能否出现,替代频率的高低,除了与产品的技术性质有关,该类产品市场需求的时间长短对其也有极大的影响。一般来说市场需求持续的时间越长,产品替代的次数也越多。

六、创新的分类

广义的创新包括制度创新、知识创新、技术创新三大部分。

制度创新是指构筑人类创新活动的社会环境,包括六个基本要素。

1）创新活动的行为主体:企业、科研机构、教育培训机构、各级政府。使企业成为研究开发、创新投入产出及其收益的主体是国家技术创新系统的核心。

2）构筑行为主体的内部运行机制,提高运行效率。

3）行为主体间有效联系,密切合作,使创新资源在行为主体间高效流动。

4）制定创新政策以及有益于创新活动开展的法律、法规和政策。

5）创造良好的市场环境。

6）形成良好的国际联系、经营、竞争机制,特别是随着全球经济一体化进程加快,其对我国科技、知识创新的发展尤为重要。

知识创新是指通过科学研究,获得新的基础科学和技术科学知识的过程。知识创新的目的是追求新发现、探索新规律、创立新学说、创造新方法、积累新知识。知识创新是技术创新的基础,是新技术和新发明的源泉,是促进科技进步和经济增长的革命性力量。知识创新为人类认识世界、改造世界提供新理论和新方法,为人类文明进步和社会发展提供不竭动力。

对于企业而言,关注的是技术创新。技术创新是企业在激烈的市场竞争中求生存、求发展的必然选择。企业创新是一个系统工程,它不仅要求企业在观念上要有创新意识,而且还要有一个完整的企业创新体系,以完成企业产品从设计到销售的全程创新,对应于熊彼特的创新理论,其包括产品创新（引入新产品或提供产品的新质量）、工艺创新（采用新的生产方法）、市场创新（开辟新市场）、原材料创新（获得新的原材料或半成品新的供给来源）、管理创新（实行新的组织形式）等。

七、创新与企业

1. 创新推动企业的发展

创新在推动经济发展和社会进步方面的作用是众所周知的,电的发现、电子计算机的发明、现代通信系统的发明、分工协作对提高生产效率的作用、管理层级制度的建立等,都对社会的发展进程起到了难以估量的推动作用。正因为如此,随着科学技术的发展和知识经济时代的到来,创新愈来愈从偶然性走向必然性。人类从来没有像今天这样致力于追求创造力,企业也从来没有像现在这样切身体会到创新已成为决定企业生存和发展的关键因素。可以说,没有创新就没有经济的发展,就没有社会的进步,就没有企业的生存和发展能力。

2. 创新给企业带来竞争压力

创新一方面推动社会经济不断向前发展,促进社会进步;另一方面也给企业带来了竞争压力。如果企业放弃创新,就难以在市场中占有一席之地。当今企业直接面临的创新压力主要来自以下三个方面。

1)社会需求的不断变化和多样化。市场需求日趋个性化和多样化,企业既要有灵活的生产体制去适应它,又需要不断创造出新的产品和服务去满足消费者。

2)科学技术日新月异的发展。现在,科技已成为社会发展的最基本的动力。新技术、新工艺、新材料、新能源等不断涌现,使企业创新的领域越来越宽广,创新的周期更加短暂,同时,创新的机会也稍纵即逝。

3)市场竞争的白热化。市场竞争的手段已从简单地以增加产量、提高质量、降低成本为主,发展到以产品创新为主。在同样的市场环境和竞争条件下,谁更多地关注创新,谁就能掌握竞争的主动权。

第二节 现代企业产品创新

一、现代企业新产品的概念

企业制造销售的产品是企业赖以生存和发展的基础,是企业生产经营系统的综合产出。对于不同的市场主体,其对新产品的理解也存在很大差异:对制造商来说,其从未生产过的产品就是新产品;对消费者来说,产品的任何构成要素,如产品的功能、效用、式样、特色、品牌等有一项发生了变化,其都可被视为新产品。

依照现有的产品层次理论,任何一种产品,都可以按其功能、质量以及服务等特性划分为核心层、有形层和延伸层三个层次,如图 1.6 所示。

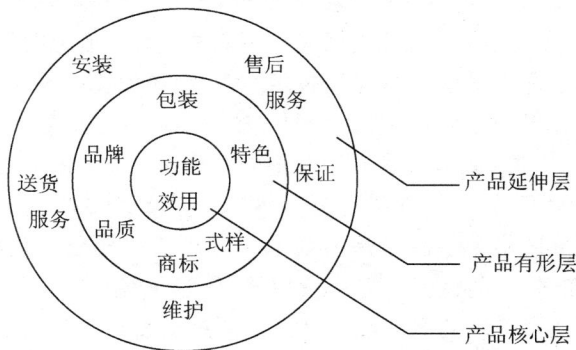

图 1.6 产品层次示意图

1)产品核心层代表消费者在使用产品的过程中和使用后可以获得的基本消费利益,即产品的功能和效用。消费者购买产品,不是购买产品本身,而是购买产品所具有的功能和效用。

2)产品的有形层是消费者可以直接观察和感觉到的产品的外形结构和内在质量，主要包括产品的质量、价格及设计等。

3)产品的延伸层是指产品销售方式和伴随产品销售提供的各种服务等。如送货、安装、维护、保证、指导等，目的是最大限度地满足消费者的需求。

按照产品层次理论，相应地可以将企业新产品划分为技术型新产品、市场型新产品。与原有产品比较，技术型新产品由于采用了新技术、新工艺和新材料等，功能和效用都有较大甚至是飞跃性的变化，它对应的是产品核心层或有形层的变革；市场型新产品是指性能和质量并无显著变化，只因采用新的营销方式使用户得到新的满足的产品，它所对应的是产品延伸层的变革。

二、产品创新的概念

1. 产品创新的内涵

现代企业产品创新是建立在产品整体概念基础上的、以市场为导向的系统工程。从单个项目来看，它表现为产品某项技术或者经济参数质和量的突破与提高，包括新产品开发和老产品改造；从整体考虑，它贯穿产品构思、设计、试制、营销的全过程。产品创新是指把技术上、结构上甚至形式上有变化的产品商业化，或者是形成全新的产品，或者是对现有产品进行改进。当产品的设计特性有了变化，此产品为用户提供了新的或更好的服务，并同时引起了技术和经济发生变化时，也就完成了产品创新过程。产品创新是一个提出新概念、设计新方案、生产和销售新产品的过程，它包括市场调研、市场和技术需求分析、产生方案构思、方案评价、技术开发、生产开发、市场开发等工作。产品创新的实质，就是利用某种技术（科学原理、技巧、方法、思维过程等）对人类的某种需要给以新的满足或以更高级的方式满足这种需要。

不同类型的新产品，对应着不同类型的产品创新，包括全新型产品创新和改进型产品创新。全新型产品创新是指产品用途及其应用原理有显著变化的产品创新，在此类产品创新过程中，技术含量较高，完成也比较困难，一般是科学技术有重大突破后转换成产品而形成的，如杜邦公司推出的尼龙材料。改进型产品创新是指企业基于市场需要对现有产品所作的功能扩展和技术上的改进，如由包装箱发展起来的集装箱。

根据创新来源的不同，产品创新可分为供应推动型产品创新和需求拉动型产品创新。其中供应推动型产品创新是由技术突破或科研成果启动的创新，是一种为"寻求问题而研究问题"的创新。这里所说的"供应"指研究与开发过程或实验室的产出（技术）。由技术推动的产品创新就是供应推动型产品创新。如瓦特发明蒸汽机以后，人类社会进入了蒸汽机时代。所谓需求拉动型产品创新是源于市场需求变化而产生的创新。它是最常见、最有效的创新。如电视机的遥控器发明就是此类产品创新的典型例子。

2. 产品创新的典型案例

产品创新是现代企业成长的基础。美国的《财富》杂志每年都要评出世界 500

强企业。当我们认真研究这些知名企业时不难发现,其都拥有令人羡慕的创新能力和业绩,并在长期的创新经营过程中形成了自己的品牌。近年来,我国也涌现出一大批创立著名品牌的企业,如长虹、海尔、联想、北大方正等企业均取得了令国人骄傲、世界瞩目的成就,如果我们对这些企业的发展历程作一分析,就会发现它们都有一个共性,即勇于创新且善于创新,同时借助创新来促进自身的发展。

下面我们用几个实例来阐述产品创新在企业发展进程中的作用。

(1)海尔集团:产品创新树名牌,资本经营促发展。

"海尔"是我国家喻户晓的知名品牌,根据 1997 年的评估,"海尔"的品牌价值高达 118 亿元,居全国十大驰名商标第三位,是"中国最有价值的家电品牌"。追溯海尔发展的历程,不难发现:促使其迅速成长的根本原因是产品创新。海尔最初的产品是电冰箱,在 20 世纪 80 年代末 90 年代初的冰箱大战中,海尔依靠不断创新冰箱的功能,改进冰箱的外观形式,提高冰箱的质量等方式生存下来,并成为该领域中的佼佼者。进入 20 世纪 90 年代,为了提高企业的竞争能力,促使企业更快地发展,海尔加快了产品创新的步伐。近年来,海尔先后开发了空调器、洗衣机、电视机、家庭橱柜、洗碗机、消毒柜以及生物工程制品等产品,使其一跃成为中国第一家大型综合性家用电器制造商。

(2)联想集团:在高技术领域持续创新,勇于参与国际竞争。

与海尔集团不同,联想集团主要依靠产品开发、产品经营而滚动发展。产品创新就是要做到"人无我有",但是,仅仅做到"人无我有"是不够的。为了获取潜在利润,别人会全力地模仿你的创新,抢走你的市场。因此,没有持续的产品创新,企业就难以保持自己的竞争地位。联想集团正是通过不断地推出创新产品(联想汉卡、电脑主机板、联想电脑),稳固地占领了电脑市场。

三、产品创新的基本方式和内容

产品创新的基本方式有以下几种。

1)试图开发新市场的全部产品。

2)试图模仿创新先导者(国内外先进技术),学术上称作"快速跟踪战略"。

3)设法将别处开发的技术应用于本企业的需要(即引进国内外技术为企业需要所用)。

4)改进已有的技术。

5)改变制造现有产品的方法。

产品创新过程包括技术开发阶段、生产开发阶段和市场开发阶段。

技术开发是指企业把新思想、新构思转变为新的产品原型或样品的过程。它包括战略分析、产品构思、技术预测、技术选择、需求分析、市场细分与定位、功能组合与优化、功能规划等,具体是指将技术人员的构思创意转化为产品原型或样品,并对其测试、评价和筛选。

生产开发是指企业把新的产品原型或样品转变为新产品的过程。它是企业在技术开发结束之后而进行的产品原理分析、人机工程分析、材料选用、结构设计、工艺设计、工装及模具设计与制造、功能与成本设计优化、外观造型设计、包装设计、品牌设计等一系列工作的总称。

市场开发是指企业把新产品转变为市场上所需要的新产品的过程。它包括企业从构思开始到新产品正式投放市场之前所做的市场调查与研究（为构思做准备）、市场测试与评价（为新产品与市场之间建立沟通渠道）以及制定市场营销计划等。

四、产品创新与产品生命周期

一个产品从概念产生到退出市场，将按照产品经济寿命曲线的规律进行，随产品生命周期发展变化，产品创新的频度也是随产品生命周期发展变化的，如图1.7所示。

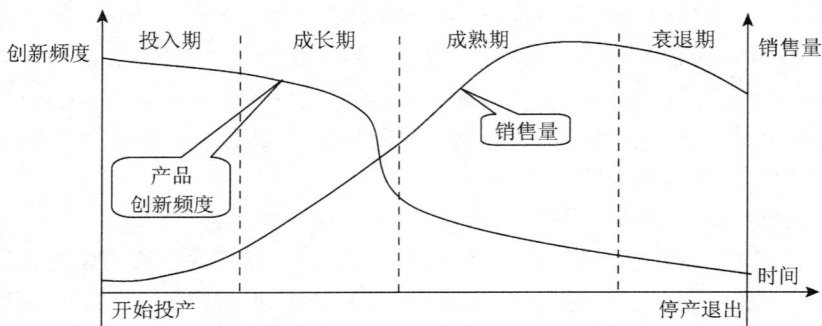

图 1.7　产品创新与产品生命周期

在产品生命周期的投入期和成长期，企业为满足潜在用户的需要进行产品创新，产品原型的创新水平很高。通过成长期高频度的产品创新，产品功能逐渐完善，在此阶段产品逐渐为用户接受，销售量和利润迅速增长。随着产品的技术和功能逐步成熟，产品创新频度急剧下降，产品进入成熟期，产品已占有一定的市场份额，销售量和利润达到最高水平，市场竞争激烈。此后由于受到企业内部因素、市场及竞争对手的影响，产品逐渐老化，不能再适应市场新的需要，销售量和利润锐减，这一过程中产品的创新频度也逐渐衰减。但是对于一个企业而言，新一轮产品创新正在开始，只有企业的产品创新具有持续性，才能推动企业持续发展。

产品生命周期各阶段产品创新的特点如表1.1所示。

表 1.1　产品生命周期各阶段产品创新特点

阶段 特点	投入期	成长期	成熟期和衰退期
竞争重点	产品性能、功能	产品多样化	降低成本
创新激励	用户需求和技术信息	建立竞争优势的愿望	竞争对手和市场的压力

续表

阶段＼特点	投入期	成长期	成熟期和衰退期
主要创新类型	频繁的重大产品创新	重大工艺创新	渐进式创新
生产方式	多种方式小规模生产，生产地点接近用户	产品设计稳定，具有一定的生产规模	标准化产品大规模生产，高度专业化
生产工艺	柔性大、效率低、易于进行重大创新	逐渐具有刚性	效率高、资本密集、刚性大、转换成本高

五、产品创新的意义

1. 产品创新是推动技术进步的力量

美国科技管理专家曼斯菲尔德认为，创新是一项发明的首次应用，从发明到创新的周期越来越短。只有不断创新，知识才能得以完善，技术才能进步。

2. 产品创新是企业生存和发展的内在要求

有资料表明，创新与企业成败具有明显的相关性。利润大的企业往往新产品储备丰富、创新性强，而且有相当强的产品创新做支撑。相反，缺乏创新的企业经常面临市场变化的沉重打击。只有进行产品创新，才能使企业的产品永远占领市场，适应不断变化的市场需求。

3. 产品创新能满足市场竞争的客观需要

市场的激烈竞争，消费者消费方式变化加速，消费需求复杂化、多样化、精益化都要求设计人员不得不进行产品创新，以满足市场竞争的客观需要。

六、产品创新研究未来发展趋势

纵观创新学科的发展可以看出，最初的创新研究主要注重于人的创造性思维，研究人们进行创造性工作的思维活动，归纳总结其中的规律，形成创造技法，利用创造技法指导人们进行创新活动。其后，通过对世界各国发明专利的分析研究，得到创新活动所遵循的创新原理。在计算机技术高度发展之后，创新研究的内容转变为将以往成熟的创新理论和计算机技术相结合，开发出相应的软件，通过使用计算机来辅助设计人员进行产品创新活动。今天，计算机辅助创新软件正在向专业领域发展，能在各个专业领域辅助设计人员进行产品创新。

创新的基础是创造力，而创造力是蕴藏在人脑中的一种能力，据此人们认为创新活动是个人行为，是难以导向和组织的，只能是一种偶然性的、能人式的和无组织的过程。事实上，在 21 世纪以前，人类社会重大的发明和创新主要是由企业以外的发明家或独立的实验室作出的。但是，当今的社会发生了很大的变化，创新活动要求必须与企业结合、有组织地进行，才能获得成功，原因如下。

1）重大的创新需要大量的资金作后盾，这是个人无法承担的。例如，"高清晰度电视"作为现代社会的一项重大产品创新,是以数亿美元的资金作为支撑的创新活动,独立发明者乃至实力不够雄厚的公司根本不可能涉足这类创新领域。

2)由于独立的发明者或研究机构自身的局限性,对市场需求了解不够,所以它们普遍面临着与市场脱节的危险,开发出来的产品不一定实用,只有和企业结合,才能开发出满足市场需求的产品。

今天,创新的风险已超过任何个人发明者所能承受的程度,并且当今的研究需要横跨多个学科,需要不同行业的专家共同努力,需要用团体的创造力取代个体的创造力,并使前者发挥主要作用。正因为如此,就形成了创新过程企业化,即许多创新工作由现代企业自身来完成的趋势。

实践已经证明:创新是可以组织的,而且组织起来的创造力更适合现代创新的需要,创新频率更适应社会发展的需要。因此,一个企业如果要保持旺盛的创新活力,就必须完成从偶然的、一次性的创新向必然的、持续性的创新过渡;完成从单一点产品向系列产品创新过渡;完成从能人式创新向集体式创新过渡。

要实现上述三个"过渡",关键是要使企业的创新活动从偶然转向必然,从无序变为有序,从非组织状态导向有组织状态,使企业的创新活动从随机状态转变为可控状态。

七、企业产品创新的三个主要阶段

产品创新不可能一蹴而就,需要遵循客观规律。概括而言,企业从事产品创新开发要经历三个阶段,即技术开发阶段、生产开发阶段和市场开发阶段。

技术开发是指企业把新思想、新构思转变为新产品原型或样品的过程。具体而言,它是对企业为开发新产品而组织技术研究人员所进行的构思创意,研制产品原型或样品,对产品原型或样品进行测试、评价及筛选等工作的总称。当最终选择确定了进一步开发的样品或原型以后,技术开发阶段就结束了。

生产开发阶段是指企业把新的产品原型或样品转变为新产品的过程。它是指企业在确定将要投放市场的产品原型或样品之后,即技术开发结束以后,到新产品正式投入批量生产之前进行的中试、工艺流程设计、产品标准制定、工装及模具设计与制造、工作方法与劳动定额确定等一系列工作的总称。

市场开发是指企业把新产品转变为市场上所需要的新商品的过程。实际上,从构思开始,企业就得考虑市场开发问题。

在实践中,产品创新过程中的三个阶段是交织在一起的,难以明确划分。例如,技术开发工作从构思开始,一直要到产品在市场上趋于成熟才可能结束;为了适应工艺水平和市场需求,创新产品时刻都可能做技术上的改进。新产品是为消费者开发的,在整个开发过程中,都需要开发人员时刻想着投放市场、占领市场,为市场开拓提供条件。把企业产品创新过程分为技术开发、生产开发和市场开发三个阶段,一是促使人们认清产品创新是一个综合的过程,涉及技术、工艺、生产组织、市场营销等多方面的内容,而不仅仅是一个技术问题;二是为组织管理企业的产品创新活动提供思路。

八、新产品开发活动的具体步骤

企业的产品创新过程一般划分为以下步骤。

1）确定产品创新战略。即确定新产品开发活动的目的，设置开发的目标，为创新活动规定总体范围和基本方法等。

2）建立产品创新活动的组织结构。企业创新活动是一种不同于个人创新的群体活动，为了实现创新的共同目标，提高创新效率，需要不同的人才在其中扮演不同的角色即分工，分工又导致合作，这就必然需要组织。而创新需要自主性而不是纪律性，需要综合化而不是专业化，需要高效率而不是程序化。因此，企业的产品创新活动不仅需要组织，而且需要特殊的组织结构和方法。

3）构思。在确定创新目标和如何组织以后，就应着手构思。构思的成果是产生新产品的概念，包括新产品的形式、包含的技术以及可能满足的顾客需要。构思的概念还需要进行初步评价和反复改进，以便为进行下一步骤提供条件。

4）评价和筛选。构思出来并经过改进的概念还应予以全面评价和筛选，其目的是剔除许多不切实际的设想以及开发成本可能过高的设想。

5）确定项目，制订规划。经过评价和筛选，就可以进入实际开发了。为此，企业需要制订一项规划，设立一个项目，以便组织人员，配置资源，启动开发过程。

6）开发。项目确定以后，就进入了实际开发的过程，最终必须产生物质化的新产品，对新产品做最终的评价以及制订市场营销计划。表1.2显示了开发过程及其成果。

7）新产品投放市场。开发活动结束以后，新产品就要投入市场。但是，投放市场并非达到了终点，而是修正改进产品和开发新产品的起点。

表1.2 产品创新的开发过程及其成果

物质产品	评价	营销计划
初始概念	概念测试	概念
初始方案	筛选	初始战略
基础研究和应用研究		
产品原型	原型测试和概念测试	
工艺计划		
设备计划	初步财务评价	最终战略
试制	产品使用性能测试	初步战术技术
初次生产	市场测试	控制计划
最终物质产品	最终评价	最终营销计划

九、企业创新过程模式

1. 技术推动的创新过程模型

人们早期对创新过程的认识是：研究开发（R&D）或科学发现是创新的主要来

源,技术创新是由技术成果引发的一种线性过程。这一过程起始于 R&D,经过生产和销售最终将某项新技术产品引入市场,市场是研究开发成果的被动接受者。体现这种观点的是技术推动的创新过程模型,如图 1.8 所示。

基础研究 → 应用研究与开发 → 生产 → 销售 → 基础研究

图 1.8　技术推动的创新过程模型

2. 需求拉动的创新过程模型

20 世纪 60 年代中期提出的需求拉动(或市场拉动)型创新过程模型强调,市场是 R&D 构思的来源,市场需求为产品和工艺创新创造了机会,并激发为之寻找可行的技术方案的研究与开发活动,该模型认为创新是市场需求引发的结果,市场需求在创新过程中起关键性的作用,如图 1.9 所示。

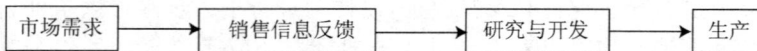

市场需求 → 销售信息反馈 → 研究与开发 → 生产

图 1.9　需求拉动的创新过程模型

3. 技术与市场交互作用的创新过程模型

20 世纪 70～80 年代,人们提出了技术与市场交互作用的创新模型。该模型强调创新过程中技术与市场两大创新要素的有机结合,认为创新是技术和市场交互作用共同引发的,技术推动和需求拉动在产品生命周期及创新过程的不同阶段有着不同的作用,单纯的技术推动和需求拉动创新过程模型只是技术和市场交互作用创新过程模型的特例,如图 1.10 所示。

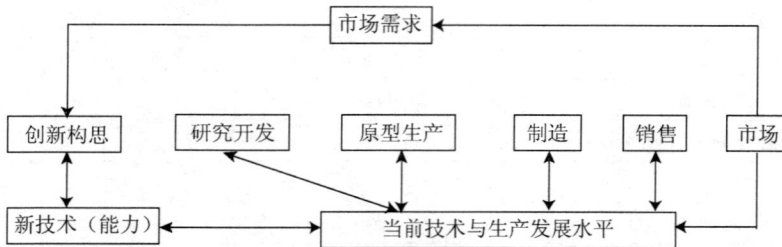

图 1.10　技术与市场交互作用的创新过程模型

4. 一体化创新过程模型

一体化创新过程模型是 20 世纪 80 年代后期出现的第四代创新过程模型,该模型认为创新过程是同时涉及创新构思的产生、R&D、设计制造和市场营销的并行过程,它强调 R&D 部门、设计生产部门、供应商和用户之间的联系、沟通和密切合作。波音公司在新型飞机的开发生产中采用了一体化创新方式,大大缩短了新型飞机的研制生产周期。

5. 系统集成网络模型

20世纪90年代初,人们提出来了第五代创新过程模型,即系统集成网络模型。它是一体化模型的进一步发展,其最显著的特征是强调合作企业之间更密切的战略关系,更多地借助于专家系统进行研究开发,利用仿真模型替代实物模型,并采用创新过程一体化的计算机辅助设计与计算机集成制造系统。它认为创新过程不仅是一体化的职能交互过程,而且是多机构系统集成网络联结的过程。

十、企业创新战略

所谓企业创新战略是指企业在正确地分析自身内部条件和外部环境的基础上所作出的企业创新的总体目标部署以及为实现创新目标而作出的谋划和对策。企业的创新战略决定企业创新的具体行为。在当代激烈的市场竞争中不创新的企业必将走向衰亡,创新战略选择失误所导致的不良创新更是会加速企业的衰亡。因此,如何选择正确的创新战略是当代企业面临的重大问题,涉及企业生存和发展的根本。创新战略主要有自主创新战略、模仿创新战略和合作创新战略三种形式。

1. 自主创新战略

自主创新战略是指以自主创新为基本目标的创新战略,是企业通过自身的努力和探索产生技术突破,攻克技术难关,并在此基础上推动产品和工艺的创新,完成技术的商品化,达到预期目标的商业活动。主要表现在掌握知识产权,包括专利和技术秘密。其特点如下。

1)技术突破的内生性。自主创新所需的核心技术来源于企业内部的技术突破,是企业依靠自身力量,通过独立的研究开发活动而获得的。因而会形成对新技术的自然垄断,使企业在竞争中处于十分有利的地位。这是自主创新的本质特点,也是自主创新战略与其他创新战略的本质区别。

2)技术与市场方面的领先性。技术上的领先性必然带动市场开发方面的领先性。自主创新企业能先于其他企业获得产品成本和质量控制方面的竞争优势。在同样的生产环境下,先行者生产成本较跟随者低。自主创新一般都是新市场的开拓者,在产品投放市场初期,自主创新企业将处于完全独占性垄断地位,可获得大量的超额利润,并且由于其在技术方面的领先性,其产品的标准和技术规范很可能演变为本行业或相关行业统一认定的标准。

3)知识和能力支持的内在性。知识和能力支持是创新成功的内在基础和必要条件,在研究、开发、设计、生产制造、销售等创新的每一环节,都需要相应的知识和能力支持。自主创新不仅技术突破是内生的,创新的后续过程也主要依靠自身的力量进行。自主创新过程本身为企业提供了独特的知识与能力积累的良好环境。

4)自主创新的主要缺点是其高投入和高风险。

2. 模仿创新

所谓模仿创新是指企业通过学习模仿率先创新者的创新思想和创新行为，吸取率先者的成功经验和失败教训，引进、购买或破译率先者的核心技术和技术秘密，并在此基础上改进完善，进一步开发。在工艺设计、质量控制、成本控制、大批量生产管理、市场营销等创新链的中后期投入主要力量，生产出在性能、质量、价格方面富有竞争力的产品，以此建立自己的竞争地位，并获取经济利益的一种行为。

模仿创新是一种十分普遍的创新行为，是当今许多企业参与市场竞争的有力武器。日本许多著名公司都是靠模仿创新发展壮大的。模仿创新从本质上看是一种创新行为，但这种创新是以模仿为基础的，因而具有不同于自主创新的一些特点，模仿创新具有以下三个方面的特点。

1）模仿跟随性。模仿创新的重要特点在于最大限度地吸取率先者成功的经验与失败的教训，吸收与继承率先创新者的成果。在技术方面，模仿创新只做有价值的创新技术的积极追随学习者；在市场方面，充分利用率先者所开辟的市场。

2）研究开发的针对性。模仿创新并不是单纯的模仿，而是一种渐进式创新行为。模仿创新并不照搬照抄率先者的技术，它同样需要投入足够的研发力量。模仿创新的研发不仅包括对率先者技术的模仿，还包括对率先者技术的完善或进一步开发。模仿创新的 R&D 投入具有高度的针对性，其研究活动主要偏重于破译无法获得的关键技术、技术秘密以及对产品的功能与生产工艺的发展与改进。比较而言，模仿创新的研究开发更偏重于工艺的研发。

3）资源投入的中间聚积性。由于模仿创新省去了新技术探索性开发的大量早期投入和新市场开发的大量风险投入，因而能够集中力量在创新链的中游环节投入较多的人力、物力，即在产品设计、工艺制造、装备等方面投入大量的人力和物力，使得创新链上的资源分布向中部聚积。

模仿创新与率先创新的产品单位成本—产量及产品性能质量—产量的对比关系如图 1.11、图 1.12 所示。

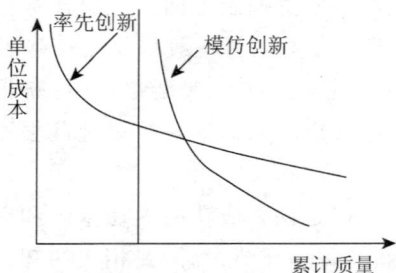

图 1.11　模仿创新与率先创新
产品单位成本—产量关系示意图

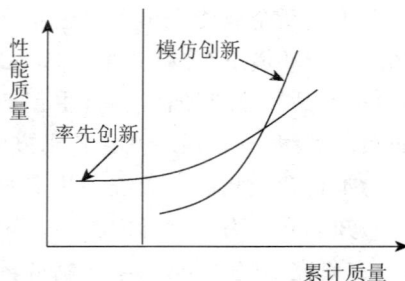

图 1.12　模仿创新与率先创新
产品性能质量—产量关系示意图

3. 合作创新

合作创新是指企业间或企业与科研机构、高等院校之间的联合创新行为。合作创新通常以合作伙伴的共同利益为基础,以资源共享或优势互补为前提,有明确的合作目标、合作期限和合作规则,合作各方在技术创新的全过程或某些环节共同投入,共同参与,共享成果,共担风险。合作创新一般集中在新兴技术和高技术产业,以合作进行研发(R&D)为主要形式。

第三节 创造性思维

一、创造性思维的基本概念

创造性思维是反映事物本质属性、内在及外在联系,其具有新颖的广义模式的一种可以物化的思想活动。也可通俗地解释为:人们从事创新时头脑中发生的思维活动;具有主动性、目的性、预见性、求异性、发散性、独创性、突变性等特征;形式可以是正、逆向的线性思维、纵横向的平面思维、三维立体思维与空间思维;表现为逻辑思维和非逻辑思维两种基本类型。逻辑思维主要运用概念、判断、推理的思维形式,包括归纳逻辑、演绎逻辑和数理逻辑,对产品创新进行程序化、量化或公式化分析。非逻辑性思维(又称直觉思维)是指把理性分析的知觉材料,在头脑中重新加以组合和联想,从而形成新构思、新形象的思维形式,包括联想、形象思维、灵感与顿悟、创造性联想等多种方式。在整个产品创新过程中,这两种思维活动是相结合进行的。在感性认识与实践的基础上,利用有意识的逻辑思维能力获得和完善对产品创新问题的理性认识,进一步利用潜意识和下意识活动能力,开展非逻辑思维,将理性认识综合化、形象化、具体化,继而用逻辑思维予以完善、修正和检验。

二、创造性思维的三因素构成

创造性思维的三因素可用三角形表示,如图 1.13 所示。

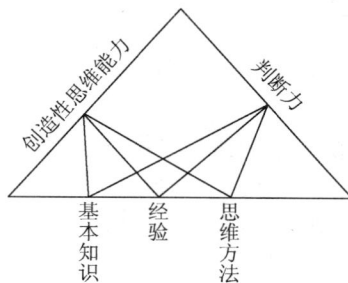

图 1.13 创造性思维的三因素

创造性思维过程如图 1.14 所示。

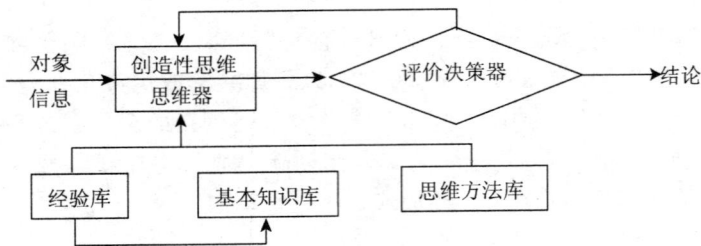

图 1.14　创造性思维过程

知识存在着结构（指某种组合规律）问题。例如，两个同窗好友，环境和努力程度类似，结果一个超群、一个平庸。造成差别的因素很多，但知识结构是差别的主要因素。在现代企业中，能开创新局面的人们应该具备"T"形知识结构，如图1.15所示。

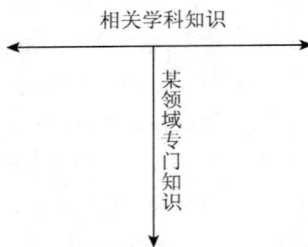

图 1.15　"T"形知识结构

"T"字中竖向箭头表示在某一学科（或技术）领域中具有较深的知识；横向箭头表示掌握的一定相关学科的知识。具体说，有基础文化知识、管理实践经验、科学知识、系统理论知识、专业知识和应用科学知识。在现代，尤其要掌握计算机的操作和外语。

三、创造性思维方式

创造性思维方式有以下几种。

1）纵向深入（精细思维）。

2）宏观综摄（归纳总结的宏观思维）。

3）反面求索（反向思维）。

4）异同转化（同质异化、异质同化）。

5）分合翻新（分合思维）。

6）诱发想象（启发思维）。

7）对应联想（联想思维）。

8）直觉触发（直觉思维、灵感思维）。

9)收敛求同(定向思维)。

四、思维障碍及分析

(1)知觉性障碍。

信息在被简化、舍弃中造成重要信息流失。

(2)判断性障碍。

在发现问题能力、适应能力、优化能力、自检能力、速决能力中,缺一而形成的障碍。

(3)思维惯性障碍。

按固定思维模式机械地再现和套用。

(4)影响创新的心理障碍。

大致有下述 12 种。

1)办一切事情都按书本或规定的方法进行。

2)认为现有产品和技术已完善,不需要再创新。

3)迷信权威和传统,不敢提出挑战。

4)怕失败。视失败为耻,怕别人嘲笑。

5)怕被说是出风头、搞特殊、别有用心。

6)习惯按老规矩或老习惯办事。

7)不离自己专业,不愿学其他专业为自己专业服务。

8)愿跟着别人干,不愿自己创新。

9)思考得多,做得少。只敢想,不敢干。

10)思考问题时,纵向深入多,横向扩展少;正向思维多,逆向思维少;逻辑思维、分析判断多,想象和直觉引发少。

11)想干事,知识和能力不足,又不想提高和训练自己。

12)得过且过,无创新欲望。

经过障碍分析可知,在创新时要经常省查自己是否存在上述思维障碍。

五、创造法则与创造技法

创造性思维只有在一定法则的约束和导向下才能得到有效的创造结果。实践证明,下列 12 项原则具有创新导向意义。

1)综合。如电子计算机是大规模集成电路技术、计算数学、精密机械等技术的综合;激光技术是光学、机械、电学等技术的综合。

2)还原。围绕产品功能进行创新。如功能相同但技术不同的机械表、电子表;从火柴到气体打火机等。

3)类比。借鉴成熟的原理与技术。如夜视装置与猫头鹰的眼睛、水路两用工具与两栖动物。主要有直接类比、象征类比等方法。

4) 移植。多种技术的移植嫁接，从而形成新技术、新材料、新产品、新工艺。

5) 离散。将原有产品技术进行分离，从而形成新构思。如隐形眼镜是镜片与镜框相分离的结果；音箱是扬声器与收录机相分离的结果。

6) 强化。如采用金属粉末热喷涂强化工艺，提高工件表面强度、硬度和耐磨性；强力黏胶剂；增强塑料；强化玻璃等。

7) 换元。采用材料替代、零件替代、方法替代、包装替代、品牌替代等实现产品创新。

8) 迂回。当面临某个产品创新问题而一筹莫展时，可扩大搜索范围，从其他方面寻找启发，激发创意，解决问题。

9) 组合。将不同功能集合在一起。如组合机床、多用途扳手、组合文具架、多功能电视机、多用笔、母子灯、鸳鸯牙膏等。

10) 逆反。突破传统形成的思维定势，进行逆向思维，从而引出新的创意。

11) 仿形。从产品造型上模仿。如鸟的翅膀与飞机机翼，海洋生物的流线型躯体与潜艇造型等。

12) 群体。依靠群体智慧，相互启发，集思广益。

创造法则的进一步规范化、具体化，就产生了多种多样的创造技法。创造学技法（简称创造技法）是某种操作，即达到某种目的的操作或解决某种任务的操作。创造技法是一种技巧，它可以指导人们克服思维定势，促进想象、联想、直觉和灵感等非逻辑思维的形成。但是，创造技法不能代替智力因素（观察力、记忆力、思维能力、想象力和操作能力）和非智力因素（情绪、意志、兴趣和性格等）。只有具备了上述因素，再运用创造技法才能产生良好效果。

20 世纪 30 年代以来，在几代创造发明学家的努力下，人们冲破创造的神秘色彩，从心理学、科学哲学、人工智能、工程技术学等方面对创造性思维、创造技法进行了广泛而深入的研究，取得了丰硕成果。据统计，现有创造技法 100 多种。其中比较有代表性的有头脑风暴法、戈登法、形态分析法、特性列举法、德尔菲法、变换合成法等 10 多种方法。下面就其中几种创造技法作一简单介绍。

1. 头脑风暴法

头脑风暴法（Brainstorming，BS）又称智力激励法，是由美国 BBDO 广告公司副经理奥斯本提出的一种创造技法。在这里头脑风暴是指让参加讨论的与会者无拘无束地、任意地自由联想和讨论，其基本原则如下。

1) 推迟判断。不要过早地下结论，不要简单地批判他人的意见，以避免束缚人们的想象能力，阻碍人们的创造性思维。

2) 数量提供质量。人们提供的设想越多，越有可能得到解决问题的方案。

这两条原则可使研究者发挥最大的能力，提出大量设想，最大限度地发挥想象力、联想力。

2. 类比法

类比法是一种根据两个(或两类)对象之间某些方面的相同或相似而推出它们在其他的方面也可能相同或相似的方法。它是由美国麻省理工学院的威廉·戈登教授于 1952 年提出的。类比是以比较为基础的,许多研究对象在质上虽诸多差异,但只要它们服从相似的数量规律,就可以运用类比法来研究。

类比法有以下几种形式。

1)直接类比。通过搜集类似事物显示出来的知识和技巧,从中得到暗示或启发,提出解决问题的方法,其实质是通过抓住周围事物的机理来探索技术的可能性。直接类比法的典型方式是功能模拟和仿生。例如人们通过观察龟的浮游和爬行,分析其生理机能,从而构思出了水陆两用汽车。

2)定量类比。多用于模型与实物相似特性的研究,其通过类比实验取得的数据建立数学模型,求出实际应用参数,以便于分析与设计。如风洞实验中的机翼模型和实际机翼对升力、风速、攻角等特性参数的对比研究。

3)拟人类比。也称亲身类比,是指创新者把自身与问题的要素等同起来,设身处地地想象:如果我是某个技术对象,我会有什么感觉,我采取什么行动。例如挖掘机的发明。

4)象征性类比。指为解决某一问题从象征对比中得到启发,联想出一种景象,进而提出实现的方案。它通常是通过一些神话、传说中的神奇行为,联想到这种行为在当代实现的可能性,并探索从技术上实现的原理。例如,有些童话传说某人念咒可打开藏有许多珠宝的石洞。人们由此联想到由于声音产生的声波、声电信号对石洞门所产生的作用,并在这种联想基础上着手研制出了声电转换装置,再加上某些电气原理及电子计算机的运用,终于研制出了先进的磁性钥匙。

3. 组合法

组合法是按照一定的技术原理或功能目的,将现有的科学技术原理或方法、现象、物品作适当的组合或重新安排,从而获得具有统一整体功能的新技术、新产品的创造技法,其大致可分为以下四种形式。

1)技术组合。将不同的原理、工艺、设备、技巧、软件等组合起来,形成新的技术。

2)材料、零部件、结构组合。任何产品都是由某些材料、零部件、结构组成的,改变组合达到创新目的、完成改善性能或其他需要的任务。

3)现象组合。将现象和现象进行组合,形成新技术、新现象,产生新的发明。

4)技术与现象的组合。把某种已知的物理、化学、生物、特异功能等科学现象与多种可运用此现象的已有技术组合,形成多种新技术。

4. 移植法

所谓移植法是指将某个领域的原理、技术、方法,引用或渗透到其他领域,用以改造或创造新产品。应用移植法往往能得到突破性的技术创新。

广义的移植法可分为四类：第一类是将已有科学技术移植到已有的领域中；第二类是将创新的科学技术移植到已有的领域中；第三类是将已有的科学技术移植到创新的领域中；第四类是将创新的科学技术移植到创新的领域中。移植的途径有原理移植、方法移植、回采移植、功能移植等。

此外，还有其他一些创新方法。

1）相似创新（原理创新、形式创新、材料创新等）。这一方法是由张光鉴提出的。例如，提出相似现象与本质的关系，静态相似和动态相似的关系，宏观相似和微观相似的关系等。

2）分解创新（功能分解、结构分解、材料分解、技术分解等）。

3）组合创新（功能组合、形式组合、技术组合、结构组合等）。

4）新技术创新（新原理、新学科、新材料、新结构等）。

各种各样的创新方法还在发展当中。TRIZ方法通过研究专利规律，总结出技术系统发展和产生矛盾的规律，在各种创新方法中独树一帜，取得了很好的工程效果。随着TRIZ方法的应用越来越广泛，TRIZ正从实践经验总结，上升为科学方法，最近更上升到了哲学高度，人们对它的认识也越来越深。

下面我们将详细介绍以TRIZ理论为基础的技术创新实施方法（DAOV）。

第 2 章 DAOV 综述和实施

随着中国经济的转型,尤其是随着十六届三中全会"创新立国"基本国策的确立,中国的发展模式已经从"中国制造"逐渐转向"中国创造"。企业所面临的问题,比如成本、生产率、开发时间等,都可以统一在"创新"这一理念之下进行跨越式的解决。

DAOV 是亿维讯公司(IWINT)提出的一套企业技术创新实施方法论,它是定义(define)、分析(analyze)、优化(optimize)、验证(verify)四个阶段英文首字母的缩写。

DAOV 的目标是提升企业的业绩。提升企业业绩有很多方法,如流程再造从流程的角度改进业绩、ERP 从内部资源流动电子化的角度改进业绩、六西格玛从流程优化和质量控制方面提升业绩、IPD 从市场到内部研发的一体化集成的角度改进业绩,而 CMM/CMMI 则从组织层面改进业绩,这些都是在现有企业中行之有效的方法。尤其是 IPD 和六西格玛方法,更是在国内企业管理界流行甚广。

DAOV 与上面这些方法不同之处在于,它是从产品创新方面改进业绩。通过提升产品的理想度,从根本上提升产品的内在价值,从而改变产品在市场上的表现,并最终体现为产品在市场上的地位。

由于价格是围绕着价值波动的,所以只有提升产品的内在价值,才能从根本上提升产品的价格,从而改进企业的市场业绩,如图 2.1 所示。

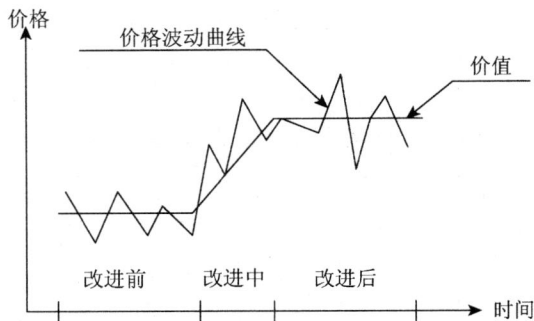

图 2.1 价格与价值之间的关系

产品的价值用产品理想度来衡量,产品理想度越高,产品价值越高,用公式可表示为:

$$产品理想度(ideality) = \frac{\sum 有用功能(UF:useful\ function)}{\sum 有害功能(HF:harmful\ function) + 成本(cost)}$$

可以说，理想度是产品价值的定义，价格是产品价值的测量。

最理想的产品被称为最终理想结果（ideal final result，IFR），就是不花成本、不需要实体结构就能完成所有需要的功能，且不产生任何副作用即有害功能的产品。IFR 是一个永远无法实现的概念目标，但它是所有产品价值设计和改进的内在动力，是设计师心中永不熄灭的灯塔。如果每次的改进都会使产品更靠近 IFR，则这样的改进是有效的。但在企业实践中则存在着大量无效的改进，浪费了大量的资源。因此产品理想度直接定义了产品改进的程度，IFR 决定了改进方向。

第一节 DAOV 产生的背景

DAOV 是企业管理和质量管理理论发展到今天的必然结果。

自从泰勒建立科学管理理论以来，企业管理理论就处于一种不断发展的状态之中，每经过一段时间实践就会诞生一种新的理论。

20 世纪 50 年代，朱兰建立了质量管理三部曲，首次将经济学领域的 20:80 法则引进到了质量改进当中，解决了面对大量质量问题而无从取舍的理论问题，极大地推动了质量改进技术的发展。

随着第二次世界大战后日本经济的崛起，根据东方文化的特点，日本提出了全面质量管理（total quality management，TQM）的概念，强调质量人人有责、质量寓于每个人的言谈举止当中。如日本发明的"5S"方法就是 TQM 理念的直接体现。

美国人借鉴日本人的 TQM 方法，由摩托罗拉公司于 1986 年创立了六西格玛质量改进方法，在当年的摩托罗拉公司质量改进中取得了显著成绩，并因此成就了摩托罗拉公司两次获得美国国家质量奖，从此六西格玛确立了其在质量改进领域的王者地位。但真正使六西格玛成为企业管理和业绩改进的方法，还是在 Welch 领导 GE 时实现的。即使到今天，六西格玛在摩托罗拉公司仍仅限于质量领域，而 GE 的六西格玛则从一开始就定位于业绩改进，从而为 GE 带来了巨大的声誉和市场收益。

在这些质量改进和管理改进理论实践过程当中，各种改进工具也得到了大力发展。比如 QFD，现在在对客户需求的理解方面，QFD 仍是最有力的武器。Kano 分析作为对客户需求细分的工具，可以将不同客户需求对于产品的市场价值区分开来，对于指导开发出适销对路的产品起着决定性作用。在质量改进的技术层面，田口方法最负盛名，其对当年日本产品质量取得革命性改进起到了关键作用。上面三个方法都是日本人发明的比较著名的方法。

20 世纪 90 年代，质量管理理念出现了一次大的飞跃，这就是"大质量"概念的出现。"大质量"是相对"小质量"而言的，所谓"小质量"就是传统意义上的产品质量，它的对象是产品或者产品的生产过程，而不涉及产品的研发和市场过程。而"大质量"完全超出了产品的范围，是面向整个公司业绩的，包括市场、管理、流程等全流域、全过程的质量，而产品质量只是"大质量"领域里极小的一个方面。对"大质量"而言,任何不满足要求的事件都是质量事件,都应该采用科学的工具进行有效的分析,根据分析才能提出解决方案。随着各个国家质量奖的推波助澜,"大质量"的概念正得到越来越多企业的认同。

当"冷战"的一边在质量改进领域进行得如火如荼的时候,铁幕的另一面也发展出了自己独特的质量改进方法,这就是 TRIZ(发明问题解决理论)。虽然 TRIZ 的诞生充满了个人英雄主义的传奇,但其出现则是历史的必然,如果不是阿奇舒勒就一定会有别的人创立这个理论。

TRIZ 植根于对专利的总结归纳,它从实践中找到了第一个创新方法,就是矛盾矩阵和 40 创新原理,这是 1946 的事情,这一事件与 1950 年朱兰建立质量工程的时间刚好一致。1976 年,阿奇舒勒写《创新算法 ARIZ》时,已经明确了 TRIZ 是以辩证法的矛盾律为其理论基础,这样,TRIZ 终于从一个实践工具上升为一个具有坚实理论基础的创新理论,实现了从实践到理论、从形而下到形而上的飞跃。这一阶段也是整个西方世界质量改进理论大发展的阶段。1985 年《ARIZ》第 3 版出版,1987 年的六西格玛也正式创立了。

苏联解体后,TRIZ 传入欧美,开始和西方的质量理念相结合,并借助计算机技术,实现了 TRIZ 的革命性变化,这是 TRIZ 发展的一个高峰期。在这一时期,很多世界知名企业都相继尝试 TRIZ 方法来提升其技术水平,改进业绩,取得了很多成果。其中最著名的是三星,从公开发表在《财富》杂志上的资料看,在三星电子成为世界电子行业巨头的发展过程中,TRIZ 作出了非常重要的贡献,这正如在 GE 成为世界级企业的过程中,六西格玛所作的贡献一样。

2001 年,六西格玛传入中国,2004 年,TRIZ 进入中国企业,两大思想的碰撞,注定要在这片充满活力的古老土地上发展出我们自己的以 TRIZ 为动力、以业绩为目标、兼具数据特征的质量改进方法论,这就是 DAOV。

第二节　DAOV 的衡量指标

任何一种管理方法都反映了一种看问题的角度或是一种世界观,在工程上则一般采用一个指标来表达这一思想。如六西格玛用一个过程能力 Cp/Cpk 来表示对流程缺陷的关注,价值工程采用 $V = \dfrac{F(功能)}{C(成本)}$ 来定义产品的价值($value$)。

DAOV 通过理想度($ideality$)来描述产品的内在价值,这一点跟价值工程的定义很相似: $ideality$ 是阿奇舒勒于 20 世纪 50 年代下发明的一个描述产品的指标,而 $value$ 则是美国人麦尔斯在 20 世纪 40 年代创立的一个描述产品的工程指标,这种几乎是在同一时间区段内出现的完全近似的对产品价值的认识,再一次说明了科学认识发展的必然性趋势。

比较 $ideality$ 和 $value$,它们的分歧点在于对成本的认识: $ideality$ 认为成本是与有害功能一样的一种作用,可以通过对功能的某种配置消除成本的影响。但

value 认为成本直接决定了价值。这与我们的实际经验不太一致，因为不是越便宜的产品越有市场。

因此在涉及成本问题时，*ideality* 有助于克服单纯成本主义倾向，比如一旦讲要降低成本，人们就会下意识地认为要绝对的成本；*ideality* 认为我们的重点应该放在成本带来的有用功能和有害功能的减少方面，这比 *value* 只关注成本带来的有用功能更为全面。在全球生存环境受到巨大威胁、人类即将被掩没在人类自己创造的垃圾之中的今天，对 *ideality* 的认识和再认识具有深刻的现实意义。

对于 DAOV 项目的成败，我们以财务目标是否实现为衡量标准。投入必须要求回报，这是 DAOV 项目的铁则。财务目标是比 *ideality* 这个技术指标更高一个层次的指标，DAOV 项目必须满足整个公司对财务的统一安排，无论是项目成本还是收益，都要纳入公司财务体系实行监控。

人们一般认为研发、生产等是公司的项目，对某项指标的改进不认为是项目，这是一个非常大的误区。这种现象不仅在 DAOV 项目开展中经常遇到，在其他的项目改进中也一样会有这样的认识，尤其是公司的高层，对类似 DAOV 改进项目极不重视。一个不重视质量的公司，基本上都把 DAOV 项目不当项目，因此在资源上很难得到保证，这也是 DAOV 项目往往难以开展的原因。

任何项目的最终目的都是财务收益，因此公司管理层不应对 DAOV 项目有偏见，无论是 DAOV 项目节省的成本，还是通过 DAOV 的创新得到的良好的市场表现，对公司而言都增加了财务收益，它们的性质是一样的，都应该得到同样的重视。这一点，在 DAOV 项目开展过程中应引起 DAOV 实施专家们的特别关注。

第三节　各种创新工具和统计工具在 DAOV 中的应用

统计工具的应用是质量改进的核心。统计工具能极大地提高发现问题和解决问题的效率，就跟计算器可以极大地提高计算效率一样。统计工具在 20 世纪 90 年代后之所以得到广泛应用，首先是得益于功能越来越强大的计算机统计软件。

不过统计工具在国内公司的应用状况并不理想，这不仅是因为学校教育缺乏对工程素养的关注，还在于整个社会的产业结构处于一个转型期。

随着中国企业国际化的趋势日趋明显，统计工具的发展也得到了极大的普及。正如当年日本为了进入欧美市场，不仅使统计工具得到了普及，而且也发展出了自己的质量大师和统计大师。随着中国企业的国际化和中国经济实力的增强，中国也一定可以培养出自己的质量改进大师。

统计背后隐含着线性世界的假定，而创新是以矛盾为核心理念的，矛盾是一个非线性世界的假定。但线性是非线性的基础，因此，统计工具也是 DAOV 的基本工具，不仅因为统计素质已经成为现在工程师的基本素质，还在于没有基于统计对因果关系的深刻认识，也就不可能有根本意义上的创新。

诸多创新工具现在可以通过计算机实现，极大地提高了创新的效率，这就是现在的计算机辅助创新(computer aided innovation,CAI)技术。CAI、CAD 和 CAE 等都属于 CAX 序列,是任何一家公司都必须具备的基础设施,是企业发展和壮大的基本条件。

在国内,"创新"虽是立国之策,但真正了解创新方法并使创新落地的人和企业还是凤毛麟角。在惯性思维中,创新是不需要方法的,而且创新是少数聪明人的灵机一动,是顿悟,不可控也无法管理。这样的一种根深蒂固的认识导致很多企业即使有创新的欲望,也只能停留在个人行为层面,无法成为一种组织文化,这严重地阻碍了中国企业在激烈的国际市场竞争中取得有利地位。创新有方法,而且这个方法可以通过培训被人们掌握,接受这样的思想比实际采用创新方法更难,因为思想决定行动。

在国内企业推行创新遇到的一种典型困难就是客户总在问能得到什么效果。客户总希望今天学习创新方法,明天就能成为世界上数一数二的高科技企业。这样的要求就与今天早上跑步明天就体壮如牛的想法一样。但是,把时间放在 10 年后再来看,坚持锻炼 10 年的人跟一天也不锻炼的人,那显然是不同的。所以企业做 DAOV,一定是企业的一把手工程,需要企业的 CEO 有足够的远见卓识,并有成为"百年老店"的期望,才能最后成功。

第四节 DAOV 实战路径

DAOV 是定义(define)、分析(analyze)、优化(optimize)、验证(verify)四个阶段首字母的缩写,是企业业绩改进的方法论。

DAOV 的基本理念。

1)面向客户,面向企业战略目标。DAOV 是一种从上而下的企业管理策略。我们强调从上而下并不是好高骛远,排斥从下到上,而是说一定要通过改进企业业绩得到高层的支持,在实际操作过程中,谁都必须脚踏实地地一个个项目推进。

2)以项目为基础,以创新为手段。矛盾是一切问题的根源,DAOV 采用以 TRIZ 为核心的创新方法,以彻底消除矛盾为终极目标,拒绝折中。这个理念是一个彻底反传统的理念,需要接受 DAOV 的人要有相当的勇气面对自己的思维惯性。毫无疑问,一个没有自我批判精神的人,是很难成为一个创新大师的。

3)提高产品的理想度,改进企业绩效。与一般的提高产品质量的目标不同,DAOV 的核心是提高产品的理想度,提升产品价值的内涵,从而提升客户满意度,提高市场占有率,改进企业绩效。

DAOV 分 4 个大步骤和 12 个小步骤。

1)定义阶段:确定需要解决的问题,确定项目所需的资源,得到高层的承诺。

2)分析阶段:通过对技术系统功能和结构的分析,找到产生问题的根本原因,从而提出解决问题的方案。

3)优化阶段:对得到的方案进行评价,找到在现有条件下切实可行的方案。

4）验证阶段：确定方案的详细参数，通过实验进行批量生产，验证项目的技术目标和财务目标是否实现，项目收尾。

DAO 作为一个方法论，其目标是使创新成为每位员工的基本素质，从而改变公司的文化，使一个无论是以质量或者以产品还是以市场为战略的公司，都能成为一家具有创新意识和手段的创新型公司，从而在市场中取胜。

各阶段的具体步骤详述如下。

1. 定义阶段

目标：完成项目定义，确定项目边界、资源和对项目进行管理。本阶段分三个步骤。

1）STEP1 项目来源。

2）STEP2 验收标准。

3）STEP3 审批立项。

2. 分析阶段

任务：运用 TRIZ 工具分析具体工况，找出问题的根本原因。这一点对于所有解决问题的方法都是一样的。DAOV 的特色在于：提出解决方案是为了寻找彻底消除矛盾的方法，而不是寻找控制矛盾的方法。用矛盾的观点来分析问题和解决问题是一种与传统思维完全不同的世界观，它追求技术系统结构上质的改变，在数量上体现为质量或者相应技术指标数量级的提高。分析阶段包括四个步骤。

1）STEP4 功能成本分析。

2）STEP5 三轴分析。

3）STEP6 问题求解。

4）STEP7 知识库分析。

3. 优化阶段

任务：针对分析阶段提出的解决方案，根据具体的限制条件筛选出实施方案。在优化阶段，不仅采用普氏矩阵的数量方法，还将采用进化趋势、S 曲线等定性分析方法，从技术系统本质上对方案进行评估。本阶段包括两个步骤。

1）STEP8 概念列表。

2）STEP9 方案选择。

4. 验证阶段

任务：通过实验验证优化阶段选出的方案是否可行，并对相关成果进行固化，尤其是要与前面 D 阶段财务预算进行呼应。本阶段包括三个步骤。

1）STEP10 试验验证。

2）STEP11 结果评估。

3）STEP12 项目验收。

第五节　DAOV 的培训与实施

DAOV 按照 4 种能力 5 个水平建立认证体系,不同的等级要具备相应的能力,如表 2.1 所示。

表 2.1　DAOV 认证和能力的关系

IWINT TRIZ 认证五级体系				
等级	能力			
	知识水平	应用能力	教学能力	理论发展能力
Level 5TRIZ 大师				
Level 4TRIZ 专家				
Level 3TRIZ 高级				
Level 2TRIZ 中级				
Level 1TRIZ 初级				

体系共分为初级、中级、高级、专家、大师五级,依次升高。前二级认证主要是考核申请认证者对 TRIZ 的掌握和应用程度,这基本上是为技术工程师设定的。三级和四级主要考核申请者对 DAOV 的掌握和应用程度,知识点集中在流程和统计上,面向对象为企业流程所有者以及管理者,考核应用 DAOV 方法解决企业流程问题的能力。这是大多数 DAOV 专家和企业应该达到的一个等级。五级认证主要是考核申请者在各领域应用 TRIZ 和 DAOV 的经验,并对其发展和提升作出过实际成果和贡献。五级认证主要是为少数对创新有特殊兴趣的职业创新专家而设置的。

对于 DAOV 体系的建立及相应级别能力的培养,要按一定的实施程序进行,如表 2.2 所示。

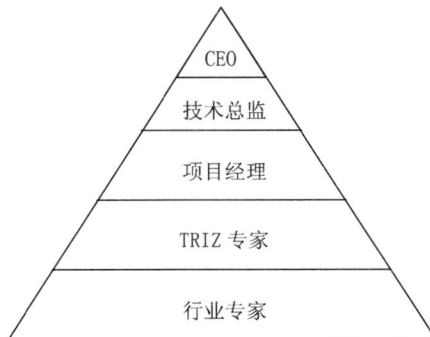

图 2.2　DAOV 实施体系金字塔

首先是 CEO 挂帅，然后建立以技术总监和项目经理为核心的技术团队，DAOV 专家作为团队的方法论专家参与团队的工作，并具有与技术经理同样的发言权。这样的配置，将改变在技术改进时常有的盲目性，DAOV 专家不是质量人员，也不是行政管理人员，本质上就是技术人员。DAOV 推进的最终目的是人人都成为 DAOV 专家，技术和方法论二者融为一体。

DAOV 推进的成败取决于 CEO 的决心，是一个一把手工程。这和任何一种企业管理改进的推进都是一样的。

第六节　软　件

TRIZ 自从 1946 年诞生以来，一直以一种师傅教徒弟的方式在传承。这很像中国的中医，虽然也有人把中医写成了书，但最终还是老中医的手厉害。TRIZ 的创始人阿奇舒勒去世以后，他亲封的 72 位 TRIZ 大师就是现在最厉害的"老中医"了。但这种方式毕竟无法实现大规模的传播和学习。

将 TRIZ 的思想软件化发生在柏林墙倒塌之后。其间，阿奇舒勒的很多学生到西方世界寻找发展机会，接受了美国的快餐文化，想到了将 TRIZ 软件化，从而使 TRIZ 在全世界迅速传播开来。

亿维讯公司开发的计算机辅助创新软件 Pro/Innovator™ 是专门为工程师准备的一款创新设计平台，CBT/TRIZ 是一个学习平台，可供那些想学习 TRIZ 而又得不到有效的学习资料的人在线使用。

第3章 以创新为核心的企业管理方法

探究质量改进的方法,首先必须了解人类社会组织发展和管理的历史,而质量改进只是组织改进的一个方面。

第一节 管理方法发展阶段

回顾人类社会发展的历史,我们发现效率是人类进步的动力。可以说,人类社会的每次发展,离开效益都是不可想象的,因此,从某种程度上说人类文明史其实就是一部效率发展史。管理作为人类社会发展的重要组成部分,对其的研究分析,自然也避不开这一命题。

一般而言,管理学的发展阶段大致分为经验管理阶段、科学管理阶段和创新管理阶段。

一、经验管理阶段

人们通过分工形成了组织,组织之间开展相互协作的生产活动之时也就有了效率的问题。从农业的发展来看,农耕工具的出现、畜力的利用以及生产分工的出现,都可以认为是人们寻求提高效率的努力所取得的成就。不但在农业,在其他一切人类社会和生产活动领域中,如果在效率上不能满足人类自己的需要,它们就会被淘汰,就会有更具效率的工具来代替。因此,尽管在这一漫长的过程中人们还没有提出管理理论,但却蕴涵了最朴素的管理思想:如何提高生产活动的效率。

资本主义机器大工业引起的产业革命既是生产技术的巨大革命,又是社会生产关系的深刻变革。产业革命始于资本主义最发达的英国,在当时的棉纺织业中,占统治地位的是手工劳动。随着市场对纺织品的需求的增长,首先促进了织布技术的改革,如1733年发明了飞梭,织布工人的劳动生产率因此提高了一倍。18世纪,在工厂手工业分工条件下,一个工人1天制4800根针;19世纪一个管4台机器的工人,1天生产60万根针。一个成年工人1小时用机器印制的四色花布,等于过去手工劳动时200个成年工人1小时所印制的数量。产业革命由于广泛地使用机器,提高了劳动效率,并使得分工和协作得到加强,提高了生产社会化程度,推动了科技进步,使资产阶级在它的不到一百年的阶级统治中所创造的生产力,比过去一切时代所创造的全部生产力还要多,还要大。

最早的管理思想代表人物英国古典经济学家亚当·斯密就对劳动分工对生产效率的影响进行过研究,他发现:由于分工,工人1天可以制造4800根针。他认为,分工制度可以使人专门从事某一项操作技能的训练,这样可以使之很快成为熟练工人,而生产效率会因为专业化生产而大大提高。

从工业革命开始到 19 世纪末,企业大多为个人或家族所有。这决定了企业管理的特点:家长制和经验管理。企业主的决定就是企业的决定。在当时,企业管理的中心问题是资金,或者说是资金的筹集。只要有了资金,就可以投资建厂,就可以获得利润。因为当时资本家可以无限期地延长工人的劳动时间,从而提高机器设备的利用率。至于企业管理的问题,主要依靠企业主的经验。资金成了提高效率和获得利润的最重要因素。这个时期企业管理属于经验管理时期。

二、科学管理阶段

20 世纪初,人们发现尽管许多工人每周工作时间高达 60 小时以上,但工人的生产率和工资却很低。比如,美国许多工厂的产量远低于其定额生产能力,能达到 60％的都很少。这是因为人们对众多机器的协同生产的问题还很陌生,工序与工序之间的配合不良,出现了人与机器之间的矛盾。而企业主仅凭经验无法处理较大规模的人与机器管理的问题,这一矛盾限制了生产能力的有效发挥。

美国管理学家发现如果让机器与机器操作者密切配合起来,就可以大大地提高生产效率,于是,美国的一些工程技术人员和管理人员,进行了各种试验,创造了一系列科学管理的理论和方法,从理论上解决了管理实践中的这一难题。

科学管理理论主要代表人物是泰勒。泰勒于 1900 年前后在他服务的一家钢铁公司进行了"搬铁块"试验。他经过对搬铁块工作全过程的分析,设计了一套合理的操作方法,按照这套新方法,每个工人的日均搬运效率提高了近 3 倍。泰勒试验目的是使动作最合理、所使用的时间最少,以提高劳动生产率。

按照泰勒的管理方法,可以确定操作的标准程序和标准工时,按照标准工时,又可以确定工人的报酬量,使计件工资制有了定量化的基础。在计件工资制的推动之下,美国的劳动生产率有了飞速的提高,经济发展很快,工人的生活水平有了较大的改善。

泰勒等人的科学管理理论主要是从车间工人的角度来考察,之后涌现出来的很多近代管理理论都是从组织的某一方面切入,从而建立自己的理论。这一时期,管理理论进入了一个百花齐放的阶段。比如:有研究如何使管理组织机构合理化和组织效率问题的学派;有研究如何通过改变组织中人的行为来提升效率的行为学派;有研究行政管理的管理过程学派以及如何保证组织整体有效运转和提高企业效率的系统学派。

20 世纪 80 年代,由于许多企业经过近一个世纪的发展,已具有相当大的规模,企业的业务流程越来越复杂。复杂的业务流程越来越不能适应不断变化的消费者的需要,企业必须以为顾客创造价值的流程视角来重新设计组织的结构,以实现企业对外界市场环境的快速反应,提高企业竞争力。美国企业从 20 世纪 80 年代起开始了大规模的企业重组和再造革命。企业管理经历着前所未有的变革。

企业再造理论对管理学最突出的贡献是彻底地改变了亚当·斯密的劳动分工思想能够提高效率的观念,认为企业管理的核心是"流程",即一套完整的贯彻始终的共同为顾客创造价值的活动,而不是一个个专门化的"任务"。

系统学派开始萌芽,企业管理理论进入一个崭新的阶段——创新管理阶段。

三、创新管理阶段

20 世纪 90 年代以来,创新是管理中最流行的词语。求新求变成了时代的主旋律。全世界在管理上也正在酝酿一个新趋势,这个趋势是由全球竞争所带动的。在全球的市场竞争风潮之下,人们日益发觉 21 世纪的成功关键,与 19 世纪和 20 世纪有很大的不同:在过去,低廉的天然资源是一个国家经济发展的关键,而传统的组织系统也是被设计用来开发这些资源。然而,这样的时代正离我们而去,所有的组织都处于类似的条件下,谁能够创新、谁先领先对手、发挥人们的创造力,现在已经成为管理者努力的重心。

彼德·圣吉在《第五项修炼》中指出:企业唯一持久的竞争优势源于比竞争对手学得更快更好的能力,学习型组织逐渐成为人们从工作中获得生命意义、实现共同愿景和获取竞争优势的组织蓝图。

第二节 创新管理理论

系统的观点是《第五项修炼》思想的精华,也是 TRIZ 的核心思想。

1)系统:是由相互联系、相互作用的若干要素结合而成的、具有特定功能的有机整体。系统不断地和外界进行物质和能量的交换而维持一种稳定的状态。

2)系统地思考:就是把所处理的事物看作一个系统,要看到其中的组成部分(元素或子系统),要看到这些部分之间的相互作用,并以总体的角度把系统中的人、物、能量、信息加以处理和协调。用系统的思考解决的问题包括企业管理在内的各类实际问题,应做到既有分析又有综合,看长期处理近期,看全局掌握局部,看动态把握静态。

3)系统思考的基本要求:防止分割思考,要整体思考;防止静止思考,要动态思考;防止表面思考,要本质思考。

组织学习中的七种障碍。

1)局限性思考。

2)归罪于外。

3)缺乏整体思考的主动性。

4)专注于个别事件。

5)对于缓缓而来的致命威胁习而不察。

6)经验学习的错觉。

7）管理团体的故障。

在此我们可以和戴明的七大绝症作一个对应。

1）缺乏恒久目标。

2）重视短期利润。

3）实施纯净考核。

4）管理层流动频繁。

5）领带数字经营公司。

6）产生巨额医疗开支。

7）法务费用过高。

学习型组织的五项修炼。

1）自我超越。自我超越修炼由愿景、目前真实的情况、创造性张力和情绪张力四部分组成。四者之间的关系是影响自我超越行为的关键。愿景与现实之间的差距是一种力量，将人们向愿景推动。差距即创造性张力和情绪张力产生的来源。

2）改善心智模式。心智模式是根植于人们心中，并影响人们如何了解世界以及如何采取行动的许多假设、成见、思维方式，甚至是图像和印象。心智模式存在于人们的潜意识中，是人们的心灵地图，人们常常忽视它的存在，但是它确实客观存在。心智模式的产生与人们的成长过程相关，受人们生存和发展环境的影响，这种环境包括自然环境和社会环境。随着科技进步、经济发展，人们的生存和发展环境的变化，心智模式也将发生变化。心智模式如同人们认识世界的"有色眼镜"，人们认识世界的工具不同，使得人们认识同一世界的结果也不同。认识将影响人们的态度，态度不同将导致不同的行为方式，不同的行为将导致不同的结果。改善心智模式的目的是找到合适的"工具"，使人们有合适的"工具"去决定合适的态度，从而采取合适的行为，取得理想的结果。

3）共同愿景。共同愿景是大家共同愿望的景象，也是组织中人们共同持有的意向和景象，它是在人们心中一股令人深受感召的力量。共同愿景包括四个要素：愿景、价值观、使命和目标。

4）团体学习。团体学习的过程是发展团体成员整体搭配与实现共同目标能力的过程，其作用是发挥团体成员智慧，使学习转化为现实生产力。个人学习是团体学习的基础，但每个人学习不等于团体学习，因为主体不同，团体学习是将整个团体作为主体来看待。有能力的团体是由有能力的个人组成的，因此团体学习是建立在"自我超越"的基础上的。同时，团体学习还是"共同愿景"修炼的发展，因为个体的提高并不能完全使团体能力提高，还需要团体中的个人有为整个团体的进步共同努力的行为和愿望，使团体中个人的力量整合为团体的合力，才能使团体提高能力。团体学习的过程就是整合团体中个人的能力成为整个团体力量的过程。

5）系统思考。系统思考是五项修炼理论的核心，与前四项修炼有内在的联系和互动。系统思考在个人的自我超越修炼中，为人们提供了思维方法，使人们看问题不再仅仅关注个体、表象;通过系统思考,人们能提高看问题的洞察力,看清事物的真相和实质,有利于人们个体能力的提高。系统的思考,使得管理者更容易理解管理中"为什么一加一大于二或小于二",使得管理者认识团体学习的必要,自觉地进行有效的团体学习,提高团体的能力。

五项修炼的方法在企业管理中的目标是为了建立学习型组织,通过发挥学习型组织的优点,可改善管理,提高团体的能力,提高管理的有效性。学习和运用五项修炼的思想,我们应该采取的方式是以系统的观点进行。在管理实践中,我们应通过改善心智模式来鼓励个人自我超越,提高个体的能力;通过共同愿景和团体学习的修炼将个人的能力整合为团体的能力,发挥个体的才能,形成组织的才能,提高整个组织的核心竞争力;而这些修炼都离不开系统的思考,管理者应该以系统的观点来认识管理、进行管理,并引导员工进行系统思考。

在质量改进中,戴明提出了 14 个要点。

1)创造产品与服务改善的恒久目的。

2)采纳新的哲学。

3)停止依靠大批量的检验来达到质量标准。

4)停止那种只依靠报价选择供应商的做法。

5)不断地改进生产及服务系统。

6)建立现代的岗位培训方法。

7)建立现代的督导方法。

8)驱走恐惧心理。

9)打破部门之间的围墙。

10)取消对员工发出计量化的目标。

11)取消工作标准及数量化的定额。

12)消除妨碍员工工作畅顺的因素。

13)建立严谨的教育及培训计划。

14)创造一个每天都能推动以上 13 项要点的高层管理结构。

对照五项修炼和戴明的 14 要点,二者都是以人为本进行改进的。但五项修炼以系统论为自己的思维武器,描述的是一个以人为核心的复杂适应系统的世界;而戴明的世界里,显然仍停留在泰勒设定的部门框架之内,展示的是一部精密匹配的机器。

第三节 创新与传统质量方法

朱兰研究了偶然问题和长期问题的改进策略,戴明将之命名为偶然原因和共同原因,然后通过采集数据,过程统计控制(SPC)来发现这些原因,并通过对过程进行控制实现对结果的控制。一个循环结束后再进行下一个循环,这就是著名的戴明 PDCA 循环。

所谓自然科学就是去发现自然中的因果规律。质量问题也是发现问题和原因之间的因果关系，通过对原因的控制实现对结果的控制，这就是质量控制的理论根据，也是 DMAIC 中"C"的含义。

在实际中，一个最重要的问题是，什么是原因，什么是结果？什么是因果关系？因果关系就是线性关系。在哲学范畴内，因果关系的定义如下：静态的"物"叫做"事物"，是哲学研究的主体，用 A、B、C 等表示；"事物"的变化叫做"现象"，是哲学研究的内容，用 $\updownarrow A$、$\updownarrow B$ 等表示；"引起"用"→"表示；A 现象"引起"B 现象，即现象 A 是结果 B 的原因，用"$\updownarrow A \rightarrow \updownarrow B$"表示，用数学语言来表示就是 A 和 B 成线性相关，如图 3.1 所示。

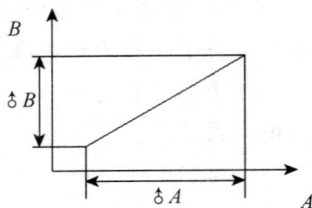

图 3.1　因果关系示意图

所以原因和结果指的是现象，是一个变化，而不是静态的点。比如父亲和母亲不是儿子的原因，而是父亲和母亲的结合是儿子出生的原因。由此我们知道，统计分析是完全的因果分析。

对于物质而言，线性的斜率表示物质的特性，又称为物性参数。比如电阻就是电流和电压之间线性关系的斜率，电阻的大小与电流和电压都没有关系，而是由物质的材质和尺寸决定的。因此因果关系实际上是在寻找某种物性关系，寻找某种自然规律。

创新的核心是矛盾，那么什么是矛盾呢？以物理矛盾为例，物理矛盾是说某一个参数高低都要好，这个参数是 A，A 在任何情况都是好的这个评价函数是 B 的话，则 $A-B$ 的关系定义是如图 3.2 所示的 V 字形函数。假设从中间某点开始，参数 A 无论往上还是往下，都将得到更好、更高、更强的 B。这就是 TRIZ 的本意。

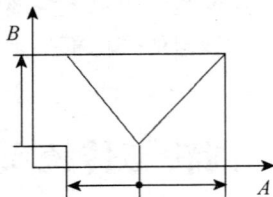

图 3.2　矛盾关系示意图

由此可见，矛盾的世界和因果的世界是完全不同的。不过从 V 字形的任何一段来看，都是因果关系，可以说因果关系是矛盾关系的基础，只有了解了因果关系，才能进行彻底的矛盾分析。所以在 DAOV 的课程中,也出现了大量的因果分析的课程,比如 5 个为什么(5-why)、FMEA、三轴分析等,但最终在 DAOV 里的用法不是去控制原因而是寻找矛盾,并最终实现非线性的物性参数。比如热胀冷缩,热涨是冷缩的原因。因此要解决这个问题的传统认识就是控制温度在一定范围里面,使得缩的程度不超出设计的要求。这是因果分析的思路。矛盾的分析思路是逆着因果关系的思路,去寻找一种热缩冷涨的材料来替换原来的物质。我们知道,矛盾的 V 字形关系意味着物性参数变了,因此物质也改变了。当然,物质的实体形态也许并没有变,但物质的特性或者是功能已改变了。

与线性关系不同的形态不仅仅只有一种 V 字形,其他任何一种形状比如 A 形、VV 形、AA 形等,只要与线性不同,都被视为一种矛盾关系,实现这种矛盾关系,就是一种客观的创新过程。

第4章 定义阶段

定义阶段(define)是 DAOV 流程中的第一个阶段,其核心是对财务数据进行分析,从而确定项目的重要程度和资源分配。

财务收益分析包括财务收入和内部成本两方面,所以 DAOV 的最终目标在于提高收入、降低成本。另外,在这一阶段我们还要确定该项目面对的客户及客户对产品的要求等,从而帮助团队成员更好地界定项目范围和边界。

定义阶段的目标是完成项目定义,确定项目边界、资源,对项目进行管理。本阶段分三个小步骤:项目来源、验收标准和审批立项。

第一节 DAOV 项目的来源

DAOV 是基于项目来实施的,其核心思想是通过提升产品的内在价值,达到提升企业业绩的目标。因此,DAOV 项目的选择对于最终目标的实现至关重要。

总体来说,DAOV 的项目主要有两个来源,项目来源于顾客的声音(voice of customer,VOC)和业务的声音(voice of business,VOB),而不是来源于企业内部的技术部门或者质量部门。在这一步,主要采用的工具有 BSC 分析、MPV 分析和 Pareto 分析,也可以采用 ARIMA 统计分析工具,以便准确定位问题。

BSC 可以建立起从上往下、从外往内的企业整体战略思维模式。任何公司业绩的增长模式都与 S 曲线模式一一对应,因此,通过对财务增长曲线的分析,可以确定企业产品所处的发展阶段,如图 4.1 所示。

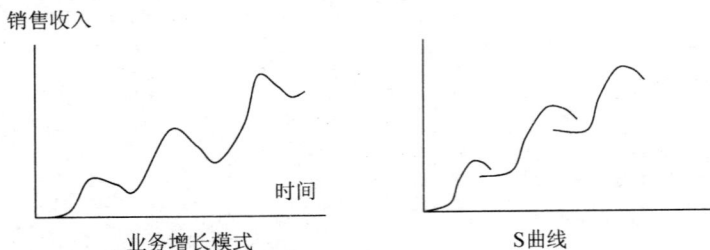

图 4.1 业绩增长模式和 S 曲线对照图

MPV 分析使分析的重点集中在那些能创造价值的方向上,并通过帕雷托(pareto)图的排序分析最终确定改进的参数。

对于 DAOV 高级教材，还将采用时间序列分析（ARIMA）对企业的财务参数进行分析，从而更加精细地确定公司财务增长的模式以及这些模式存在的潜在问题，并对未来业绩进行预测。

第二节 确立项目目标和验收标准

在这一步，首先要确定项目的目标以及验收的标准，这与 ARIZ 中要解决问题首先确定 IFR（最终理想结果）是同样的道理，也是以终为始理念的贯彻，这为项目最终的收尾确立出一个明确的量化标准。必要时，需确定衡量验收标准是否达到指标。

例如，一家生产电磁炉的企业在调研用户需求时，很多用户提出希望降低电磁炉的噪声。该例中"降低电磁炉噪声"并不是一个合适的、明确的量化目标标准。经测定当前电磁炉的噪声为 52 分贝，设计人员通过反复试验用户的实际需求，将最终的项目改进目标设定为"降低电磁炉噪声至 45 分贝以下"，这才是一个正确的、量化项目验收标准。

项目验收标准的确立不是越高越好，也不是越低越好，而是以用户接受的限度为准，设定客观的标准。因此在进行 VOC 和 VOB 分析的过程中，除了明确客户的改进需求外，还需同时了解客户心中可以接受的改进后的标准。

验收标准确定的难度在于，往往客户也不知道自己的接受标准，因此在本阶段尤其需要剖析客户的潜在需求，并和客户一起确定接受标准。

项目验收标准是技术层面指标，而项目财务目标是比技术层面指标更高一层的指标。项目资源的投入首先要符合企业整体财务规划，确立项目财务目标时，项目组成员应与企业财务主管共同讨论，以确认项目组所提出的目标是否有效、能否实现。最终，财务目标实现的验证需要纳入企业财务整体体系实行监控。

只有确立并实现了项目的财务目标，才能让组织和个人更清楚地看到项目效果。因此，DAOV 的思路，也是定义阶段第二步的核心是首先要根据企业战略清晰地描述项目的财务目标，即企业的"需求下行"，而项目的技术目标是改善产品或流程对应的参数指标，以保障"能力上行"。两个目标在改进过程中互相支持，协调发展。

第三节 管理层审批

DAOV 本身是以项目为主线开展的，因此在整个过程中将完全遵循项目管理的流程，有序地对项目过程进行监控，在此可采用项目管理 PMP 工具。

首先，要制订一套合理的项目进展计划，主要包括以下四项。

1）列出项目任务和目标。包括各项工作、过程控制和评估活动以及这些任务的输出和负责人等。

2）明确任务之间的关系。各项任务的起始时间是否取决于其他任务？各项任务的持续时间是否取决于其他任务？

3）估计时间要求。估计每项任务完成所需要的时间。

4）创建 Gantt 图。将任务、完成时间、负责人和各项任务之间的关系转换成为 Gantt 图（进展计划），如图 4.2 所示。

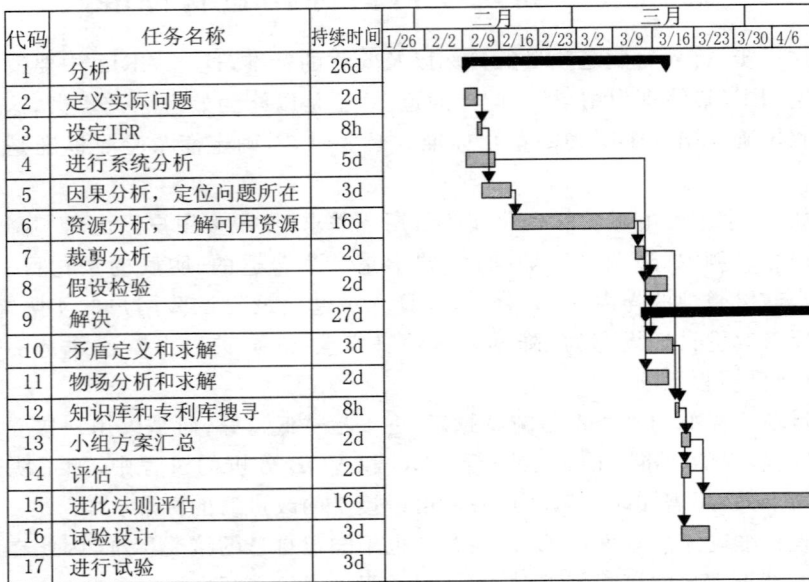

代码	任务名称	持续时间	二月 三月
1	分析	26d	
2	定义实际问题	2d	
3	设定IFR	8h	
4	进行系统分析	5d	
5	因果分析，定位问题所在	3d	
6	资源分析，了解可用资源	16d	
7	裁剪分析	2d	
8	假设检验	2d	
9	解决	27d	
10	矛盾定义和求解	3d	
11	物场分析和求解	2d	
12	知识库和专利库搜寻	8h	
13	小组方案汇总	2d	
14	评估	2d	
15	进化法则评估	16d	
16	试验设计	3d	
17	进行试验	3d	

图 4.2　Gantt 图实例

其次，DAOV 项目团队的成员除了一般的技术经理、技术专家之外，必须有 TRIZ 专家参加。技术经理和 TRIZ 专家的地位是一样的，技术经理负责专业方面的问题，而 TRIZ 专家负责方法论的实施和结合，解决问题的过程必须在 TRIZ 专家的控制下才能进行。

最后，开展项目所需的资源必须得到高层领导的支持，并纳入到企业改进体系之中。审批立项后，按计划开展各项项目工作。

本阶段也可以采用项目管理方法（PMP）以及 SIPOC 工具，其中 SIPOC 可以用来定位改进流程的位置和规模。

当上述流程落实后，项目组向系统提交《DAOV 项目立项报告书》，通过高层的审批后，正式立项，开始项目计划中的各项工作。

第四节　定义阶段小结

在项目定义阶段有几点注意要素。

1）从战略层面确定阻碍企业发展的"瓶颈"。

2)建立的项目团队对已发现的问题存在共识。

3)获得高层的支持,需要一定的说服技巧。

4)项目最终确立前,进行项目风险评估。

定义阶段各步骤的输出物包括如下几项。

1)VOC/VOB 列表。

2)MPV 分析确定的参数列表。

3)项目立项报告书。

定义阶段的主要任务是项目正式执行前期的准备工作,选择关键、正确的项目改进方向,确立合理、明确的项目目标,是一个项目最终取得成功的关键所在。

第5章　MPV分析

DAVO项目不是凭空产生的,而是来自于VOC和VOB。在项目的初始阶段,我们需要收集并确认客户对产品的具体需求,即VOC。然后利用主要价值参数(main parameter of value,MPV)分析将分析的重点集中在那些能够创造和提升产品价值的方向和参数上,将最初的VOC转变为可以定量控制和改进的MPV。

为什么要进行MPV分析,因为客户是以他们自己的自然语言来描述对产品的改进需求的,他们不是专业的工程师,因此这些描述往往是模糊不清的,甚至客户自己也不清楚他们到底在说什么,正像一个病人无法准确描述自己的病情一样。MPV是工程师用来将客户的描述转换为准确工程技术语言的工具。通过MPV,工程师将客户的需求转化为产品的某项技术特性,然后采用相应的技术手段对问题进行分析和改进。具体的过程如图5.1所示。

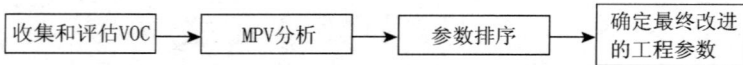

收集和评估VOC → MPV分析 → 参数排序 → 确定最终改进的工程参数

图5.1　VOC→MPV→EP

第一节　VOC的收集和评估

一、VOC的获取

随着科学技术的迅速发展和人们生活水平的不断提高。客户需求、客户需求的重要度以及客户对各种产品在满足他们需求方面的看法也在不断变化。因此,对于企业来说,要想在激烈的市场竞争中立于不败之地,必须不断地同客户接触。只有通过不断的市场调查和收集,企业才能了解当前客户的需求信息,预测将来的需求信息,从而设计和生产出适应客户需求的产品。

VOC是通过调查研究、市场分析、试用以及我们常用的收集客户及潜在客户的反馈意见等方式获得的。不同的产品客户提出的需求也不同。例如,对于汽车来说,VOC可能是希望车门容易开启;对于银行来说,VOC可能是取款不用排队;对于手机来说,VOC可能是手机待机时间更长等。收集VOC是一个相对独立的过程,但是这个获取过程也是项目初始阶段最关键也较为艰难的一步,要通过广泛的市场调查获得原始的客户信息,然后进行统一整理得到。

VOC的获取大致有这样几个步骤。

1. 合理地确定调查对象

一般来说,在开发新产品时应重点调查与开发产品类似的产品用户;在对现有产品进行更新换代时,应重点调查现有产品用户。确定调查对象时,还应考虑调查对象的地理位置分布、年龄结构、行业分布等因素,因为这些因素都有可能影响客户的需求。

2. 选择合适的调查方法

市场调查的方法很多,不同行业有各自独特的调查方式,须根据调查对象、地点、人数等因素进行合理选择。现在常用的调查方法有:电话调查、访谈类调查、问卷调查、现场观察等。企业在具体运用各种调查方法时,要根据它们各自的特点,适用条件,结合调查的具体目的和要求,选择其中一种或几种合适的调查方法。

选择好调查方法后,要根据调查方法的要求做好充分的调查准备工作,如调查人员的选择,调查组织的建立,调查程序的拟定,调查表格的设计等,可作为一个独立的项目来运作。

3. 进行市场调查

按照已选的调查方法及设计好的调查表格进行实际的市场调查,获取第一手的客户需求信息。

4. 整理、分析调查获取的客户需求

对调查所取得的所有信息资料进行"去粗取精,去伪存真"的整理、分析工作,以求全面、真实地反映客户需求。

首先,有时客户需求的描述经常很长,必须对它们进行概括。在概括客户需求时,注意不要歪曲客户原意。其次,应将表达同一含义或相似含义的客户需求进行合并,总的需求最好不要超过 30 个,便于我们后期进行 MPV 的分析。最后,将总结出的客户需求按类别进行分组,这有利于我们分析后将这些客户需求转换成技术需求。例如,把所有有关汽车运行性能的需求分在同一组中,把所有有关汽车省油性能的需求分在另一组中等。

二、Kano 模型

Kano 博士的质量模型有助于我们更好地理解客户需求。Kano 模型定义了三种类型的客户需求:基本型、期望型和兴奋型,如图 5.2 所示。

1. 基本型需求

基本型需求是客户认为在产品中应该有的需求或功能。一般情况下,客户在调查中是不会提到基本需求的,除非客户近期刚好遇到产品失效事件。按价值工程的术语来说,这些基本需求就是产品应有的功能。如果产品没有满足这些基本需求,客户就很不满意;相反,当产品完全满足基本需求时,客户也不会表现出特别满意。因为他们认为这是产品应有的基本功能。

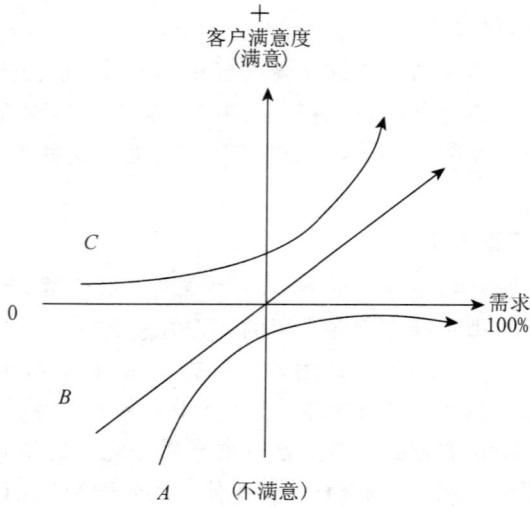

图 5.2　Kano 模型图

例如:汽车发动机发动时正常运行就属于基本需求。一般客户不会注意到这种需求,因为他们认为这是理所当然的。然而,如果汽车不能发动或经常熄火,客户就会对该汽车非常不满。

2. 期望型需求

在市场调查中,客户所提到的需求通常都是期望型需求。期望型需求在产品中实现的越多,客户就越满意;当没有满足这些需求时客户就不满意。这就迫使企业不断地调查和了解客户需求,并通过合适的方法在产品性能中体现这些需求。

例如:就汽车而言,驾驶舒适和耗油经济就属于期望型需求。

3. 兴奋型需求

兴奋型需求是指令客户意想不到的产品特征。如果产品没有提供这类需求,客户不会不满意,因为他们通常没有想到这些需求;相反,当产品提供了这类需求时,客户对产品就非常满意。兴奋型需求通常是在观察客户如何使用你的产品时发现的。

制造企业应该认识到,随着时间的推移,兴奋型需求会向期望型需求和基本型需求转变。因此,为了使企业在激烈的市场竞争中立于不败之地,应该不断地了解客户需求(包括潜在客户需求),并在产品设计中体现这些需求。

三、VOC 评估

我们不仅需要知道客户需求什么,还要知道这些需求对于客户的重要程度。所以在获取、整理并汇总了所有客户需求后,就应以汇总后的客户需求表为依据再次进行市场调查,以决定客户需求重要度以及客户对本公司产品和市场上同类产品在满足他们需求方面的看法。调查对象应包括本公司产品用户和竞争者产品用户。

调查时要求被调查者确定一组客户需求的重要度以及对所使用产品的满意程度。所以在调查前,调查人员应该根据实际调查情况设计出合适的调查表,因为它在很大程度上决定了调查表的回收率,有效率和回答的质量是市场调查成功的重要条件之一。

例如,在调查客户对某个需求认为的重要度时,如果直接要求客户按照一定的数字刻度(例如1～5或1～9)为基准标出其重要度,由于不同的客户对基准的认识不同,所以往往容易产生偏差,丧失客观性。这时,建议采用成对比较法来设计调查表,在两两比较客户需求相对重要性的基础上,确定出每个客户需求的绝对重要度。

在整体市场调查完成后,调查人员应运用统计方法对调查数据进行综合,最终编写出一份完整的客户需求调查报告,以供有关方面参考和使用。客户需求调查报告的内容应包括客户需求及其重要度,客户对本公司产品和市场上同类产品在满足他们需求方面的看法等。

第二节　MPV 分析

一、MPV 简介

客户需求收集并评估后,下一步要改进产品或开发新产品,必须让工程师明确需要改进或实现的是产品的哪几项技术要求。而主要价值参数(MPV)的分析就是连接客户需求和产品技术特性之间的纽带和桥梁。

产品特性可以说是我们用以满足客户需求的手段,例如,对于汽车车门,产品特性可能是关门所需的力量;对于割草机,产品特性可能是转动轴所需的推力。产品技术特性必须用标准化的表述。MPV 分析是将客户需求转换为产品特性的过程。

实际上客户一旦考虑为什么买产品,价值主要参数的概念会自然地出现。每种产品只有仅仅几个"购买参数"真实地影响着客户的购买行为,而对购买产生影响的参数被称为价值主要参数或主要价值参数,即 MPV。

客户是否决定购买产品取决于多种因素,因此所有的客户需求都应进行分析,并且排列每个因素对客户的重要性,即我们上一节所介绍的"VOC 重要度的评估"。例如,一个卡车公司经理关于买哪个型号的新卡车的决定,取决于年运行费用的预算(包括燃料、维护、修理、保险等)、带来的利润(涉及净载重量、装/卸时间)、司机的喜好(包括卡车的外表)以及其他因素。最后所有这些因素都需要列在VOC 表中,通过排序最终确定产品价值的主要参数——MPV。

因此,MPV 基于不同的购买者会有所不同。例如,部分老的卡车司机更加重视驾驶室的舒适程度,而公司经营者一方,则更加重视燃油经济性。

MPV 可以被总结如下。

1)MPV 是决定消费者是否购买该产品的核心参数。

2)并非对一种产品的所有要求都是 MPV。

3)同一种产品的 MPV 对不同价值链方面的利益相关者是不同的。

二、术语介绍

MPV:主要价值参数,是对于客户购买产品的意愿产生影响、客户愿意为之付费的参数称为 MPV。

SPV(strategic parameter of value):战略价值参数,是将 VOC 进行整理和汇总后得到的客户需求。

MSPV(main strategic parameter of value):主要战略价值参数,是将 SPV 经过 Kano 分析或重要度排序,列在最前的、最重要的几个 SPV 称 MSPV。

MFPV(main functional parameter of value):主要功能价值参数,经过分析,将 MSPV 转化为产品的具体技术特性,是决定 MSPV 的客观的技术参数(如物体的强度、耐磨性等)。

例如:现在我们要改进的产品是手机外形,用户提出的需求可能是希望手机很酷或很时尚,而对于工程师而言,他需要去分析什么样的形状代表酷、代表时尚,需要用哪些具体参数来描述,如弧线形、厚度非常小等参数。

再如:用户提出需求是希望某产品的价格能低一些,工程师需要进行分析,明确是哪些因素导致了产品的高成本,是材料,还是加工工艺等。

因此,MSPV 与 MFPV 面向的对象不同,MSPV 来自于产品的最终消费者,而MFPV 面向产品的设计工程师。因此,从 MSPV 到 MFPV 需要一个转换过程。

三、MPV 分析的步骤

MPV 的分析过程实际上就是 VOC →MSPV →MFPV 的一个转换过程,将"软"而"模糊的"主要顾客需求转化成可以量化的技术目标,具体的步骤如下。

第一步:确定 MSPV(主要战略价值参数)

所有收集到的 VOC 都是 MPV 分析方法中所谓的 SPV,重点是要确定出所有的 SPV 中哪几个是最重要的 MSPV。"VOC 评估"中已经给出了如何进行 VOC 重要度排序的方法,打分排序后,基于产品发展战略和可利用的资源,挑出排在最前列、分数最高的 3～6 个 SPV,作为该项产品改进的 MSPV。

实例:蜡烛的改进

研究小组收集了大量关于用户对蜡烛的需求数据,包括外形吸引人、多种颜色、有香味、烛芯易去除、不滴蜡、火焰大、无烟、燃烧时间长等 20 多项 VOC,通过 VOC 重要度评分,确定出用户最为关注,客户价值最高的 6 个 VOC,即 MSPV,分别为:

1）外形吸引人。

2）不滴蜡。

3）火焰大。

4）无烟。

5）有香味。

6）燃烧时间长。

第二步：进行产品的功能分析，即找到 MFPV（主要功能价值参数）

产品的功能参数特性 FPV 是我们用以满足客户需求的手段，用来描述对应于用户需求的工程特征要求，即有什么样的 SPV 就应有什么样的 FPV 来对应保证。这种对应是多相关性的，某个 SPV 可能对应着若干项 FPV，若干项 FPV 有机结合才能满足某个 SPV。反之，某项 FPV 也可以同时满足若干项 SPV。FPV 是市场用户需求的映射变换结果。

SPV 到 FPV 的转化可以说是整个 MPV 分析过程中最难的一步。实现转化的前提是工程师首先需要列出与该产品相关的所有功能参数（产品特性），即 FPV。基于这些 FPV 可以找到他们各自所对应的 SPV。

寻找产品功能参数的传统方法是小组内的工程师运用头脑风暴法，列出尽可能多的功能特性参数。还可以参照本书第 13 章——系统功能分析，通过功能分析过程中组件的列举和功能定义来寻找和确定产品的功能特性参数（FPV）。

在 FPV 较多的情况下，可由研究小组内工程师从 FPV 列表中投票或评分选出影响产品价值的主要功能特性参数，即 MFPV。

实例：蜡烛的改进

研究小组通过头脑风暴法列出决定产品性能的多个功能特性参数，FPV 列表如表 5.1 所示。

表 5.1　蜡烛 FPV 的列表

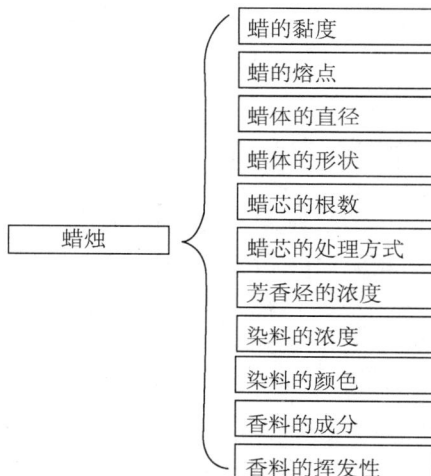

第三步：基于 MSPV 和指标分解，将现有的功能参数分类，找到对应各 MSPV 的 MFPV

获得用户需求和需求权衡的过程是一个在设计知识和见解的背景下，运用市场研究定性与定量专业工具与用户沟通的过程。但是最终将用户需求转化为现实产品，形成完善的解决方案，需要市场研究人员和产品开发设计人员将各自的知识融合，形成两种语言的对接，建立用户需求与产品属性之间的映射，即 MSPV 与 MFPV 之间的映射关系。

两者的映射关系可用一个关系矩阵来表示，该矩阵的第一列与各个 MSPV 相对应，第一行与各个 MFPV 相对应，由此矩阵建立起各个 MFPV 与各个 MSPV 的对应和映射关系，如图 5.3 所示。

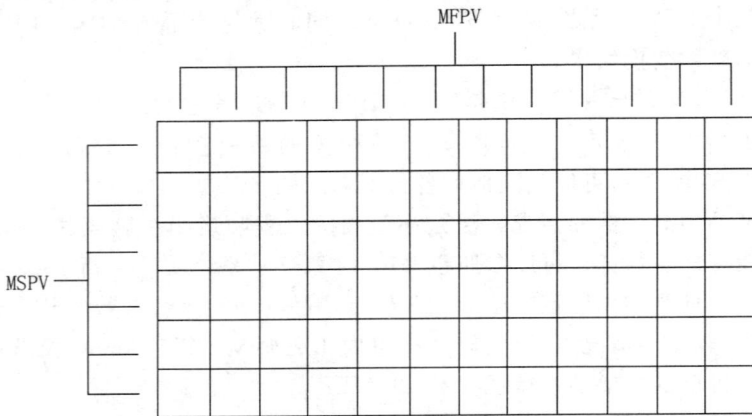

图 5.3　MSPV – MFPV 关系映射矩阵

对于关系矩阵中行和列中的每一项，研究小组都要先评判各项之间是否有关系。每个 MFPV 对满足各个 MSPV 有多大的贡献和影响。一般为：强相关 9 分，一般相关 3 分，可理解为为了满足某种顾客需求，可以采用不同的工程特征与之对应；弱相关 1 分，表示两项之间的关联关系很弱。利用关系矩阵可以明确工程特征与市场顾客需求之间的对应关系。

对 MSPV－MFPV 两者之间的关系可以定量地给以分值来表示，为了更好辨别，这里用符号来定量表示。例如，我们可以用◎代表强关系，分值为 9，可理解为为了满足该 MSPV 必须具备的某种 MFPV；○代表中等关系，分值为 3，可理解为为了满足该 MSPV 可以采用不同的 MFPV 与之对应；△代表弱关系，分值为 1，表示两项之间的关联关系很弱；空格代表无关系，分值为 0。利用关系映射矩阵可以明确产品各功能特征 MFPV 与市场用户主要价值需求 MSPV 间的对应关系。

实例：蜡烛的改进

将第一步中确定的 MSPV 与第二步中确定的 MFPV 置入关系映射矩阵中，找到各项 MSPV 与 MFPV 的对应关系，得到的矩阵关系表如表 5.2 所示。

表 5.2　MSPV—MFPV 对应得分表

关系矩阵 ◎　○　△ 强　中　弱 9　3　1	蜡的黏度	蜡的熔点	蜡体的直径	蜡体的形状	蜡芯的根数	蜡芯的处理方式	芳香烃的浓度	染料的浓度	染料的颜色	香料的成分	香料的挥发性
外形吸引人			△	◎	△	△	△	◎	．○	△	
有香味										◎	◎
火焰大	○		○		◎	△	△				
无烟	△				◎	◎					
不滴蜡	○	○	◎		◎		◎				
燃烧时间	○	◎	◎	◎	◎		◎				

第四步：各 MFPV 重要度排序

通过计算各 MFPV 的得分得出 MFPV 的重要度排序。将某 MFPV 关联度得分（1、3 或 9）与对应的各 MSPV 重要度得分相乘的总和，即为该 MFPV 的总得分。

实例：蜡烛的改进

MFPV"蜡的黏度"对 MSPV"火焰大"的得分为 $3 \times 9 = 27$。同样可得其他 MFPV 的各项得分。最后的 MFPV"蜡的黏度"总得分是该列上的所有得分之和 54，这个得分代表了"蜡的黏度"MFPV 的重要性。

通过 MFPV 重要度排序，发现"蜡芯的根数"、"蜡芯的处理方式"、"蜡体的形状"三个 MFPV 是最重要的，下一步研究小组应聚焦在这 3 个参数上去进行该产品的具体设计改进工作，如表 5.3 所示。

表 5.3　MFPV 重要度排序计算

关系矩阵 ◎　○　△ 强　中　弱 9　3　1	蜡的黏度	蜡的熔点	蜡体的直径	蜡体的形状	蜡芯的根数	蜡芯的处理方式	芳香烃的浓度	染料的浓度	染料的颜色	香料的成分	香料的挥发性	
外形吸引人			△	◎	△	△	△	◎	○	△		9
有香味										◎	◎	1
火焰大	○		○		◎	△	△					9
无烟	△				◎	◎						9
不滴蜡	○	○	◎		◎		◎					3
燃烧时间	○	◎	◎	◎	◎		◎					3
	54	36	90	108	225	126	72	81	27	18	9	

本章小结

　　对于不同层级的企业人员，MPV 的作用也不相同。工程师可以将 MPV 分析方法作为一种整理数据并将数据转化成信息的方法；市场营销人员也可从 MPV 分析中看到呼声最高、最重要的顾客需求；高层管理人员可以利用 MPV 分析方法寻找企业的战略机会。使用 MPV 分析可以强化企业中横向和纵向的交流，帮助我们发现需要改进的产品特性。

第6章　时间序列分析 ARIMA

在实施 DAOV 的过程中,首先是财务的目标是否能够实现。但是财务的数据是一个随着时间不断更新的数据,且对于财务数据而言,我们期望的是财务指标不断增长,因此财务数据不能是一个稳定的正态分布,用简单的统计方法很难对财务数据进行分析,如图 6.1 所示。

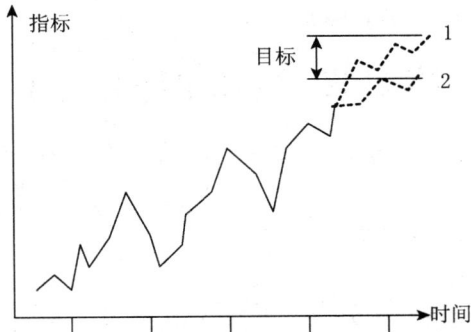

图 6.1　指标一般是一个随时间变化的函数

如果已经确定了财务目标,假设预测财务的增长像图 6.1 曲线 1 一样能够顺利进入目标区域,这说明过去的流程不用改进就能实现目标。但如果财务数据像图 6.1 曲线 2 一样无法进入目标区域,则说明内部流程需要调整。因此预测直接决定了改进的方向和幅度。

当然也可以修改目标,使得预测结果正好在目标以内。但是目标往往是公司从上到下分配的,由客户和公司战略决定,一般无法更改,因此唯一能做的就是改进在职责范围的内部流程。预测对公司非常重要,它使得公司能有效地安排未来的工作计划,比如对销售额的预测,就直接决定了公司人力、生产规模、固定投资等方面的投资规模;对质量指标如返修率的预测,将直接决定和供应商的关系以及售后服务的模式。

时间序列分析的另外一个用途是,如果预测曲线和实际曲线差别较大,就可以把这些点作为异常点,来分析导致异常的原因,进而找到改进业绩的方法。在统计分析中,只有异常点才是最有价值的分析点。

在有很多指标的情况下,DAOV 可以根据预测与目标差距的大小排序决定改进的顺序,首先改进那些离目标最大的指标。

第一节　时间序列分析的理论依据

一、时间序列分析

这是一种根据动态数据揭示系统动态结构和规律的统计方法。其基本思想是根据系统的有限长度的运行记录（观察数据），建立比较精确地反映序列中所包含的动态依存关系的数学模型，并借以对系统的未来进行预报。

二、理论依据

尽管影响现象发展的因素无法探求，但其结果之间却存在着一定的联系，可以用相应的模型表示出来，尤其在随机性现象中。

第二节　平稳时间序列

定义：时间序列$\{X_t\}$是平稳的。如果$\{X_t\}$存在有穷的二阶中心矩，而且满足：

1）$u_t = EX_t = c$。

2）$r(t,s) = E[(X_t-c)(X_s-c)] = r(t-s,0)$。

则称$\{X_t\}$是平稳的。

平稳随机序列的均值和方差都为常数，因此可从图形上直接检验序列的平稳性，比如图 6.1 就不是平稳时间序列。

第三节　自相关系数和偏自相关系数

一、延迟 k 自相关系数（ACF）

对于平稳时间序列 $\{X_t, t \subset T\}$，定义 γ_t 为其延时 k 自协方差函数：

$$\gamma(k) = \gamma(t,t+k) = E(X_t - \mu_t)(X_{t+k} - \mu_{t+k})$$

定义 ACF 如下：

$$\rho_k = \frac{\gamma(t,t+k)}{\sqrt{DX_t \cdot DX_{t+k}}} = \frac{\gamma(k)}{\gamma(0)}$$

二、偏自相关函数（PACF）

偏自相关函数用来考察扣除 X_t 和 X_{t+k} 之间 X_{t+1}，X_{t+2}，$\cdots$，X_{t+k-1} 影响之后的 X_t 和 X_{t+k} 之间的相关性。

$$\varphi_{11} = \rho_1$$

$$\varphi_{k+1,k+1} = \left(\rho_{k+1} - \sum_{j=1}^{k} \rho_{k+1-j}\varphi_{kj}\right)\left(1 - \sum_{j=1}^{k}\rho_j\varphi_{kj}\right)^{-1}$$

$$\varphi_{k+1,j} = \varphi_{kj} - \varphi_{k+1,k+1}\varphi_{k,k+1-j}, j = 1,2,\cdots,k$$

〔例〕 设动态数据 16、12、15、10、9、17、11、16、10、14，求样本均值、样本自相关函数（$SACF$）和偏自相关函数（$SPACF$）（各求前三项）。

1) $\bar{z} = \dfrac{1}{10}\sum z_t = 13$

2) $\rho_1 = \dfrac{r_1}{r_0} = \dfrac{\dfrac{1}{n}\sum\left[(z_t - \bar{z})(z_{t+1} - \bar{z})\right]}{\dfrac{1}{n}\sum(z_t - \bar{z})^2} = -0.53$

$\rho_2 = \dfrac{r_2}{r_0} = 0.24$

$\rho_3 = \dfrac{r_3}{r_0} = -0.218$

$\rho_1 = \dfrac{(16-13)(12-13) + (12-13)(15-13) + \cdots + (10-13)(14-13)}{(16-13)^2 + (12-13)^2 + \cdots + (14-13)^2}$

对于平稳序列，其自相关系数会很快衰减到零，反之，非平稳序列的自相关系数衰减到零的速度比较慢，这就是利用自相关系数图进行平稳性判断的标准。

如果序列平稳，我们就可以对序列进行建模。但是，并不是所有平稳序列都值得建模，只有那些序列之间具有密切相关关系，历史数据对未来的发展有一定影响的序列，才值得我们建模来挖掘历史数据中的有效信息，预测序列未来的发展方向。

如果序列之间没有任何相关性，这种序列称为纯随机序列。从建模角度看，纯随机序列没有分析的价值。

纯随机序列的满足 $\gamma(k) = 0, \forall k \neq 0$，或者 $\rho_k \propto N\left(0, \dfrac{1}{n}\right), \forall k \neq 0$，其中 n 是序列观察期数。

定义统计检验量：

$$Q = n\sum_1^m \rho_k^2 \propto \chi^2(m)$$

$$LB = n(n+2)\sum_{k=1}^m \left(\dfrac{\rho_k^2}{n-k}\right) \propto \chi^2(m)$$

其中，n 为序列观察期数，m 为指定延迟期数。

当取 $\alpha = 0.05$ 时，如果对 $k=6, Q/LB < 12.6; k=12, Q/LB < 21$ 时，可以判定序列是纯随机序列，序列之间没有任何相关关系。

第四节 AR 模型

具有以下结构的模型称为 p 阶自回归模型，记为 $AR(p)$。

$$\begin{cases} x_t = \phi_0 + \phi_1 x_{t-1} + \phi_2 x_{t-2} + \cdots + \phi_p x_{t-p} + \varepsilon_t \\ \phi_p \neq 0 \\ E(\varepsilon_t) = 0, Var(\varepsilon_t) = \sigma_\varepsilon^2 \end{cases}$$

平稳 $AR(p)$ 模型偏自相关系数 $PACF$ 具有 p 步截尾特性，而其自相关系数 ACF 具有拖尾特性，且呈负指数衰减。这个拖尾特性由其 $AR(p)$ 的定义可以直观看出来。

第五节　MA 模型

具有以下结构的模型称为 q 阶移动平均模型，记为 $MA(q)$。

$$\begin{cases} x_t = \mu + \varepsilon_t - \theta_1 \varepsilon_{t-1} - \theta_2 \varepsilon_{t-2} - \cdots - \theta_q \varepsilon_{t-q} \\ \theta_q \neq 0 \\ E(\varepsilon_t) = 0, Var(\varepsilon_t) = \sigma_\varepsilon^2 \end{cases}$$

$MA(q)$ 模型的偏自相关系数拖尾，自相关系数具有 q 阶截尾特性。

第六节　ARMA 模型

将 AR 和 MA 模型结合起来，就是自回归移动平均模型，记为 $ARMA(p,q)$。

$$\begin{cases} x_t = \phi_0 + \phi_1 x_{t-1} + \cdots + \phi_p x_{t-p} + \varepsilon_t + \varepsilon_t - \theta_1 \varepsilon_{t-1} - \cdots - \theta_q \varepsilon_{t-q} \\ \phi_p \neq 0, \theta_q \neq 0 \\ E(\varepsilon_t) = 0, Var(\varepsilon_t) = \sigma_\varepsilon^2 \end{cases}$$

$ARMA(p,q)$ 模型的自相关系数和偏自相关系数都没有截尾特性。

第七节　$ARIMA(p,d,q)$ 模型

根据 Cramer 分解定理，方差齐性非平稳随机序列都可以分解为如下形式：

$$x_t = \sum_{j=1}^{d} \beta_j \cdot t^j + \psi(B) a_t$$

其中 a_t 为零均值白噪声序列。

离散序列的 d 阶差分相当于连续变量的 d 阶求导，因此在 Cramer 定理的保证下，d 阶差分就将 X_t 中蕴涵的确定性信息充分提取了。

d 阶差分的本质是一个 d 阶自回归过程。

如果序列中含有线性趋势，1 阶差分就可以实现趋势平稳；对于一般的曲线趋势，通常低阶 2～3 阶差分就可以提取出来。

具有如下结构的模型称为求和自回归移动模型，记为 $ARIMA(p,d,q)$。

$$\begin{cases} \Phi(B) \nabla^d x_t = \Theta(B) \varepsilon_t \\ E(\varepsilon_t) = 0, Var(\varepsilon_t) = \sigma_\varepsilon^2 \end{cases}$$

其中 ∇^d 为 d 阶差分。

ARIMA(p,d,q)模型的实质就是差分运算与 ARMA 模型的组合。

第八节　ARIMA 预测模型举例

ARIMA 分析模型的步骤如图 6.2 所示,分六步。下面我们结合一个例子,来简单体会一下各步骤的操作过程。

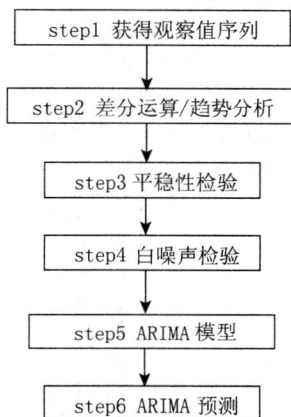

```
step1 获得观察值序列
        ↓
step2 差分运算/趋势分析
        ↓
step3 平稳性检验
        ↓
step4 白噪声检验
        ↓
step5 ARIMA 模型
        ↓
step6 ARIMA 预测
```

图 6.2　ARIMA 预测步骤

本例是从网上下载的某企业各季度的业绩指标,ARIMA 的任务是分析一下 2009 年该企业各季度和全年的业绩指标,为新年度规划提供参考依据。

一、Step1 获得观测值序列

观测值是 1999—2008 年的 10 年财务数据,但 2005 年以前的数据不完整,因此采用 2005—2008 年 Q3(第三季度)的数据进行分析,如表 6.1 所示。

数据不全或者数据不准确是采集数据时经常发生的情况,这都表明了企业经营的不正常。随着现代企业制度的逐步建立,企业管理水平和基础设施的不断完善,这种情况会越来越少。

表 6.1　收集数据　　　　　　　　　　　　（单位:万元）

年份	合同总额	Q1	Q2	Q3	Q4
1999	3890	883	675	1387	946
2000	4269	0	2088	1133	1049
2001	475	475			
2005	10539	1692	2262	2165	4420
2006	13229	2332	2829	4547	3521
2007	19658	2346	3729	5780	7803
2008	13732	1112	6966	4697	957

在数据分析中，一个最直接而且人人都会问的一个问题是，数据是否准确。这个问题本身是问测量系统是否合格的问题，测量系统又是一门很专业的内容，在这里我们不深入研究。但对于涉及金额的问题，除了要考虑货币的升值和贬值情况外，一般我们认为货币数据是准确的。

二、Step2 差分运算/趋势分析

可以采用不同的模型提取数据中的趋势分量，如图 6.3 所示。一般来说，在数据量比较少的情况下，采用差分提取的方法并不可取，因此我们采用曲线拟合的方法，选择不同的曲线，认为拟合最好的曲线代表了数据的平均趋势。

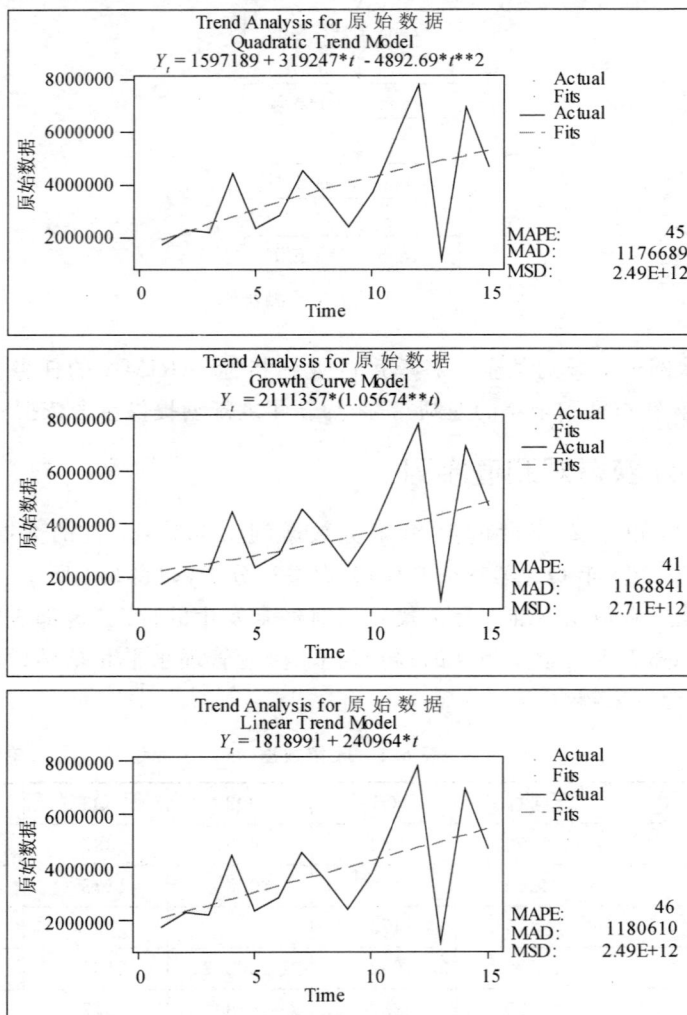

图 6.3　三种不同的趋势图

（上：抛物线拟合；中：增长曲线拟合；下：线性拟合）

本例采用了抛物线、对数曲线和线性回归三种方式进行趋势拟合,从 MAD 和 MSD 两个指标看,上面的抛物线形趋势拟合比较好。

但这个结果有一个到顶的趋势,二次项的系数为负。从数据上看,这意味着业绩到了增长的平顶,增长速度放缓,甚至出现负增长。因此,要保持原来的增长势头,必须从管理上采取特别的措施。

三、Step3 平稳性检验

从平均图可以看出,当抽取平均值之后,残差的波动比较大,这也是金融数据的基本特征。对于这种情况,我们一般是先将数据取对数,然后再做拟合,这样可以减少波动的影响。这里,我们也是先将数据进行对数处理。

抽取了平均值之后,残差的平均值就是零,几乎不会出现一段跟另一段均值不同的情况,况且我们这里的数据不是太多,因此我们认为残差是平稳的。

四、Step4 白噪声检验

白噪声检验是一项很专业的内容,我们在这里忽略。

五、Step5 ARIMA 模型

ARIMA 模型是指根据过去的数据建立模型,确定模型参数。

但 ARIMA 模型一般不是唯一的,可能有几个可选的模型。这里,我们也采用两种模型来讨论。

1. 第一种模型

采用对数数据+抛物线残差+残差的 ARIMA(3,0,2),得到的结果如表 6.2 所示。

表 6.2 第一种模型分析数据

年份	原始数据	对数化	FITS1	REST1	REST2	FITS2	还原	误差			
2005	1692304	6.2285	6.29034	−0.06184	−0.03366	−0.02818	6.262163	1828786	−0.08065			
	2261729	6.3544	6.33924	0.015164	−0.09859	0.113755	6.452995	2837886	−0.25474			
	2165	6.3354	6.3843	−0.0489	−0.15336	0.104454	6.488754	3081442	−0.42347			
	4420	6.6454	6.42553	0.21987	−0.00059	0.220459	6.645989	4425772	−0.00128	12173886	10538882	−0.15514
2006	2332	6.3676	6.46292	−0.09532	−0.00022	−0.0951	6.367819	2332486	−0.0004			
	2829	6.4516	6.49648	−0.04488	−0.00795	−0.03694	6.459544	2881005	−0.01845			
	4547391	6.6578	6.52621	0.131595	0.180128	−0.04853	6.477677	3003841	0.339436			
	3521320	6.5467	6.55209	−0.0539	0.096735	−0.10213	6.449963	2818143	0.199691	11035475	13229088	0.165817
2007	2345636	6.3703	6.57414	−0.20384	0.018623	−0.22247	6.351674	2247367	0.041894			
	3729296	6.5716	6.59236	−0.02076	−0.05539	0.03463	6.62699	4236332	−0.13596			
	5779725	6.7619	6.60674	0.15516	−0.04219	0.197351	6.804091	6369290	−0.10201			
	7803033	6.8923	6.61728	0.275015	0.199791	0.075225	6.692505	4926120	0.368692	17779109	19657692	0.095565
2008	1111837	6.046	6.62399	−0.57799	−0.13197	−0.44602	6.177969	1506500	−0.35496			
	6965529	6.843	6.62687	0.216133	0.038845	0.177287	6.804157	6370258	0.08546			
	4697467	6.6719	6.62591	0.045995	−0.03871	0.084701	6.710611	5135834	−0.09332			

表中最后一列为各年份预测值和实际值的误差。2007 年的误差是 9.5％，2005 年和 2006 年的误差都在 15％ 左右。从工程上讲，这样的误差应该是可以接受的。同时，从拟合曲线和实际曲线的趋势看也比较吻合，如图 6.4 所示。

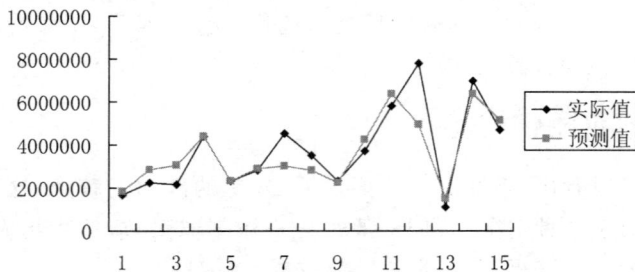

图 6.4　第一种模型拟合效果

2. 第二种模型

采用对数数据＋抛物线残差＋残差的 ARIMA(3,0,0)，得到的结果如表 6.3 所示。

表 6.3　第二种模型分析数据

年份	原始数据	对数化	趋势均	趋势残差	残差残差	R残差	残差拟合	还原	误差			
2005	1692304	6.2285	6.29034	−0.06184	0.000189	−0.06202	6.228316	1691671	0.000374			
	2261729	6.3544	6.33924	0.015164	−7.6E−05	0.01524	6.35448	2261934	−9.1E−05			
	2164746	6.3354	6.3843	−0.0489	0.001468	−0.05037	6.333931	2157402	0.003393			
	4420103	6.6454	6.42553	0.21987	0.121257	0.098613	6.524143	3343051	0.243671	9454058	10538882	0.102935
2006	2331564	6.3676	6.46292	−0.09532	0.102633	−0.19796	6.264963	1840615	0.210566			
	2828813	6.4516	6.49648	−0.04488	0.039899	−0.08478	6.411698	2580465	0.087792			
	4547391	6.6578	6.52621	0.131595	0.203789	−0.07219	6.454016	2844566	0.374462			
	3521320	6.5467	6.55209	−0.00539	−0.00939	0.004001	6.556091	3598247	−0.02185	10863893	13229088	0.178787
2007	2345636	6.3703	6.57414	−0.20384	−0.11366	−0.09018	6.483957	3047593	−0.29926			
	3729296	6.5716	6.59236	−0.02076	−0.11132	0.090561	6.682921	4818601	−0.29209			
	5779725	6.7619	6.60674	0.15516	−0.09152	0.246682	6.853422	7135460	−0.23457			
	7803033	6.8923	6.61728	0.275015	0.21226	0.062755	6.680035	4786687	0.386561	19788342	19657692	−0.00665
2008	1111837	6.046	6.62399	−0.57799	−0.13818	−0.43982	6.184174	1528178	−0.37446			
	6965529	6.843	6.62687	0.216133	0.050573	0.16556	6.79243	6200547	0.109824			
	4697467	6.6719	6.62591	0.045995	−0.06543	0.111429	6.737339	5461840	−0.16272			

从最后一列数据的误差看，2007 年的误差为 0.6％，2005 年的误差为 10％，比第一种模型改进了，而 2006 年的误差 17％，较之第一种模型的 16％，也可以认为基本没有改变。显然，综合来看，第二种模型优于第一种模型，如图 6.5 所示。

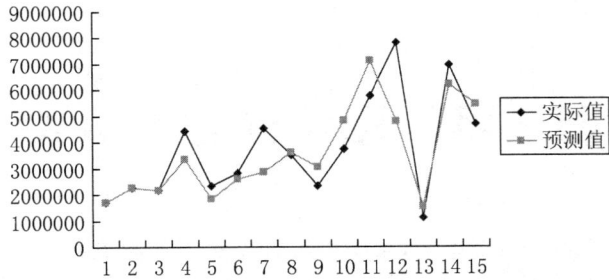

图 6.5　第二种模型拟合效果

　　我们还做过其他一些尝试,结果都不如上面第二种模型的结果好。因此我们选第二种模型进行 2009 年数据的预测。

六、Step6 ARIMA 预测

　　由于总共只有 15 个数据,因此按照 $n/4$ 原则顶多只能预测 4 个数据。预测结果的数据和分布如表 6.4 与图 6.6 所示。

表 6.4　采用第二种模型预测数据

年份	季度	下限	预测均值	上限
2008	Q4	4891488	8412189	14466917
2009	Q1	472662.3	1045473	2312469
	Q2	3282774	7267566	16089332
	Q3	1942791	4304156	9535643

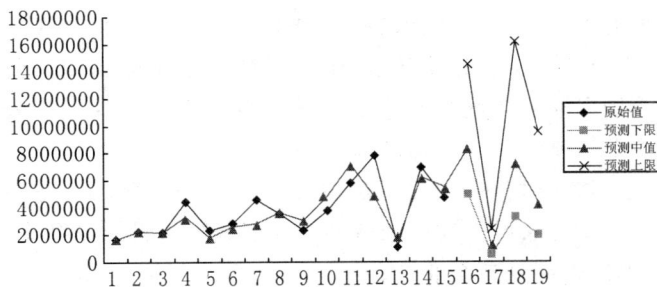

图 6.6　第二种模型预测数据

　　通过以上实际案例分析,我们可以了解 ARIMA 分析的基本过程。但由于 ARIMA 本身是很专业的技术,所以要真正掌握它并不是那么容易。

第7章 平衡计分卡 BSC

创新思维的核心是系统思维,系统思维首先必须将对象看成一个复杂系统,各个部分不能简单地区别为因和果的关系。系统思维相对于简单思维而言,最重要的区别体现在对原因的改进上。比如金融危机的一个原因是人的贪婪,但这个原因如何改进呢?在一个复杂系统中,原因和结果的关系不是孤立的,它们之间的相互影响非常复杂,甚至还有一些根本不能为人所知的潜在影响,所以对因果关系要以一种复杂的态度来对待。

现代管理的一个主要特点就是要打破自泰勒管理以来形成的部门分割的状况,通过流程形成全公司、市场和内部一体化的管理模式。从相互作用层面上看,就是要将原来的短程相互作用,改变为长程相互作用,使整个公司都处于一种自组织状态,全公司形成一盘棋,最大限度利用各种资源,以赢得市场的成功。

平衡计分卡(balanced score card,BSC)正是在这种系统思考管理模式下适时推出的一种管理方法,它将公司分成四个层面,将将最高层的战略化具体化为每天的每个人的行动,从而使公司的战略目标既可以跟踪,也可以预期。

第一节 BSC 简介

哈佛商学院的卡普兰教授和诺兰·诺顿研究所的所长诺顿先生于1990年开始研究平衡计分卡。他们认为财务业绩衡量法有可能已经过时了,所以他们花了一年时间研究新的衡量方法。初步的结果刊登在1992年和1993年的《哈佛商业评论》上。1996年出版的《平衡计分卡》阐述了整个系统的运作。西尔斯公司、美孚石油公司和信诺保险公司就是几家从平衡计分卡方法中受益的公司,平衡计分卡帮助它们实现了战略转变和公司改革。

卡普兰和诺顿认为财务业绩衡量法主要是对过去情况的描述,而不能说明未来潜力。财务业绩衡量法可以被用来帮助企业将其财务目标同整个的公司战略联系起来,但是这不足以衡量整个业绩。

他们提出了新的衡量法:①公司应该评价是否达到顾客的要求;②公司应该检查内部业务流程有没有改进,质量和效率的目标是否达到;③公司必须衡量组织的学习能力和发展能力。

卡普兰和诺顿强调没有什么方法是万能的。他们把只按照一个尺度去衡量公司业绩的做法比作飞行员飞行时只注意速度而不注意高度,在实施一项战略时如果缺乏全面的观点就会出现问题。

平衡计分卡还是一种执行战略的方法。经理们必须绘制一份战略地图,把目标分解成四个方面:财务业绩、顾客满意度、内部流程的改进和组织的学习能力。每个人都必须注意将计划和预算结合起来考虑。

平衡计分卡理念的核心是整合。公司必须控制从事着不同工作、发挥着不同职能的部门。平衡计分卡提供了一个制定共同目标、从共同的基础出发制订计划和按照同一个标准衡量绩效的机会,其结果就是实现整体绩效管理。

平衡计分卡最具创造力的一点就是能像军事地图一样把战略目标和关键成功因素以及战略、战术行动方案按因果关系描绘在一张图上,即战略地图;战略地图不仅使战略变得一目了然,公司战略横向、纵向沟通变得非常简单,也使公司预算、资源配置更加科学合理。

平衡计分卡是一套科学的管理控制体系,和企业自我诊断的危机预警体系,有助于协调公司各部门之间的冲突,并能通过日常管理培育核心能力,塑造差异化优势。

第二节　BSC 的结构

平衡计分卡从财务、客户、内部业务流程、学习和成长四个平衡的层面将公司的战略目标转变为特定的指标和目标,并以此来考查公司的业绩,如图 7.1 所示。

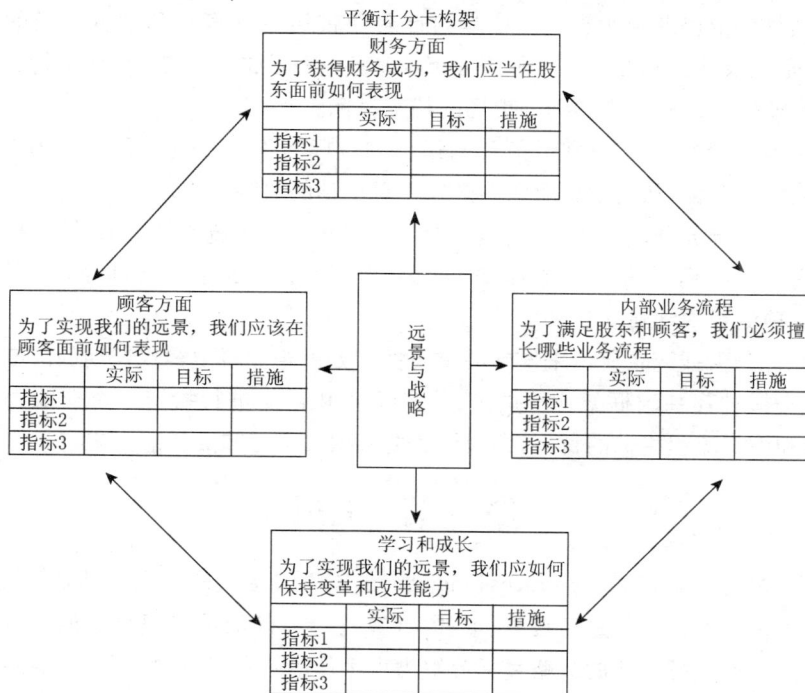

图 7.1　BSC 结构图

同时,平衡计分卡指出了公司实现战略目标的驱动因素和结果指标,阐明了驱动指标和结果指标之间的因果关系,将企业战略通过一系列指标和目标以及它们之间的链接反映出来,并转化为企业的日常行为,从而成为企业战略执行管理的工具,如图 7.2 所示。

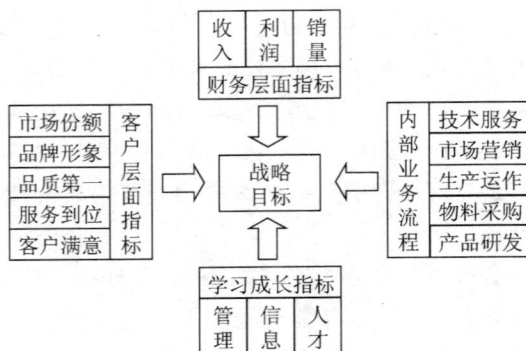

图 7.2　BSC 指标示意图

平衡计分卡的每个指标都是因果关系链的一环,其最终结果是提高财务业绩,因而财务目标成为平衡计分卡的所有其他层面的指标和目标的核心,并与其他层面的活动相联系。

平衡计分卡协助企业辨别并衡量自己希望带给目标客户和细分市场的价值主张,并使企业根据目标客户群体和细分市场来调整自己的客户指标,从而将企业的使命和战略转变为目标客户和细分市场的特定目标。

在平衡计分卡中,内部业务流程的指标和目标源于满足股东和目标客户期望的明晰的战略和目标,从而使企业明确必须表现卓越的关键流程。

就建立内部业务流程指标而言,一般需要先建立内部流程的价值链:价值链的开端为创新流程,接下来是经营流程,末端为售后服务。内部业务流程指标则基于价值链上的各项流程活动建立起来。

平衡计分卡强调企业未来发展的重要性。如果企业希望实现长期的战略和财务目标,就必须对其基础框架——员工、信息系统和程序进行投资。企业能否实现财务、客户和内部流程指标的目标,归根结底要根据其学习和成长能力来定。

第三节　KPI

企业关键业绩指标(key process indication,KPI)是通过对组织内部某一流程的输入端、输出端的关键参数进行设置、取样、计算、分析,以衡量流程绩效的一种目标式量化管理指标,是把企业的战略目标分解为可运作的远景目标的工具,是企业绩效管理系统的基础。

KPI 是根据 BSC 的结构进行定义的。首先明确企业的战略目标,找出企业的业务重点。然后,各系统的主管对相应系统的 KPI 进行分解,确定相关的要素目标,分析绩效驱动因素(技术、组织、人),确定实现目标的工作流程,分解出各系统部门级的 KPI,确定评价指标体系。接着,各系统的主管和部门的 KPI 人员一起将 KPI 进一步细分,分解为更细的 KPI 及职位的业绩衡量指标,这些业绩衡量指标就是员工考核的要素和依据。在定义 KPI 的过程中,需要各级部门主管和员工充分沟通,这个过程就是一个讨价还价的过程。

一个好的 KPI 指标要满足 SMART 原则。

specific 具体明确的

measurable 可衡量的

achievable 可实现的

relevant 工作相关的

time 时间

建立 KPI 的过程就是一个理清公司这个复杂系统的层次、结构以及运动的过程,因此这个过程本身就是一个全员参与的过程。

第四节 KPI 与绩效管理

绩效管理是管理方和员工就目标及如何实现目标达成共识的过程,是增强员工成功地达到目标的管理方法。管理者给下属订立工作目标的依据来自部门的 KPI,部门的 KPI 来自上级部门的 KPI,上级部门的 KPI 来自企业级 KPI。只有这样,才能保证每个职位都是按照企业要求的方向去努力。但这并不是说每个职位只承担部门的某个 KPI,因为越到基层,职位越难与部门 KPI 直接相关联,但是它应该对部门 KPI 有所贡献。

每一个职位都影响某项业务流程的一个过程,或影响过程中的某个点。在订立目标及进行绩效考核时,应考虑职位的任职者是否能控制该指标的结果,如果任职者不能控制,则该项指标就不能作为任职者的业绩衡量指标/标准。

使用 KPI 的最终目标是企业组织结构集成化,是以提高企业的效率为中心,精简不必要的机构、不必要的流程以及不必要的系统。严格说来,没有任何两个职位的内容是完全相同的,但相同性质的不同职位可以利用相同的 KPI 或衡量指标。相同职位的两个不同的任职者,虽共用相同的指标,但因其能力和素质水平不同,可以制定不同水平的目标。

绩效管理最重要的是让员工明白企业对他的要求是什么,明确他将如何开展工作和改进工作,他的工作的报酬会是什么样的。主管回答这些问题的前提是他清楚地了解企业对他的要求是什么,对所在部门的要求是什么,说到底,也就是了解部门的 KPI 是什么。同时,主管也要了解员工的素质,以便有针对性地分配工作,制定目标。

绩效考核是绩效管理循环中的一个环节,绩效考核主要实现两个目的:一是绩效改进;二是价值评价。面向绩效改进的考核遵循 PDCA 循环模式,它的重点是问题的解决及方法的改进,从而实现绩效的改进。它往往不和薪酬直接挂钩,但可以为价值评价提供依据。这种考核中,主管对员工的评价不仅反馈员工的工作表现,而且可以充分体现主管的管理艺术。因为主管的目标和员工的目标是一致的,且员工的成绩也是主管的成绩,这样,主管和员工的关系就比较融洽。主管在工作过程中与下属不断沟通,不断辅导与帮助下属,不断记录员工的工作数据或事实依据,这比考核本身更重要。

一个科学合理的战略地图应该有多少个指标才算基本合理呢？在四个视角的分配达到一个什么的比例才算科学呢？根据 Best Practices 公司对成功导入平衡计分卡的 32 个组织的研究资料显示:这些成功应用 BSC 的公司,他们战略地图的指标数都在 20 左右,所有这些指标在四个层面上的典型分配比例如下:

财务　20%左右　　　　　内部流程　　40%左右
客户　20%左右　　　　　学习与成长　20%左右

DAOV 的项目来源正是基于对 KPI 的改进。

第五节　战略地图

在对实行平衡计分卡的企业进行长期的指导和研究的过程中,罗伯特·卡普兰和戴维·诺顿发现,企业由于无法全面描述战略,管理者之间及管理者与员工之间无法沟通,对战略无法达成共识。平衡计分卡只建立了一个战略框架,而缺乏对战略进行具体而系统、全面的描述。2004 年 1 月,两位创始人的第三部著作《战略地图——化无形资产为有形成果》出版。

战略地图是在平衡计分卡的基础上发展来的,与平衡计分卡相比,它增加了两个层次,一是颗粒层,每一个层面下都可以分解为很多要素;二是增加了动态层面,也就是说战略地图是动态的,可以结合战略规划过程来绘制。

战略地图是以平衡计分卡的四个层面目标(财务层面、客户层面、内部层面、学习与成长层面)为核心,通过分析这四个层面目标的相互关系而绘制的企业战略因果关系图。

战略地图的核心内容包括:企业通过运用人力资本、信息资本和组织资本等无形资产(学习与成长),才能创新和建立战略优势和效率(内部流程),进而使公司把特定价值带给市场(客户),从而实现股东价值(财务)。其具体绘制步骤如下。

Step 1:确定股东价值差距(财务层面),比如说股东期望五年之后销售收入能够达到五亿元,但是现在只能达到一亿元,距离股东的价值预期还差四亿元,这个预期差就是企业的总体目标。

Step 2:调整客户价值主张(客户层面),要弥补股东价值差距,要实现四亿元销售额的增长,对现有的客户进行分析,调整你的客户价值主张。客户价值主张主要有四种:第一种是总成本最低,第二种强调产品创新和领导,第三种强调提供全面客户解决方案,第四种是系统锁定。

Step 3：确定价值提升时间表。针对五年实现四亿元股东价值差距的目标，要确定时间表，第一年提升多少，第二年、第三年多少，将提升的时间表确定下来。

Step 4：确定战略主题（内部流程层面），要找关键的流程，确定企业短期、中期、长期做什么事。有四个关键内部流程：运营管理流程、客户管理流程、创新流程、社会流程。

Step 5：提升战略准备度（学习和成长层面），分析企业现有无形资产的战略准备度，具备或者不具备支撑关键流程的能力，如果不具备，找出办法来予以提升，企业无形资产分为人力资本、信息资本、组织资本三类。

Step 6：形成行动方案。根据前面确定的战略地图以及相对应的不同目标、指标和目标值，再来制订一系列的行动方案，配备资源，形成预算。

图 7.3 是战略地图标准模板，它保留了平衡计分卡的基本框架，同样是"财务、客户、内部流程、学习与成长"四个基本层面，但又有新的发展，表现为每一个层面更加细致，增加了两个层次的东西，一是颗粒层，大家可以看到每一个层面下都可以分解为很多要素；二是增加了动态的层面，也就是说战略地图是动态的，可以结合战略规划过程来绘制。

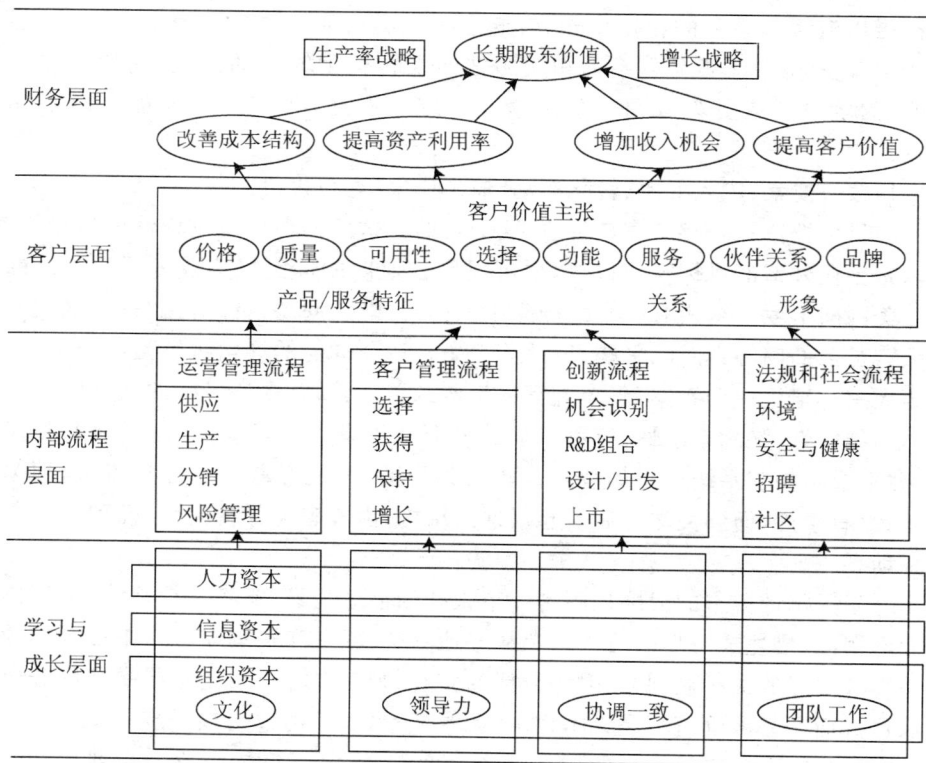

图 7.3 战略地图为企业创造价值

第8章 流程分析

本章将介绍流程的概念和 SIPOC 流程模型的内容,说明从宏观角度观察流程的价值,并体验用流程的角度和方式来思考和处理问题,了解如何使用流程步骤来识别那些影响最大的流程环节。

第一节 认识流程

流程是一系列的活动或事件的组成,可以是渐变的连续型流程,也可以是突变的断续型流程。在企业管理理论中,有几种代表性的流程定义:ISO9000 定义业务流程是一组将输入转化为输出的相互关联或相互作用的活动。M. 哈默认为流程是把一个或多个输入转化为对接受者有价值的输出的活动。T. H. 达文波特指出流程是系列的特定工作,有起点、终点,有明确的输入资源和输出成果。H. J. 约翰逊认为流程是一系列相关的把输入转化为输出的活动,它增加输入的价值,为客户创造更为有用有效的输出。综上所述,我们总结流程有以下几个特点。

1) 核心要素:输入资源、转化活动、输出成果、客户价值。

2) 目标性:一切围绕"客户价值"这个目的。这里的客户是流程输出的接受者,可以是企业外部的目标客户群体,也可以是企业内的部门机构或者下一阶段的流程。美国南卡罗来纳州有一家生产床单的公司,老板问每一位员工"你们的职责是什么",员工们回答:会计、采购、设计等。老板说:"你们的答案都不是我想要的,我希望大家都牢记一个答案:每个人都在生产床单,为顾客生产最好的床单!"

3) 结构性:又称系统性,流程里面的各要素不是单一孤立的,而是彼此相互关联,并形成结构与系统。正如彼得·圣吉倡导的"系统思考",由看片段,而到关注整体;由看事件,而到关注背后引起事件的结构;由静态地分析变因,而到关注其间的互动。

基于平衡计分卡的战略地图是一个很好的描述工具,能将企业战略、创新体系等无形资源,描述成有形的资产。在战略地图中,股东和资本在企业中最基本的要求是财务层面的最终盈利,而财务目标的实现,则来自客户对企业产品和服务价值的认可。而产品和价值不是无本之木、无源之水,而是通过流程一步一步地生产出来、体现出来,再传递给客户的。从这个角度看,流程不仅是企业一系列活动的组织结构,还体现并承载着企业的核心竞争力。帕哈拉德提出了"树型说":公司好比一棵大树,树干主枝是核心业务,分支是业务单元,果实是最终产品。核心竞争力就是提供养分、稳固树身的根。我们认为,流程就是与树型匹配、输送养分的系统。流程的活动决定了企业的经营范围,特别是经营的广度和深度,流程竞争能力的差异决定了企业效率以及收益的差异。

MBL 是美国一家大型人寿保险公司,从顾客填写保单开始,直到信用评估、承保、开具保单等一系列流程,其间包括 30 个步骤、跨越 5 个部门、经过 19 个岗位,通常耗时约 10～25 天。为了提高企业竞争力,MBL 总裁提出将效率提高 60% 的目标。这个目标是不可能通过各岗位员工的加班和效率提高等来实现的。唯一的方案是进行流程的全面审视,从事件背后的流程结构上来解决问题。MBL 的新流程是设立一个流程处理专员——专案经理的职位,集所有保险申请作业流程于一身,同时建立信息共享系统,因此申请程序紧密相连,省去很多公文往返的时间。新的流程下,顾客完成一份保单只需要 4 小时。

客户是企业产品或服务是否具有价值的唯一评价者。而客户则是通过流程的输出结果来评价最终产品或服务的。但作为企业的内部人员,则要着眼于流程系统,这样能更有效、更根本地改善或提高产品/服务的价值。

美国底特律一家汽车配件公司,在引擎盖装配流程上,他们费尽心思,但仍无法达到日本人以较低的价格却仍保持超水准的精密度和可靠性的水平,于是他们拆解了一辆日本汽车,他们发现,引擎盖上有三处连接部位,日本人使用相同的连接件去结合不同的部位,而美国厂商却使用了三种不同的连接件,使得装配流程较慢而且成本较高。为什么美国厂商要使用三种不同的零件呢?因为他们有三个设计流程,每个流程的设计团队只对自己的零件负责。而日本公司则是统合一个流程由一组工程师负责整个引擎的装配设计。美国公司看似煞费苦心实施了岗位能力提升和注重效率的措施,每组工程师也都认为自己是成功的,都认为自己零件的设计和性能很优秀,但却没有提升整体的效率。

我们回溯 TRIZ 创新理论所倡导的解题思路,面对发明性的实际问题,不急于直接探求解决方案,而是先将实际问题转化为抽象问题模型或矛盾模型,在抽象层面对问题进行分析求解,获得抽象方案后,再结合实际条件得出实际方案。这和我们在处理一些复杂统计时,先建立数学模型并应用数学公式解决后,再得出实际解决方案是一致的。这是科学的、符合人类认知规律和创新规律的方法流程。不仅仅是 TRIZ,一些常用的思考技巧,如头脑风暴、形态分析法等都是事件处理的思考流程。然而,很多时候人们似乎并不愿意以流程的方式、系统的角度去审视和思考问题,人们习惯于孤立地思考。

第二节　SIPOC 模型

SIPOC 模型(supplier:供应商;Input:输入;process:流程;output:输出;client:客户)是质量大师戴明提出来的组织系统模型,用于流程管理和改进的技术,如图8.1所示。

图 8.1　SIPOC 模型图

1）供应商：向核心流程提供关键信息、材料或其他资源的组织。之所以强调"关键"，是因为一个公司的许多流程都可能会有为数众多的供应商，但对价值创造起重要作用的只是那些提供关键要素的供应商。

2）输入：供应商提供的资源等。通常会在 SIPOC 图中对输入的要求予以明确，例如输入的某种材料必须满足的标准，输入的某种信息必须满足的要素等。

3）流程：使输入发生变化成为输出的一组活动，组织追求通过这个流程使输入增加价值。

4）输出：流程的结果即产品。通常会在 SIPOC 图中对输出的要求予以明确，例如产品标准或服务标准。输出也可能是多样的，但分析核心流程时必须强调主要输出，甚至有时只选择一种输出，判断依据就是哪种输出可以为顾客创造价值。

5）客户：接受输出的人、组织或流程，不仅指外部顾客，而且包括内部顾客，例如材料供应流程的内部顾客就是生产部门，生产部门的内部顾客就是营销部门。对于一个具体的组织而言，外部顾客往往是相同的。

不论一个流程结构的规模有多大，跨岗位、跨部门甚至跨企业的合作流程，我们都可以用一个五列的 SIPOC 的产品开发流程的模型框架来描述，如图 8.2 所示。

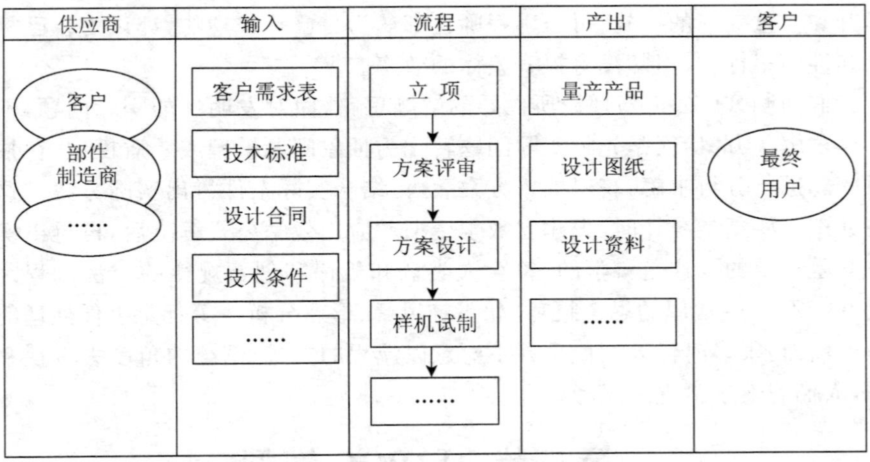

图 8.2　产品开发流程的 SIPOC 模型

通常应用 SIPOC 模型，能把纷乱庞杂的工作项目梳理成流程结构，尤其善于从宏观的角度来审视和理解流程，能防止流程分析时的范围扩张，能较清晰地把相关部门、工作内容等放入模型,剔出冗杂部分。应用 SIPOC 流程模型,还可展示出各项工作和涉及的部门、岗位之间的互动关系,从而突出改进工作的领域,并且能确保流程对客户的关注。

实际上绘制 SIPOC 模型的过程本身,也是很有价值和意义的,它是对企业各项流程进行剖析和梳理的过程。譬如在绘制 SIPOC 模型之初,首先要理清为什么这个流程会存在,此流程的目的是什么,它的产出物、它给客户带来的价值是什么等。还有以下的一些问题,对这些问题的解答都有助于对流程的分析和理解。

1)关于输出:这个流程生产什么产品?这个流程的输出结果是什么?这个流程在什么时候结束?

2)关于客户:谁将使用由这个流程生产的产品?谁是这个流程的客户?

3)关于输入/供应商:所使用的信息或资料来自何处?谁是供应商?他们提供什么?他们在哪里影响了流程?他们对流程和结果有什么影响?流程步骤对每个输入产生什么影响?发生了什么转化的活动?

SIPOC 流程模型还有一个重要指导意义在于,它将过去一直被人们当做组织以外的部分即客户和供应商,与流程主体部分放在一起,作为一个整体来研究。根据流程所涉及的跨岗位跨部门的规模,流程也可分为局部流程和系统流程。如京广线铁路,从北京到广州是京广线的端到端,而其中广州到长沙只是京广线的一段,就好像企业相邻部门之间的流程。那么企业里京广线般的系统流程是什么呢?又是怎样的呢?

DAOV 理论认为,从企业全局来看,核心的系统流程应该是两头在外的端到端的系统流程,即流程的"供应商"和"客户"都应该来自市场,例如产品的开发流程。产品开发项目的立项,除了考虑企业自身的资源和发展战略,更重要的是要把握来自市场的变化和需求,而最终项目开发完成的产品,也要切实给最终用户带来增值。这种端到端的流程就是企业运转的大动脉,从一定意义上讲,部门间的局部流程只是实现端到端流程的手段,对局部流程的优化不能解决根本性问题,更不会实现全局的优化。

美国生产与质量中心(America Product & Quality Center,APQC)在 1996 年提出了企业端到端的核心流程的类别,并在 2006 年进行了修订,一共有两大类 12 个子类别的核心流程,如图 8.3 所示。

不同的企业发展到不同的阶段,可以根据实际情况来识别自己端到端的 SIPOC 核心流程,并不是 12 个类别中的每个流程都可以在企业中找到。

第三节 产出率的概念

下面我们了解如何使用流程步骤来识别:改进哪些环节会带来最大的影响。这里介绍流程产出率(yield)的概念。

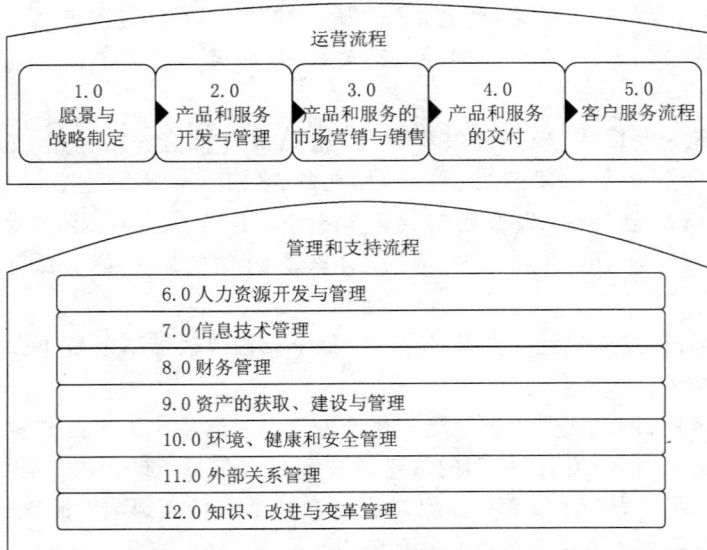

图 8.3　APQC 端到端企业流程

举例说明：一个公司生产流程上的某个岗位，员工每天的工作有多项程序，每个过程都有可能出错，而公司所能容忍的是每天最多有一次小错误发生。那么，如果这个员工每天不出错或者仅出一次错（在容忍范围内）就可以定义为一个机会。如果出现超出一次的差错就被认定为缺陷。

我们为每个流程步骤收集产出率的测量数据，并计算流通合格率为整个流程建立基线，结果如图 8.4 所示。

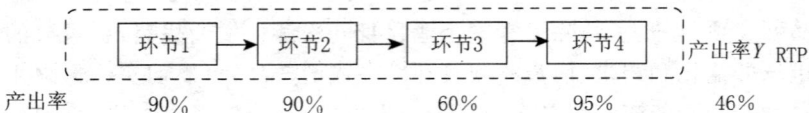

图 8.4　产出率示意图

根据对流程各环节产出率的差别，建议以最低的产出率为子流程重新绘制流程图，锁定问题环节。在分析流程产出率时，要确保收集的产出率数据展示了真实的情况。有些时候，流程环节中的检查步骤去除了缺陷部件，导致结果无法准确地反映事实情况。

通过上述的介绍，有助于我们了解流程的 SIPOC 模型和其绘制过程与所展示的内容，确认流程项目的界限，认清流程中产出率最低的工作步骤，发掘能给企业带来更大影响的、新的利益相关者之间的关系，进而优化、改造现有流程，使流程输出的产品/服务更好地满足客户的需求。

第四节 流程图类型

当企业各项流程运转起来时,若最终输出产品出现许多缺陷,这不会是产品自己"犯错误",其原因是制造产品的流程出现了错误,或流程没有被有效地执行。为了改进流程的产出率,需要能够查清流程中的问题,并找到更好、更有效的方式来完成相同产品的输出。

为了更好地了解流程,首先需要创建流程图,通过绘制流程图的过程以及完成的流程图本身,建立关于流程的共同理解,阐明流程中的步骤,揭示流程的运作,发掘流程中的问题,识别流程中哪些步骤是增值的,哪些是非增值的;在流程中识别改进机会,如复杂性、浪费、延误、低效和"瓶颈"等环节。

任何系统都是分层次的。DAOV 中也把企业流程划分为不同规模和层次,在不同级别上定义关键企业流程项目,如图 8.5 所示。

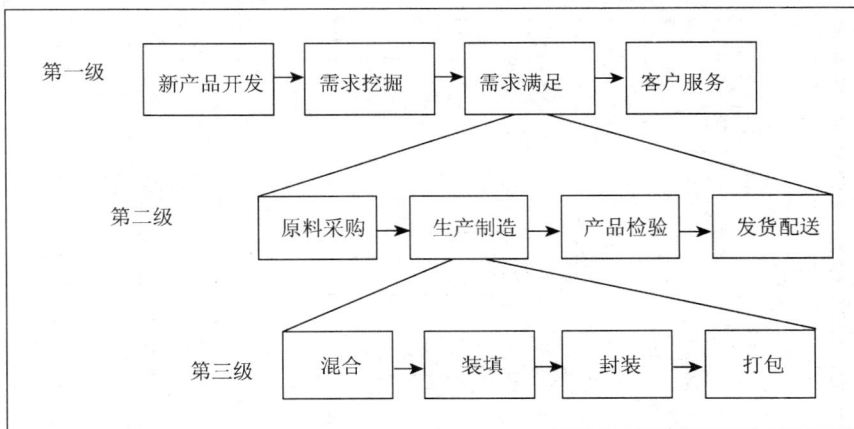

图 8.5　项目的不同层次

第一级:企业中最高级别的观点,往往是端到端的核心流程。

第二级:与几个部门相关或在整个部门或工作场所的工作。

第三级:特定流程的详细观点。

下面介绍两种流程图类型:活动流程图与调度流程图,如图 8.6 所示。

在 SIPOC 分析中,我们可能创建了宏观的流程图,但它仅仅展示了流程的基本步骤。为了足够详细地了解现状,可能会发现我们需要更具体的流程图。详细程度随需求和环境而变化,在每一步骤下可以写出额外的信息,这种更详细的流程图被称为活动流程图。

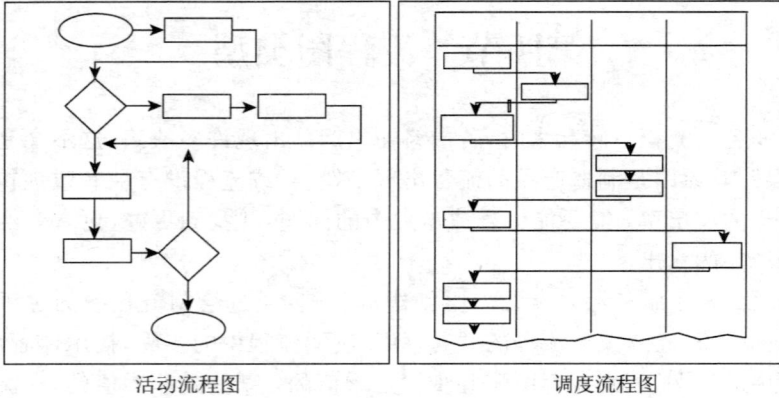

活动流程图　　　　　　　　　　　调度流程图

图 8.6　活动流程图和调度流程图

如图 8.7 的酒店入住流程，活动流程图关注流程中发生了什么。它经常捕获决策点、返工环节、复杂性等。

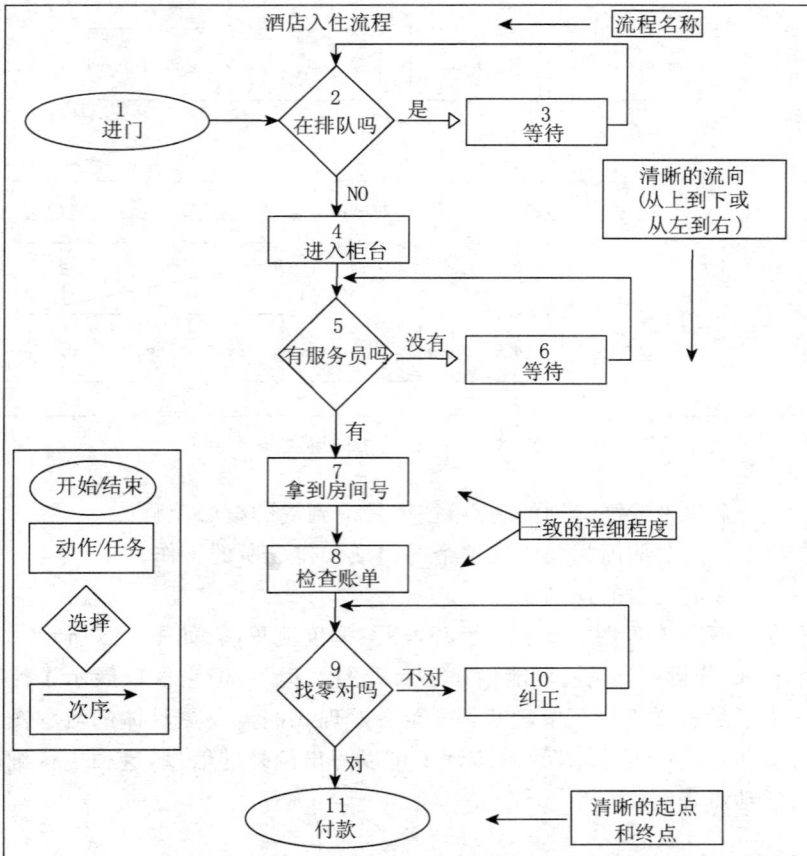

图 8.7　活动流程图举例

调度流程图展示了流程中的详细步骤以及每个步骤涉及到什么人或小组。它们对于包含人员或部门之间信息流的流程非常有用，因为其突出了转接的区域，如图 8.8 所示。

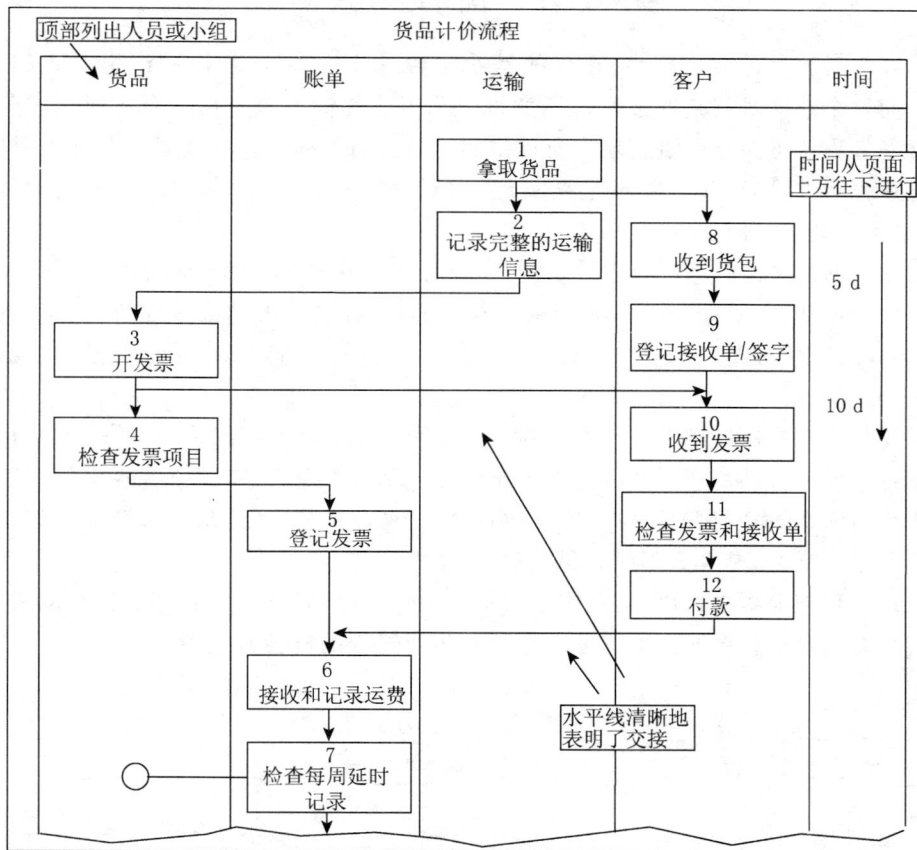

图 8.8　调度流程图举例

流程图的基本创建步骤如下。

1) 头脑风暴的步骤：写在自粘纸或在挂板上；确保包含做错事情时产生的步骤。

2) 按次序排列步骤：在流向上保持一致；时间必须都是从上到下的，或从左到右的；使用合适的流程图符号。

3) 检查遗漏的步骤或决策点。

4) 对步骤编号。

创建完成的流程图可以提供四种角度分析流程。

1) 您认为流程是什么。

2) 事实上流程是什么。

3) 流程可能是怎么样的。

4) 流程应该是什么样的。

在 DAOV 项目的这个阶段，我们试图按现状定义现状。因此，流程图应该分析流程中事实上发生的情况。

第五节　流程图分析

我们对流程进行分析，根本目的是希望通过分析改进，让流程产生更大的效益。而这个效益最终是通过客户愿意付费购买流程输出的产品和服务所实现的，也就是客户认可并接受流程输出所提供的价值。但流程中有些步骤环节并不是客户愿意付费的，即这些步骤不是在实现这个价值，即关于流程环节"增值活动"与"非增值活动"的分析。

增值活动：客户愿意为它付款的步骤，而且第一次就做对无须纠错。

非增值活动：对于产生输出结果并不关键，没有为输出结果添加价值；包括缺陷、错误、遗漏、准备工作、控制/检查、过量生产、处理、库存、运输、动作、等待、耽误等活动步骤。

譬如人们在医院拿药，"尽快得到药品"是人们希望得到的价值，其中如"付费后系统立即告知药房所需药品"、"药剂师在药库中查找药品"、"语音提示领取"等属于增值活动，而"付费排队"、"交药单排队"、"药品缺货"、"药房内部药品登记"等属于非增值活动，是客户不愿意付费的。

在流程图分析中，可以通过突出增加了浪费程度和复杂性的步骤，将活动流程图转化为机会流程图。图 8.9 是一个纸夹生产过程的机会转换图。

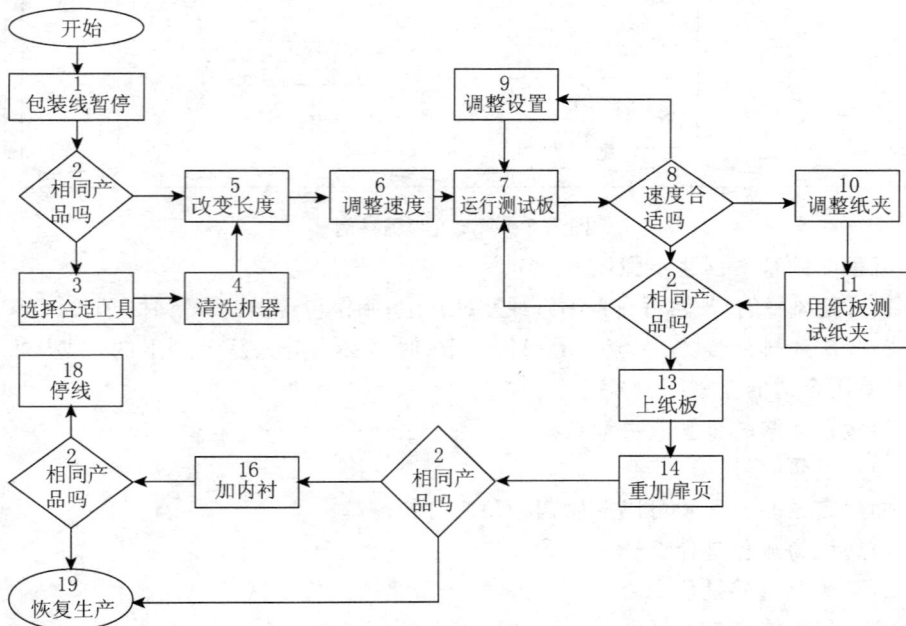

图 8.9　机会转变流程

表 8.1 是某企业的生产流程工序步骤,总步骤有 65 个,但其中属于增值步骤的只有 6 个,占总步骤不到 10%,总步骤耗时 2625 分钟(约 43 小时),其中增值步骤耗时 20 分钟,约占总耗时的 7%。在这个例子中的所有增值步骤只对企业产生价值,没有客户增值步骤。

表 8.1　流程价值分析

活 动	时间	
	增值	不增值
运物车上午 10:00 到达操作台		
材料匹配		5 分
运到操作台并登记		1 分
锁进安装架		
放进温室		16 小时
等待		
匹配成对		
等待(双检查)		2 分
等待(登记)		2 分
把材料运到侧台		5 分
安装和拉伸测试	35 分	
装袋		1 分
等待		11 小时
运到预定操作台		
等待		10 分
检查登记		5 分
等待		1～2 小时
……		

对流程图的分析,还用于确定流程的"瓶颈",如图 8.10 所示。"瓶颈"是指所有其能力限制了通过流程的信息或物料总量的资源,资源的能力比提出的需求低或者一样。

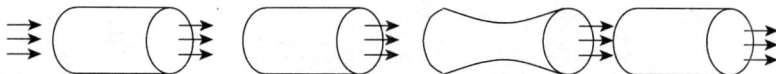

图 8.10　流程"瓶颈"示意图

本章小结

现在,经过详细的流程分析,我们可以发现流程中的哪些项活动产出率最低、周期时间最长、非增值工作量最大,这就是我们要关注的改进流程的环节,然后我们可以重新审查项目大纲,甚至可以重新审视设计本身。

第9章 财务预算

DAOV 项目是否值得开展,唯一的原因是能否现在或者将来给公司带来可观的财务收益。在市场化企业中,财务收益是项目的唯一决定因素。对于军工企业,情况有所不同,除了财务指标之外,还要肩负国家建设的其他方面,所以财务收益只是决定项目是否开展的一个参考因素。

第一节 财务收益组成

财务收益是 DAOV 项目的基本特性。DAOV 项目开展的最终目的是通过 DAOV 卓有成效的改进,增加产品的价值,提高产品的理想度,进而提升产品的满意度。满意度和产品的市场占有率之间存在线性的对应关系。因此 DAOV 财务的实现,最终是通过客户这个对象的满意与否来实现的。

DAOV 财务收益,基本上可以分为两部分进行计算。第一部分是短期的财务收益,一般以一个财年为计算单位,也有以半年为核算时间单位的。这一部分强调产品改进的直接收益。财务预算的第二部分关注项目的长期经济效益,这往往是一些具有战略意义的投资项目,一般以 5~10 年为一个计算周期,它体现的是项目的时间价值,如图 9.1 所示。

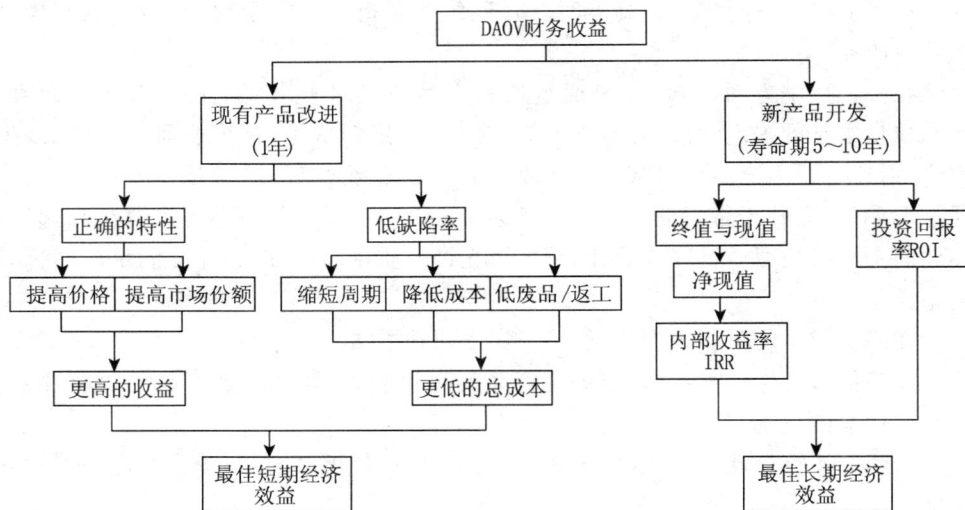

图 9.1 财务收益结构图

第二节　短期财务收益

短期财务收益是通过提高产品的收益和降低产品的成本两个方面来实现的。产品在市场上的收益则是通过提高产品的有用功能，进而提高产品的价格，并扩大产品市场份额的结果。

产品成本的降低得益于 DAOV 项目实现产品的低缺陷率。由于缺陷率低，因此产品的周期缩短、返工减少，总的成本降低了。在现代质量体系中，对于产品缺陷有一个专门的指标 COPQ（不良质量成本）来衡量缺陷的各种类型，主要的世界级公司都采用这种成本模式，这为产品质量分析和问题定位奠定了基础。

COPQ 正是理想度（ideality）指标的分母，因此降低 COPQ 本质上就是提高产品的理想度。

增加收益方面，从 DAOV 角度看，就是增加产品的有用功能，但是如何实现这些有用功能呢？一般采用如下一些方法。

1）开发一个完全新的产品或者新的服务，从而获得新的市场。

2）改进现有产品或者服务，提高产品的附加值，从而提高客户忠诚度，达到扩大产品市场占有率的目标。

具体到收益计算，一般通过加快资金周转周期以及提高准时交付率来计算。

1）加快资金周转。

$$收益 = 年销售额 \times 加权资金成本 \times 缩短天数 /360$$

其中，加权资金成本代表单位销售额中资金的贡献，这个值可以直接通过财务报表得到，也可以通过公式计算得到。

2）提高准时交付率。提高准时交付率最终要折算成资金周转天数，从而计算出项目收益。

在降低成本方面，DAOV 是通过提高产品质量水平来实现的。对客户而言，产品质量水平的提高，可以降低安全费、运输费、停顿费等；对企业而言，可以减少维修、返修以及客户不满意带来的浪费。在军工企业，产品质量是第一位的，因此通过 DAOV 提升产品质量是一个必然选择。例如航天产品是不可维修产品，只有在地面上严格按照质量规范设计，并采用先进的质量改进方法，才能满足产品长时间稳定运行。

在降低成本的手段方面，一般采用如下两种方法。

1）降低符合性成本：这要求提高产品的过程能力，要么增加产品的控制环节，要么采用新的技术。

2）降低不符合性成本：这要求减少浪费、返工、停工时间，并减少客户的退货等方面。

降低成本计算方法。

1）降低成本。

$$收益 ＝ 产量 × 单位成本降低额$$

2）降低不合格率。

$$收益 ＝ 产量 × （改进前的 RTY － 改进后的 RTY） × 单位成本$$

其中，RTY 是流通合格率，即一次成功率，不包括返工。

由于现在财务统计的困难，在估计产品带来的不良质量成本时，一般先根据企业的过程能力和收入状况估计企业每年在质量领域付出的总成本，然后按照不同的大类进行分割。在实际中，经常会出现一个 DAOV 项目节省的成本比整个公司一年的利润还多的笑话，就是因为没有从整体上把握项目的规模。

对于过程能力为 2 的企业，COPQ 占销售额的 50％。对于那些完全手工作坊式的企业，其销售额的一半都将浪费在永无休止的返修、维修环节上；这种现象在工业化刚起步的时候非常普遍，它是工业化的一个必经阶段。

对于过程能力为 3 的企业，COPQ 占销售额的 25％。这就是说，对于刚刚完成手工业改造的企业，不良质量成本降低了一半，1/4 的销售额还是浪费在质量上，这还是一个惊人的数字。

对于过程能力为 4 的企业，COPQ 占销售额的 10％。也是说，对于工业化程度比较好、具有半自动化生产线的企业，还有约 10％ 的成本是浪费的。4 级企业基本上是欧洲的整体水平。

对于过程能力为 5 的企业，COPQ 占销售额的 5％。这就是美国那种自动化程度很高的企业的质量状况。

过程能力再高到 6 的企业，全世界很少，它的 COPQ 只占销售额的 1％。

中国的企业正在进行工业化改造，整体上中国企业处于过程能力从 2～3 的进化过程当中。欧洲企业在 3 的水平上已经停留了很长的时间，日本应该处在接近过程能力为 4 的阶段，而美国已经越过了 4 这个坎，向 5 级进军了。所以说我们跟世界级企业的差距是数量级的差距，根本不是短时间内能够赶上的。因为随着看得见的企业能力的提升，最重要的是内在的企业管理思想要提升。

第三节　长期财务收益

一般 DAOV 项目的实施周期约 3～6 个月，财务周期一般为 1 年。但是，由于 DAOV 项目有时候涉及产品原理的彻底改变，甚至就是一款完全新的产品，它的收益不会在短时间内体现出来。这时无法收集到产品的产量、合格率或者产品周期等数据，因此也就无法按照短期收益的思路来计算财务收益了。此时一个合适的方法是把项目作为投资，从时间价值上来比对项目的收益。

由于这部分的内容不是 DAOV 项目关注的重点，因此我们仅仅介绍几个与长期投资相关的概念，而不作具体的展开。

1. 终值与现值

现在的钱叫现值（PV），未来可以收回来的钱叫终值（FV）。DAOV 项目是投

资,因此也有利息,就是终值与现值的差,即

$$FV = PV \times (1+i)^n$$

其中,i 是利率,n 是投资周期。

2. 净现值

净现值(NPV)指将未来收回的净现金流按一定的折现率折算到零期,就是现在时的现金流值,即

$$NPV = \sum_{t=0}^{n}(CI_t - CO_t)(1+i_0)^{-t}$$

其中,$CI_t - CO_t$ 为净现金流,i_0 为项目收益率,t 为年限。

对 DAOV 项目而言,只要 $NPV > 0$,这个项目就是值得投资的。

3. 内部收益率

内部收益率(IRR)是使 $NPV=0$ 时的项目收益率 i_0。它之所以重要,是因为它可以和其他投资的收益进行比较,比如存在银行的利息、投资保险的收益以及投资基金股票的收益率等。由于项目的投资是未知的,但通过与其他投资相比较,可以从更多的方面确定项目是否值得投资,并留有足够的风险余量。

同时,从数学上讲,由于 IRR 是一个比值,相对而言是一个比较准确和可信的数字,因此也经得起时间的考验,如图 9.2 所示。

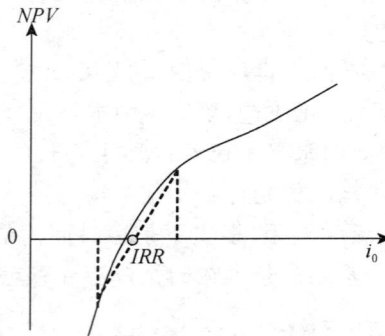

图 9.2　IRR 计算方法

由于 NPV 和 i_0 之间有一个比较复杂的幂次关系,在实际中多采用插值法来确定 IRR。首先给定一个 i_0,使 $NPV > 0$,然后再试一个 i_0,使得 $NPV < 0$,然后通过线性插值,得到近似的 IRR。

4. 投资回报率(ROI)

$$ROI = \frac{项目预计收益}{项目预计成本} \times 100\%$$

ROI 也可以用来和其他投资收益进行比较。

需要说明的是,在 DAOV 项目中,我们尽量要求精确地估计项目收益。但无

论多么准确,这个收益最大的作用还在于比较项目的重要程度。比如两个项目,第一个项目预算收益 1000 万元,第二个项目预算收益 100 万元,并不是说 1 年后两个项目就真能得到这么多的资金,而是说第一个项目显然比第二个项目更重要,更应该优先展开。

再者,在项目收益的计算中,数据的获取是非常困难的,有时甚至是不可能的,但 DAOV 项目对财务又具有铁律一样的要求。一个变通的办法是采用专家评价法。比如团队所有成员对项目收益估计一个数值,然后取平均值,这个平均值就可以作为项目的财务收益指标。人是万物的尺度,这个方法在无路可走的时候,往往可发挥特殊的作用。

第 10 章　项目管理

项目管理是管理的核心,DAOV 项目的成败取决于项目管理的水平。由于项目管理涉及整个公司内外资源的调配,涉及人、财、物的有机配合,项目管理本身是一个复杂的系统工程,需要引起 DAOV 项目参与者足够重视。

第一节　项　目

一、项目定义

项目是一个组织为实现自己既定的目标,在一定的时间、人员和资源约束条件下,所开展的一种具有一定独特性的一次性工作。其中"一次性"指项目有明确的开始时间和结束时间。当项目目标已经实现,或因项目目标不能实现而项目被终止时,就意味着项目的结束。其中的"独特性"指项目所创造的产品或服务与已有的相似产品或服务相比较,在有些方面有明显的差别。项目要完成的是以前未曾做过的工作,所以它是独特的。

二、项目基本属性

项目的基本属性有以下几点。

1. 目的性

目的性指任何一个项目都是为实现特定的组织目标服务的。

2. 独特性

独特性指项目所生成的产品或服务与其他产品或服务相比有一定的独特之处。

3. 一次性

一次性(也称"时限性")指每一个项目都有自己明确的时间起点和终点,都有始终,而不是不断重复、周而复始的。

4. 制约性

制约性指每个项目都在一定程度上受客观条件的制约。最主要的制约是资源的制约。

5. 其他特性

包括项目的不确定性、项目的风险性、项目过程的渐进性、项目成果的不可挽回性、项目组织的临时性和开放性等。

第二节　项目管理

一、项目管理定义

项目管理是在项目活动中运用知识、技能、工具、技术以及各种资源，以实现项目目标的行为。项目经理是负责实现项目目标的个人。这里说的资源指一切具有现实和潜在价值的东西，可以分为自然资源和人造资源，内部资源和外部资源，有形资源和无形资源；按资源种类也可分为：人力和人才（man）、材料（material）、机械（machine）、资金（money）、信息（message）、科学技术（S&T）及市场（market）等。项目管理作为方法和手段，也是一种资源。

二、项目管理的基本特性

1. 普遍性

项目作为一种创新活动普遍存在于人类的社会生产活动之中，我们现有的各种文化的物质成果最初都是通过项目的方式实现的。

2. 目的性

一切项目管理活动都是为实现"满足或超越项目有关各方对项目的要求与期望"这一目的服务的。

3. 独特性

项目管理既不同于一般的生产服务运营管理，也不同于常规的行政管理，它有自己独特的管理对象（项目）、管理活动、管理方法和工具，是一种完全不同的管理活动。

4. 集成性

项目管理要求必须充分强调管理的集成性特性。例如，对于项目工期、造价和质量的集成管理，对于项目、子项目的集成管理等。

5. 创新性

这是指项目管理是对于创新（项目包含有许多创新之处）的管理，同时任何一个项目的管理都没有一成不变的模式和方法可供参考，必须通过管理创新去实现对具体项目的有效管理。

三、项目的管理过程

因为项目都是些具有唯一性的工作，因此它们包含一定程度的不确定性，组织在实施项目时通常会将每个项目分解为几个项目阶段，以便更好地管理和控制，并且将组织正在进行的工程与整个项目更好地连接起来。总体来看，项目的各个阶段构成项目的整个生命周期。项目管理是通过应用和综合诸如启动、规划、实施、监控和收尾等项目管理过程来进行的。项目管理过程可被分成五个过程组，每个过程组有一个或多个管理过程，如图 10.1 所示。

准备过程：识别一个项目或阶段应当开始并提交去完成。

计划过程：设计和维护一个可以工作的规划方案去实现项目所要达到的商务需要。

执行过程：协调人员和其他资源完成计划。

控制过程：通过监督和测量进展，在必要时采取正确的动作以保障项目目标的实现。

收尾过程：定型为认可形式，并清晰地结束该阶段。

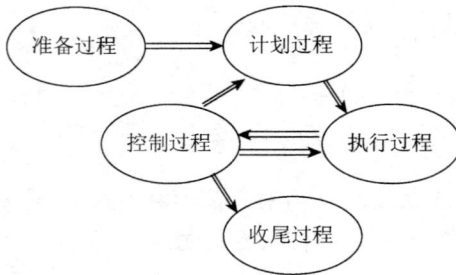

图 10.1　一个阶段中程序块的连接

以上各过程之间相互联系，一个过程的结果或输出是另一个过程的输入。并且，以上过程不是相互分立的一次性事件，在整个项目的每一个阶段它们都会不同程度地相互交叠，如图 10.2 所示。

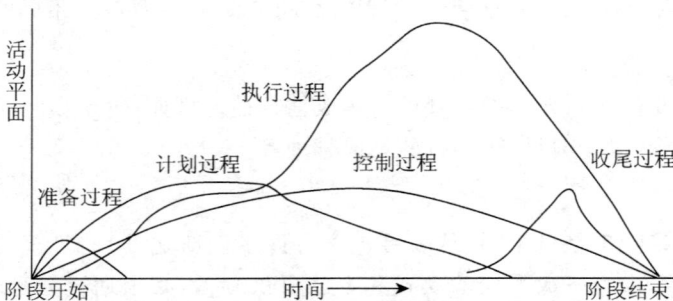

图 10.2　一个阶段内程序块的相互交叠

在每个过程组中，各个过程通过其输入和输出进行联系。我们可用下列术语描述每一个过程。

输入：将要执行的文档或可文档化的项目。

工具和技术：由输入产生输出的途径（各种方法）。

输出：某一过程的结束，可以是文档或可文档化的项目。

项目管理进行到后期,各个过程之间的相互作用也会跨越阶段;一个阶段的结束将会作为下一阶段开始的输入。

在每一个阶段开始时,重复起始程序会保证项目不会偏离既定的商业要求,也有助于确保当商业要求已不存在或项目已不可能满足这种要求时终止这一项目。

四、现代项目管理知识体系的构成

1. 项目整体管理

介绍了项目管理各种不同要素综合为整体的过程和活动,这些过程和活动在项目管理过程组的范围内识别、定义、组合、统一协调。项目整体管理由下列项目管理过程组成:制订项目章程、制订项目初步范围说明书、制订项目管理计划、指导与管理项目执行、监控项目工作、整体变更控制及项目收尾。

2. 项目范围管理

项目应该包括成功地完成项目所需的全部工作,但又只包括完成项目所必需的工作,具体由以下项目管理过程组成:范围规划、范围定义、制作工作分解结构、范围核实和范围控制。

3. 项目时间管理

介绍了确保项目按时完成所需的各项过程,包括活动定义、活动排序、活动资源估算、活动持续时间估算、制订进度表以及进度控制。

4. 项目成本管理

介绍了确保项目按照规定预算完成需进行的成本规划、估算、预算的各项过程。项目成本管理由如下项目管理过程组成:成本估算、成本预算和成本控制。

5. 项目质量管理

介绍了确保项目达到其既定质量要求所需实施的各项过程。项目质量管理由如下项目管理过程组成:质量规划、实施质量保证和实施质量控制。

6. 项目人力资源管理

介绍了组织和管理项目团队的各个过程。项目人力资源管理由如下项目管理过程组成:人力资源规划、项目团队组建、项目团队建设和项目团队管理。

7. 项目沟通管理

介绍了为确保项目信息及时而恰当地提取、收集、传输、存储和最终处置而需实施的一系列过程。项目沟通管理由如下项目管理过程组成:沟通规划、信息发布、绩效报告和利害关系者管理。

8. 项目风险管理

介绍了与项目风险管理有关的过程。项目风险管理由如下项目管理过程组成:风险管理规划、风险识别、定性风险分析、定量风险分析、风险应对规划以及风险监控。

9. 项目采购管理

介绍了采办或取得产品、服务或成果以及合同管理所需的各个过程。项目采购管理由如下项目管理过程组成：采购规划、发包规划、询价、卖方选择、合同管理以及合同收尾。

五、现代项目管理知识体系举例

（一）项目范围管理

项目范围管理包括的程序，要求确保该项目所覆盖的整体工作要求和单项工作要求，从而促使项目工作成功完成。它首先涉及界定和控制项目包括的内容。

根据项目中的上下文关系，"范围"这个词涉及两方面内容：①产品范围界定：产品范围的特征和功能包含在产品或服务中；②工作范围界定：项目工作完成的目的是能交付一个有特殊性特征和功能的产品。

产品范围的完成情况参照客户的要求来衡量，而项目范围的完成情况则要参照计划来检验。这两个范围管理模型之间要有较好的统一性，以确保项目的具体工作成果，按特定的要求准时交付产品。

1. 启动阶段

启动阶段是正式认可一个新项目的存在或是使一个已经存在的项目继续进行下一阶段工作的过程。项目通常是为了满足市场需求、商业需求、客户需求、工艺进步、法律要求等的需要而被核准的。

这些动因也可能被称为是问题、机遇或商家的要求。无论叫什么，其核心问题是管理部门通常要作出怎样对应的决策出来。

2. 范围规划

范围规划是创立书面文件，阐述项目范围，为未来项目提供基础条件的过程，特别是包括了用以确定项目或阶段是否成功完成的标准。范围阐述形式的基础是通过确认项目目标和主要项目的子项目，使项目团队与项目客户之间达成一个协议。

3. 范围界定

范围界定包括分解这个主要工作细目的子项目，使它变成更小、更易管理和操作的模块。目的是：①提高估算成本、时间和资源的准确性；②为绩效测量和控制确定一个基准线；③使工作变得更易操作，责任分工更加明确；因为，正确的范围界定是项目成功的关键。

4. 范围核定

范围核定是通过参与者（倡议者、委托人和顾客等）的行为正式确定项目范围的过程。它要求回顾生产工作和生产成果，以保证所有项目都能准确、令人满意地完成。如果这个项目已提前终止，这个范围核实过程也应该证实，并以书面文件的形式把它的完成情况记录下来。范围核实与前面讲的质量控制是不同的,范围核定是有关工作结果的验收问题,而质量控制则是有关工作结果正确性的管理问题。

5.范围变化控制

范围变化控制指使影响造成项目变化的因素向有利的方面发展,并判断项目变化范围是否已经发生,一旦范围变化已经发生,就要采取实际的处理措施。需要说明的是,范围变化控制是与其他控制管理程序(时间控制、成本控制、质量控制等)结合在一起综合发挥功用的。

(二)项目时间管理

项目时间管理由定义活动、活动的排序、活动时间估计过程、进度编制、进度控制等过程组成。

1.定义活动

定义活动是一过程,它涉及确认和描述一些特定的活动,完成了这些活动意味着完成了工作分解结构(work breakdown structure,WBS)中的项目细目和子细目。通过定义活动这一过程可使项目目标体现出来。

2.活动的排序

活动排序过程包括确认且编制活动间的相关性。活动必须被正确地加以排序,以便今后制订可行的进度计划。

3.活动时间估计过程

活动时间估计指预计完成各活动所需的时间,在项目团队中熟悉该活动特性的个人和小组可对活动所需时间作出估计。估计完成某活动所需时间长短要考虑该活动"持续"所需时间。

4.进度编制

进度编制决定项目活动的开始和结束时间,若开始和结束时间是不现实的,项目就不可能按计划完成。进度编制、时间估计、成本估计等过程交织在一起,多次论证,最后才能确定项目进度。

5.进度控制

进度控制指改变某些因素使进度朝有利方向改变。当确定原有的进度已经发生改变或实际进度发生改变时要加以控制。进度计划控制必须和其他控制过程结合。

第三节 综合实例:建设度假村项目

一、项目概况

某实业公司拟建一度假村。选址在浦东国际机场与泸潮港连线中部地段,占地面积约 10000 米^2。主要包括别墅区、主楼、副楼等,如图 10.3 所示。建成后将集休闲、娱乐、会议、餐饮等多种功能于一体。各配套项目经向有关单位征询,可配套解决。项目总投资 1 亿元,建设周期 2 年。

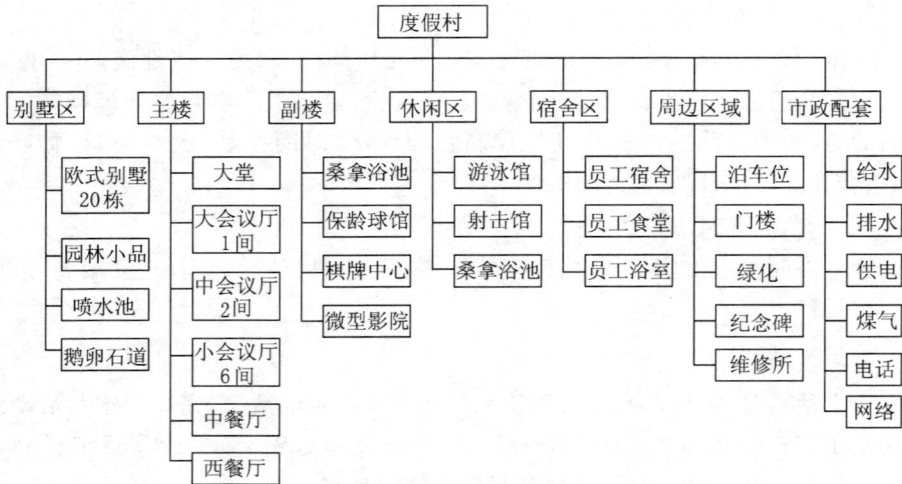

图 10.3　项目组织架构图

二、项目管理任务

本项目管理方案包括对项目设计阶段进行投资、质量、合同、信息、组织协调以及提供材料设备招标管理七方面内容。

1. 投资控制

采用的基本工作原理是动态控制原理,即采用计算机辅助的手段,在项目设计的各个阶段,分析和审核投资计划值,并将不同阶段的投资计划值和实际值进行动态跟踪比较,当其发生偏差时,分析产生偏差的原因,提出纠偏的措施,使项目设计在确保项目质量的前提下,充分考虑项目的经济性,使项目总投资控制在计划总投资范围以内,主要任务如下:

1)审核方案设计优化估算,并提出审核报告和建议。

2)审核设计概算,并提出审核报告和意见。

3)在审核设计概算的基础上,确定项目总投资目标值。

4)对施工图设计从设计、施工、材料和设备等多方面进行必要的市场调查分析和技术经济比较,并提出咨询报告,供业主参考。

5)审核施工图预算,调整总投资计划,在充分考虑满足项目功能的条件下,提出进一步挖掘节约投资的可能性。

6)在施工图设计过程中,逐一进行投资计划值和实际值的跟踪比较,并提交投资控制报告和建议。

7)严格审查设计变更,从经济性分析是否满足业主的要求。

表 10.1 项目管理职能分工表

职能代号：信息—I,决策准备—P，决策—E，执行—D,检查—C。

阶段	编号	工作任务分类	业主方	项目管理方	设计方	施工方	供货方
设计阶段	1	投资切块	E	IDCP			
	2	编制设计任务书	EC	IDCP			
	3	方案竞赛和设计招标组织	EDC	ICP			
	4	扩初设计组织	E	IDCP	D		
	5	概算	E	C			
	6	设计方案评审	EC	PCD			
	7	施工图设计、预算	E	C	D		
	8	资金使用计划	E	PDC	D		
	9	进度计划	E	PDC	D		
	10	甲供机电设备和材料招标	EDC	IPC			
施工阶段	11	编制施工招标方案	EC	IPDC			
	12	招标申请	ED	P			
	13	编制招标文件	EC	IPDC			
	14	组织招标、选择施工单位	EC	IPC			
	15	进驻施工现场	ED	PDC			D
	16	开工前审批及申请	ED	P			
	17	对已批准工期计划的监督	EC	PD			D
	18	投资监督	EC	PD			D
	19	对质量的监督	EC	PD		D	D
	20	项目管理组织内部信息	EC	IPD			
	21	合同管理	EC	PD			IDC
	22	现场组织、协调与管理	DC	DC			
	23	设计和施工工期的改变	E	PC	D		ID
	24	款项的审核与支付	D	C			
	25	竣工预检验与质量评定	EC	PDC	D		D
	26	竣工决算	C	DC			D
	27	竣工交付验收	DC	DC			D
	28	遗留问题的处理落实	C	C			D

2. 进度控制

设计进度如果控制不住，将直接影响项目建设总进度目标的实现。为了缩短建设周期，项目管理人员应协助设计单位进行合理的安排，使设计进度计划为施工招标服务，并尽量使设计满足业主对开工日期的要求，同时兼顾采购周期较长的材料、设备供应时间的要求以及有关政府部门对设计文件审批的时间要求。此外，对于由业主自身因素（如业主能否向设计方及时明确设计要求并提供设计所需的参数和条件，能否及时对设计文件进行决策和认可，能否尽量减少设计意图的改变和反复）造成对设计进度的影响，项目管理人员应协助业主尽早发现问题，并提出解决方案。主要任务如下。

1）审核设计方提出的详细的设计进度计划和出图计划，并控制其执行，尽力避免项目总进度延期及由此造成的对施工单位的赔偿。

2）协助起草主要提供材料和设备的采购计划，编制进口材料设备清单，以便业主向有关部门办理进口手续。

3）协助研究分析分包合同及招投标、施工进度，与设计方协商，使设计进度为招投标及施工服务，并作为进度目标值。

4）协助业主对设计文件尽快作出审定和决策，以免影响设计进度计划。

5）在设计过程中进行进度计划值和实际值比较，并提交进度控制报告和建议。

6）协调各专业工种设计进度，使其能满足施工进度要求。

3. 质量控制

设计质量具有直接效用质量和间接效用质量双重属性。直接效用质量目标实质设计文件（包括图纸和说明书）应尽量满足质量要求，其中最关键的是设计是否符合国内有关设计规范，是否满足业主的要求，各阶段设计是否达到国家有关部门规定的设计深度以及设计是否具有施工和安装的可建造性。间接效用质量目标是指设计文件所体现的最终建筑产品质量，该项目的间接效用质量是指通过设计和施工的共同努力，使项目建设成为造型新颖、功能齐全、布局合理、结构可靠、环境协调的具有国际一流水平的建筑。为了有效地进行设计阶段质量控制，项目管理人员应在透彻了解业主各项要求的基础上，详细阅读，分析图纸，以便发现并提出问题。对重要的细节问题和关键问题，如有必要建议组织约请中外专家论证。主要任务如下。

1）仔细分析设计图纸，及时向设计单位提出图纸中存在的问题。对设计变更进行技术经济分析，并按照规定程序办理设计变更手续。凡对投资及进度带来影响的设计变更，需会同业主核签。

2）审核各设计阶段的设计图纸与说明是否符合国家有关设计规范、设计质量和标准要求，并根据需要提出修改意见。

3）在设计进行过程中，协助审核设计是否符合业主对设计质量的特殊要求，并根据需要提出修改意见。

4)若有必要,建议组织有关专家对结构方案进行分析和论证,确定施工可行性及结构可靠性,以降低成本,提高效率。

5)进行大楼智能化总体方案设计的技术经济分析。

6)对常规设备系统的技术经济进行分析,并提出改进意见。

7)审核有关水、电、气等系统设计是否符合有关市政工程规范及地块市政条件,以便获得有关政府部门的审批。

8)审核施工设计是否有足够的深度,是否满足共性的要求,确保施工进度计划的顺利进行。

9)充分了解项目所采用的主要设备、材料的性能,并进行市场调查分析;对设备、材料的选用提出咨询报告,在满足功能要求的条件下,尽可能降低工程成本。

4. 合同管理

合同管理是项目管理工作中除三大目标控制外的另一项重要工作。因为业主签订的任何合同,都与项目的投资、进度和质量有关,因此,应充分重视合同管理的重要性。

1)协助业主选择标准合同文件,起草设计合同及特殊条款。

2)从投资控制、进度控制和质量控制的角度分析设计合同条款,分析合同执行过程中可能出现的风险和问题。

3)参与设计合同谈判。

4)进行设计合同执行期间的跟踪管理,包括合同执行情况的检查,签订补充协议等事项。

5)分析可能发生索赔的原因,制定防范性对策,减少业主索赔事件的发生;协助业主处理有关实际合同的索赔及合同纠纷事宜。

5. 信息管理

信息是规划、控制、协调和决策的依据,在整个项目建设过程中扮演着非常重要的角色,必须进行良好的信息管理。信息管理的基本原则是通过对信息进行合理的分类及编码,制定信息管理制度,以便迅速准确地传递信息、全面有效地管理信息,并在此基础上建立完整的文档系统,客观地记录并反映项目建设的整个过程。主要任务如下。

1)建立设计阶段工程信息的编码体系。

2)建立设计阶段信息管理制度,并控制其执行。

3)进行设计阶段各类工程信息的收集、分类、整理和存档。

4)运用计算机进行本项目的信息管理,随时向业主提供有关项目管理的各类信息,并提供各种报表和报告。

5)协助业主建立有关会议制度,整理各类会议纪要。

6)将所有设计文档(包括图纸、说明文件、来往函件、会议纪要、政府批文等)装订成册,在项目结束后递交业主。

6. 组织协调

设计阶段由多家单位和众多人员共同参与，为了使这个过程能紧密结合、顺利运作，必须进行有效的组织与协调。主要工作内容如图 10.4 所示。

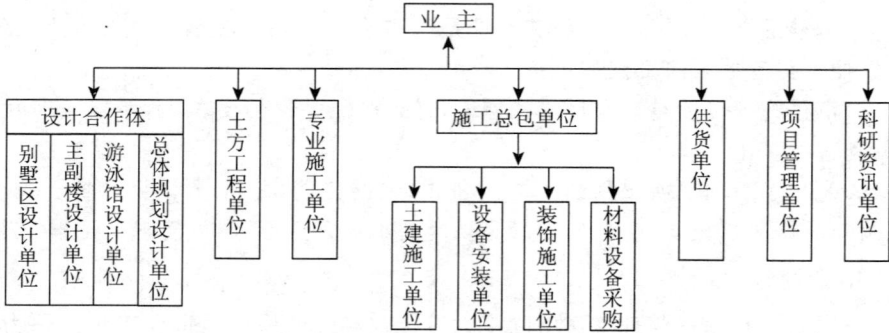

图 10.4　项目管理组织结构图

1）协助业主协调与设计单位之间的关系，并处理有关问题，使设计工作顺利进行。

2）协助业主处理与有关政府主管部门的联系，了解有关设计参数和要求。

3）协助业主做好方案设计与扩初设计审批准备工作，处理和解决方案设计与扩初设计审批有关规定。

4）协助业主处理设计阶段各种纠纷事宜。

5）协助业主协调设计与招投标、施工之间的关系。

6）协助业主处理有关政府部门对设计文件审批事宜。

7. 主要机电设备和材料招标工作

1）业主进行主要材料设备的合同结构设计。

2）协助业主进行机电设备和材料的招标准备工作，包括机电设备和材料的型号、性能询价、资格预审等。重点考察其生产能力、供货时间、产品质量及使用工程的实际效果。

3）编制主要材料和机电设备系统招标文件。

4）起草主要材料和机电设备供货及安装合同。

5）编制主要材料和机电设备标底。

6）分析投标文件，参与主要材料和机电设备评标、议标和合同谈判及起草、拟订合同书。

7）协助业主处理有关索赔事宜，制定防范性对策，减少业主索赔事件的发生。

8）监督订货合同执行情况，控制供货进度及产品质量（包括开箱、检验等），确保不影响施工进度和安装质量，防止造成索赔条件。

本章小结

　　"项目管理"一词源于美国的曼哈顿计划,后由华罗庚教授于 20 世纪 50 年代引入中国(国内称统筹法或优选法)。

　　项目管理是管理科学与工程学科的一个分支,是介于自然科学和社会科学之间的一门边缘学科。

第11章 分析阶段简介

分析(Analyze)阶段是 DAOV 流程中的第二个阶段。D 阶段中我们已经明确了项目背景、项目需要解决的问题以及项目实现后需达到的技术目标,分析阶段就是要具体地对项目中存在的工程/技术问题进行分析和求解。该阶段主要任务如下。

1)对技术系统进行功能分析,找出系统中存在问题的区域。

2)分析问题产生的根本原因。

3)设定问题解决的 IFR(最终理想解)。

4)列出解决问题可利用的各类资源。

5)定义问题模型,应用 TRIZ 的各类工具得到解决问题的不同概念方案。

分析阶段的最终目标是能得到具体问题的多个备选概念方案,该阶段包括四个步骤:功能成本分析、三轴分析、问题求解、知识库分析。如图 11.1 所示。

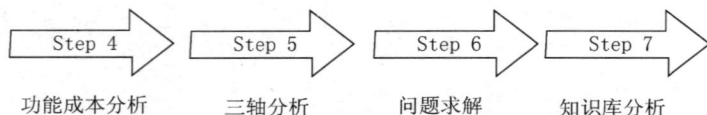

| Step 4 | Step 5 | Step 6 | Step 7 |

功能成本分析　　　三轴分析　　　问题求解　　　知识库分析

图 11.1　分析阶段的四个步骤

第一节　功能成本分析

功能成本分析从定义技术系统的各类功能关系开始,通过分析构建系统组件模型(即系统组件及其相互作用关系)来聚焦系统问题所在,找到系统中价值最低的组件,进行裁剪及功能转移,最终实现对产品的改进。

功能成本分析可以采用的工具有系统功能分析、公理设计、IFR 分析、组件价值分析、裁剪法等,如图 11.2 所示。

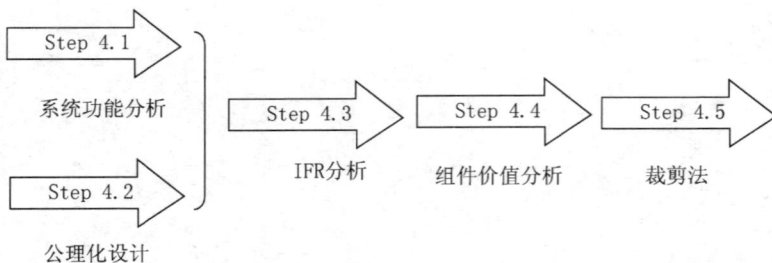

Step 4.1 系统功能分析

Step 4.2 公理化设计

Step 4.3 IFR分析

Step 4.4 组件价值分析

Step 4.5 裁剪法

图 11.2　功能成本分析可采用的工具

一、系统功能分析

该工具通过对技术系统的组件及组件之间作用关系的分析,建立起系统的组件模型,如图 11.3 所示。帮助工程师更好地理解系统是如何通过组件间的相互作用最终实现功能的;明确系统中存在的需要去除的有害作用、需要改进的不足作用和过度作用等。

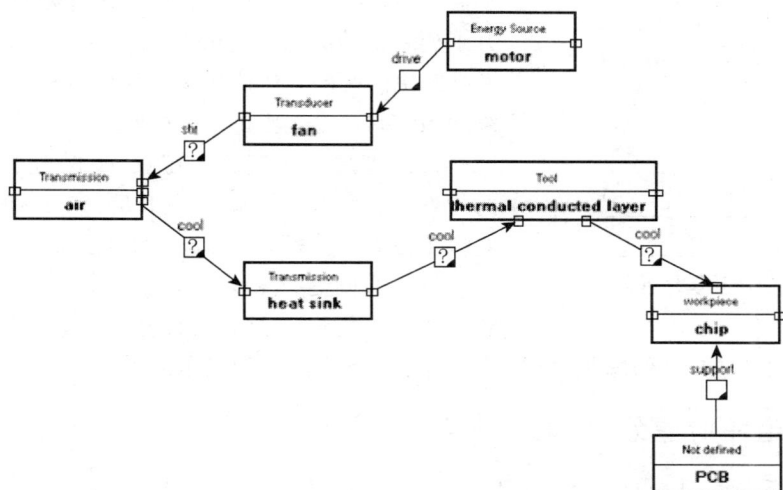

图 11.3 系统功能分析建立的组件模型

二、公理设计

公理设计理论帮助工程师实现"我们要达到什么"与"我们要如何达到"之间的互动,在这个互动过程中,根据活动内容的不同,可以划分四种类型的设计活动,即用户域(customer domain)、功能域(functional domain)、物理域(physical domain)和过程域(process domain),这是公理设计存在的基石。用户域代表用户关心的目标,用客户需求(customer needs)来表示,即 D 阶段 MPV 分析中所提到的 SPV;功能域代表设计方案的功能需求,用功能需求(functional requirements)来表示,即 D阶段 MPV 分析中所提到的 FPV,功能需求要满足可能的约束(constraints);物理域描述设计方案的设计参数(design parameters);过程域表达用于实现设计参数的过程变量(process variables)。

公理设计的主要目的是建立设计的科学基础,为设计者进行设计和改进设计提供理论依据,使设计者更充分地发挥其创造力;同时能根据项目要求决定最好的概念设计方案。

三、IFR 分析

IFR 分析的原则：在解决问题之初，首先抛开各种客观限制条件，通过理想化来定义问题的最终理想结果（ideal final result，IFR），以明确理想结果所在的方向和位置，保证在问题解决过程中沿着此目标前进，并获得最终理想结果，从而避免传统创新设计方法中缺乏目标的弊端，提升了创新设计的效率，如图 11.4 所示。如果将创造性解决问题的方法比作通向胜利的桥梁，那么最终理想结果就是这座桥梁的桥墩。

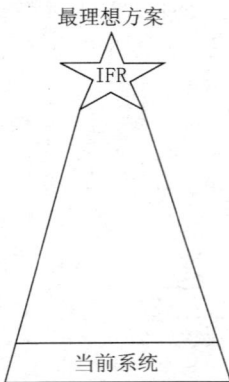

图 11.4　IFR 分析示意图

最终理想结果有四个特点：①保持了原系统的优点；②消除了原系统的不足；③没有使系统变得更复杂；④没有引入新的缺陷等。

在解决问题之初，先设立一个理想的目标，剩下的工作就是向着既定目标前进，力争达到目标，这是"以终为始"的思想，也是 TRIZ 方法解决问题的基本之道。

四、组件价值分析

一旦系统组件模型就绪，且已经找到了系统存在的一系列问题，那么评价技术系统运行的可能方式之一就是组件价值分析方法。通过考虑系统中每个组件的理想度指标，我们可以从整体上了解技术系统的价值。

组件的理想度指标越高，其对整个系统的贡献越高。组件的理想度指标越低，其对系统而言即越不可靠。具有一个较低理想度指标的组件需要进行较为深入的检查，以及采取一些必要步骤将此组件从系统中排除，并将其功能转移至邻近组件，增强其功能性或是使其成本最小化。

总之，组件价值分析的目标就是要找到系统中价值最低的一个或几个组件。

五、裁剪法

裁剪法的思想：通过组件价值分析，找到系统中价值最低的组件，将该组件从系统中去除，即裁剪掉，同时该组件的有用功能需要转移到其他组件上。

第二节　三轴分析

三轴分析是亿维讯公司拥有自主知识产权的分析方法，它以因果层次、系统级别层次以及操作流程次序为三轴，对产生问题的过程进行分析，最终定位问题的根本原因。三轴分析的结果将确定问题的边界，并把系统跟环境资源之间的冲突作为根本原因。

　　除了可以采用因果分析、资源分析等传统的分析方法之外,还可以采用统计分析来确定根本原因,如假设检验、方差分析及线性回归等。其目的都是为了更准确地确定导致问题产生的根本原因,找到问题解决的出发点。

一、因果分析

　　因果分析鼓励工程技术人员剖析根本原因,并从根本上解决问题而不是停留于表面症状;各因果关系通过线性因果图表现出来,可以先列出几个重点考虑的方面,然后通过头脑风暴法,作整体分析,把所有提出的问题产出的原因,根据因果关系排列在一张图上,即因果图。用图反映的因果关系更为直观、醒目、条理分明,在圈定下一步需要解决的根本原因时应用起来比较方便。

二、资源分析

　　资源分析是为了找到系统中存在的资源,可基于 TRIZ 多屏幕系统思维方法,采用启发式提问形式,在时间维度和空间维度上帮助工程技术人员理清问题区域附近所有可用的物质、场、信息等资源,为解决系统的根本问题做好准备。

三、假设检验

　　通过因果分析,我们得出了一个或几个原因,这些经过逻辑分析的原因是否是真的根本原因,需要用数据或事实检验,即用统计推断来确认。假设检验(hypothesis testing)是一种推断的方法,目的是通过试验的方式判断所列原因的真假。用事实证明人为的判断,避免人为判断造成的误差。

四、方差分析

　　假设检验方法用于检测一个样本与总体的均值,或者两个样本的均值是否有显著的差异,不能检测两个以上样本的均值是否存有显著差异的情况,此时可采用方差分析的方法:在检测多个样本时,比较组内差异与组间差异是否有显著的区别,以作为进一步假设检验的方法。

五、线性回归

　　线性回归是指将收集的数据进行线性分析,从而发现某一规律的分析方法。该方法可以用于问题的分析阶段,用以统计分析问题发生时的条件和工况。

第三节　问题求解

　　本步骤的任务:针对上一步确定的一个或几个导致问题产生的根本原因,给出具体的备选解决方案。

　　本阶段可以采用的分析方法有多种,包括克服思维惯性的方法,技术矛盾和

40 个创新原理，物理矛盾和分离方法，物—场分析法以及 ARIZ 等。

上述方法的基本应用模式为：将问题定义或描述为其中某一种问题模型，然后应用相应的工具进行解决，得到解决方案的模型，最终和实际问题相结合，得到问题的备选方案。

第四节　知识库分析

知识库分析作为对问题求解步骤中各项工具的补充，一方面可帮助工程师得到更多的备选方案；另一方面能更加明确地确定上一步得到的备选方案的实施方法。

在本步骤中主要采用效应库和知识库两种工具。

效应库和知识库均是对前人知识和经验的总结，知识库中的方案均来自于专利，其中的每一条都是人们利用科学效应或某种方法解决某一实际问题的真实解决方案。一般知识库中会包含万余条精选发明问题的解决方案，在方案检索与应用时可基于知识库中本体的知识组织方法保证知识搜索的准确性。

总之，DAOV 第二个阶段——分析阶段的最终目标就是要得出针对系统中存在问题的多个具体的备选解决方案。

第 12 章　TRIZ/CAI 综述

第一节　工具/方法介绍

一、TRIZ 理论的工具和方法

TRIZ 理论起源于苏联,也称发明问题解决理论(Theory of Inventive Problem Solving,TRIZ 是其俄文首字母缩写),是由以苏联发明家根里奇·阿奇舒勒为首的研究团队,通过对 250 万件高水平发明专利进行分析和提炼,总结出来的指导人们进行发明创新、解决工程问题的系统化的方法学体系。

TRIZ 理论以辩证法、系统论和认识论为哲学指导,以自然科学、系统科学和思维科学的研究成果为根基和支柱,以技术系统进化法则为理论基础,包括了技术系统和技术过程、(技术系统进化过程中产生的)矛盾、(解决矛盾所用的)资源、(技术系统的进化方向)理想化等基本概念。

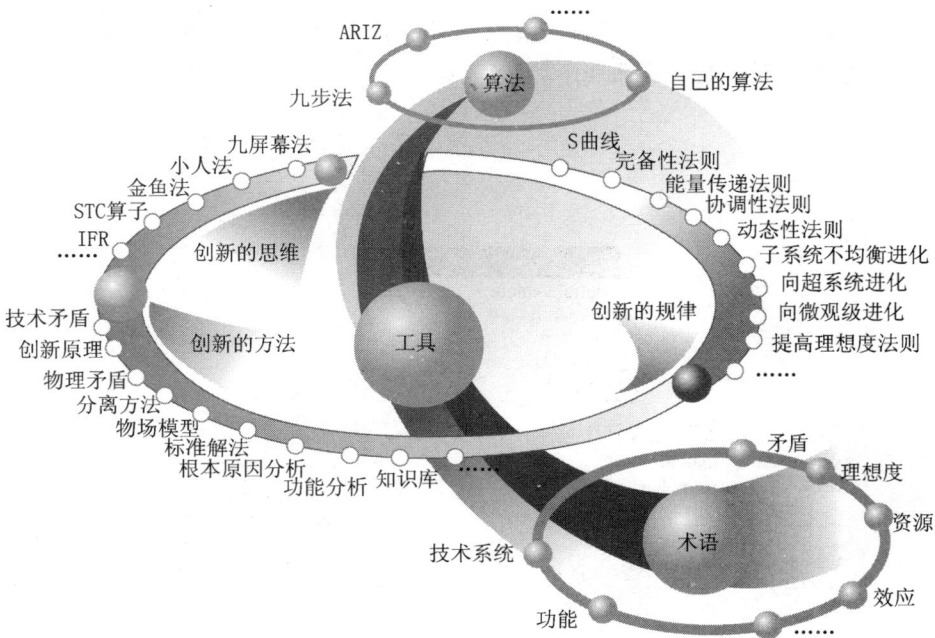

图 12.1　TRIZ 的理论体系结构

　　TRIZ 理论提供了分析工程问题所需的方法，包括矛盾分析、功能分析、资源分析和物—场分析等；同时还提供了相应的问题求解工具，包括技术矛盾创新原理、物理矛盾分离原理、科学原理知识库和发明问题标准解法等。TRIZ 理论针对复杂问题的求解提供了发明问题解决算法（ARIZ），同时 TRIZ 理论还包括了一些创新思维的方法，如九屏幕法、智能小人法、金鱼法等。图 12.1 为 TRIZ 理论的体系结构。

二、本体论

　　本体论（Ontology）源于哲学。古希腊哲学家亚里士多德创立了形而上学的哲学理论，主要研究现实的本质，即意识和物质、物质和属性、事实和价值之间的关系。本体论是其中的一个分支，目的是研究客观事物存在的本质，即本体论研究的是客观存在。

　　20 世纪 80 年代末，随着人工智能的发展，本体论被人工智能界赋予了全新的定义。在人工智能领域，本体论是研究客观事物间相互联系的学科，本体（ontology）是共享概念模型的明确形式化规范说明，包括以下四层含义。

　　1）概念模型（conceptualization）：通过抽象出客观世界中一些现象的相关概念及其关系而得到的模型，其表示的含义独立于具体的环境状态。

　　2）明确（explicit）：所使用的概念及使用这些概念的约束和关系都有明确的定义。

　　3）形式化（formal）：精确的数学描述，计算机可读。

　　4）共享（share）：本体体现的是共同认可的知识，反映的是相关领域中公认的概念集，它所针对的是团体而非个体。

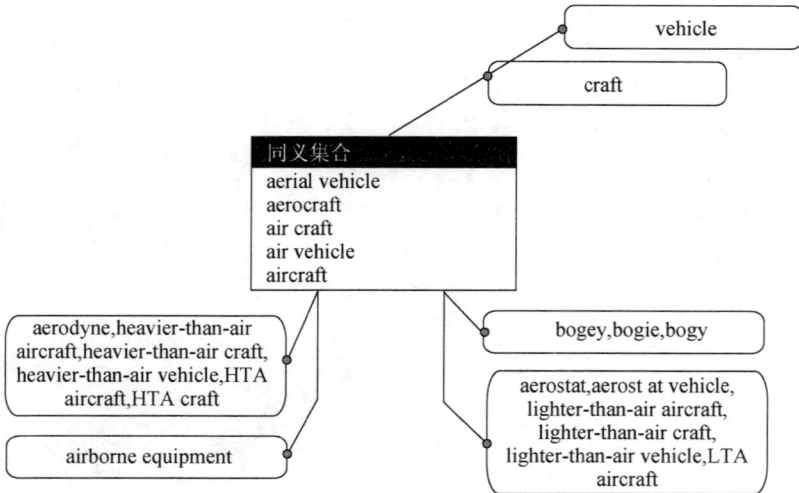

图 12.2　飞机本体论的描述片段

　　本体论的目标是捕获相关领域的知识，提供该领域知识的共同理解，确定该领域内共同认可的词汇,并从不同层次的形式化模式上给出这些词汇(术语)和词汇之间相互关系的明确定义。之所以采用本体论作为组织知识的理论,是因为进入知识经济时代以来,企业对于跨领域知识分享的需求极速增长,但是由于不同的系统使用不同的概念和术语来描述同一领域,因此造成了很难从一个系统中提取知识运用到另一个系统中,而本体论则可以有效地解决知识共享的问题。图12.2展示的是飞机本体论的描述片段。

三、计算机辅助创新

只有 TRIZ 这样高效的创新理论还远远不够,还必须要有适用的工具,尤其是在信息化、网络化的中国,还需要有功能完善的计算机软件来帮助企业进行创新。

计算机辅助创新(computer aided innovation,CAI)是 TRIZ 理论和本体论为基础,结合现代设计方法学、计算机人工智能技术和多学科原理,在概念设计或者方案设计阶段快速提供高质量创新解决方案的软件平台。它以分析解决产品创新和工艺创新中遇到的各种矛盾为出发点,基于 TRIZ 理论和已有的知识总结,辅助我们在产品设计和工艺设计中进行功能创新和原理创新,以提高企业的创新能力和效率。如 Pro/Innovator™ 是计算机辅助创新设计软件平台中的佼佼者。

计算机辅助创新设计软件平台 Pro/Innovator™ 可以帮助我们打破思维定式,激发创新意识,正确分析所面对的具体问题,找到具有创新性的解决方案,同时有效地消除不同学科、工程领域和创造性训练之间的界限,使问题得到创新性的解决。

Pro/Innovator™ 通过强大的功能和友好的人机界面提高了我们的学习兴趣和信心,大大降低了创新的门槛,为培养创新能力、激发创新思维提供了先进的培训工具,是我们实施技术创新的有力武器。

Pro/Innovator™ 是基于知识的平台。通过整合 TRIZ 理论、基于本体的知识表达和重用以及来自高水平发明专利的知识库,其可以有效地辅助科研人员构造创新方案,并帮助科研院所实现系统化的创新知识管理。

Pro/Innovator™ 是基于方法的平台。通过集成 TRIZ 和现代设计方法学,可以引导解决问题,实现从问题定义、方案生成、方案评价到专利生成和知识管理的产品创新的全过程。

Pro/Innovator™ 包括项目导航、系统分析、问题分解、解决方案、创新原理、专利查询、专利生成、方案评价、报告生成和知识库编辑器等十大功能组件和平台,其系统化的工作流程支持科研人员的日常工作,如图12.3所示。

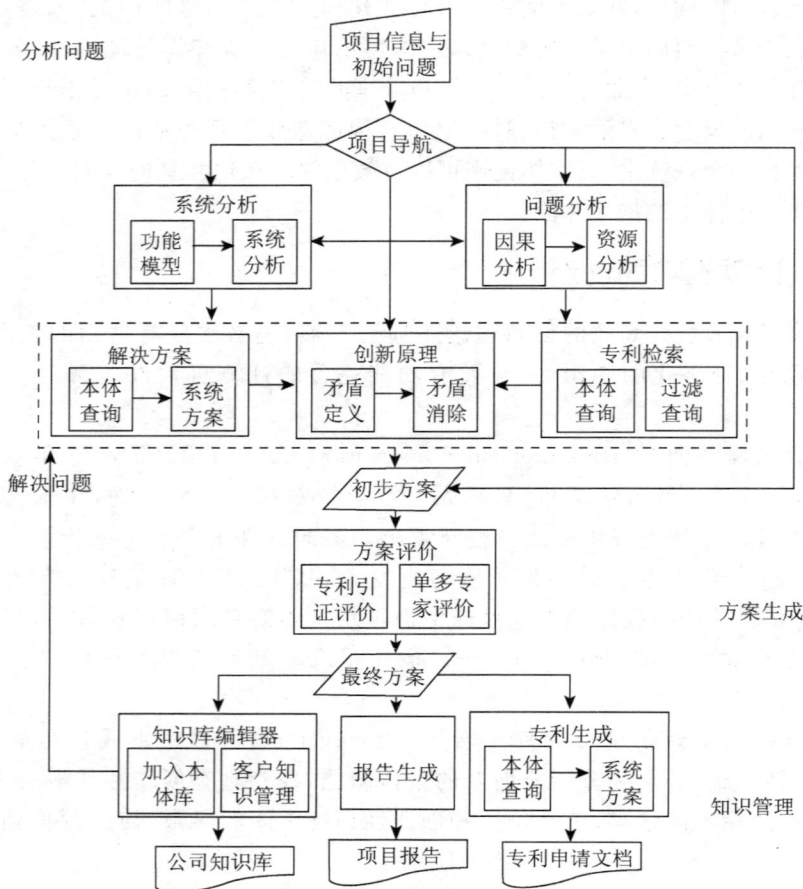

分析问题

解决问题

方案生成

知识管理

图 12.3　Pro/Innovator™ 的工作流程

第二节　综合实例

一、解决飞机机翼表面压力测量问题

飞机在飞行中，流经机翼的气流在其上、下表面产生压力差，由此提供将飞机提举的升力，如图 12.4 所示。

飞机在进行飞行试验时，试验要求测量飞机在飞行中机翼上压力的大小和分布。目前的方法是在机翼表面打很多小孔（图 12.5），用管子连接机翼上的小孔和压力传感器，将流经机翼表面的气流引至压力传感器，测量打孔处的压力。这种方法虽然可以准确地测量压力，但是破坏了机翼结构的完整性，也降低了机翼的强度。试验完成后，机翼无法恢复到初始状态，影响了后续使用，为此只好特制专门的试验用机翼，增加了成本。

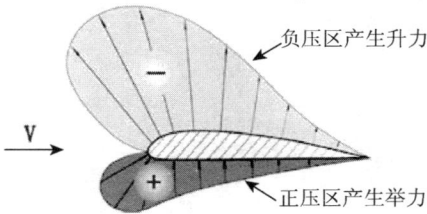

图 12.4　飞机升力原理

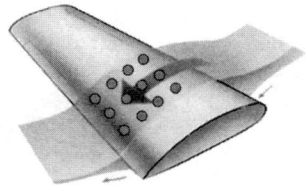

图 12.5　目前的测量方法

二、系统分析建模

分别建立系统组件模型、结构模型和功能模型（术语见后面章节），用标准的 SVPO 格式描述系统的功能：S（压力测量系统）－V（测量）－P（压力）－O（飞行中机翼表面），最终建立的系统模型如图 12.6 所示。

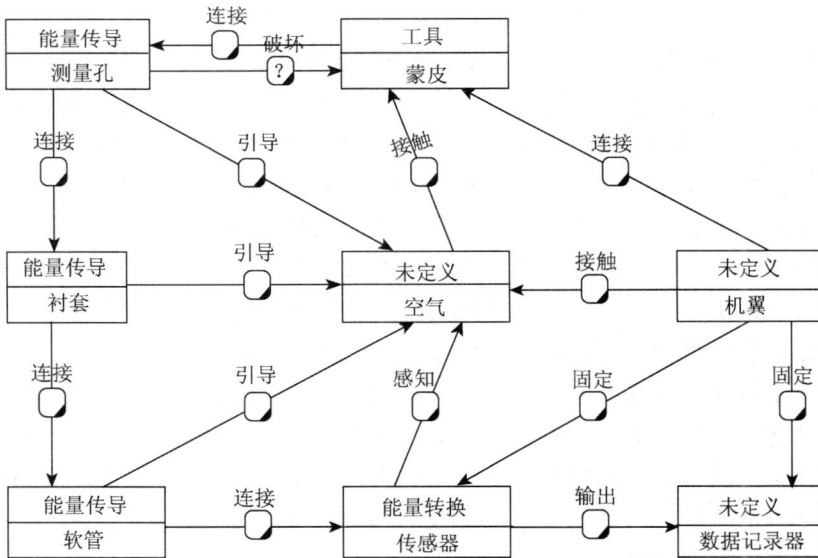

图 12.6　系统分析模型

三、使用解决方案模块进行问题求解

Pro/Innovator™软件的解决方案模块包括 1 万多条发明问题的解决方案，所有的方案全部由近 30 年来的数百万发明专利成果提炼而来，此模块采用基于本体的知识组织方法，以保证信息搜索的准确性，同时支持二次搜索模式，保证了搜索过程的高效率和搜索过程的高精确性，每个解决方案条目内容精炼，并辅以准确形象的动画演示，帮助科研人员快速领悟跨领域的创新成果。通过查询解决方案模块，可得到很多有启发性的解决方案，以下为其中的两个方案。

方案 1　光纤传感器有效探测气动气流的分离，如图 12.7 所示。

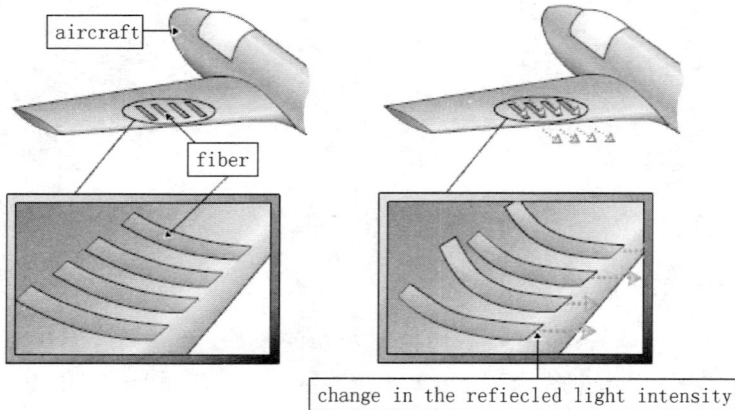

图 12.7　光纤传感器有效探测气动气流的分离

飞机的气动特性取决于流经飞机表面的气流特征。靠近机翼表面的气流分离对飞机的性能具有负面影响：气流的分离会产生空气回流，降低机翼的升力。为了检测气流分离，可使用热传感器。这些传感器可确定来自附近的电热源热脉冲方向。热传感器需要有飞机电气系统的电能输入，因此是电能消耗源。

为了能够有效地探测靠近飞机机翼表面的气流分离，可使用光纤传感器。将一束直径约为 0.001～0.01 英寸（1 英寸＝2.54 厘米）的光纤暴露在气流下，使之从机翼表面伸出约 0.1～1 英寸。将光引入光纤，使之从光纤的端部反射。光在光纤的弯曲部发生散射。因此，反射光的强度取决于光纤束在气流中的弯曲形式。如果气流未出现气流分离，光纤束内的所有光纤均发生相同的偏转，结果：反射光的强度具有确定的稳定值。如果气流发生分离，就会产生涡流和回流，它们会随机选择光纤束弯曲的方向和角度。反射光的强度发生随机变化，其平均值与稳定状态时的平均值不同。反射光的随机特性表明存在气流分离。因此，使用光纤传感器可以有效地探测气流分离。

方案 2　真空固化增加传感器嵌入安装的精确性，如图 12.8 所示。

目前，一种在飞行器的动力面上的传感器嵌入安装方法——在凹槽区域安装一个传感器被广泛应用。为此，在一个机翼上制成一个预定深度的空穴，使用环氧树脂黏合剂以及适当的填料将传感器保持在空穴内，然后，当黏合剂固化后，对表面进行机械处理。然而，对固化后的表面进行机械处理不仅工作繁重，而且成本昂贵。此外，在飞行或风洞试验期间由于快速超温会引起热应力，如果所使用材料的热传导系数彼此不匹配，传感器在该处就可能会脱落；或者导致环氧树脂黏合剂的体积改变，最终引起传感器运行准确性的下降。因此，需要一种能提高精确性的传感器嵌入安装方法。

old method

accuracy of a sensor flush
mounting is increased

epoxy cement　　thin film sensor

fibenglass glove　　recessed area

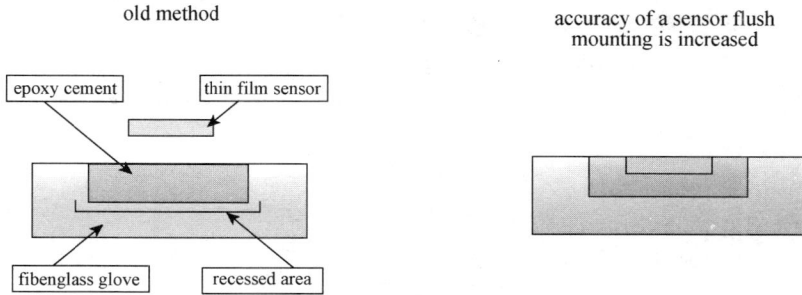

图 12.8　真空固化增加传感器嵌入安装的精确性

建议使用真空固化方法增加传感器嵌入安装的精确性。为此,在一个机翼内的球形容器内制成一个凹槽区域。该区域内填充有一种黏合混合物。然后,将一个薄膜传感器附着在一条聚合带上。将带有传感器的带条浸入黏合剂混合物中,以提供用于密封凹槽区域的带条。将一个不锈钢垫片安放在带条上。该垫片应放在密封围绕的空气动力面,在垫片上放置一个真空衬垫,然后黏合混合物的排空和固化过程。真空将传感器压附在垫片上。当固化完成后,去除衬垫、垫片和带条。可见,真空固化增加了传感器嵌入安装的精确性。

四、使用创新原理模块进行问题求解

Pro/Innovator™软件的创新原理模块提供了三种定义 TRIZ 矛盾的方法,三种方法满足对 TRIZ 矛盾矩阵不同熟练程度的科研人员使用,同时三种方法也支持不同复杂程度矛盾问题的分析和定义。每条创新原理均以动画演示,帮助科研人员领悟创新原理内涵,同时每条创新原理包含有从数百万发明专利中提取的来自不同工程领域的典型应用。

当前的问题是测量机翼表面的气流压力,现有的解决方案是在机翼蒙皮上打孔,将气流引至测压传感器,其缺点是降低了机翼结构强度,影响后续使用,因此定义系统改善的参数是测量精度,由此导致系统恶化的参数是强度,查找矛盾矩阵,系统提示有三条创新原理可以利用,分别是机械系统代替原理、多用性原理、颜色改变原理,如图 12.9 所示。

从颜色改变原理受到启发,在机翼蒙皮表面涂上一层对压力敏感的物质,通过观察该物质的颜色变化来了解机翼表面的气流压力情况。

一个系统通常不止有一对技术矛盾,因此继续定义技术矛盾。为了测量机翼表面的气流压力,我们需要尽可能多地在机翼蒙皮上打孔,这样整个机翼形状的各个地方都能测量到,测量结果也很准确,其缺点仍然是降低了机翼结构强度,因此定义系统改善的参数是形状,由此导致系统恶化的参数是强度,查找矛盾矩阵,系统提示有四条创新原理可以利用,分别是柔性壳体或薄膜原理、曲面化原理、预先作用原理、复合材料原理。

矛盾矩阵（选择矛盾）

改善的 参数 ＼ 恶化的 参数	13. 稳定性	14. 强度	15. 运动物体的作用时间	16. 静止物体的作用时间	17. 温度
13. 稳定性	41,42,43,44,45,46	17,9,15	13,27,10,35	39,3,35,23	35,1,32
14. 强度	13,17,35	41,42,43,44,45,46	27,3,26		30,10,40
15. 运动物体的作用时间	13,3,35	27,3,10	41,42,43,44,45,46		19,35,39
16. 静止物体的作用时间	39,3,35,23			41,42,43,44,45,46	19,18,36,40
17. 温度	1,35,32	10,30,22,40	19,13,39	19,18,36,40	41,42,43,44,45,46
18. 照度	32,3,27	35,19	2,19,6		32,35,19
19. 运动物体的能量消耗	19,13,17,24	5,19,9,35	28,35,6,18		19,24,3,14
20. 静止物体的能量消耗	27,4,29,18	35			
21. 功率	35,32,15,31	26,10,28	19,35,10,38	16	2,14,17,25
22. 能量损失	14,2,39,6	26			19,38,7
23. 物质损失	2,14,30,40	35,28,31,40	28,27,3,18	27,16,18,38	21,36,39,31
24. 信息损失			10	10	
25. 时间损失	35,3,22,5	29,3,28,18	20,10,28,18	28,20,10,16	35,29,21,18
26. 物质的量	15,2,17,40	14,35,34,10	3,35,10,40	3,35,31	3,17,39
27. 可靠性		11,28	2,35,3,25	34,27,6,40	3,35,10
28. 测量精度	32,35,13	28,6,32	28,6,32	10,26,24	6,19,28,24
29. 制造精度	30,18	3,27	3,27,40		19,26
30. 作用于物体的有害因素	35,24,30,18	18,35,37,1	22,15,33,28	17,1,40,33	22,33,35,2
31. 物体产生的有害因素	35,40,27,39	15,35,22,2	15,22,33,31	21,39,16,22	22,35,2,24
32. 可制造性	11,13,1	1,3,10,32	27,1,4	35,16	27,26,18

确定　　取消

图 12.9　矛盾矩阵

从柔性壳体或薄膜原理受到启发，在机翼表面粘贴有一层柔性测压带（图12.10），该测压带与蒙皮贴合，并且非常薄，既不改变机翼的剖面形状，也不影响飞机气动性能。试验时，在测压带上打孔，通过测压带内部的导管将气流引向测压传感器。试验结束后，去除测压带，机翼可以继续正常使用。

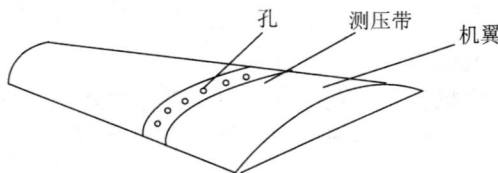

孔　　测压带　　机翼

图 12.10　柔性测压带

五、方案评价和实施

在 Pro/Innovator™软件平台中，可以对找到的解决方案进行评价。评价是由一个或多个专家对多个解决方案按照经验值进行的评价和估算，评价首先要建立一个参数模型，参数模型中不同的参数可以具有不同的权重；多专家评价模型中的每个专家也都可以具有不同的权重，然后输入评价值，软件便可以自动评价不同解决方案的优劣。本例针对初始情境和工况，建议采用柔性测压带。

本章小结

　　TRIZ 理论和方法加上 CAI 技术已经发展成为一套解决新产品开发实际问题的成熟理论和方法体系,如今已在全世界广泛应用。TRIZ 可以轻易地解决那些"看似不可能解决的问题",并形成专利,提升企业的核心竞争力,使企业从"跟随者"快速成为行业技术的"领跑者"。以 TRIZ 理论为核心的 CAI 技术,融合多种现代设计方法、计算机技术和多领域科学知识为一体,为产品创新提供了科学、有效的工具,应用 CAI 技术,可极大地提升企业的创新能力。

练　习

　　请用 TRIZ 理论和 CAI 工具解决下述问题。
　　大功率电子器件产生大量的热量,而电子器件散热能力不足。通常的解决方案是采用散热器,其结构如图 12.11 所示。散热装置固然可解决散热问题,但散热装置体积大,尤其是厚度大也是其最大的缺点。现在的目标是在不增加电子器件体积的同时,改善现有装置的散热性能。

图 12.11　电子器件及散热器结构图

第 13 章　系统功能分析

第一节　术语介绍

功能：物体作用于其他物体并改变其参数的行为。功能描述了组件改变其他对象的能力。作为一个抽象概念,功能在物理上并不存在,也没有物理属性(温度、重量等)。

技术系统：由物质组件组成的、为满足人们(社会)的需求而实现某种功能的系统,该系统必须有一个功能是其子系统共同完成的。

子系统：技术系统的组成部分。

超系统：包含技术系统及其相关系统的系统。系统的划分,如图 13.1 所示。

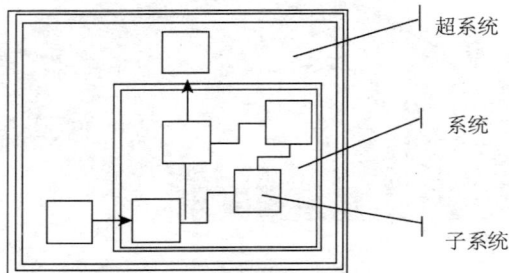

图 13.1　系统的划分

组件：技术系统的组成部分。组件执行一定的功能,可以等同为系统的子系统。

系统作用对象：系统功能的承受体,属于特殊的超系统组件。

第二节　工具/方法介绍

一、概念设计

由于对产品设计过程、设计内涵及设计理论的理解不同,产品设计过程没有统一的定义。一般认为,产品设计过程是一个由综合到分析的反复迭代过程,从设计任务出发,产品设计可分为需求获得、需求分析、方案设计、结构设计和详细设计五个阶段,其需求分析、方案设计和部分结构设计环节为概念设计阶段,这几个环节相互独立而又彼此紧密相关。需求分析是新产品开发过程中的一个前期过程,通过对企业需求、用户需求和技术需求三方面的分析,可确定新产品的开发方向和具体要求。

设计人员在需求分析的基础上,进一步提取需求信息中有用的设计参数、技术要求及产品约束,在概念设计过程中,根据这些设计参数、技术要求及产品约束形成概念产品。在产品的结构设计和详细设计阶段将概念产品的技术参数进一步具体化,并确定其生产要求、加工精度及工艺流程等。

产品设计的目的是创新产品,满足市场需要,占领更大市场。产品设计本身是创造性的劳动,设计的本质就是创新。因此,创新设计是增加产品竞争力的根本途径。

在产品设计环节,产品的概念设计是产品设计过程中最重要、最复杂,同时又是最活跃、最具创造性的设计阶段,产品的创新及其所具有的竞争能力,基本上也是在这个设计阶段被确定下来的,如图 13.2 所示。在概念设计阶段,产品各要素处于一种抽象、模糊的离散状态。这种状态既导致了设计的复杂性,又提供了产品的可塑性,为设计师提供了一个广阔的设计思维空间。而到设计后期或制造阶段,则要考虑各种客观情形,如产品的材料、工艺、成本等,大大约束了创意思维的发挥,使得产品的创新难以得到体现。因此,概念设计是产品开发过程中最具创造性的阶段,好的概念设计可以为产品走向市场奠定良好的基础。

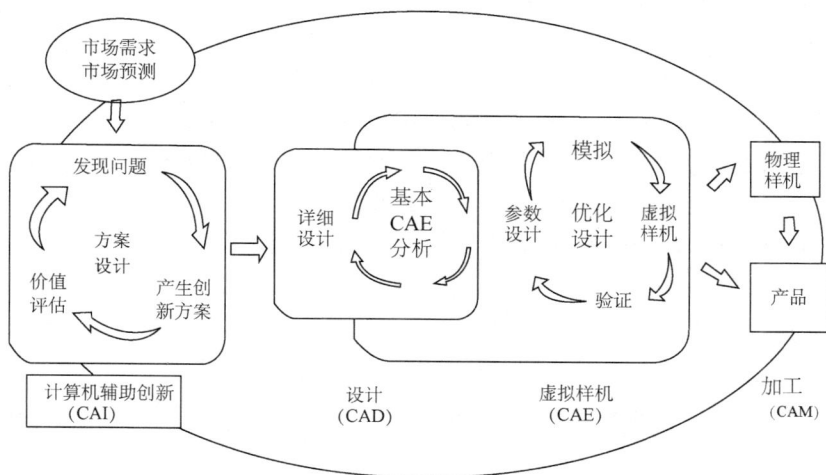

图 13.2　概念设计

概念设计是产品整个设计过程中一个非常重要的阶段。这一阶段的工作高度地体现了设计的艺术性、创造性、综合性以及设计师的经验性。实践表明,一旦概念设计被确定,产品设计的 $60\%\sim70\%$ 也就被确定了,主要包含产品生命周期的成本、产品的质量和性能等,然而,概念设计阶段所花费的成本和时间在总的开发成本和设计周期中所占的比例通常都在 20% 以下。因此，产品的概念设计阶段是产品创新性的关键阶段，对产品创新也主要集中在这一阶段。

同时我们也看到，随着以计算机技术为支柱的信息技术的不断发展，世界经济格局发生了巨大变化，逐步形成了一个统一的一体化市场，市场竞争日趋激烈。同时，工业产品由传统的机械产品向信息电子产品方向发展，技术含量不断提高，社会的消费观念也在不断地发生变化，需求层出不穷，概念设计作为需求分析和详细设计之间的桥梁，其主导地位和重要性日益明显。

二、概念设计的重要性

今天，制造业信息化的浪潮已席卷全国，以信息化带动工业化已经成为国内制造业的共识，从 20 世纪 90 年代起，CAD、CAE 等计算机辅助设计类的软件也得到了广泛的应用，但是自进入 21 世纪以来，相关计算机辅助工具的应用已经走到了一个十字路口。10 年前，国防科研院所提倡甩图板，因此选择了 CAD 软件，图板甩掉后是 CAD 二维转三维，由此国防科研院所也开始陆续应用三维机械设计软件，其后是 CAE 软件的引入，那么下一步应该做什么呢？

目前面临一个很重要的问题就是，今天大家都在用 CAD 软件，但是 CAD 技术还没有完全发展到生成设计概念这个阶段。目前 CAD 技术大多只能做到表达设计概念，CAD 技术所解决的问题是借助数字化技术完成产品建模，以表达几何意义上的产品，但是做得再好，也只能产生产品几何概念的表达，不能生成概念。

CAE 技术解决的问题是借助数字化技术完成产品工程分析，表达力学意义上的产品定义，进行应力分析、模态分析、流体分析、电磁兼容分析等，重点是产品工程仿真概念的表达，这对于产品创新有一定的促进作用，但是概念生成的问题仍然没有得到解决。

创新从创意开始，没有对创意、经验等信息的管理，对概念设计是无法支持的。计算机辅助创新技术（CAI）是将发明问题解决理论、本体论、现代设计方法学、语义处理技术与计算机软件技术融为一体的一门高科技技术，它对企业的产品可以起到生成具有突破意义的定性方案和促进原始的技术创新等作用。

计算机辅助创新技术有输入和输出两个通道，输入是一些问题，例如曲轴断了、噪声过大、电子产品信号接收不好、机器过热等，这些问题如果解决了，就是一个创新的结果。与 CAD 相比，CAD 大多只解决概念表达的问题，CAE 也不过是在确定的概念基础上，让它达到最优最佳，而计算机辅助创新做的事情在原理及实现的机制上则可能完全不同。比如一个键盘，一般情况下就是在一个长方板上装有若干个按键，但是也可以把它设计成带铰接的、能够卷曲的，甚至是完全没有物理键盘的。应用计算机辅助创新技术会生成新的设计概念，用新的原理来替代实现原来的功能，这才是真正的创新。

综上所述,概念设计是设计领域中的一个重要方面,而功能分析则是概念设计中的一个重要组成部分。

三、系统分析和功能分析

系统分析是从技术系统抽象的"功能"角度来分析系统执行或完成其功能状况的一种方法。目前有两种工程设计过程涉及功能分析,一种是开发新技术系统时首先需确定系统完成或实现的主要功能,然后将主要功能分解为子功能;另外一种是改进已有技术系统时,理清技术系统的主要功能及其辅助功能,以便理解系统,找出系统的问题所在。

系统分析是一个对系统功能建模的过程,分析的结果是建立功能模型,我们通常用矩形框表示系统组件,用箭头表示组件之间的作用关系,如图 13.3 所示。

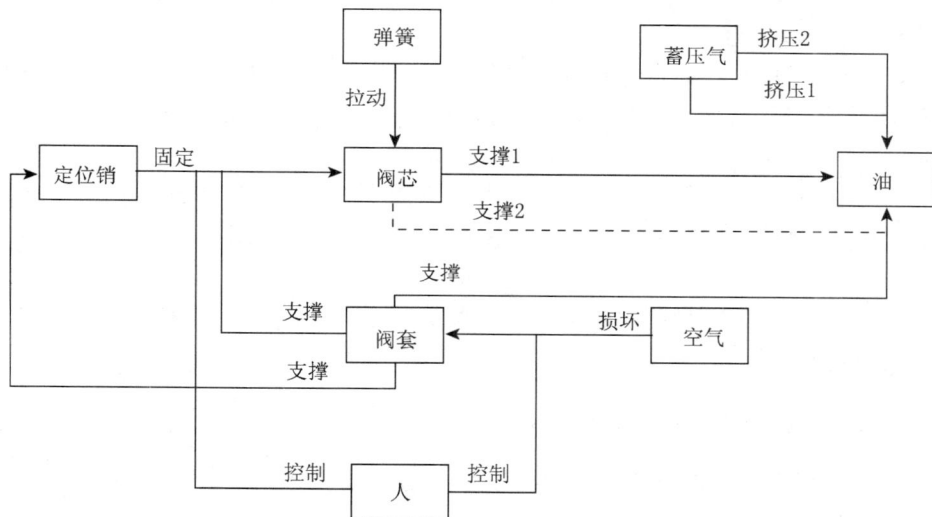

图 13.3　系统分析图

实践证明,功能分析是非常有效的分析方法。功能分析的目的是优化技术系统功能,减少实现功能的消耗,使技术系统以最小的代价获得最大的价值,从而提高系统的理想度。功能分析有两点主要假设:一是技术系统或其组件的价值是由其功能所体现的;二是客户需要的是功能,而不是提供功能的系统或产品。

四、功能的图形化描述方式

功能的图形化描述常用箭头和矩形框来表示(动宾结构),其中箭头代表动词(动作),矩形框代表名词(组件),如图 13.4 所示。

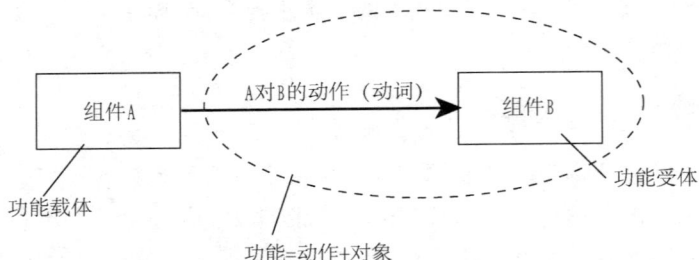

图 13.4　功能的图形化描述

五、功能描述的原则

1）功能＝动作＋对象（V＋O），例如：电线的功能＝传输电流；活塞的功能＝挤压气体；房子的功能＝保持温度。

2）功能受体至少要有一个参数受到影响，发生改变，例如传输电流意味着电流位置的改变，挤压气体意味着气体体积和密度的改变，保持温度意味着空气的温度保持。

3）禁止使用"不"替代否定动词，例如不能说"陶瓷不能传导电流"，而要说"陶瓷阻碍电流"，不能说"河堤缺口不能阻止河水"，而要说"河堤缺口引导河水"。

4）功能受体必须是组件，不能是组件参数，并且需要针对特定条件下的具体技术系统进行功能陈述。

六、功能分析的图示作用

功能分析主要是将组件与其功能分离，分别进行考虑，如图 13.5 所示。

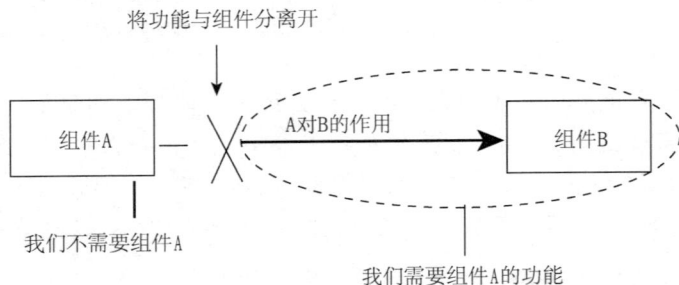

图 13.5　功能分析的图示作用

七、功能的分类

根据与主要功能的关系，功能可以分为以下三类。

1）有用功能。

2）有害功能。

3）中性的功能。

其中有用功能又可以进一步细分为以下几种。

1）充分的功能。

2）不足的功能。

3）过度的功能。

八、功能分析的步骤

1. 概述

系统功能分析可以分以下三步进行。

1）建立组件列表，描述系统组成及各组件的层次。

2）进行作用分析，描述组件之间的相互作用关系。

3）建立组件模型，用规范化的功能描述，揭示整个技术系统所有组件之间的相互作用关系以及如何实现系统功能。

2. 建立组件列表

本步骤主要描述技术系统的组成和各系统组件的层次，包括系统作用对象、技术系统组件、子系统组件以及与系统组件发生相互作用的超系统组件。

建议将技术系统至少分为两个组件级别：系统级别和子系统级别，如图 13.6 所示。

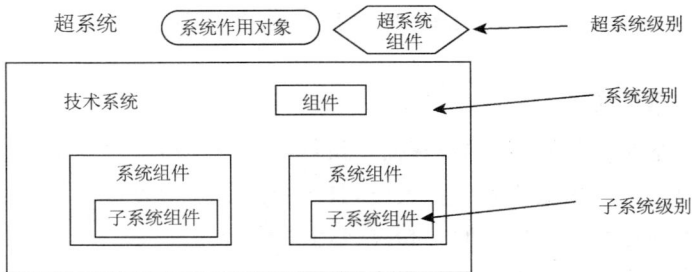

图 13.6 建立组件列表

建立组件列表应遵循以下几点原则。

1）在特定的条件下分析具体的技术系统。

2）根据技术系统组件的层次建立组件模型。

3）根据层次等级建立初始的组件模型，然后进一步分析完善组件模型。

4）组件模型包含了超系统的某些组件，该组件需与系统组件有相互作用关系。

5）技术系统生命周期的不同阶段具有不同的超系统，针对技术系统的各个生命周期阶段，可建立独立的不同的组件模型。

典型的超系统组件包括以下内容。

1）生产阶段：设备、原料、生产场地等。

2）使用阶段：功能对象（产品）、消费者、能量源与对象相互作用的其他系统。

3）储存和运输阶段：交通手段、包装、仓储手段等。

4）与技术系统作用的外界环境：空气、水、灰尘、热场、重力场等。

推荐采用组件列表模板，如图13.7所示。

图13.7　组件列表模板

3. 进行作用分析

作用分析基于组件列表，本步骤描述组件列表中各组件之间的相互作用关系。作用分析模板包括结构矩阵和结构表格，其中矩阵用来检查每对组件之间的关系，表格用来详细描述这对组件之间的相互作用关系。

进行作用分析应遵循以下几点原则。

1）基于组件列表画出系统组件之间、组件与超系统组件之间的相互关系，继而进行作用分析。

2）作用分析用矩阵和表格依次建立，基于组件列表标明组件间的相互关系。

3）在技术系统生命周期的各个阶段，都可建立独立的、不同的组件列表和作用分析。

4）在技术系统发展的整个生命周期中，通过分析系统组件之间、组件与超系统组件间的相互作用，发现技术系统的新功能。

5)填写结构列表时,须对组件之间的相互作用作出评价:是有用作用、有害作用还是中性作用。

6)作用分析中组件间的作用可以有多个。

7)进行作用分析时,若某个组件只与一个组件有直接联系,要从结构列表中将该组件去掉,可把它作为与其有关系的组件的子系统。

8)若初始的组件列表中存在这样的组件,它与系统中其他任何一个组件都没有关系,则应该从结构列表中将该组件去掉。

推荐采用作用分析模板,如图 13.8 和图 13.9 所示。

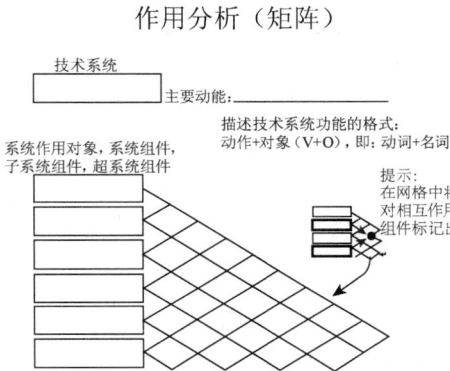

图 13.8　作用分析模板(矩阵)

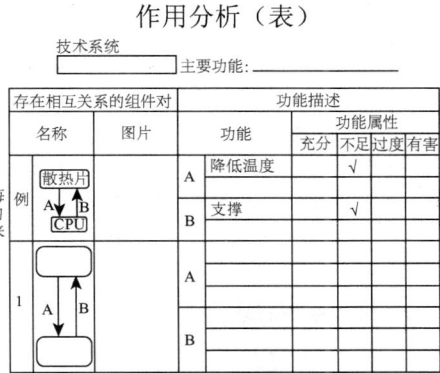

图 13.9　作用分析模板(表)

4. 建立组件模型

组件模型基于组件列表,采用规范化的功能描述方式表述组件对之间的相互作用关系,最后将各组件间的所有功能关系全部展示,形成系统功能模型图,通常用图 13.10 表示各功能的类型。

箭头表示方向

直线表示充分（或用黑色）

虚线表示不足（或用绿色）

+号线表示过度（或用蓝色）

波浪线表示有害（或用红色）

图 13.10　功能类型图示

建立组件模型应遵循以下几点原则。

1)针对特定条件下的具体技术系统进行功能陈述。

2)只有在作用中才能体现功能,所以在功能描述中必须有动词反映该功能。不能采用不体现作用的动词,也不能采用否定动词。

3）功能存在的条件是作用改变了功能受体的参数。

4）功能陈述包括作用与功能受体,体现作用的动词能表明功能载体要做什么,功能受体是物质,不能是参数。

5）在陈述功能时可以增添补充部分,指明功能的作用区域、作用时间、作用方向等。推荐采用组件模型模板,如图 13.11 所示。

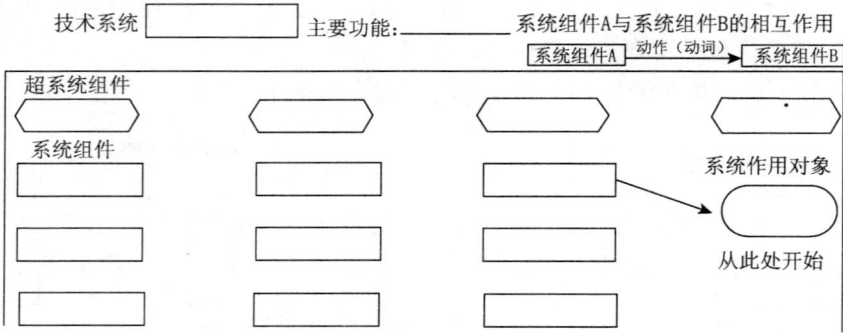

图 13.11　组件模型模板

九、功能的级别

功能可以分为下列三个级别,如图 13.12 所示。

1）主要功能:反映系统的主要有用功能（系统功能）,是系统创建或设计的目的和目标,功能载体是技术系统本身。

2）基本功能:保证完成主要功能的组件功能,技术系统组件的功能级别最高为基本功能,功能载体是与系统作用对象直接作用的系统组件。

3）辅助功能:保证完成基本功能的组件功能,功能载体是系统或超系统中的组件。

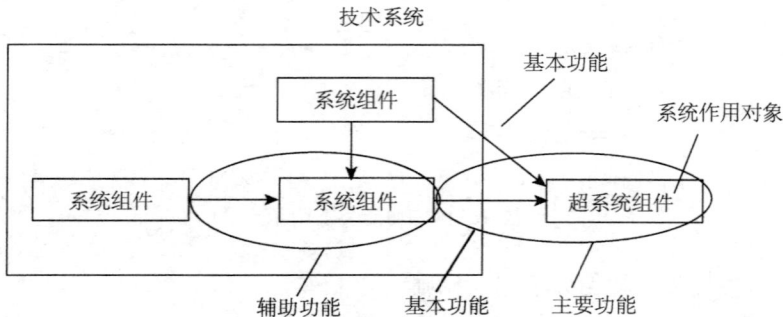

图 13.12　功能的级别

以眼镜为例,其功能的级别可以用图 13.13 表示。

■ 主要功能:
  ◆ (眼镜)折射光线
■ 基本功能:
  ◆ (镜片)折射光线

■ 辅助功能:
  ◆ (镜框)支撑镜片
  ◆ (镜腿)支撑镜框
  ◆ (鼻子)支撑镜框
  ◆ (耳朵)支撑镜腿

图 13.13　眼镜的功能级别

第三节　综合实例

一、小故事:一切从功能入手

总部设在美国马里兰州的百得(Black & Decker)公司创始于 1910 年,经过了近百年的发展,百得已发展成全球顶尖的高品质工具类的制造商,品种涵盖电动工具及附件、五金及家用工具以及基于科技的紧固系统,其产品和服务目前已行销世界 100 多个国家和地区,并在 11 个国家实现了产品的生产制造。

不久前,百得有一位新的 CEO 上任,他问他的下属:"接下来的五到十年,你们为公司设立的目标是什么?"有的下属回答:"新型号钻孔机。"有的下属回答:"新外形钻孔机。"此时这位 CEO 说:"我可以告诉你们,现在我们没有钻孔机的市场。现在我们不再考虑钻孔机,我们也不再卖钻孔机,我们将出售孔! 人们不愿意购买钻孔机,他们仅仅需要的是一个孔洞而已。"

二、分析近视眼镜技术系统

按照前述的原则分析,最终结果如图 13.14 所示。

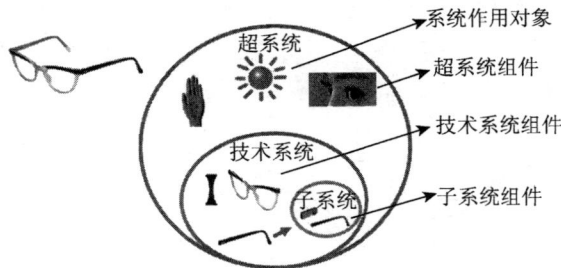

图 13.14　近视眼镜系统分析图

通常我们用矩形框标识系统组件，用六菱形标识超系统组件，用圆角矩形标识系统作用对象，按照这个规则，近视眼镜系统可以用图 13.15 表示。

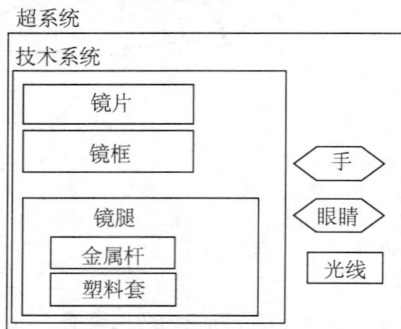

图 13.15　近视眼镜系统分析框图

三、功能分析实例：可乐瓶

见图 13.16。

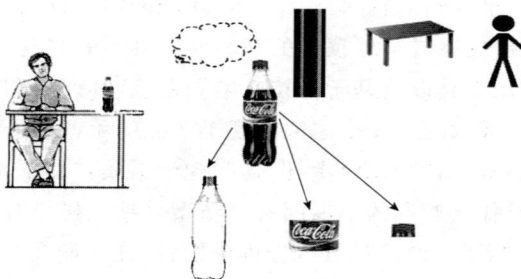

图 13.16　可乐瓶

分析的结果如图 13.17 所示。

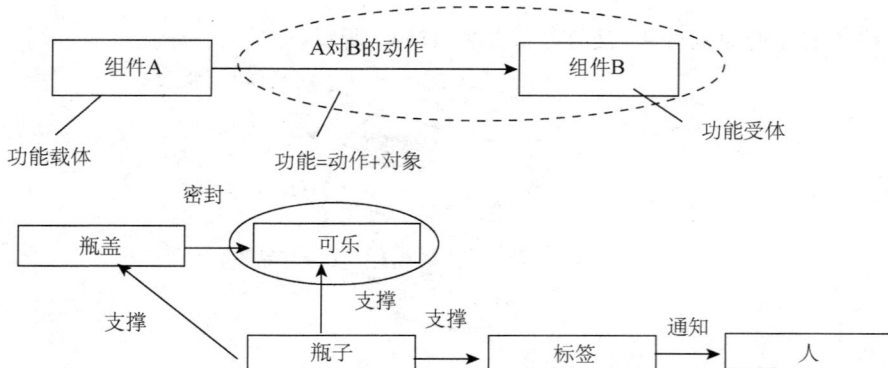

图 13.17　可乐瓶功能分析结果

本章小结

　　功能分析是一种非常有效的分析方法。功能分析的目的是优化技术系统功能，减少实现功能的消耗，使技术系统以最小的代价获得最大的价值，从而提高系统的理想度。

　　系统功能分析分为三大步骤。

　　1）组件列表：系统及超系统包含哪些组件。

　　2）作用分析：组件之间的作用关系。

　　3）组件模型：用规范化的语言描述系统所有组件之间的作用关系。

第14章 公理设计

设计是人类一项极其重要但又最为复杂的活动。设计不仅仅是设计产品,还可以是设计过程、设计材料、设计系统、设计软件或者设计一个组织机构等。设计理论和方法为设计活动提供理论依据,指导设计者进行设计,在产品开发中起着重要的作用,许多学者都致力于这一方面的研究及应用。

第一节 公理设计简介

美国麻省理工学院 Nam P. Suh 教授在 20 世纪 70 年代末提出了公理设计(axiomatic design,AD)的概念,并于 1990 年正式提出了公理设计理论。公理设计的基本理论和方法包括域、映射、两条设计公理、域之间的 Z 字形分解、若干定理和推论。公理设计的最终目标是为设计建立一个科学基础,通过为设计师提供一个基于逻辑和理性思维过程及工具的理论基础来改进设计活动。公理设计的目标是多方面的:通过为设计领域创造一个科学的基础,使人类设计师更有创造性,使随机搜索过程减少,使迭代试错过程最短,在提交的各类设计中,确定最佳设计,并赋予计算机创造力。

如何进行设计?简单来讲,设计就是在"我们要达到什么"和"我们要如何达到"之间的映射,如图 14.1 所示。因此,一个严格的设计方法必须由一个明确的"我们要达到什么"的说明开始和一个清楚的"我们将如何达到"的描述结束。

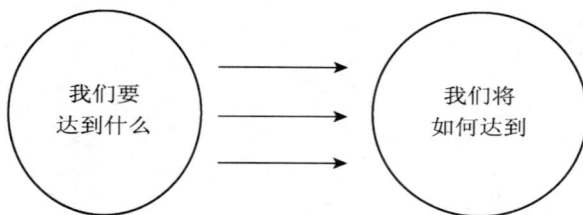

图 14.1 设计的一个定义

第二节 公理设计的主要内容

一、域

公理设计理论认为:在设计过程中设计问题可分为四个领域,即用户域(customer domain)、功能域(functional domain)、物理域(physical domain)和过程域

（process domain）。

用户域由对用户正在寻找的一个产品、过程、系统或材料的需要（或属性）来描述。在功能域中，用户需要用功能需求（function requirements，FRs）和约束（constraints，Cs）来表达。为了满足所表达的功能需求，在物理域中构思了设计参数（design parameters，DPs）。最终，为了生产由设计参数所表达的产品，制定了一个在过程域中由过程变量（process variables，PVs）描述的过程。整个设计过程实际就是四个域之间的映射过程，如图14.2所示。

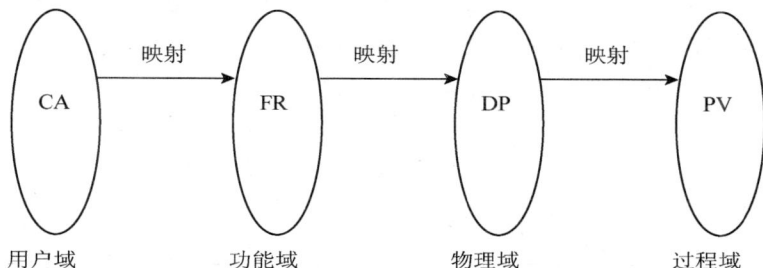

图 14.2　公理设计中的"域"

公理设计按不同的设计领域划分，将产品不同的设计阶段映射到各个设计领域之间的相互联系，便于设计者理清思路，提高设计效率。在公理设计中，设计具有广泛的概念，它除了一般的产品设计外，还包括软件设计、系统设计、组织设计、材料设计、管理设计等。尽管各种设计的目的要求不同，但所有的设计都具有相同的思考过程，其设计过程都可由这四个域来描述，因此，公理设计框架是一个具有普遍意义的设计框架，它适合于所有的设计。表14.1表示了几种常见设计任务在这四个设计域中的特性。

表 14.1　几种不同设计任务的域的特征

	用户域{CA}	功能域{FR}	物理域{DP}	过程域{PV}
制造过程	用户所希望的产品属性	为产品描述的功能需求	满足功能需求的物理参数	能控制设计参数的过程变量
材料	希望的性能	需要的特性	微观结构	处理过程
软件	希望在软件中具有的性能	软件的输出性能	输入参数、算法、模块、程序代码	子程序、机器代码、编译器
组织	用户满意度	组织的功能	计划、办公室、职责	支撑活动的人力和其他支持资源
系统	所希望的整个系统的属性	系统的功能需求	机器、部件、子部件	资源（人、经费等）
公司	利率	公司目标	公司结构	人和财力资源

二、映射

设计过程可以分层标识（从系统到子系统、装配件、零件、零件特征）。每一层的各个领域中都存在其相应的设计目标，高层次的决策影响低层次问题的求解。公理设计提出通过相邻两个设计域之间进行"之"字形变换进行产品设计，如图 14.3 所示。"之"字映射（zigzagging）可分为映射和分解两个过程。从功能域到物理域的"之"字映射首先使高层的功能需求 FR 映射到物理域的 DP，在 DP 的指导下 FR 分解为 FR_1 和 FR_2，FR_1 与 FR_2 在物理域中寻求满足它们需求的 DP_1 和 DP_2，这一过程反复进行，并在交换的过程中利用公理设计判断设计的合理性及最优化，直至所有分支达到最终状态，最终状态被称为"叶"。

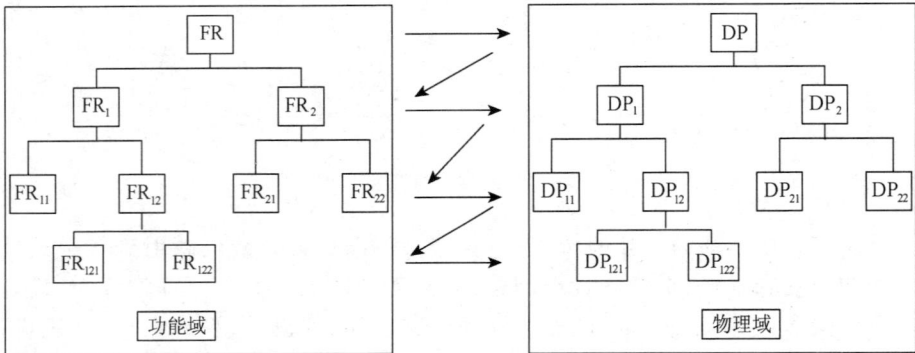

图 14.3 "之"字映射模型

三、设计公理

设计公理是公理设计理论的基本内容，是公理设计定理和推论的理论依据。公理设计中的设计公理及其推论使得原先从经验、甚至直觉发展而来的设计准则有了科学依据，从而为产品设计提供了科学基础和原理指导。公理设计包含独立公理和信息公理两个设计公理。

独立公理：功能需求（FRs）必须始终保持独立，此处 FRs 被定义为表征设计目标的独立需求的最小集合。

域之间的映射过程可以在数学上用定义设计目标和设计解的特征向量予以表示。在给定的设计层次上，功能需求集，它确定特定的设计目标，构成功能域中的 *FR* 向量。同样，在物理域中已经被选择来满足 *FRs* 的设计参数集，构成了 *DP* 向量。

$$\{FRs\} = [A]\{DP\}$$

其中[*A*]称为设计矩阵，它表征产品设计。

3 个 *FRs* 和 3 个 *DPs* 的设计矩阵。

$$A = \begin{bmatrix} A_{11} & A_{12} & A_{13} \\ A_{21} & A_{22} & A_{23} \\ A_{31} & A_{32} & A_{33} \end{bmatrix}$$

设计矩阵有两个特殊情况：对角线矩阵和三角形矩阵。

对角线矩阵：
$$A = \begin{bmatrix} A_{11} & 0 & 0 \\ 0 & A_{22} & 0 \\ 0 & 0 & A_{33} \end{bmatrix}$$

三角形矩阵：
$$A = \begin{bmatrix} A_{11} & 0 & 0 \\ A_{21} & A_{22} & 0 \\ A_{31} & A_{32} & A_{33} \end{bmatrix}$$

过程设计涉及从物理域中的 DP 向量到过程域中的 PV 向量的映射，设计方程可以写成：

$$\{DP\} = [B]\{PV\}$$

为了满足独立公理，设计矩阵必须是对角线或三角形。当设计矩阵 $[A]$ 是对角线的时候，每一个 FR 可以用一个 DP 来满足。这种设计称为无耦合设计。当矩阵是三角形的时候，而且仅仅如果 DPs 是由一个适当的序列来确定时，FRs 的独立才能得到保证，这种设计称为解耦设计。任何其他形式的设计矩阵（满矩阵）都将导致一个耦合设计。

信息公理：在那些满足独立公理的设计中，具有最少信息含量的设计就是最好的设计。当信息含量有限时，必须通过用户或其他途径为设计提供信息。此外，信息公理还为设计优化和稳健设计提供理论基础。

公理设计中信息含量定义为：

$$I_i = \log_2\left(\frac{1}{P_i}\right) = -\log_2 P_i$$

式中，P_i 为设计参数 DP_i 满足功能要求 FR_i 的概率。

对于有 m 个功能要求的系统，其信息总量为：

$$I_{\text{sys}} = \log_2\left(\frac{1}{P_{\langle m \rangle}}\right) = -\log_2 P_{\langle m \rangle}$$

式中，$P_{\langle m \rangle}$ 是满足 m 个功能要求的联合概率。

信息公理认为信息量最少的设计是最好的设计，即要实现设计目标所需要的信息量最少。当所有的功能要求被满足而概率都等于 1 时，其需要的信息含量为零；相反，当一个或几个概率为 0 时，则需要的信息含量就为无穷多。信息含量是设计复杂性判断的依据。根据公理设计要求，在设计中应尽量简化设计工作，并建立相应的数学模型，以减少设计中各种因素的影响，同时也减少了产生功能耦合的可能性。

公理设计定理是在独立公理和信息公理基础上建立的，可以直接用于评价设计方案，对于耦合问题和信息含量优化问题的研究具有重要的意义。但是，设计是一个主观的、人为的活动，很多情况下，设计很难用公式完全描述出来，这就需要设计者具有丰富的设计经验和良好的专业知识。

第三节　公理设计过程

产品的设计过程是设计者人为的设计活动行为，产品的设计就是设计者设计活动的结果。产品的公理设计过程是从用户需求出发，根据用户需求、设计约束和现有的产品特性，对设计项目进行分解，然后选择合适的设计参数来实现分解后的结果。

公理设计的目的是为设计者提供一个设计模式，帮助设计者提高设计创造力和决策力。公理设计构建了一个基本的设计分解框架，以指导设计活动。公理设计的设计过程不仅仅是选择恰当的设计方案来实现设计目标，还包括从产品的功能要求出发，采用"之"字形映射方法进行功能分解，确定设计参数和过程变量，是一个自顶向下、从抽象到具体的设计过程，也是一个功能求解与设计参数信息集成有机体的过程。设计公理只提供在分解的每一层如何选择恰当的设计参数来满足功能要求的方法，并没有在理论上指导设计者进行设计分解活动。

公理设计分析的主要目的是确定满足设计分解结果的设计参数，并设定设计参数的值。设计分析通常包括以下几个步骤。

1）用户需求分析。

2）设计决策分析。

3）耦合设计解耦。

4）耦合设计中设计参数的调整和优化。

5）非耦合设计与准耦合设计中设计参数的调整和设定。

公理设计既可以用于新产品的开发设计，也可以对现有产品进行改造。

第四节　公理设计理论进展及应用

公理设计是以科学设计理论为指导的一种产品设计方法，自 N. P. Suh 教授在《设计原理》(The Principle of Design)一书中提出以来，受到了工程设计领域的广泛关注，并出现了一些公理设计理论的研究团体，如 MIT 的公理设计小组，2000 年起两年一次的公理设计国际会议等，公理设计理论及应用成为工程设计领域的热点之一。

在国外，公理设计方面的研究主要有：D. Lindholm 等结合设计过程的决策问题研究公理设计理论，根据设计分解的过程进行推理，得到设计决策树；DukHyun Choist 等对公理设计理论进行了讨论，提出了非线性设计思想及基于流程图的系统结构表示方法；Vigain Harutunian 等研究了基于公理设计理论的产品设计的决策系统及其开发辅助公理设计软件的内容和意义；Jason D. Hintersteiner 等研究了将公理设计用于控制系统中,建立了系统结构模型和系统控制模型,并研究了公理设计软件的设计过程;Mats Nordlund 等研究了公理设计理论在商业上的应用前景和应用实践;Nicola Cappetti 研究了机动车上电池支撑板模糊设计的公理化决策方法,将公理设计方法用于方案设计的选择。

国内对公理设计的研究起步较晚,主要是应用公理设计的思想和理论。主要研究的内容有:杨培林等利用公理设计的基本思想对产品并行设计过程进行分析和描述,提出了产品并行设计策略;陈永亮等根据公理设计理论,对模块化柔性生产线方案的设计过程进行分析;张瑞红等将公理设计用于系统设计,将两条设计公理作为系统设计的指导思想,对产品进行稳健优化设计;谭建荣等研究了配置设计中存在的基本映射单元类型,对配置设计的产品特征与配置变量的映射关系进行了归纳与总结,构造了面向配置设计的功能结构模型;朱均等基于公理设计讨论了并行设计过程和并行设计框架,提出了产品并行设计的实施策略;唐敦兵等将公理设计的"之"字形映射方法应用于并行设计研究;宋慧军等提出了域结构模板的概念,对公理设计进行了扩展。

本章小结

公理设计理论将设计的性质由艺术导向科学,为产品的开发提供了较为完整的范式。为设计师提供一个基于逻辑和理性思维过程及工具的理论基础来改进设计活动。但是,公理设计更侧重于理论框架的阐述,对于具体的产品设计或系统设计则没有具体的实现方法,对于机械产品设计系统目前还没有成功实现的例子,而且基于公理设计的计算机辅助设计软件也没有完全能实现。因此,公理设计理论还必须进行更深入的研究和探讨。

第 15 章　IFR——最终理想结果

第一节　理想化与理想度

理想化方法是科学研究中创造性思维的基本方法之一。它主要是在大脑中设立理想的模型,把对象简化、钝化,使其升华到理想状态,通过思想实验的方法来研究客体运动的规律。

一般的操作程序为:首先对经验事实进行抽象,形成一个理想客体;其次通过思维想象,在观念中模拟其实验过程,把客体的现实运动过程简化,并上升为一种理想化状态,使其更接近理想指标。

例如:在一定条件下把物质看作质点,把实际位置看作数学上的点,忽略摩擦力的存在,这就是理想化的结果。

科学历史上,很多科学家正是通过理想化获得了划时代的科学发现,如伽利略的惯性原理,牛顿的抛体运动实验等。

就"理想化"而言,其所涉及的范围非常广泛,可以是理想系统、理想过程、理想资源、理想方法、理想机器、理想物质等。

1)理想系统就是既没有实体和物质,也不消耗能源,但是能实现所有需要的功能,而且不传递、不产生有害的作用(如废弃物,噪声等)。

2)理想过程就是只有过程的结果,无需过程的本身,从提出了需求后的一瞬间就获得了所需要的结果。

3)理想资源就是存在无穷无尽的资源,供随意使用,而且不必付费(如空气、重力、阳光、风、泥土、地热、地磁、潮汐等)。

4)理想方法就是不消耗能量和时间,通过系统自身调节,就能够获得所需的功能。

5)理想机器就是没有质量、体积,但能实现所需要的功能(类似理想系统)。

6)理想物质就是没有物质,但是功能得以实现。

从以上描述可以看出,真正的理想系统是不存在的,但是我们通过创新的方法巧妙应用,可以让现实中的系统无限逼近理想化的系统,即一步步提高现实系统的理想化程度。

同样,阿奇舒勒在研究中也发现:所有的技术系统都在沿着增加其理想度的方向发展和进化。对于理想度的定义,阿奇舒勒是这样描述的:系统中有益功能的总和与系统中有害功能之和有益功能成本总和的比率。其表达式如下:

$$idealily = \sum U_F / (\sum H_F + \sum C)$$

式中:$idealily$ 为理想度;$\sum U_F$ 为有益功能之和;$\sum H_F$ 为有害功能之和;$\sum C$ 为有益功能的成本。

这个公式,比较好地反映了某种产品或技术系统的经济效益、社会效益以及成本等综合因素的作用情况。由上式可得出:技术系统的理想度与有益功能之和成正比;与有害功能之和成反比;理想度越高,产品的竞争能力越强。可以说,创新的过程,就是提高系统理想度的过程。因此,在发明创新中,应以提高理想度的方向作为设计的总目标。提高理想度可以从以下四个方面入手。

1)增大分子,减小分母,理想度显著提高。

2)增大分子,分母不变,理想度提高。

3)分子不变,分母减小,理想度提高。

4)分子、分母都增加,但分子增加的速率高于分母,理想度提高。

最终努力方向是让理想度趋于无穷大。那么,最理想的系统是什么样子的呢?用公式,可表示为:

$$\sum U_F 趋于 \infty, \sum H_F \text{、} \sum C 趋于 0$$

用语言来表述,一个最理想的系统应该并不实际存在,却能执行其所有功能。实际上,我们并不需要系统本身,我们需要的是功能。举例来说,我们更需要一种运输手段,而并不是一辆汽车。我们期望的理想系统实际上并不难于获得。

就提高某种产品或者某个技术系统的理想度而言,根据改进后的理想度衡量公式,我们可以从以下六个方面进行。

1)通过增加新的、有用的功能,或从外部环境(最理想就是自然环境)获得功能。

2)提高有用功能的级别,把尽可能多的功能高效传输到工作元件上。

3)降低成本,充分利用内部或外部已存在的、可利用的资源,尤其是免费的理想资源。

4)减少有害功能的数量,尽量剔除那些无效、低效、产生副作用的功能。

5)降低有害功能的级别,预防和抑制有害功能产生,或者将有害功能转化为中性功能。

6)将有害功能移到外部环境中去。

总之,理想度是一个综合表述技术系统成本、经济效益与社会效益的客观指标。它可以作为评估某项技术创新成果、某种引进技术及重大技术专项的重要评价指标。

第二节　理想设计

理想设计可以帮助设计者超越常识范围,抛弃现有约束条件,跳出传统的、解决问题办法的思维模式,借助系统的外部环境或者进入系统本身去寻找最优解决方案,发现完全不同的解题思路,获得令人耳目一新的解决方案。

"理想设计"和"现实设计",虽有一词之差,但从理论上讲二者的差距讲可以缩小到零,但是实际差距取决于设计者是否有理想化设计的概念,是否认识到理想化设计的意义,尤其是是否去追求理想化设计的结果,不同的设计将会使最终的设计结果呈现天壤之别。

按照理想化所涉及范围的大小,系统理想化分为部分理想化和全部理想化两类。在技术系统创新设计中,首先考虑部分理想化,当所有的部分理想化尝试失败后,再考虑系统的全部理想化。

一、部分理想化

部分理想化指在选定的原理上,考虑通过各种不同的实现方式使系统理想化。它是创新设计中最常用的方法,贯穿于整个设计过程。经常使用的有以下六种模式。

1)加强有用功能。通过优化提升系统参数,应用高一级形态的材料和零部件,给系统引入调节装置或反馈系统,让系统向更高级进化,从而加强有用功能。

2)降低有害功能。通过对有害功能的预防、减少、移除或消除,降低能量的损失、浪费等,或采用更廉价的材料、零部件等。

3)功能通用。增加有用功能的数量。比如手机,具有 MP3、播放器、收音机、照相机、掌上电脑等通用功能,功能通用化后,系统获得理想化提升。

4)增加集成度。集成有害功能,使其不再有害或有害性降低,甚至变害为利,以减少有害功能的数量,节约资源。

5)个别功能专用化。功能分解,划分功能的主次,突出主要功能,将次要功能分解出去。例如,近来专用制造业划分越来越细,元器件、零部件制造交给专业厂家生产,汽车厂家只进行开发设计和组装。

6)增加柔性。系统柔性的增加,可提高其适应范围,有效降低系统对资源的消耗和空间的占用。比如,以柔性设备为主的生产线越来越多,以适应当前变化和个性化定制的需求。

二、全部理想化

全部理想化指对同一功能,通过选择不同的原理使系统理想化。全部理想化是在部分理想化尝试无效时才考虑使用,经常使用的有以下四种模式。

1)功能剪切。在不影响主要功能的前提下,剪切系统中存在的中性功能及辅助的功能,让系统简单化。

2)辅助子系统的剪切。利用内部和外部可用的免费资源,省掉辅助子系统,大大降低系统的成本。

3)原理的改变。为简化系统或使得过程更为方便,如果通过改变已有系统的工作原理可达到目的,则改变系统的原理,获得全新的系统。

4)系统换代。当产品的技术系统成为过时技术(进入衰退期)时,需要考虑用下一代产品来替代当前产品,完成更新换代。

第三节 最终理想结果——IFR

一、最终理想结果的确定

产品创新的过程就是产品设计不断迭代,理想化的水平不断由低级向高级演化无限逼近理想状态的过程。当设计人员不需要额外的花费就实现了产品的创新设计时,这种状况就称为最终理想结果(ideal final result,IFR)。

IFR 的实现可以这样来表述:系统自己能够实现需要的动作,并且同时没有有害作用的参数。在表述最终理想结果时希望使用"自己"这个词。通常 IFR 的表述中需包含以下两个基本点:①系统自己实现这个功能;②没有利用额外的资源,而所需的功能实现了。

一个技术系统中,一定有某些不理想的、需要改进的元件。确认系统中非理想化状态的元件,并确认 IFR 是问题解决的关键所在。IFR 的确定和实现可以按下面提出的六个问题,分六个步骤来进行。

1)设计的最终目的是什么?

2)IFR 是什么?

3)达到 IFR 的障碍是什么?

4)出现这种障碍的结果是什么?

5)不出现这种障碍的条件是什么?

6)创造这些条件时可用的资源是什么?

上述问题一旦被正确地理解并能描述出来,问题也就得到了解决。

二、IFR 的特征

当确定了创新产品或技术系统的 IFR 后,检查其是否符合 IFR 的特点,并进行系统优化,以确认达到或接近 IFR 为止。IFR 同时具有以下四个特点。

1)保持了原系统的优点。

2)消除了原系统的不足。

3)没有使系统变得更复杂。

4)没有引入新的不足。

因此,设定了 IFR,就是设定了技术系统改进的方向。IFR 是解决问题的最终目标。即使理想的解决方案不能 100% 的获得,但会引导你得到最巧妙和最有效的解决方案。

第四节　IFR 的应用

一、农场养兔子的难题

农场主有一大片农场,放养大量的兔子。兔子需要吃到新鲜的青草,农场主不希望兔子走得太远而照看不到,也不愿花费大量的劳动割草运回来喂兔子。这难题如何解决? 应用上面的六个步骤,分析提出 IFR,并找到实现的方法。

1)设计的最终目的是什么?

兔子能够吃到新鲜的青草。

2)IFR 是什么?

兔子永远自己能吃到青草。

3)达到 IFR 的障碍是什么?

为防止兔子走得太远照看不到,农场主用笼子放养兔子,但笼子不能移动。

4)出现这种障碍的结果是什么?

笼子不能移动,兔子只能吃到笼子面积有限的青草,短时间内,草就会被吃光。

5)不出现这种障碍的条件是什么?

笼子下的青草无限。

6)创造这些条件时可用的资源是什么?

兔子、笼子、草。

解决方案:给笼子装上轮子,兔子自己推着笼子移动,去不断地获得青草。这个解决方案完全符合 IFR 的四个特点。

这里解决问题的资源是兔子本身,它会自动找青草吃。

二、防止矿渣变硬

炼铁时在高炉里生成矿渣以及融化的镁、钙等氧化物的混合物。炽热的矿渣达到 1000℃,倒进大的钢水包里,并在铁路平板车上运去加工。

但是,目前在开口的料斗里运送矿渣,由于表面冷却产生硬的外壳。这样不仅损失原料部分,还意味着倒出矿渣困难。在工厂,为了捣碎矿渣,要用专门的设备敲击外壳。但有窟窿的硬壳同样阻挡矿渣,以至于移动起来特别费力。

在传统的产品改进思路中,设计者首先想到的就是要为料斗做隔热的盖子,这将使料斗特别沉重。盖上和提升盖子不得不使用吊车,这不仅增加子系统的复杂性,而且增加的子系统也降低了系统的可靠性。显然,该系统不符合 IFR 的四个特点中的后两个。那么理想的盖子是什么? 应该是不存在盖子,却实现了盖子的功能,即将矿渣和空气隔绝。

如果用 IFR 来分析,会得到截然不同的创新设计方案。

1)设计的最终目的是什么?

矿渣不会冷却,能够很好地保温。

2)IFR 是什么?

矿渣自己保温。

3)达到 IFR 的障碍是什么?

料斗周围有冷空气。

4)出现这种障碍的结果是什么?

矿渣变硬,不容易倒出。

5)不出现这种障碍的条件是什么?

矿渣上面有隔绝冷空气的物质。

6)创造这些条件可用的资源是什么?

矿渣、空气。

解决方案:在液体矿渣上洒冷水,泼上的水和热矿渣相互作用产生了矿渣泡沫,泡沫是很好的保温体和很好的盖子,而且很容易将液体矿渣倒出来。

这里解决问题的资源是矿渣本身,矿渣和冷水结合可以产生新的特性。

三、测量金属的抗腐蚀性

实验室里,实验者需要研究酸液对多种金属的腐蚀作用,他们将大约 20 个各种金属的实验块摆放在容器底部,然后泼上酸液,密闭容器开始加热。实验持续约 2 周后,打开容器,取出实验块,在显微镜下观察各种表面的腐蚀程度。

实验人员发现:实验进行时,酸液把容器壁也给腐蚀了。

一位实验员提议:应该在容器壁上加一层耐腐蚀的材料,比如金子或白金。但是这会大大提高容器的成本,不符合 IFR 解决问题的思想。

按照 IFR 分析和解决的六个步骤来进行思考,寻找一个理想的答案。

1)设计的最终目的是什么?

准确测定酸液对金属的腐蚀作用。

2)IFR 是什么?

不再使用容器(即没有容器)而达到测试的目的。

3)达到 IFR 的障碍是什么?

如果没有容器,酸液会无法保持在固定的位置而四处流淌。

4)出现障碍的结果是什么?

金属无法浸泡在酸液中,不能完成测试。

5)不出现这种障碍的条件是什么?

有一种物体代替容器起到盛装酸液的功能。

6)创造无障碍条件的可用资源是什么?

金属试样、酸液。

解决方案:把金属试块做成容器。从理想设计角度出发,容器是个辅助子系统,可以把这个子系统剪切掉。但是剪切掉了原有的容器后,酸液又无法盛装了。所以容器是必须要有的,关键是由谁来担任容器的角色。从理想化的几个方向看,容器功能可由实验用的金属试块自身来承担,将金属试块做成中空的杯子状,将酸液直接倒入其中,观察酸液对此杯壁的腐蚀,即可获得实验结果。整个系统变得如此简单。

这里解决问题的资源是实验用的金属试块本身。

四、不会烫坏衣服的熨斗

平时衣服起了褶皱需要用熨斗来熨烫平整。但是使用熨斗一直有这样一个问题,假如在你熨衣服的时候突然来了电话,或者有人敲门等事情打扰,可能你会离开了熨衣板去处理这些事情,结果回来时发现熨斗就放在衣服上,衣服上已经被熨斗烧了一个大洞。

在这种情况下,你一定会想,如果熨斗能自行站立起来该有多好啊!这显然是一熨斗设计的一个 IFR。

1)设计的最终目的是什么?

衣服不会被熨斗烫坏。

2)IFR 是什么?

熨斗能自行保持站立状态。

3)达到 IFR 的障碍是什么?

熨斗无法自行站立,需要靠人来摆放成站立状态。

4)出现这种障碍的结果是什么?

如果人忘记把熨斗摆放成站立状态,熨斗长时间与衣服接触,衣服会被烫坏。

5)不出现这种障碍的条件是什么?

有一个支撑力将熨斗从平行状态支起。

6)创造无障碍条件的可用资源是什么?

熨斗的自重、形状。

我们可以在大脑中思考有什么东西可以自行保持站立状态,小孩子也能马上想到一种最常见的玩具:不倒翁。那么不倒翁是如何实现这种神奇的状态的? 是不是相同的原理可以应用在熨斗的设计上呢?

解决方案:把熨斗的尾部设计成圆柱面或者球面,让重心移到尾部,因此熨斗像不倒翁一样,平时保持自动站立的姿态。使用时轻轻按倒即可;不使用时,只要你一松手,熨斗就会自动站立起来,脱离与衣服的接触。这样,你可以放心地去做别的事情了。

这里解决问题所使用的是一分钱都不用花的资源:重力。

本章思考题

(1)飞碟的清理。

飞碟,是各届奥运会射击比赛项目之一,有多向飞碟、双多向飞碟等项目。早期的飞碟项目是对放飞的鸽子进行射击,后改为对碟靶射击。

有一个问题大家有无思考过,当射击比赛结束后,被击碎的飞碟碎片都散落在比赛场地,很难清理。如何解决这个问题呢?

请利用 IFR 的分析方法来尝试解决。

(2)牛肉运输。

在南美洲一个著名的牛肉产地,常常要运送大量的新鲜牛肉到欧洲市场。由于需要保持牛肉的新鲜,因此牛肉需要冷冻来运输。最初的想法是,在空运的集装箱里设计安装保持低温装置,或在飞机的货舱里安装冷冻设备。由于这些设备的加入,造成飞机的有效载重降低,牛肉的价格一直居高不下。

如何解决这个问题?既能保证牛肉的新鲜,又能降低运输成本。

本章小结

IFR 的思想对于研发设计人员而言,在进行产品与流程的设计时非常有帮助,它能够在以下几个方面协助研发人员。

1)将重点放在系统必需的功能上,而非目前正在使用的流程与设备上。

2)基于 IFR 向着正确的方向思考和解决问题。

3)引导研发人员获得突破性的想法和方案。

就像中国人熟知的一句格言:只有想不到,没有做不到。这就是 IFR 的真谛所在。

第 16 章　组件价值分析

组件价值分析是在功能结构分析之后和裁剪之间的一个环节,如图 16.1 所示,FSA 画出实现功能的整个架构,它包括组成技术系统的组件和它们之间的联系。FSA 的一个主要作用是在很多降低成本的项目中,通过裁剪 TRIMMING 系统中那些价值比较低的组件,而将该组件的功能转移到别的组件中,从而实现成本的降低。在这个过程中,一个无法回避的问题是,裁剪的标准是什么,即哪些是要裁剪的,哪些是要保留的。

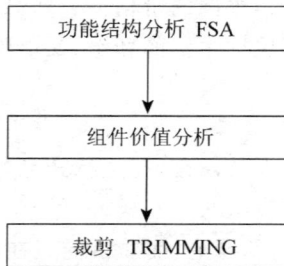

```
┌─────────────────────────┐
│   功能结构分析 FSA        │
└─────────────────────────┘
            │
            ▼
┌─────────────────────────┐
│      组件价值分析         │
└─────────────────────────┘
            │
            ▼
┌─────────────────────────┐
│      裁剪  TRIMMING      │
└─────────────────────────┘
```

图 16.1　组件价值分析所处位置

组件价值分析是从组件的价值角度对需要裁剪的组件进行排序,裁剪那些价值低的组件,保留那些价值高的组件。这个道理与 LEAN(精益生产)方法一样,裁剪流程中不增值的环节,直到整个增值比例 PCE 达到 80% 以上。

裁剪可以根据价值来排序,也可以根据别的指标来排序,这完全取决于客户的要求。比如在体积受限的情况下,对体积大的组件就要特别关注;而对于内存受限的系统,占用内存最大的器件,或者软件模块就是首先要考虑裁剪的模块。

第一节　价值工程

价值工程(value engineering,VE)亦称价值分析(value analysis,VA),是于 20 世纪兴起的一门管理学科和技术,是一种提高分析对象价值的思想方法。

美国人麦尔斯(Lawrence Miles)于 1947 年首先提出,1954 年美国国防部正式建立了一套价值分析体系,称之为"价值工程"。

价值工程的概念表达式为:

$$V = \frac{F}{C}$$

其中：V 为价值（value index）；F 为功能评价值（function worthy）；C 为总成本（total cost）。

正如任何用比值来定义的指标一样，V 本质上与 F 和 C 没有关系，只是技术系统本质特性的一种度量，正像电阻的定义为 $R = \dfrac{V}{I}$，R 本身与 V 和 I 都没有关系，只是物质的本性。

价值工程的研究和分析对象（产品或服务）的功能。价值工程的目的是提高对象的价值，以获取最大的效益。通过系统地分析对象的功能和成本，以最低的总成本，可靠地实现对象（产品或服务）的必要功能，从而提高对象（产品或服务）的价值，并产生有组织、有系统的活动。

第二节 理想度指数

组件价值分析就是将价值工程的概念应用于技术系统中的组件，找出组件价值的排序，为裁剪做准备。

组件价值分析是通过计算每个系统组件的理想度指数（ideality index）来分析整个技术系统理想度（ideality）的，如图 16.2 所示。

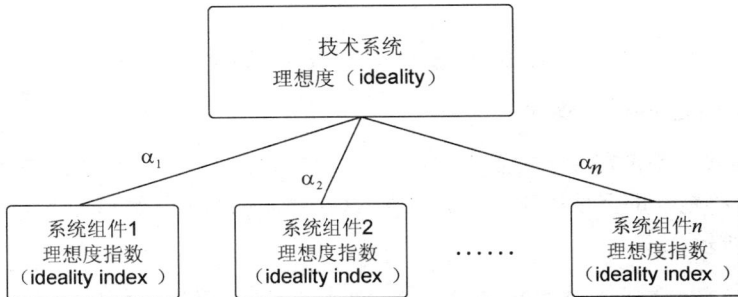

图 16.2 理想度和理想度指数

理想度指数表示组件在技术功能中的价值或作为一个单元对系统理想度的贡献程度。理想度指数越大，组件的功能越理想。系统组件的理想度指数越低，它对技术系统产生的问题越多，说明此组件需要更深入的分析和详细的检测，以便将此组件移出系统之外，或将它的功能转给邻近组件，或改进其功能，或者降低其成本。

影响系统组件理想度指数的因素一般包括以下几种。

1）技术系统中系统组件的功能贡献的大小，具体而言包括：组件的角色（定义的组件的角色）；组件到产品作用对象的最短路径数；组件到超系统的最短路径数。

2）系统组件对问题影响的大小。

3）系统组件的成本。

第三节　组件价值分析模式

组件价值分析的类型一般有定量模式与定性模式两种类型。

1. 定量（quantitative）模式

对影响组件理想度的各因素打分，一般以 100 分为最高分。对于成本，必须将实际成本转化为百分制，然后和其他指标一起进行理想度计算，如图 16.3 所示。

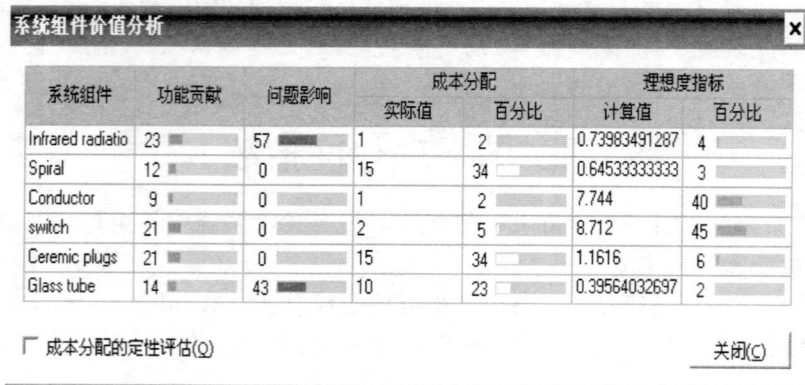

系统组件价值分析　✕

系统组件	功能贡献	问题影响	成本分配		理想度指标	
			实际值	百分比	计算值	百分比
Infrared radiatio	23	57	1	2	0.73983491287	4
Spiral	12	0	15	34	0.64533333333	3
Conductor	9	0	1	2	7.744	40
switch	21	0	2	5	8.712	45
Ceremic plugs	21	0	15	34	1.1616	6
Glass tube	14	43	10	23	0.39564032697	2

☐ 成本分配的定性评估（Q）　　　　　　　　　　关闭（C）

图 16.3　组件价值定量分析界面

2. 定性（qualitative）模式

定性模式主要是在无法确定真实成本的时候，只能对组件成本进行定性的估计，但最终需要将定性的评估转化为百分数据，这样才能和其他估计值一起计算出价值，如图 16.4 所示。

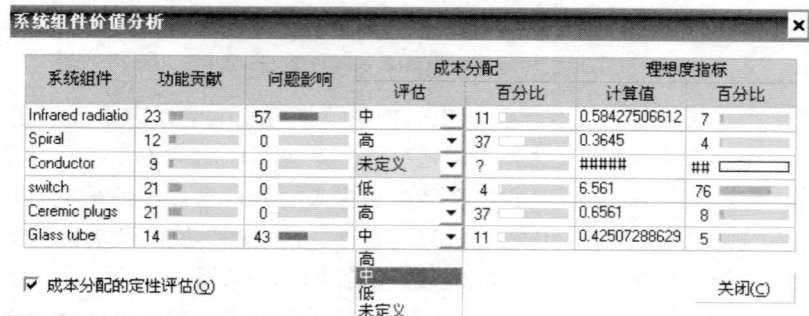

系统组件价值分析　✕

系统组件	功能贡献	问题影响	成本分配		理想度指标	
			评估	百分比	计算值	百分比
Infrared radiatio	23	57	中 ▼	11	0.58427506612	7
Spiral	12	0	高 ▼	37	0.3645	4
Conductor	9	0	未定义 ▼	?	#####	##
switch	21	0	低 ▼	4	6.561	76
Ceremic plugs	21	0	高 ▼	37	0.6561	8
Glass tube	14	43	中 ▼	11	0.42507288629	5

高
中
低
未定义

☑ 成本分配的定性评估（Q）　　　　　　　　　　关闭（C）

图 16.4　组件价值定性分析界面

在软件中，一般可以直接选择成本分配的高、中或低状态，系统自动对数值进行标准化计算，得到各组件成本的百分比值。对所有组件的理想度指数进行标准化处理后得到每个组件的理想度百分比。根据理想度百分比，找出理想度最低的系统组件,或直接改进其功能;或应用系统简化将此组件移出系统;或应用特征传递改善其功能,从而改进原技术系统。

正如价值分析是 LEAN 的核心理念一样,组件价值分析是系统分析的核心理念,价值从整体上指明了组件改进的选择范围。

第四节 理想度诊断分析

理想度诊断分析图以功能贡献为垂直轴,以成本分配与问题影响之和为水平轴来分析各组件所处的状况,如图 16.5 所示。

当理想度指数计算出来后,将各系统组件分别标示在相应的 A、B、C、D 四个区域内。其中 A 区是功能贡献大、而成本和问题小的区域;D 区是功能贡献小而成本和问题大的区域。

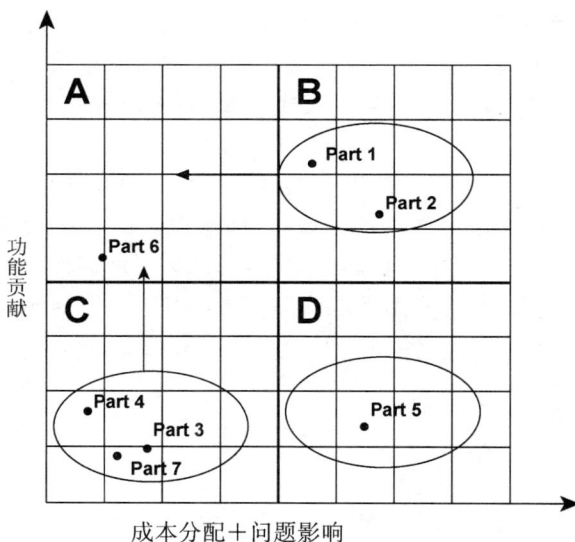

图 16.5 理想度诊断分析图

系统给出改进的建议如下。

1)D 区内的组件应被移除或被简化(如图中的 Part 5)。

2)移除或简化组件的次序要根据组件理想度值上升的顺序,即理想度最低的组件最先被移除或被简化。

3)上图右下三角区内应被移除或简化的所有组件表是"简化组件"的输入数据。

4)C 区内组件的改进策略是提高其功能性。

5)B 区内组件的改进策略是降低其生命周期的成本。

第17章　系统裁剪分析

第一节　裁剪法的思想

对技术系统进行功能分析后,需进行系统中各组件的价值分析,即通过其成本、实现的有用功能、带来的有害功能等计算各组成部件的价值,找到最低价值的组件。

通常对某个技术系统进行改进的时候,采用的方法是对组件价值最低的部件进行改进,如果成本太高,就考虑如何降低其成本;如果有用功能不足,则考虑如何提高其功能的实现效能;如果是带来了有害功能,则考虑采取什么措施将有害功能消除或规避。

裁剪法的思想和传统的系统改进方法恰恰相反,其采取的方法是:当找到系统中价值最低的组件时,将该组件直接裁剪掉,同时把它的有用功能提取出来,让系统中存在的其他部件去完成这个功能。这样,既消除了该部件产生的有害功能,又降低了成本,同时它所执行的有用功能依旧存在,如图17.1所示。

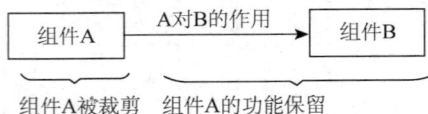

图 17.1　裁剪法思想的图示

裁剪一般都是在建立功能模型后进行的,这时对组件的裁剪相对容易和准确。而如果不建立功能模型就进行裁剪就非常危险,因为可能会在你没意识到某个部件有什么功能时就被裁剪掉了,而使系统丢掉了一些功能,将降低整个系统的有效功能。

裁剪法实施前提是能够将被裁剪组件的有用功能重新分配至其他组件。

第二节　裁剪法的原则

在对系统组件进行裁剪之前,我们必须考虑以下五个问题。

1)我们需要这个组件所提供的功能吗?

2)在系统内部或系统周边,有没有其他组件可以实现该功能?

3）现有的资源能不能实现该功能？

4）能不能用更便宜的方法来实现该功能？

5）相对于其他组件而言，该组件与其他组件是不是存在必要的装配或运动关系？

在裁剪之前，一一回答上述五个问题，确保在组件被裁剪后，它的功能能够继续实现，并且不会影响系统中其他组件功能的实现。

运用裁剪法的指导原则如下，该原则指出了哪个组件被裁剪掉。

1）如果分析该系统的专家有足够的经验，可以通过对具体问题的具体分析选择出需要裁减掉的组件。

2）提供辅助功能组件的价值小于提供基本功能组件的价值。

3）如果希望降低技术系统的成本，就可以考虑裁剪系统中成本最高的组件；如果是希望降低系统的复杂度，则可以考虑裁剪系统中复杂度最高的组件。

第三节　裁剪法的实施策略

找到希望裁剪的组件 A 后，在裁剪实施时可采取下列策略依顺序进行判断，找到适合该系统的裁剪方式和方法。

1）若组件 B 不存在了，组件 B 也就不需要组件 A 的作用，那么组件 A 就可以被裁剪掉，如图 17.2 所示。

图 17.2　裁减实施策略一

注：如果组件 B 是该系统的系统作用对象，那么此条不适用，进入第二条实施策略。

2）若组件 B 能自我完成组件 A 的功能，那么组件 A 可以被裁减掉，其功能由组件 B 自行完成，如图 17.3 所示。

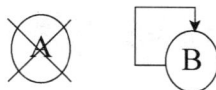

图 17.3　裁减实施策略二

3）若该技术系统或超系统中其他的组件可以完成组件 A 的功能，那么组件 A 可以被裁减掉，其功能由其他组件 C 完成，如图 17.4 所示。

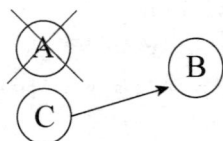

图 17.4　裁减实施策略三

4) 若技术系统的新添组件可以完成组件 A 的功能，那么组件 A 可以被裁减掉，其功能由新添组件 C 完成，如图 17.5 所示。

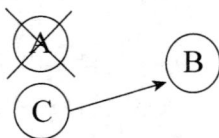

图 17.5　裁减实施策略四

以上裁剪方式的优先级为：1→2→3→4，可以选择多种裁剪方式得到不同的解决方案。

第四节　应用实例：近视眼镜的裁剪

近视眼镜是以矫正视力为目的制作的简单光学器件，该系统的主要部件包括镜片和镜架，镜架又可分为镜框和镜腿。从镜片的功能上讲，它具有调节进入眼睛的光量和方向，改善视力的功能，所以该系统的作用对象为光线。而眼镜架的功能，主要与镜片配套构成眼镜戴在人的眼睛上起到支架作用。因此，构建眼镜这一技术系统的功能模型，如图 17.6 所示。

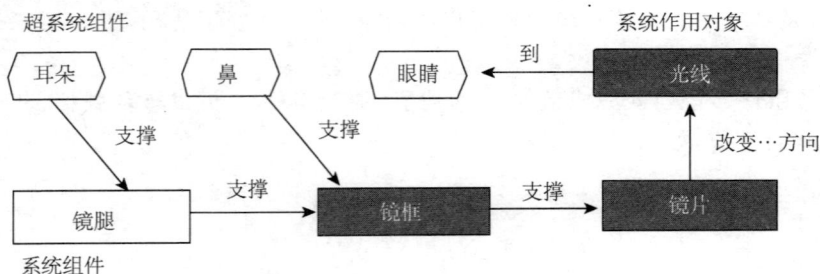

图 17.6　近视眼镜的功能模型图

根据裁剪法实施的指导原则，系统中提供最低价值辅助功能的组件是镜腿，因此从镜腿开始裁剪。

镜腿的功能为支撑镜框。根据裁剪法的实施策略，逐一寻求裁剪镜腿的解决方案，即若符合以下条件，镜腿可被裁剪。

1)实施策略一:没有镜框(因此镜框不需要支撑作用)。

2)实施策略二:镜框自我完成支撑作用。

3)实施策略三:技术系统中其他组件完成支撑镜框作用(如镜片);超系统组件完成支撑镜框作用(如手、眼睛等)。

选择实施策略三,用超系统组件中的手,来完成支撑镜框的作用,裁剪后系统的功能模型如图17.7所示。

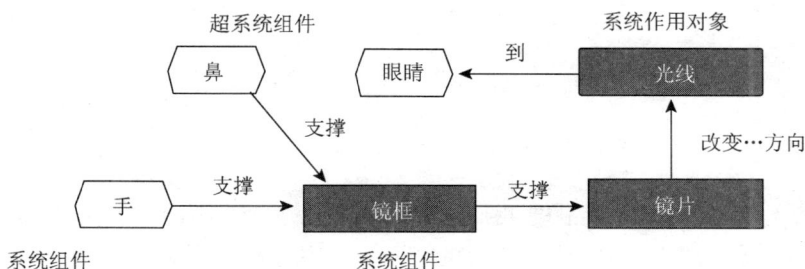

图 17.7　近视眼镜裁剪镜架后的功能模型图

很早的时候就存在这种无腿近视眼镜了,使用时可用手来进行支撑,如图17.8所示。

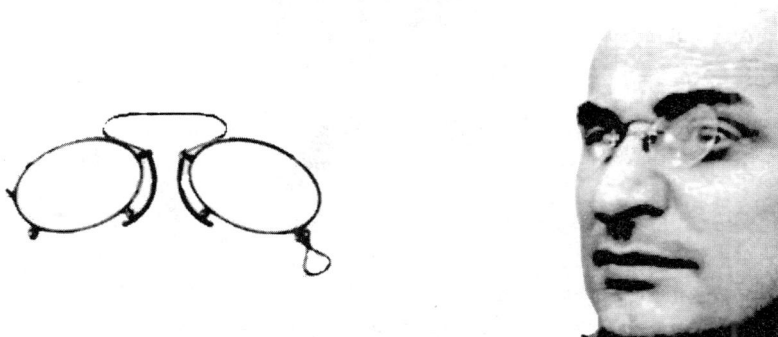

图 17.8　无腿近视眼镜

继续进行眼镜这一系统的裁剪,眼镜系统中剩余的组件中,镜框和镜片相比,镜框的功能是辅助功能,相对镜片而言价值较低,因此下一步对镜框进行裁剪。

镜框的功能为支撑镜片。根据裁剪法的实施策略,逐一寻求裁剪镜框的解决方案,即若符合以下条件,镜框可被裁剪。

1)实施策略一:没有镜片(因此镜片不需要支撑作用)。

2)实施策略二:镜片自我完成支撑作用。

3)实施策略三:技术系统中其他组件完成支撑镜片作用(无);超系统组件完成支撑镜片作用(如眼睛、鼻子等)。

选择实施策略三,用超系统组件中的眼睛来完成支撑镜片的作用,裁剪后系统的功能模型如图 17.9 所示。

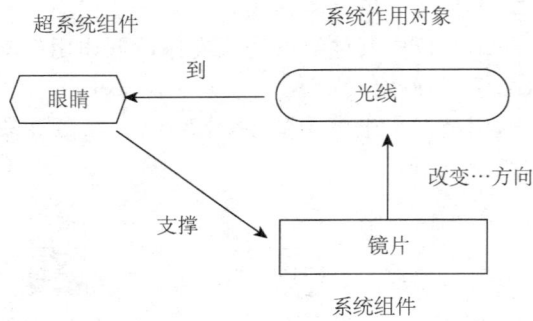

图 17.9　近视眼镜裁剪镜框后的功能模型图

很容易想到,这种眼镜就是我们现在已经比较常见的隐形眼镜。隐形眼镜是一种戴在眼球角膜上,用以矫正视力的镜片。这种眼镜不仅从外观及方便性方面给近视患者的视力带来了极大的改善,而且视野宽阔、视物逼真,如图 17.10 所示。

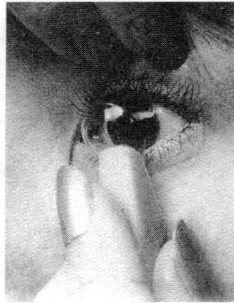

图 17.10　隐形眼镜

早在 1508 年,达·芬奇就提出了把镜片直接戴在眼睛上的想法,首先描述将玻璃罐盛满水置于角膜前,以玻璃的表面替代角膜的光学功能。

隐形眼镜相比框架眼镜有不少优点:没有镜框的阻碍,没有重量,不影响配戴者的外观,对爱美的人士,尤其是女性甚为适合。

但是隐形眼镜亦有一些缺点,由于隐形眼镜直接戴在角膜上,假如镜片或双手清洗不干净,戴隐形眼镜便较容易引起角膜发炎等病症。

那么我们再来思考一下,对眼镜的裁剪是否可以继续下去。系统中还剩下一个组件,即镜片,那么镜片可以被裁剪掉吗?

镜片的功能为改变光线的方向,使其进入眼睛。根据裁剪法的实施策略,逐一寻求裁剪镜片的解决方案,即若符合以下条件,镜片可被裁剪。

1)实施策略一:没有光线(光线为系统作用对象,因此实施策略一不可用)。

2)实施策略二:光线自我完成改变其方向的作用。

3)实施策略三:技术系统中其他组件完成改变光线方向的作用(无);超系统组件完成改变光线方向的作用(如眼睛)。

选择实施策略三,用超系统组件中的眼睛来完成改变光线方向的作用,裁剪后系统的功能模型如图17.11所示。

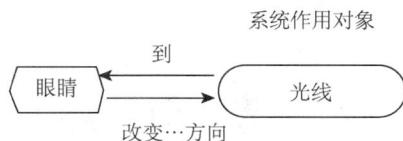

图17.11 近视眼镜裁剪镜片后的功能模型图

这时,整个眼镜系统已被裁剪,眼镜不存在了。通过眼睛自身来改变光线的方向,完成调整视力的功能。这就是现在的医疗技术——近视眼手术,如图17.12所示。

图17.12 近视眼手术模拟图

如果患者因工作、生活或生理上的原因不适合戴眼镜或隐形眼镜,则可考虑接受手术治疗。早期手术方式是以钻石刀做放射状角膜切割术,但其术后的度数较难预测且不稳定,此外,眼球若受外力撞击较易破裂。准分子激光屈光手术是1986年研发出来的手术方式,这一方式可快速精确地削切角膜组织,达到减轻或去除近视度数的目的,使患者减少或免除对眼镜或隐形眼镜的依赖。

本章小结

裁剪法是TRIZ中提高系统理想度的一种很好的方法,在使用时遵从裁剪法的实施策略,一步步地对系统功能模型进行分析,通常会得到出乎意料的、高质量的系统改进方案。

第 18 章　因果分析

第一节　引　言

当工程师面对一个技术问题的时候,往往牵涉的因素众多,有时可谓是一团乱麻,陷入"剪不断、理还乱"的困境。这时,关键是理顺问题产生的原因,并充分挖掘技术系统内外部资源,以找到解决问题的最佳方案。

三轴分析法是按照因果关系、时序顺序、系统层次三个方面来全面考察技术系统当前问题的方法。通过三轴分析法,可发现问题产生的根本原因,寻找出解决问题的"薄弱点",降低问题解决成本,如图 18.1 所示。

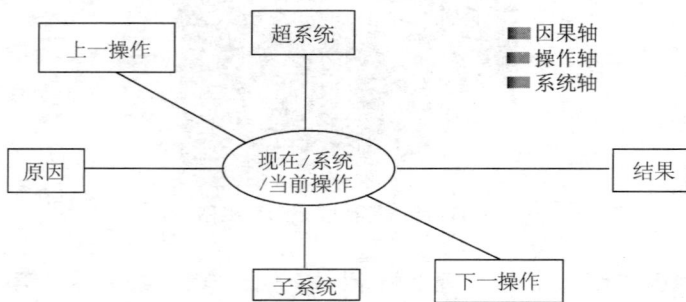

图 18.1　三轴分析示意图

三轴方法主要是通过对因果轴、操作轴、系统轴的分析解决问题。其中,因果轴反映一些事件之间的因果联系,这些事件的发生先于或后于初始问题的出现,此轴可用来揭示问题的根本原因;操作轴反映一些动作(操作)的顺序,这些动作(操作)是问题的作用对象经历的全部动作(操作);系统轴反映一个子/超系统怎样与考虑中的技术系统相互作用。

有关操作轴以及系统轴的内容,我们将在第 19 章详细讨论,以下我们着重介绍因果轴分析方法。

第二节　常见的因果轴分析方法

一、五个"为什么"

在丰田公司的流程改善项目中,有一个著名的"五个为什么"分析。要解决问题必须找出问题的根本原因,而不是问题本身;根本原因隐藏在问题的背后。举例来说,你可能会发现一个问题的源头是某个供应商或某个机械中心,亦即问题发生在哪里,但是,造成问题的根本原因是什么呢?答案必须靠更深入挖掘,并询问问题何以发生才能得到。先问第一个"为什么",获得答案后,再问为何会发生,依此类推,问五次"为什么"。

丰田的成功秘诀之一,就是把每次错误视为学习的机会,不断反思、持续改善、精益求精,即通过识别因果关系链,来进行诊断。这个方法的使用前提是对问题的信息充分了解。

丰田汽车公司前副社长大野耐一先生曾举过这样一个例子:有一次,大野耐一发现生产线上的机器总是停转,虽然修过多次但仍不见好转。于是,大野耐一与工人进行了以下对话。

一问:"为什么机器停了?"

答:"因为超过了负荷,保险丝就断了。"

二问:"为什么超负荷呢?"

答:"因为轴承的润滑不够。"

三问:"为什么润滑不够?"

答:"因为润滑泵吸不上油来。"

四问:"为什么吸不上油来?"

答:"因为油泵轴磨损,松动了。"

五问:"为什么磨损了呢?"

答:"因为没有安装过滤器,混进了铁屑等杂质。"

经过连续五次不停地问"为什么",大野耐一找到了问题的真正原因和解决的方法——在油泵轴上安装过滤器。如果没有这种追根究底的精神来发掘问题,我们很可能只是换根保险丝草草了事,真正的问题还是没有解决。

这里还有一个实例:林肯纪念堂的外墙是花岗岩制成的,脱落和破损严重,再继续下去就需要推倒重建,这要花纳税人一大笔钱,那么该如何分析原因并找到解决方案呢? 如图18.2所示。

外墙采用花岗岩,花岗岩经常脱落和破损,专家经过分析提出了五个问题。

1)脱落和破损的直接原因是经常清洗,而清洗液中含有酸性成分。为什么要用酸性清洗液?

2)花岗岩表面特别脏,因此使用去污性能强的酸性清洗液,究其原因主要是由于鸟粪造成的。为什么这个大楼的鸟粪特别多?

3)楼顶常有很多鸟。为什么鸟愿意在这个大厦上聚集?

4)大厦上有一种鸟喜欢吃的蜘蛛。为什么大厦的蜘蛛特别多?

5)楼里有一种蜘蛛喜欢吃的虫。为什么这个大厦会滋生这种虫?

因为大厦采用了整面的玻璃幕墙,阳光充足,温度适宜。

至此，解决方案就简单了：拉上窗帘！

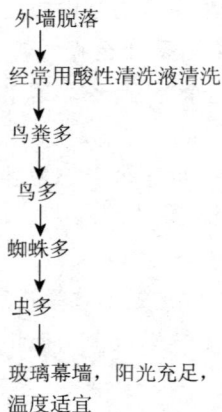

外墙脱落

经常用酸性清洗液清洗

鸟粪多

鸟多

蜘蛛多

虫多

玻璃幕墙，阳光充足，
温度适宜

图 18.2　五个"为什么"分析林肯纪念堂外墙脱落和破损问题

　　五个"为什么"分析方法，并没有多么玄奥，只是通过一再追问"为什么"，就可以通过表面现象而深入系统根本原因，也可避免其他问题。所以若能解决问题的根本原因，许多相关的问题就会迎刃而解。

二、故障树

　　故障树分析（FTA）技术是美国贝尔电报公司的电话实验室于 1962 年开发的，它采用逻辑的方法，形象地进行失效风险的分析，特点是直观、明了，思路清晰，逻辑性强，可以作定性分析，也可以作定量分析，如图 18.3 所示。

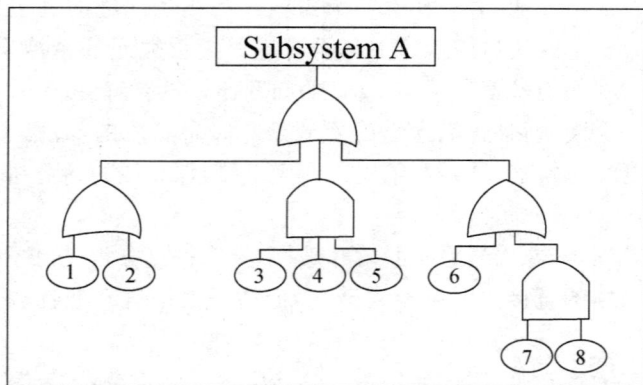

图 18.3　故障树示意图（subsystem A 是整个系统的一部分）

　　故障树是一种特殊的倒立树状逻辑因果关系图，它用事件符号、逻辑门符号和转移符号描述系统中各种事件之间的因果关系。故障树的建立可以按照以下步骤执行。

　　1）自顶向下按层分析直接原因。

2)列出每个事件:故障内容及发生条件。

3)分析事件之间的关系,用与或门表示。

4)按照事件结构和发生概率,确定导致故障发生的重要事件,按照轻重缓急采取对策。

实例:物料输送系统由一个泵和三个阀门组成,如图 18.4 所示。物料的输送路径可以经由泵 A、阀门 B 和阀门 C,或者经由泵 A 与阀门 D。设 A、B、C、D 组件的可靠性分别为 0.95、0.9、0.9、0.8。

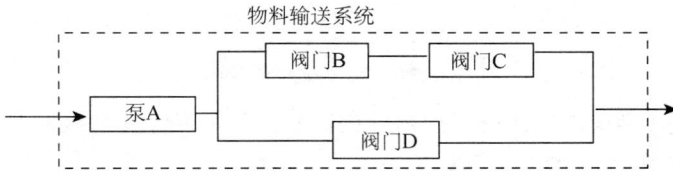

图 18.4　故障树实例

绘制这个系统失效的故障树,并计算系统的可靠性。

如果没有阀门 D,这个系统的可靠性又是多少?

参考答案:$R = R_A \times [1-(1-R_D) \times (1-R_B \times R_C)] = 0.9136$

$R = R_A \times R_B \times R_C = 0.7695$

三、鱼骨图分析

鱼骨图(cause & effect/fishbone diagram)是日本管理大师石川馨先生所提出来的,故又名石川图。鱼骨图是一种发现问题"根本原因"的方法,也可以称之为"因果图"。鱼骨图分析法把问题及原因,采用类似鱼骨的图样串联起来,鱼头是问题点,鱼骨则是原因,而鱼骨又可分为大鱼骨、小鱼骨、细鱼骨,小鱼骨是大鱼骨的支骨,细鱼骨又是小鱼骨的支骨,必要时,还可以再细分下去。大鱼骨是大方向,小鱼骨是大方向的子因,而细鱼骨则是子因的子因。鱼骨图分析法与头脑风暴法结合对于寻找问题原因更为有效。

鱼骨图针对以下两种类型,提出了不同的鱼骨图模板。

鱼骨类别 1:服务与流程,如图 18.5 所示。

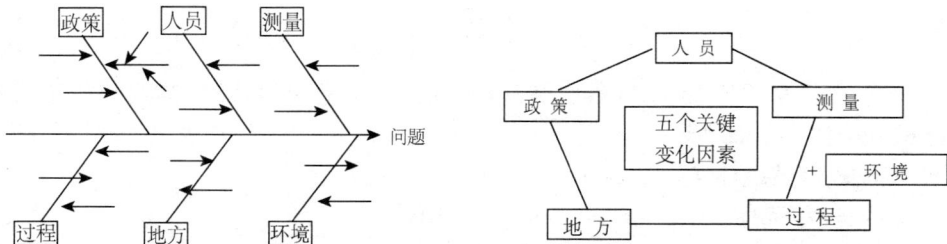

图 18.5　服务流程鱼骨图

鱼骨类别 2:制造,如图 18.6 所示。

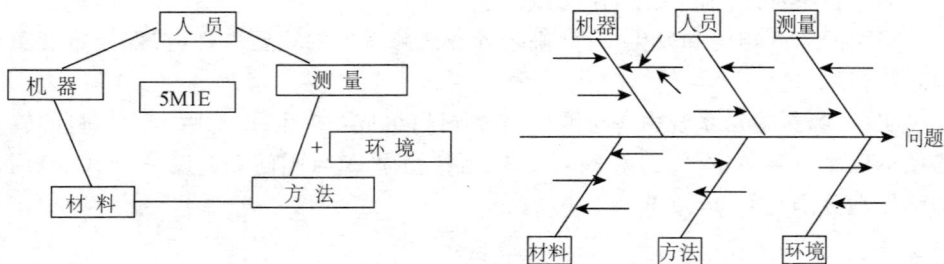

图 18.6　制造流程鱼骨图

对于上述列举出来的所有可能的原因,要进一步评价其发生的可能性,并用下面三种标志来表示,如图 18.7 所示。

V:非常可能(very likely to occur)

S:有些可能(somewhat likely to occur)

N:不太可能(not likely to occur)

原因	非常可能	有些可能	不太可能
XXXX	V	S	N

图 18.7　原因发生可能性标示

对标有 V 和 S(表中椭圆框内的部分)的原因,评价其解决的可能性,如图 18.8 所示。

V:非常容易解决(very easy to fix)

S:比较容易解决(somewhat easy to fix)

N:不太容易解决(not likely to fix)

解决可能性 / 发生可能性	V	S	N
V	VV	VS	VN
S	SV	SS	SN

图 18.8　原因发生可能性和解决可能性标示

对标有 VV、VS、SV、SS(表中椭圆框内的部分)的原因,评价其实施纠正措施的难易度,如图 18.9 所示。

V:非常容易验证(very easy to verify)

S:比较容易验证(somewhat easy to verify)

N:不太容易验证(not likely to verify)

验证难易度 发生与解决可能性	V	S	N
VV	VVV	VVS	VVN
VS	VSV	VSS	VSN
SV	SVV	SVS	SVN
SS	SSV	SSS	SSN

图 18.9 原因发生可能性、解决可能性和验证难易标示

为了全面了解上述三方面,我们也可以通过下面这张鱼骨图分析评估表,将以上内容合并可得到图 18.10。

序号	因素	发生可能性			解决可能性			验证难易度		
		V	S	N	V	S	N	V	S	N
1										
2										
3										
4										
5										
6										
7										
8										
9										
10										

图 18.10 合并后样式

通过上述三个步骤的评价,我们将 VVV、VVS 等原因在鱼骨图中标识出来。图 18.11 是"X 研究所项目管理水平低下"所绘制的鱼骨分析图,并通过上述三方面评价,将比较容易解决的方面直接在图中标识出来。

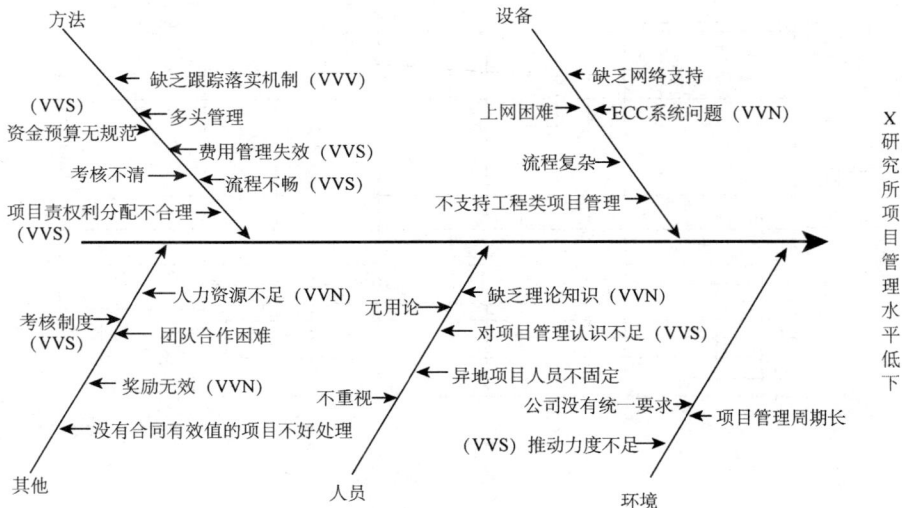

图 18.11 完整鱼骨图样式

四、因果矩阵分析

矩阵图法就是从多维问题的事件中，找出成对的因素，排列成矩阵图，然后根据矩阵图来分析问题，确定关键点。它适用于分析多个结果与不同的原因之间的影响关系，是一种通过多因素综合思考探索问题的方法，如图 18.12 所示。

因果矩阵																	
顾客重要度																	
		1	2	3	4	5	6	7	8	9	10	11	12	13	14	15	
		Y1	Y2	Y3	Y4	Y5											累计值
过程步骤	过程输入																
1																	0
2																	0
3																	0
4																	0
5																	0
6																	0
7																	0
8																	0
9																	0

图 18.12　因果矩阵样式

因果矩阵分析采用头脑风暴法，由客户确定主要价值参数（main parameter of value，MPV）作为输出 Y，及其重要度 I；团队搜集影响因素作为输入，然后评价每个输入与输出之间的相关性 R，从而找出影响这些 Y 的最重要因素。

因果矩阵分析的实施一般可分为以下五个步骤，如图 18.13 所示。

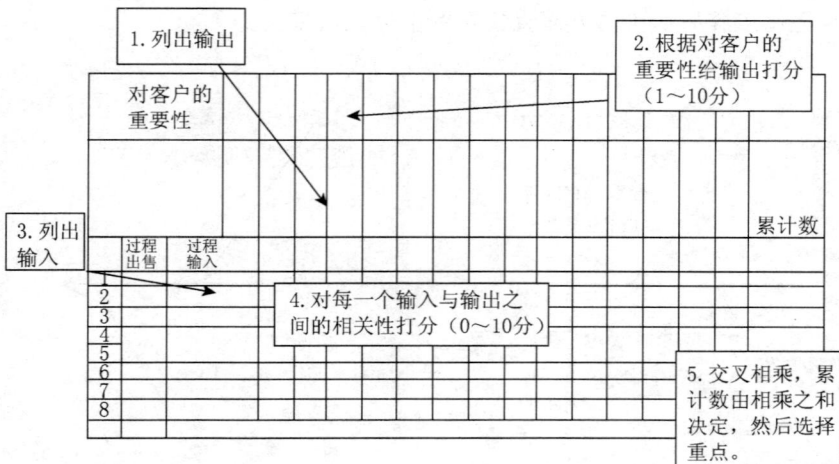

图 18.13　因果矩阵五部分位置示意图

1）列出输出。

2）根据对客户的重要性输出打分（1～10 分）。

3)列出输入。

4)对每一个输入与输出之间的相关性打分(1～10 分)。

5)交叉相乘,累计数由相乘之和决定,然后选择重点。

下面通过因果矩阵分析,来分析"如何开好咖啡店?"。对于这个问题,要考察究竟是哪些主要参数在影响 MPV,如图 18.14 所示。

客户打分	5	10	4													
	1	2	3	4	5	6	7	8	9	10	11	12	13	14	15	
工序输入	服务速度	口味	咖啡浓度													累计
1 咖啡豆的品种	2	10	3													122
2 装水量	0	5	10													90
3 烧煮时间	8	5	1													94
4 咖啡辅料	3	8	2													103
5																
6																
7																
8																0
9																0
10																0
11																0

图 18.14　因果矩阵实例

假设对客户而言,咖啡店最重要的 MPV 是:服务速度、口味、咖啡浓度。

咖啡店老板选出了制作咖啡的输入参数:咖啡豆的品种、装水量、烧煮时间、咖啡辅料。

然后根据每一个输入与输出之间的相关性打分,并最后累计得出重点的影响因素。从上述分析可以看出,"豆的种类"是最关键的影响因素。

五、失效模式与后果分析

失效模式和效果分析(failure mode and effect analysis,FMEA)是一种用来确定潜在失效模式及其原因的分析方法。具体来说,通过实行 FMEA,可在产品设计或生产工艺真正实现之前发现产品的弱点,可在原形样机阶段或在大批量生产之前发现产品缺陷。

FMEA 是 20 世纪 50 年代由美国格鲁曼公司开发的,用于飞机制造业的发动机故障防范。20 世纪 60 年代,美国航空及太空总署(NASA)实施阿波罗登月计划时,在合同中明确要求实施 FMEA。

FMEA 主要有四种类型。

1)系统 SFMEA:应用于早期概念设计阶段的系统和子系统分析。

2）设计 DFMEA：应用于产品试制之前的产品设计分析。

3）过程 PFMEA：应用于生产制造和管理流程的分析。

4）服务 FMEA：应用于服务流程的分析。

其中设计 FMEA 和过程 FMEA 最为常用。

1. 设计 DFMEA

应在一个设计概念形成之时或之前开始，并且在产品开发各阶段中，当设计有变化或得到其他信息时及时修改，在图样加工完成之前结束。其评价与分析的对象是最终的产品以及每个与之相关的系统、子系统和零部件。

需要注意的是，DFMEA 在体现设计意图的同时还应保证制造或装配能够实现设计意图。因此，虽然 DFMEA 不是靠过程控制来克服设计中的缺陷，但因为它考虑了制造或装配过程中技术的或客观的限制，从而为过程控制提供了良好的基础。进行 DFMEA 有助于：

1）设计要求与设计方案的相互权衡。

2）制造与装配要求的最初设计。

3）提高在设计或开发过程中考虑潜在故障模式及其对系统和产品影响的可能性。

4）为制定全面、有效的设计试验计划和开发项目提供更多的信息。

5）建立一套改进设计和开发试验的优先控制系统。

6）为将来分析研究现场情况、评价设计的更改以及开发更先进的设计提供参考。

DFMEA 可采用图 18.15 所示模板，具体操作按以下三个步骤进行。

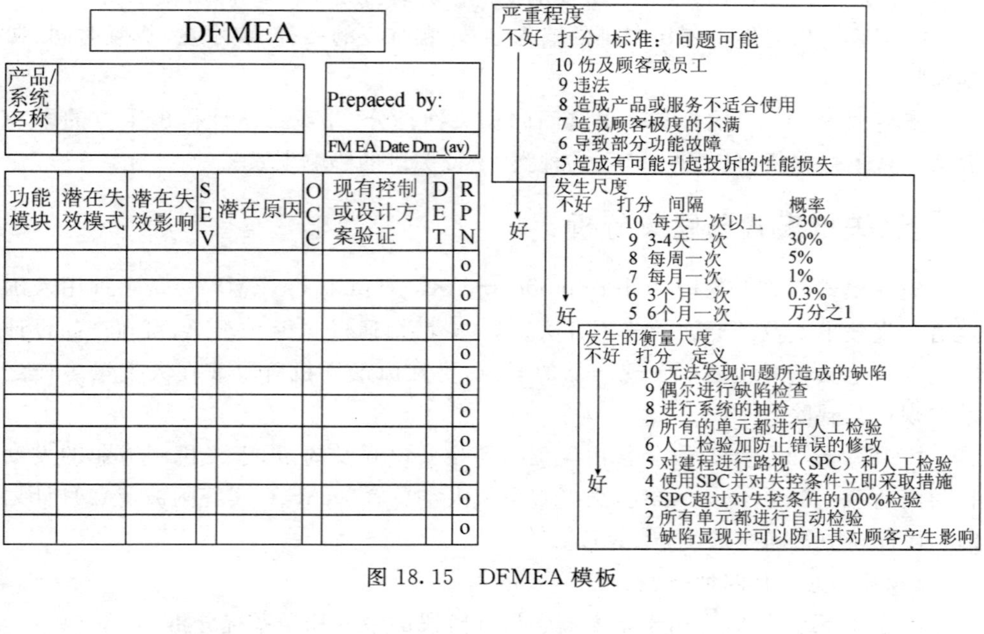

图 18.15　DFMEA 模板

1)针对每个输入(功能模块或流程步骤),用头脑风暴法列出潜在失效模式和潜在失效影响,其对应的潜在原因及其现有控制方法。

2)针对每一行,量化地评价其失效影响的严重程度(SEV)、原因的发生频度或概率(OCC)及原因的可检测度(DET)。

3)求风险系数 $RPN = SEV \times OCC \times DET$,以作为进一步分析筛选的参考。

上图中,几个指标其含义如下。

1)严重程度(SEV):失效影响/效应对客户(内部客户和外部客户)的影响有多严重?

2)发生频度(OCC):失效模式原因发生的可能性有多大?

3)可检测度(DET):当失效原因或失效模式发生时,当前的系统能够检测并纠正的可能性有多大?

对于这几个指标,评价标准可以参考右图。

2. 过程 PFMEA

应在生产工装准备之前、在过程可行性分析阶段或之前开始,而且要考虑从单个零件到总成的所有制造过程。其评价与分析的对象是所有新的部件/过程、更改过的部件/过程及应用或环境有变化的原有部件/过程,如图 18.16 所示。

					PFMEA					

过程/产品名称 负责人							Prep arcd by: rm ciedielo__kdd__			

过程步骤	关键过程输入	潜在失效模式	潜在失效影响	S E V	潜在原因	O C C	现有控制	D E T	R P N

图 18.16　PFMEA 样式

需要注意的是,虽然 PFMEA 不是靠改变产品设计来克服过程缺陷,但它需要考虑与计划的装配过程有关的产品设计特性参数,以便最大限度地保证产品满足用户的要求和期望。

PFMEA 一般包括下述内容。

1)确定与产品相关的过程潜在故障模式。

2)评价故障对用户的潜在影响。

3)确定潜在制造或装配过程的故障起因,确定减少故障发生或找出故障条件的过程控制变量。

4）编制潜在故障模式分级表，建立纠正故障措施的优选体系。

5）将制造或装配过程文件化。

第三节　因果轴分析

一、原因轴与结果轴分析

俗话说：无风不起浪。凡有结果，必有其原因。通常，为了解决某个实际上已经发生的问题，或是防止某种不太严重的问题升级，我们会寻找问题发生的原因，并发掘整个原因链，分析原因之间的关系，找到根本原因或容易解决的原因，直接或间接提出问题解决方案。

我们可以通过上述介绍的五种方法来进行原因轴分析。从逻辑上说，主要用到的是"五个为什么"方法，还可以参考"故障树"的结构来分析原因之间的关系，而"鱼骨图"、"因果矩阵"、"FMEA"则可以帮助我们结构化地思考原因，避免漏掉一些原因。需要注意的是，在发掘整个因果链时，需要注意原因轴的结束条件，防止过度发掘带来成本的提高以及效力的降低。一般在以下三种情况时，即可终止：①当不能继续找到下一层的原因时；②当达到自然现象时；③当达到制度/法规/权利/成本等极限时。

此外，对于因果轴的分析，除了原因轴之外，还需要对结果轴进行分析。结果轴是不断推测问题蔓延的结果，可用于了解可能造成的影响，寻找可以控制原因发生和蔓延的时机和手段。结果轴对于防止某种不太严重的问题升级到无法控制的程度有着显著的作用。结果轴主要是通过"失效模式与后果分析（FMEA）"方法进行分析，另外，还有变更影响分析，都是在考虑原因可能造成的后果对客户产生的影响，以及如何从现在就预防。同样值得一提的是，结果轴在遇到以下几种情况时也可以结束：①当不能继续找到下一层的结果时；②当达到重大人员、经济、环境损失时；③当达到技术系统的可控极限时。

对于结果轴，有两点需要注意。

1）有时，我们从一个实际问题开始因果轴分析，其严重后果已经显而易见，就不需要继续分析结果轴。

2）当一个系统中存在多个问题时，可以通过结果轴分析来判断需要首先关注哪个问题。

二、因果轴描述

通过对原因轴和结果轴的分析，可以发现问题产生的根本原因，并从发现问题产生和发展链中的"薄弱点"，可寻找解决问题的入手点。对原因和结果的描述应与功能描述对应起来，需要对应到参数。而功能主要是通过相互作用来体现。为了规范化地对原因和结果类型进行描述，我们一般定义以下四种。

1）缺乏：应该有的作用，但是没有。

2）存在：在提供有用作用的同时，伴随产生了有害作用。

3）有害：应该完全没有的作用，却出现了。

4）有用：应该有的作用，但效果不令人满意，这里又可细分出四小类。

a. 过度：有用的作用超过了上阈值，从而产生了有害影响。

b. 不足：有用的作用低于下阈值，因而效果不足。

c. 不可控：有用的作用，但是无法控制。

d. 不稳定：有用的作用，但是不够稳定，带来了有害影响。

上述所有类型中，有用作用都需要参数，其他不需要参数。

我们可以图18.17的图形化的表示对因果轴展开分析。可以将每个原因、结果采用对象、参数以及描述三个方面进行结构化的表述。右图是对"电线燃烧"这个例子进行图形化规范描述的情况。

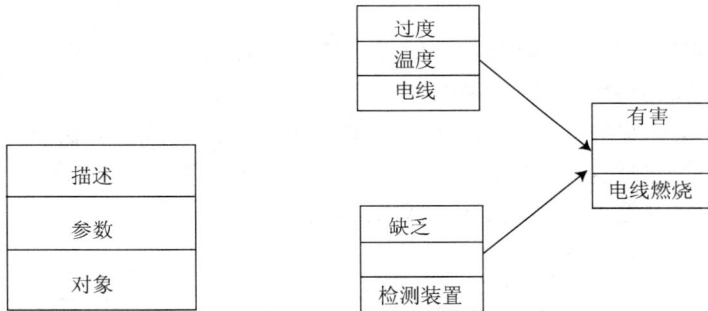

图 18.17　因果轴分析

三、因果分析实例：铁路机车柴油机

某公司主要制造多系列电力机车以及多系列柴油机等产品，试制新型发动机的过程中，遇到了多项技术问题，其中最严重的问题之一是润滑油管路振动超标。当柴油机运转时，润滑油管路系统会产生高频振动，影响了产品的性能。表18.1描述了几个主要震动部位的测量值及期望值。

表 18.1　润滑油管路振动测量值和期望值

位置	测量的振动速率（mm/s）	期望的振动速率（mm/s）
油泵出口	30～40	25
溢流阀	50～60	40
波纹管阀	35～50	30

图 18.18 是油泵结构图。

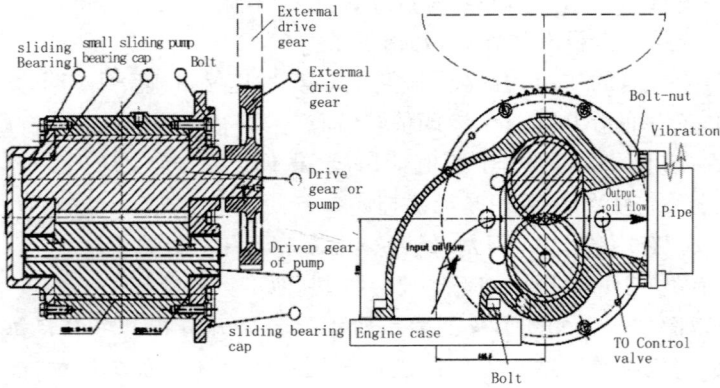

图 18.18　油泵结构图

从振动测量结果及结构图,可以看出:柴油机管路的振动主要是三方面:波纹管振动;溢流阀连接处振动;油泵出口振动。

对于"油泵出口振动",我们采用前述提到的各种因果分析方法,可进一步分析其产生的原因,并把这些原因运用因果轴分析的形式表达出来,如图 18.19 左图所示,图 18.19 右图是图形化规范描述后的情况。

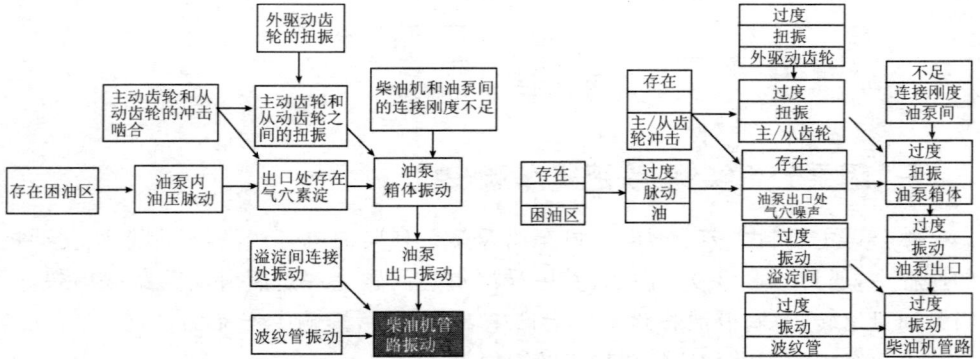

图 18.19　油泵振动因果轴分析

本章小结

用"三轴分析法",沿流程时序轴、系统层次轴和因果关系轴对初始问题进行分析与重定义,将复杂的工程问题分解为多个子问题,帮助用户发现隐藏在表层问题背后的真正问题以及充分利用系统资源的途径。

在因果轴分析时,可采用以下五种方法来分析技术系统中问题的原因和结果。

1)五个"为什么"方法。

2）故障树法。

3）鱼骨图分析法。

4）因果矩阵分析。

5）失效模式与后果分析。

在三轴分析法的因果轴描述中，规范的原因描述有四大类：缺乏、存在、有害、有用。其中有用作用又可细分出四小类：过度、不足、不可控、不稳定。

三轴分析方法中的因果分析以及规范的图形化的表示的过程就是工程师对工程问题进行深入分析的过程，这使工程师充分而全面地考虑问题产生的根本原因，从而为下一步解决问题奠定了基础。

第19章 资源分析

"资源"最先是与自然资源联系起来的。人类社会的进步,特别是近代社会的发展往往与资源的消耗联系在一起,但人们也担心资源消耗殆尽而带来巨大灾难。同时,我们也看到人类不断努力,发现和创造出了许多新的资源,像发明了太阳能蓄电池、风力发电机、超级杂交水稻、基因技术等。这些创新的努力都是对各种资源创造性的应用。然而,长久以来人们在进行发明创造、解决工程难题的过程中,并没有形成有效的、可靠的方法系统化地认识资源以及指导人们对资源进行创造性的应用。

TRIZ 理论在其不断发展的过程中,提出了对技术系统中"资源"这一概念系统化的认识,并将其应用到对问题求解的过程中。TRIZ 理论认为,对技术系统中可用资源的创造性地应用,增加系统理想度,是发明问题解决的基石。

第一节 TRIZ 资源概述

在《牛津高阶英汉双解词典》中,资源指个人和国家拥有或可以使用的财富、货源、原材料等。《韦氏新世界字典》指出:资源是备用或可用于支助的东西。在TRIZ 理论中,资源通常指方案的某一组成部分,该部分使方案的实施成本更低。我们也可以将资源定义为提供某一功能的方法或手段,它比能够提供相同功能的其他方法或手段更廉价。因此,只有与性质类似、但对当前问题情境无法作出改善的另一种系统组件(方法或手段)相比较时,某一系统组件(方法或手段)才能够被称为资源。

1985 年,阿奇舒勒提出 ARIZ 算法(algorithm for inventive problem solving)后形成了"物场资源"概念。后来,"资源"这一概念被扩充成为包含各种类型的资源,如空间、时间、信息等。

第二节 资源分类

一般而言,系统资源有多种的分类标准。如从资源与 TRIZ 理论中其他概念结合的角度来分类,可将资源分为发明资源(inventive resources)、进化资源(evolution resources)、效应资源(effect resources)。

TRIZ 理论认为,任何技术都是超系统或自然的一部分,都有自己的空间和时间,通过对物质、场的组织和应用来实现功能。因此,资源通常也从时间、空间、能量、物质等角度来分类。下面以这种典型的分类的方式来详细讨论 TRIZ 中资源的类型及其含义。

资源可以分为系统资源以及由系统资源所派生而来的资源两大类。系统资源可从物质、能量、时间、空间、结构、功能、信息等角度进一步细分。

1. 可用材料或物质(物质资源)

系统或环境中任何种类的材料或物质都可看做是可用物质资源,如废弃物、原材料/产品、系统组件—功能单元、廉价物质、水等。

2. 过剩能量(能量资源)

系统中或周围可用于其他用途的任何可用能量,都可看做是一种资源,如机械资源(旋转、压强、气压、水压等)、热力资源(蒸汽能、加热、冷却等)、化学资源(化学反应)、电力资源、磁力资源、电磁资源等。

3. 空闲时刻或时间周期 (时间资源)

部分或全部未使用的各种停顿和空闲;运行之前、之中或之后的时间。特别是利用作用之间的停顿时间;同时进行两种或多种作用;利用预先作用;为达到附加目的,利用作用之后的时间。

4. 作用之间的停顿时间(时间资源)

停顿时间的用途如下。

1)清洁:利用停顿时间进行清洁,从而在作用期间保持对象的整洁。

2)改造:尽管很难或不可能保持对象足够的稳定,然而利用动作之间的停顿时间进行改造,可以保持其不致被损坏。

3)测量:通常很难或不可能在对象的操作过程中进行参数测量。在这种情况下,你可以利用动作之间的停顿时间获得必要的信息。

5. 同时作用(时间资源)

找机会同时进行不同的动作。

1)利用运输过程进行机械加工:通常运输的产品或是原始材料,或是最终产品。然而,有时可以有效地利用运输时间来完成部分生产过程。

2)利用制造过程进行精加工:如果制造过程不足够精准,必须在制造流程中进行精加工。这就增加了额外的工作和时间等。为了避免这一现象,可设法在制造过程中同时进行精加工。

3)利用制造动作,防止破坏:有时候,制造过程会产生撞击,可能破坏物体(工具或产品)。设法将制造动作与保护措施结合起来。

4)同时应用两种或多种张力:一些制造过程会对产品或工具造成撞击危险。如果除一种张力或力外,还施加了另一种力,那么在不破坏加工对象的情况下,可以获得同样的结果。

5)利用预作业时间做下一步工作:在制造过程中进行连续操作很费时间。设法将两步动作结合成一步完成。

6)同时执行几种相似的作用:有时候,必须多次重复类似作用,那么请设法同时完成它们。

7)结合两种方向作用:有时候,很难精确地完成某些操作。为了达到需要的精确度,设法将两个反向作用结合在一起。

8)同时应用不同的操作:设法找到能在"同一作用"中获得必要结果的方法,而不是分别进行几种连续操作。

9)利用"开发时间"进行冷却:如果在开发期间对物体进行加热,且又不想浪费时间来对其进行冷却,此时可以设法在其工作的同时进行冷却。建议利用物体的加工运动。

10)利用开发时间进行维修:进行物体维修要花费很多时间。如果不想在维修上浪费太多时间,可以利用其加工运动,在开发期间进行维修。

11)采用同时测量:通常,一次测量的精确度是有限的。为了增加其精确度,可进行两次不同的测量,并比较测量结果。

12)采用检查过程进行处理:通常是在处理前进行检查。但是如果检查程序很复杂的话,就设法在检查过程中处理有问题的地方。

6. 预先作用(时间资源)

事先采取行动可以轻易地解决很多问题。采取预先作用可以达到以下目的。

1)产生预张力:如果必须加强某一物体,方法之一就是产生与工作张力相反的定向预张力。最好的方法是利用作用之前的时间来创造预张力。

2)在安全区域中进行缓冲:如果你发现某一物体可能损坏,那么请将损坏限定在安全区域中。损坏局域化的方法之一就是沿安全区域的边缘为加工对象提供缓冲。

3)预加固:如果必须进行物体加固,最好是在作用之前进行。

4)引入保护层:如果要防止表面磨损,就得设法在该表面上设置保护层,并且最好在作用前进行。

5)引入附加功能单元:如果你将利用某一物体,而又没有适当的工具去利用它时,你可以设法在使用该物体之前利用时间引入必要的工具。

6)引入必要材料:如果你必须在作用期间为你的对象增加某种性质,可以设法在使用前引入该性质的载体。

7)引入一种介质:如果在作用期间必须保护你的对象或环境,设法在作用前引入一种保护介质。

8)产生隔离:如果在作用过程中,必须将物体与环境隔离或反过来将环境与物体隔离,可以设法在作用之前创造出必要的绝缘。

9)做出标记:如果必须找出某一隐藏对象,最好在隐藏前,在对象上做易检测标记。

10)安装传感器:如果在作用中必须测量一个物体的参数,设法在动作之前在物体中安装一个传感器(例如:在制造该物体的同时)。

11)赋予必要的性质:如果你必须在作用中为你的物体增加某种性质,最好在作用前将这些性质赋予对象。

12)创造一种材料的特殊结构:如果必须拥有某种对象的特定结构,最好在使用对象前创造该结构(例如:在制造物体过程中)。

13)创造异质性:如果必须在操作中获得某些对象的属性,设法利用该物体的异质性,并使其在动作之前产生。

14)创造必要的速度:如果物体在动作中应具有一定的速度,而又很难产生,那么就设法在作用之前创造需要的速度。

15)创造一种作用程序:如果物体应根据一定的程序运行,最好在动作之前创造该程序。

7. 作用之后的时间(时间资源)

动作自动完成时,似乎太晚了,以致什么都做不成,真是这样吗? 人类的经验表明,这种说法通常都是错误的,有很多事情是可以在"事后"做的。

1)拆除模具功能单元:如果你利用模具功能单元进行物体成型,而又不能轻易拆除该功能单元,那么可以设法在成型过程完全结束后将它拆除。

2)排除固定功能单元:如果必须在作用中进行对象的固定,并且在作用后拆除,那么设法使固定功能单元易于拆卸,并能在动作后将其拆除。

3)移除媒介载体:如果必须在作用前使用媒介载体(例如:作用前保存对象),且该载体在作用过程中和作用后就不再需要,那么通常可以设法在作用过程中将其排除。但有时候会很困难。在这种情况下,设法在作用结束后拆除该媒介载体。

4)去除耗尽功用的物质:有时,必须采用一些物质来完成一些功能,这些物质在作用完成后,会阻碍你的下一步操作。设法利用作用完成后的时间来去除这些功用耗尽的物质。

5)进行产品精加工:如果你不能在作用中制造精确的产品(机械加工等),设法在作用结束后通过特殊操作来进行产品精加工。

6)产品的制造:在制造过程中,许多"二级"操作(产品标记)会花费很多时间。那么,设法在产品制成后再进行这些操作。

7)接口密封:有时候,你设法从一个作用中获得两种结果,而两个结果都不够好。那么,请试着在该作用中获得第一个结果,而在该作用后再获得另一个结果。例如:在封接口时,设法连接两个部分,并密封其接点。但是在连接之后单独进行密封则更容易。

8)损坏后自修:如果你不能使物体足够坚固以抵抗某一作用而使它停止下来,那么请设法利用作用之后的时间进行该物体的维修或自修。

9)产生压强:如果你觉得很难在产品制造过程中产生压强,那么请设法给产品添加一些物质,在制造完成后,通过蒸发就可以产生所需的压强了。

10）测量：有时候，很难或不可能在一些作用过程中或时间段内对具体对象进行测量。如果确实需要测量，就要先制造一个物体的复制品（例如：照片），以便在动作过程或时间之后进行测量。

8. 未用空间（空间资源）

为了节省空间或者当空间有限时，任何系统中或周围的空闲空间都可用于放置额外的作用对象。

1）某个表面的反面：通常将作用对象放在某一表面的正面。然而，有时没有空间来放置新的作用对象，或由于其他原因而不能将作用对象放于正面。这时就应设法在反面寻找存放空间。

2）未占据空间：每一个作用对象中都有未被使用的空间，或被无用物质所占的空间。通常，这些空间就是在物体构造内部的内体积。请设法利用该体积放置必要的物体和物质。

3）表面上的未占用部分：表面上常常有很多"习惯上"不使用的空间，有时只是因为没有人试着利用它。如果你没有地方放置作用对象的时，请设法利用这块以前从没被用过的空间。

4）其他对象上面或下面的空间：人们通常将一个作用对象放置到其他作用对象附近。如果你不能这样做的话，请试着将其放置在其他作用对象的上面或下面。

5）其他作用对象之间的空间：通常，作用对象并不是紧紧地放在一起。有时候，因为某些重要的原因而使它们之间存在一定的空间，但是，不会有任何理由防止将其用于其他目的。

6）作用对象的背面：通常，我们将部件存放在作用对象的正面，而很少放置在其背面。请试着利用背面，你可能获得你寻找的空间。

7）作用对象外面的空间：通常，在某一作用对象上放置某些元件可能造成很多麻烦。所以，请试着将一个或多个元件放置在具体对象外面。

8）作用对象初始位置附近的空间：有时候，作用对象的常规移动可能造成很多麻烦。请试着利用具体对象初始位置附近的空间搬动物体。

9）活动盖下面的空间：如果在某一时间内必须隐藏或储存作用对象，可将其放置在活动盖下面。

10）其他对象各组成部分之间的空间：如果作用对象的外形复杂，那么其各部分之间可能有适当的空间。尽管这种形状是必需的，你也可以利用该真空区放置其他作用对象。

11）另一个作用对象上的空间：如果某一作用对象上不能放置设备时，那么请设法将其放置到另一对象上。

12）另一作用对象内的空间：标准设计惯例规定作用对象需要分开放置。有时，传统往往会带来很多麻烦；然而，在处理该情况时，你最好将一个物体放置在另一个当中。

13）另一作用对象占用的空间：如果你找不到放置作用对象的空间，那么就设法用其代替其他作用对象。然后，你就可以利用原对象所占用的空间。

14）环境中的空间：有时，很难找到放置某一作用对象或进行某项作用的空间。在这种情况下，可尝试在环境中寻找空间。

a. 作用对象结构（结构资源）：系统部件的位置及其关系的使用可以得到额外的优势，因此，也可以看做是一种资源。

b. 系统功能（功能资源）：物体或其部件能够完成额外功能的特性，可以看做是功能资源。

c. 信息（信息资源）：系统中累积的任何信息、知识和技能也可以作为一种有效资源使用。

上面介绍了系统资源的分类方法。而相对于系统资源而言，还有很多容易被我们忽视，这些资源通常都是由系统资源派生而来。

对于现有资源巧妙而富有创造性地改造或者结合都能产生新的派生资源。按照与系统资源类似的划分方法，派生资源一般可分为以下六种。

1）派生物质：如果系统或附近环境中不存在所需物质，可通过以下方式获得：物理效应，化学反应，物质迁移。

2）派生能量：如果没有所需能量资源，可通过以下方式获得：能量传递，能量结合，物理效应，化学反应。

3）派生空间：通过以下方式获得所需空间。

a. 通过以下方式改变物体定位：①线或轴旁边的空间；②不同于轨道方向的方向；③垂直于线或轴的方向；④垂直于表面的方向。

b. 几何效应，包括：①圆圈代替直线；②柱面或球面代替平坦表面；③麦比乌斯带代替平坦表面。

4）派生时间：为了获得所需要的时间，可采用以下方式：①加快动作/操作；②放慢动作/操作；③中断动作/操作；④改变操作顺序。

5）派生结构：从现有结构中导出所需的结构：①将物体分成几部分；②将两个相似物体整合到同一系统中；③将两个物体整合到同一补偿系统中；④将两个功能相反的物体整合在一起；⑤将两个物体整合到同一共生系统中；⑥将几个单独的物体进行整合。

6）潜在资源：通常，现实问题情境中存在各种资源，但不易被发现。在 TRIZ中，我们称之为潜在资源或隐藏资源。

一个著名的心理学实验表明，观察表面以下的东西非常重要。实验要求完成一项任务，需要用一种尖锐物体在卡纸板上打一个洞。在第一组进行实验的房间内，桌上有多种物体，包括一根钉子。在第二组进行实验的房间内，也有很多物体放在桌上，但是没有一样尖锐物品；墙面上突出一根钉子。第三组实验的房间与第二组相似，只是墙面上突出的钉子上挂着一幅画。

第一组能100％完成任务,而第二组有80％能完成任务,第三组有80％的不能完成任务。实验表明,人们很难发现图画背后的钉子。

第三节　资源的可用度与理想解

我们在求解问题过程中,一般分为两个阶段:资源分析与资源使用。资源分析阶段是为了尽可能多地找到系统中存在的资源。打个不恰当的比喻,就像我们日常做饭一样,要找到用于做饭的食材、做饭的炊具等。对于没有做过的菜,还需要菜谱。而资源的使用,就是创造性地使用好我们所找出来的系统资源以及各种派生资源,来解决工程问题,做出一顿丰盛的"大餐"。

在给出解决方案的过程中,最佳利用资源的理念与理想度的概念紧密相关,见下式。

$$ideality = \frac{所有有用功能}{所有有害功能 + 成本} \rightarrow \infty$$

事实上,某一解决方案中采用的资源越多,我们求解问题的成本就越小,上式中的分母就会越小,而理想度的指数就越高。这里所说的成本应理解成为广义的成本,而并非只指采购价格这一具体可见的成本。

对于资源的遴选,见表19.1、表19.2,从以下角度评价技术系统资源,从而找出更加适合问题求解以及使得技术系统理想度更高的资源。

表 19.1　资源评估表

资源评估	
数量	不足
	充分
	无限
质量	有用的
	中性
	有害的

表 19.2　资源可用度表

资源的可用度	
对于应用的准备情况 degree of readiness to application	现成的（ready）
	派生的（derivative）
	特定的（differential）

续表

资源的可用度	
范围 arrangement	操作区域内（in an operative zone）
	操作时段内（in an operative period）
	技术系统内（in the technique）
	子系统中（in subsystems）
	超系统中（in the super-system）
价格 value	昂贵（expensive）
	便宜（cheap）
	免费（free）

第四节 CAI 软件中的资源简介

Pro/Innovator™是一款专业的 CAI 软件。利用该软件问题分解模块中的专利技术——三轴分析法，通过系统轴和操作轴，可对技术系统的资源进行分析，如图 19.1 所示。

操作轴（斜 45°箭头标注）反映一些动作（操作）的时间顺序，这些动作（操作）是问题对象经历的全部动作（操作）。

系统轴（垂直箭头标注），反映的是子/超系统如何与技术系统相互作用。

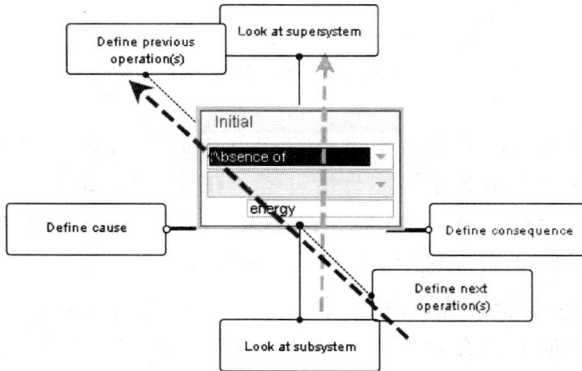

图 19.1 三轴分析软件界面

通过这两个轴的分析，可以深入发现与解决问题相关的资源。在因果轴上任意一个节点都可以再展开，进行层次轴和因果轴的分析，全面地考虑可用于解决问题的资源。

图 19.2、图 19.3 所示的实例是在 Pro/Innovator™软件中所提供的高级模式下，相应资源分析（操作轴和系统轴）的整个过程。

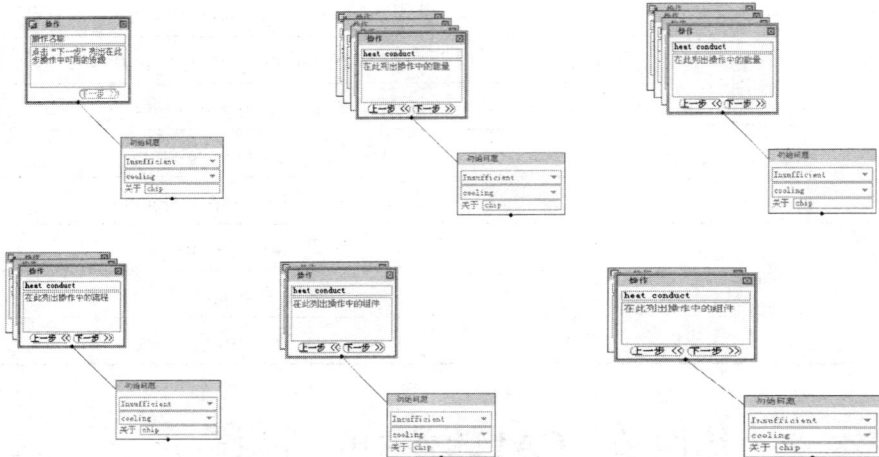

图 19.2　Pro/Innovator™软件中资源分析操作轴示例

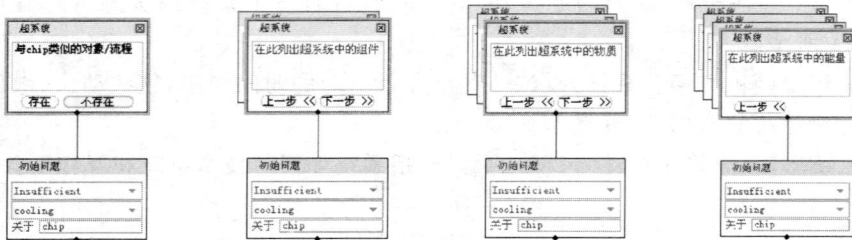

图 19.3　Pro/Innovator™软件中资源系统轴示例

高级模式是按照 TRIZ 理论中进行资源分析的方法来进行的，要求用户根据软件提示的步骤逐步完成整个资源分析过程。在操作轴（如图 19.2 所示）上，软件依次提示用户输入操作名称、组件、流程、能量。在系统轴（如图 19.3 所示）中，则从超/子系统的组件、物质、能量等几个方面来分析。

另外，技术系统的超系统，可能包含另一个类似系统，因此在进入系统轴之后第一个节点需要说明是否存在类似于该对象的一个或多个对象（或流程）。

Pro/Innovator™软件也把 TRIZ 资源的概念结合到了解决方案库、知识编辑器等模块中。图 19.4 是在 Pro/Innovator™软件解决方案库模块的方案中针对方案提供的资源类型。

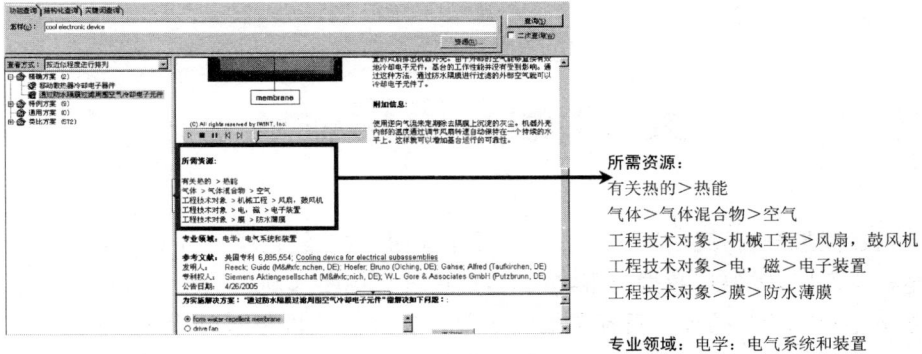

所需资源：
有关热的＞热能
气体＞气体混合物＞空气
工程技术对象＞机械工程＞风扇，鼓风机
工程技术对象＞电，磁＞电子装置
工程技术对象＞膜＞防水薄膜

专业领域：电学：电气系统和装置

图 19.4　Pro/Innovator™软件解决方案库中的资源类型

本章小结

本章介绍了 TRIZ 理论中资源分析的有关概念。资源分析实际上有两层含义：发现资源和利用资源。一般我们求解问题的过程是将所有隐性和显性的资源找出来，然后对其进行创造性的应用。但是由于资源很多，TRIZ 理论建议将资源的概念放到物—场分析方法中。我们针对某一技术系统通过物—场分析，提出相应的解决方法，用未知元件 X-element 来表示它。就像我们在数学上建立方程一样，用某个变量代入到原始问题情境中，通过建立约束条件，确定变量的性质，从而得到方程的解。而 TRIZ 理论的物—场资源分析，也是将 X-element 引入技术系统中，得到该 X-element 的各种性质，此时我们仍无法确切知道 X-element 应该是什么。这样我们必须通过对技术系统所能提供的资源进行创造性的应用，构造出符合要求的 X-element，技术系统中的问题也就迎刃而解了。

目前，TRIZ 理论中对于资源的研究集中在资源的分类以及与 TRIZ 理论中其他概念的联系上。例如：资源与效应、资源与发明原理、资源与进化法则等方面。Pro/Innovator™软件充分发挥软件技术的优势，将资源分析阶段直接结合到问题分析的过程中，深度挖掘技术系统内部各种资源，辅助用户创造性地应用资源，以提高技术系统理想度。

第 20 章　假设检验

通过因果分析,我们得出了一个或几个原因,这些经过逻辑分析的原因是否真的是根本原因,需要用数据或事实检验,即用统计推断来确认。统计推断主要包括两方面:一是"参数估计",目标是推测数值;二是"假设检验"(hypothesis testing),目标是作出判断。我们在此关注的是判断原因的真假,用的是假设检验。

第一节　假设检验的基本思想

假设检验的基本思想是小概率事件反证原理。小概率事件是指发生概率在 0.05 之下的事件,当然这个概率的界定可以根据具体情况而设定,有些情形下可设定为 0.1,有时甚至可以定义为 0.01,不过我们最经常使用的是 0.05。假设检验的基本思想就是假设原事件 H_o(original hypothesis)成立,那么它的对立面 H_a(alternative hypothesis)就是小概率事件,这样的对立事件在一次试验中应该是不会出现的;反之,如果在一次试验中,小概率事件出现了,就证明原事件不成立。

为了举例说明这一点,我们先解释几个统计学的概念。我们要研究的对象的全部,叫做总体;总体中的每一个对象,叫个体。我们研究总体的特征,但是通常不可能把所有个体都研究一遍,因此就会抽样,抽出的一组个体,叫做总体的一个样本。我们抽样也有一些通用的原则,如无偏性和代表性,目的是确保样本与总体的特征比较类似。

例如,每场足球赛前,都有掷硬币决定场地的惯例。掷硬币会有两个结果:正面(文字)、反面(数字)。如果我们掷一次硬币,那么要么得到正面,要么得到反面,即每个事件的概率是 0.5。如果掷 100 次、1000 次,结果会怎样呢? 结果是得到正面的次数与得到反面的次数,几乎是一样的。如果用一个硬币来掷,把硬币的 10 次投掷作为一次试验,观察其结果。如果一切正常,其结果应与上述结论一致,即得到正面的次数与得到反面的次数几乎一样,这就是我们的原事件 H_o。我做了一次试验,结果掷 10 次都得到了正面。那么我的硬币是不是正常的呢? 我们要先研究一下掷硬币 10 次,得到 10 次正面的概率,是 0.5 的 10 次方,即 $1/1024 = 0.0009765625$。换句话说,掷 10 次都是正面的概率是做 1024 次试验才会出现一次。然而我做了一次这样的试验,竟然就出现了这样的结果,这是不符合常理的。换句话说,大家拒绝接受 H_o,怀疑我在硬币中做了手脚。这就是小概率事件反证原理。

第二节 假设检验的步骤

假设检验包括三个步骤。

第一步：建立原假设和备择假设

H_0：样本与总体或不同的样本之间没有显著差异，其差异是由抽样误差引起的。

H_a：样本与总体或不同的样本之间存在显著差异。

例如，检验一个样本的均值（μ）与总体的均值（μ_0）是否有显著差异，可以建立三类假设，如表 20.1 所示。

表 20.1　三类假设

假设类型	原假设描述	原假设 H_0 公式	备择假设 H_a 公式
第一类	样本均值与总体的均值没有显著差异	$\mu = \mu_0$	$\mu \neq \mu_0$
第二类	样本均值不大于总体均值	$\mu \leqslant \mu_0$	$\mu > \mu_0$
第三类	样本均值不小于总体均值	$\mu \geqslant \mu_0$	$\mu < \mu_0$

其中，第一类假设称为双边假设，是对称的，其拒绝域包括两部分。通常，我们把判断的临界概率水平称为显著性水平，表示为 α。那么以总体符合正态分布为例，如果样本事件落在任何一个拒绝域中，都会作出拒绝 H_0 的结论，如图 20.1 所示。

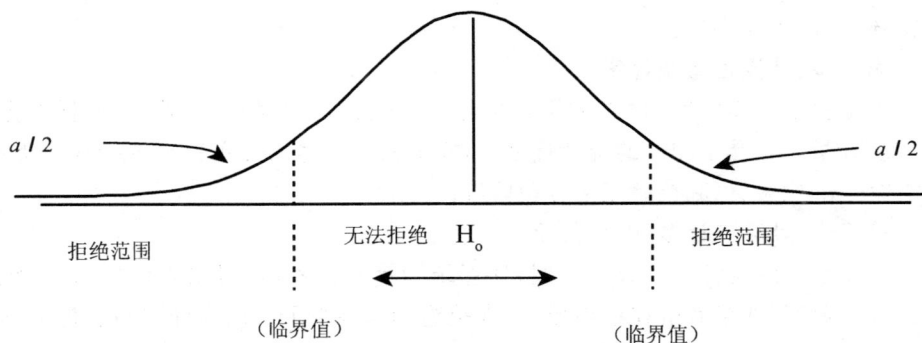

图 20.1　双边检验的拒绝域

另外两类假设都是单边假设，其拒绝域只有一个，如图 20.2 所示。

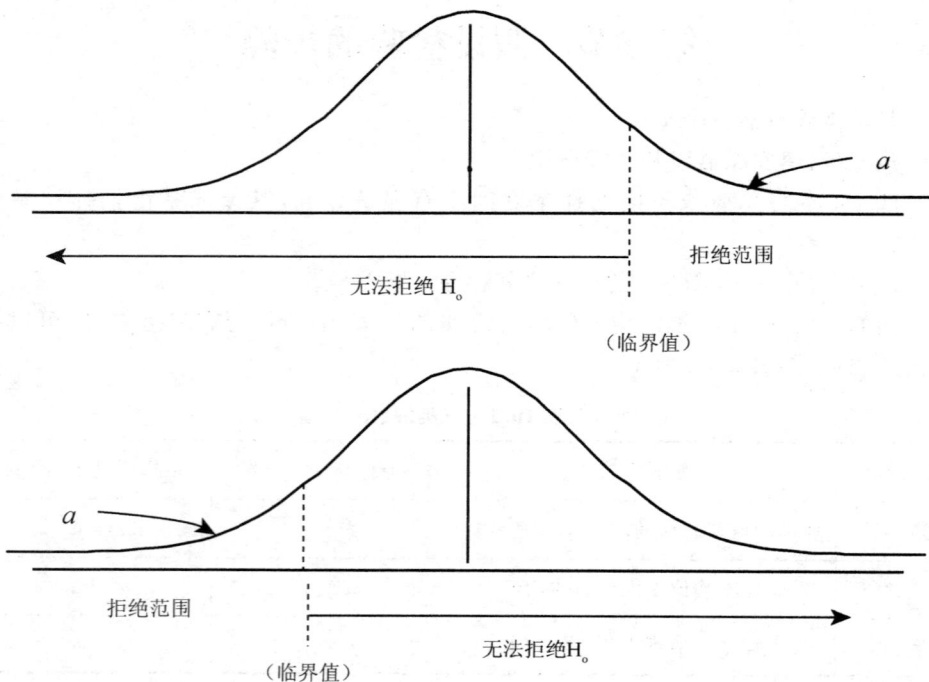

图 20.2　单边假设的拒绝域

与此类似，如果是检验两个样本的均值是否相等，将 μ、μ_0 分别改成 μ_1 和 μ_2 即可，下面的两个步骤描述仅针对样本与总体比较均值而言，比较两个样本之间的均值描述，可以依此类推。

第二步：选择检验统计量

如果检验均值，就用样本的均值 $\bar{x}$ 作统计量；如果是检验方差，就用样本方差 s^2 作统计量。选择了相应的统计量之后，需要根据总体的分布特征选择检验类型，如 t 检验、z 检验、秩和检验或卡方检验等。

第三步：计算统计量，作出判断

按照选择的统计量和分布类型，计算统计量的临界值，得出拒绝域；计算统计量的具体数值，如果其落在拒绝域内，则拒绝 H_0 接受 H_a，认为样本与总体的均值之间有显著的差异；反之，没有足够的理由拒绝 H_0，认为样本与总体的均值之间没有显著的差异。

当然，这样的推断也许是错误的，这也是假设检验之前需要了解的。仍以掷硬币为例，也许我在掷硬币时上帝打了个盹儿，结果我明明拿的是正常的硬币，却被人认为是欺诈行为。类似的判断错误共有两种，如表 20.2 所示。

表 20.2　假设检验的两类错误

真实情况\n\n判断结论	H_o 为真	H_a 为真
接受 H_o	正确	第二类错误
拒绝 H_o	第一类错误	正确

由于样本具有一定的随机性,与总体略有差别,基于样本的推断有可能出现错误。如果原假设是真实的,但是由于样本的随机性,观测值落在拒绝域中,即此样本的发生概率小于显著性水平 α,那么我们做出了拒绝原假设的判断,事实上这是错误的。这类错误称为第一类错误,其发生的概率称为拒真概率,记为 α(也就是我们前述的显著性水平)。如果原假设是错误的,但是样本的观测值不在拒绝域中,我们做出了接受原假设的判断,这也是错误的。这一类错误称为第二类错误,其发生概率称为纳伪概率,记为 β。

显然,我们希望这两类错误都尽量小,但是在一定的样本容量下,α 与 β 是此消彼长的。因此,我们通常按照这样的原则来设定 α 与 β:控制犯第一类错误的概率,尽量减小犯第二类错误的概率。就是说,如果否定 H_o 的理由是充分的,例如发生了小概率事件,才会拒绝 H_o,否则接受 H_o。在推断统计中,这种只控制 α 而不考虑 β 的假设检验,称为显著性检验,α 称为显著性水平。最常用的 α 值为 0.01、0.05、0.10 等。一般情况下,根据研究的问题,如果犯拒真错误损失很大,为了减少这类错误,α 取小值,反之,α 取大值。

第三节　常见的假设检验

假设检验的类型有多种,如检验平均值、方差、比率等,在此仅以平均值检验为例,介绍几种常见的假设检验方法,其他的检验方法可以参考相关资料。

一、单个正态分布的总体的均值检验

设总体的分布服正态分布为 $N(\mu, \sigma^2)$,从总体中抽取的样本为 x_1,x_2,$\cdots x_n$,样本均值为 $\bar{x}$,方差为 s^2,样本标准差为 s。常用的三类假设如表 20.3 所示。

如果 σ 已知,那么选择的统计量是:$z = \dfrac{\bar{x} - \mu_0}{\sigma_0 / \sqrt{n}}$,如果 H_o 成立,则 z 服从 $N(0,1)$ 的分布。

对于给定的显著性水平 α,针对表 20.1 的三类假设,其拒绝域分别如表 20.3 所示。

表 20.3　选择 z 统计量时三类假设的拒绝域

原假设 H_0	备择假设 H_a	拒绝域
$\mu = \mu_0$	$\mu \neq \mu_0$	$\lvert z \rvert \geqslant z_{1-\alpha/2}$
$\mu \leqslant \mu_0$	$\mu > \mu_0$	$z \geqslant z_{1-\alpha}$
$\mu \geqslant \mu_0$	$\mu < \mu_0$	$z \leqslant z_{\alpha}$

与图 20.1 对照，第一类假设的拒绝域就是把临界值分别换成 $z_{\alpha/2}$ 和 $z_{1-\alpha/2}$ 的拒绝范围，由于 $N(0,1)$ 分布的对称性，$z_{\alpha/2} = z_{1-\alpha/2}$。第二类假设的拒绝域就是把图 20.2 的上图临界值换成 $z_{1-\alpha}$，第三类假设的拒绝域就是把图 20.2 的下图临界值换成 z_{α} 即可。那么如果依据试验得到的样本数据，算出的统计量 z 如果落在上述区域，我们就拒绝接受 H_0，接受 H_a。

如果 σ 未知，就用样本的标准差 s 代替 σ。通常在样本数不小于 30 时，也采用统计量：$z = \dfrac{\overline{x} - \mu_0}{s/\sqrt{n}}$，$z$ 服从 $N(0,1)$ 分布，三类假设的拒绝域如表 20.3 所示。

如果此时样本数小于 30，采用统计量 $t = \dfrac{\overline{x} - \mu_0}{s/\sqrt{n}}$，如果 H_0 成立，则 t 服从 $t(n-1)$ 分布。此时，三类假设的拒绝域如表 20.4 所示。

表 20.4　选择 t 统计量时三类假设的拒绝域

原假设 H_0	备择假设 H_a	拒绝域
$\mu = \mu_0$	$\mu \neq \mu_0$	$\lvert t \rvert \geqslant t_{1-\alpha/2}(n-1)$
$\mu \leqslant \mu_0$	$\mu > \mu_0$	$t \geqslant t_{1-\alpha}(n-1)$
$\mu \geqslant \mu_0$	$\mu < \mu_0$	$t \leqslant t_{\alpha}(n-1)$

二、两个正态分布的总体的均值检验

设两个独立的总体 X 和 Y，X 服从分布 $N(\mu_1, \sigma_1^2)$，Y 服从分布 $N(\mu_2, \sigma_2^2)$。从总体 X 中抽取一组样本 $x_1, x_2, \cdots x_n$，其均值为 $\overline{x}$，方差为 s_x^2，样本标准差为 s_x；从总体 Y 中抽取一组样本 $y_1, y_2, \cdots y_m$，其均值为 $\overline{y}$，方差为 s_y^2，样本标准差为 s_y。

常用的三类假设如表 20.5 所示。

表 20.5　两个总体均值检验的三类假设

原假设描述	原假设 H_0 公式	备择假设 H_a 公式
X 的样本均值与 Y 的样本均值没有显著差异	$\mu_1 = \mu_2$	$\mu_1 \neq \mu_2$
X 的样本均值不大于 Y 的样本均值	$\mu_1 \leqslant \mu_2$	$\mu_1 > \mu_2$
X 的样本均值不小于 Y 的样本均值	$\mu_1 \geqslant \mu_2$	$\mu_1 < \mu_2$

如果 σ_1 和 σ_2 已知,那么选择的统计量是:$z = \dfrac{\overline{x} - \overline{y}}{\sqrt{\dfrac{\sigma_1{}^2}{n} + \dfrac{\sigma_2{}^2}{m}}}$,如果 H_0 成立则 z 服从 $N(0,1)$ 分布。

对于给定的显著性水平 α,针对表 20.5 的三类假设,其拒绝域如表 20.6 所示。

表 20.6 选择 z 统计量时三类假设的拒绝域

原假设 H_0	备择假设 H_a	拒绝域
$\mu_1 = \mu_2$	$\mu_1 \neq \mu_2$	$|z| \geqslant z_{1-\alpha/2}$
$\mu_1 \leqslant \mu_2$	$\mu_1 > \mu_2$	$z \geqslant z_{1-\alpha}$
$\mu_1 \geqslant \mu_2$	$\mu_1 < \mu_2$	$z \leqslant z_{\alpha}$

如果 σ_1 和 σ_2 未知,但是 n 和 m 都很大时,选择统计量 $z = \dfrac{\overline{x} - \overline{y}}{\sqrt{\dfrac{S_x{}^2}{n} + \dfrac{S_y{}^2}{m}}}$,如果 H_0 成立则 z 服从 $N(0,1)$ 分布,三类假设的拒绝域同表 20.6。

如果 σ_1 和 σ_2 未知,但是 $\sigma_1 = \sigma_2$,可以用统计量 $t = \dfrac{\overline{x} - \overline{y}}{s_w \sqrt{\dfrac{1}{n} + \dfrac{1}{m}}}$,其中 $s_w{}^2 = \dfrac{(n-1)s_x{}^2 + (m-1)s_y{}^2}{n + m - 2}$。如果 H_0 成立,则 t 服从 $t(n+m-2)$ 分布。此时,三类假设的拒绝域如表 20.7 所示。

表 20.7 选择 t 统计量时三类假设的拒绝域

原假设 H_0	备择假设 H_a	拒绝域
$\mu_1 = \mu_2$	$\mu_1 \neq \mu_2$	$|t| \geqslant t_{1-\alpha/2}(n+m-2)$
$\mu_1 \leqslant \mu_2$	$\mu_1 > \mu_2$	$t \geqslant t_{1-\alpha}(n+m-2)$
$\mu_1 \geqslant \mu_2$	$\mu_1 < \mu_2$	$t \leqslant t_{\alpha}(n+m-2)$

如果需要检测两个以上样本的均值是否有显著差异,可以采用方差分析法 (analysis of variance,ANOVA),这一内容我们将在下一章详细介绍。

第四节 如何选择假设检验的方法

需要注意的是，上述介绍的方法都有一个前提，即总体符合正态分布 $N(\mu,\sigma^2)$。如果不满足这个条件，通常不再检验均值，而是检验样本的中位数是否有显著差异。检验中位数也有相应的方法，更详细的内容可以查看相关的统计学资料。

假设检验有多种方法，针对不同的情境需要选择合适的方法。以常用的统计学软件 Minitab 为例，检验单个总体均值方法有 1 Sample z（z 检验，统计量为 z），1 Sample t（t 检验，统计量为 t），检验中位数的方法有 Wilcoxon Signed Rank 等，其选择的方法如图 20.3 所示。而检验两个总体均值的方法有 2 Sample t，Paired t（用于检验数据成对的两个样本的均值），方差分析法 One-way ANOVA 也可用；检验中位数的方法有 Mann-Whitney 和 Moods Median 等，其选择的方法如图 20.4 所示。

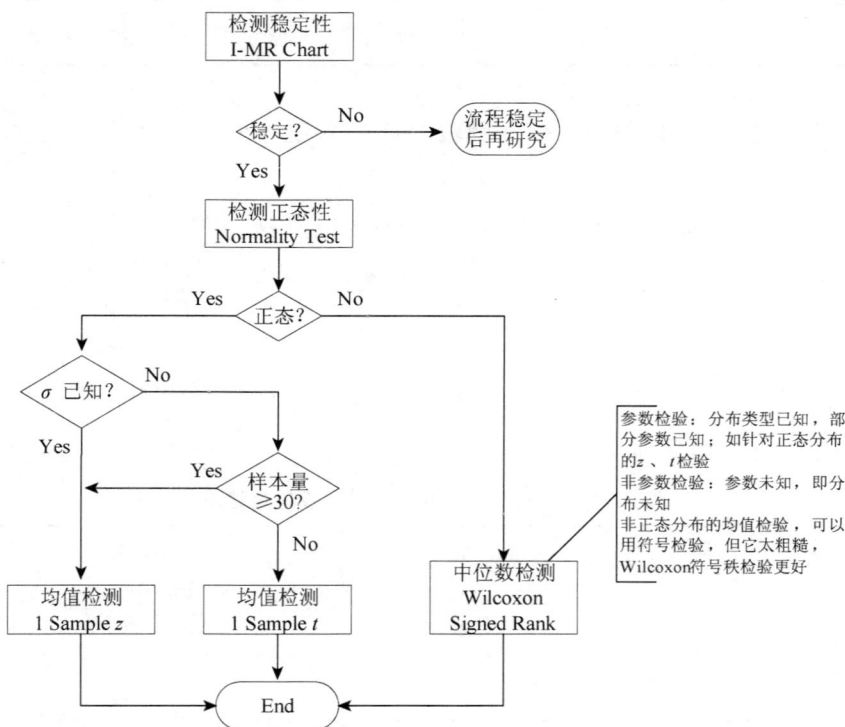

图 20.3 单个总体均值/中位数检验的路径图

此图中 I-MR Chart 是一种检测过程稳定性的方法，我们将在第四十一章详细介绍其内容。Normality Test 是 Minitab（一种常用的统计分析软件）中检测一个样本是否正态性的常用工具。

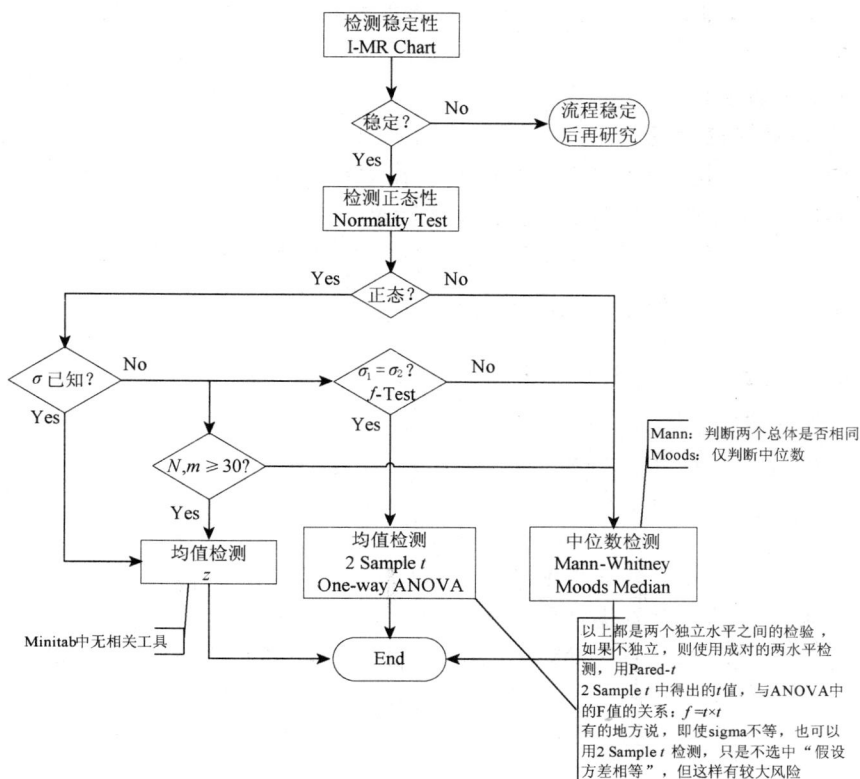

图 20.4　两个总体的均值/中位数检验的路径图

第五节　假设检验案例

例：我公司新签的机票代理商承诺，从北京至深圳的经济舱机票打折后价格均值不超过 1290 元，之后我们从上个季度的机票中随机选取 30 张组成一个样本，其数据如下。

1550,1300,1200,1320,1275,1550,990,1325,1150,1250,1400,1100,1350,1250,1300,1250,1420,1300,1450,1200,1090,1125,1050,1350,1400,1190,1150,1325,1550,1300

假设，允许我们出错的风险是 0.05，那么此机票代理商的承诺是否属实？

分析：我们需要检验的是单个总体的均值是否为设定值，即 $\mu_0 = 1290$，$\alpha = 0.05$。

第一步：建立原假设和备择假设

$H_0 : \mu \leqslant \mu_0$，即机票代理商承诺属实，从北京至深圳的经济舱机票打折后价格均值不大于 1290 元。

$H_a : \mu > \mu_0$，即机票代理商承诺不实，从北京至深圳的经济舱机票打折后价格均值大于 1290 元。

这是个单边检验。

第二步：选择统计量

本案例是检验均值，就用样本的均值 $\overline{x}$ 作为统计量。利用 Minitab 检验这个样本的正态性，结论是与正态分布没有显著差异。

参考原题目总体的 σ 未知，就用样本的标准差 s 代替 σ；样本数不小于 30，因此采用统计量：$z = \dfrac{\overline{x} - \mu_0}{s/\sqrt{n}}$，其拒绝域为：$z \geqslant z_{1-\alpha}$

第三步：计算统计量，作出判断

由样本数据得：$\overline{x} = 1282$ 元，$S = 144$；

$$z = \frac{\overline{x} - \mu_0}{s/\sqrt{n}} = \frac{1282 - 1290}{144/\sqrt{30}} = -0.304;$$

临界值 $z_{1-0.05} = z_{0.95} = 1.64$；

$\therefore z < z_{1-0.05}$，没有落在拒绝域 $z \geqslant z_{1-\alpha}$ 中。

判断结论：没有充分证据证明样本均值大于预定值，因此我们接受原假设，机票代理商承诺属实，从北京至深圳的经济舱机票打折后价格均值不大于 1290 元。

第 21 章 方差分析

我们在上一章介绍了检测一个样本与总体的均值,或者两个样本的均值是否有显著差异的假设检验方法。如果有多于两个样本需要检测均值是否有显著差异,还能使用相同的方法吗?

我们在检测两个样本的均值是否有显著差异时,使用的是 t 检验和 z 检验。如果有多个样本(假设 n 个,$n > 2$),需要检测它们的均值是否有显著差异,即在下面两个命题中作出选择:所有这些样本的均值从统计上讲都是没有显著差异的,或者至少其中两个是有差异的。此时,如果我们仍然采用两两比较的方法,按照排列组合的原理需要比较 $\binom{n}{2} = \dfrac{n!}{2!(n-2)!}$ 次,例如 3 个样本需要比较 3 次,4 个样本就需要比较 6 次,10 个样本就需要比较 45 次。这样的效率实在太低。而且考虑一下我们犯错的概率,比较一次犯第一类错误的概率是 $\alpha = 0.05$,不犯这类错误的概率就是 $1 - \alpha = 1 - 0.05 = 0.95$;那么比较 3 个样本都不犯第一类错误的概率就是 $(1-\alpha)^3 = 0.8574$,比较 4 个样本都不犯第一类错误的概率是 $(1-\alpha)^6 = 0.7351$,而比较 10 个样本时,这个概率就下降到 $(1-\alpha)^{45} = 0.0994$。

因此 t 检验和 z 检验不适合多个样本均值的比较,这种情况下我们通常使用方差分析法进行假设检验。

第一节 方差分析的基本原理

英国统计学家费舍尔提出了方差分析法,其统计量叫做 f,因此方差分析也叫 f 检验。

方差分析的基本原理是在检测多个样本时,比较组内差异与组间差异是否有显著的区别,其中每个样本内部各个采样值的差异叫做组内差异,不同样本之间的差异叫做组间差异,如图 21.1 所示。

以最简单的单因子多水平的方差分析(One-way ANOVA)模型为例,我们介绍其分析的过程,更多因子更复杂的分析,请参考相关的统计学资料。

所谓单因子多水平,指我们实际想要的试验结果是检测某一个原因 X 对于结果 Y 是否具有显著的影响,于是我们针对 X 设置了几个不同的取值水平,在每个取值水平上,重复多次试验并采样 Y 的取值。假设 X 有 r 个取值水平,每个水平上 Y 有 m 次试验,因此有 $r \times m$ 个结果数据:y_{ij},其中 $i = 1, \cdots, r, j = 1, \cdots, m$,那么:

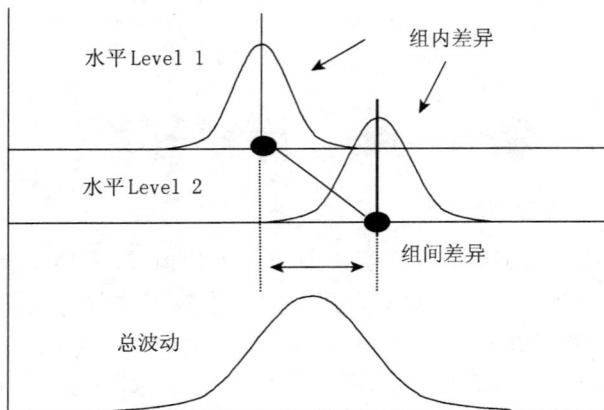

图 21.1 方差分析的原理图

$\overline{y_i} = \dfrac{\displaystyle\sum_{j=1}^{m} y_{ij}}{m}$，即 X 在每个取值水平的均值；$\overline{y} = \dfrac{\displaystyle\sum_{i=1}^{r}\sum_{j=1}^{m} y_{ij}}{m \times r} = \dfrac{\displaystyle\sum_{i=1}^{r} \overline{y_i}}{r}$，即所有 Y 数据的均值。

则所有 Y 数据的方差之和 $S = \displaystyle\sum_{i=1}^{r}\sum_{j=1}^{m}(y_{ij} - \overline{y})^2$，组内方差之和 $S_i = \displaystyle\sum_{i=1}^{r}\sum_{j=1}^{m}$ $(y_{ij} - \overline{y_i})^2$，组间方差之和 $S_b = \displaystyle\sum_{i=1}^{r}(\overline{y_i} - \overline{y})^2$。

展开 S 的各项，可以证明 $S = S_i + S_b$。

还要考虑 S_i 和 S_b 的数据个数，得 $F = \dfrac{S_b/(r-1)}{S_i/r(m-1)} = \dfrac{r(m-1)S_b}{(r-1)S_i}$。

依据此算出的统计量 f，与由显著性水平、r、m 查表得到的临界值 $f_{(1-a)}(r-1,$ $r(m-1))$ 相比，即可作出假设检验的判断。

需要注意的是，使用方差分析也有相应的前提条件。

1）在 X 的每个取值水平上采样的 Y 数据，都服从正态分布 $N(\mu_i, \sigma_i^2)$，其中 μ_i 就是我们要进行假设检验的对象。

2）在 X 的每个取值水平上采样的 Y 数据，组成了 r 个样本，这些样本的方差没有显著差异，即 $\sigma_1 = \sigma_2 = \cdots = \sigma_r$，这是要确保我们在相同条件下进行所有的试验，各个样本内部的差异都是由随机波动造成的；反言之，只要我们在相同条件下进行试验，基本上可以满足这个条件。

3）所有的采样数据 y_{ij} 都是独立的；通常如果我们把试验序列随机化，就可以保证这一点。

第二节　方差分析的步骤

方差分析是假设检验的一种方法,因此总体上也包括三个步骤。

第一步:建立原假设和备择假设

H_0:各个样本的均值之间没有显著差异,其差异是由抽样误差引起的;公式表示为:$\mu_1 = \mu_2 = \cdots = \mu_n$

H_a:至少有两个样本的均值有显著差异;公式表达为 $\mu_i \neq \mu_j$,其中 $i = 1, \cdots, n$, $j = 1, \cdots, n, i \neq j$。

第二步:选择检验统计量

选择统计量为 f,使用 f 检验。

在此,先检测各个样本的正态性,如果有一个样本非正态,就采用检测中位数的方法来判断各个样本的均值是否相等。如果所有的样本都是正态的,那么检测各个样本的方差是否相等,如果至少有一对样本的方差不相等,就采用检测中位数的方法来判断各个样本的均值是否相等。如果所有的样本方差没有显著差异,继续进行方差分析的下一步。

第三步:计算统计量,作出判断

计算统计量 f 的临界值 $f_{(1-a)}[r-1, r(m-1)]$,拒绝域为 $f > f_{(1-a)}[r-1, r(m-1)]$。计算统计量 f 的实际值,并作出判断:如果其落在拒绝域内,则拒绝 H_0,接受 H_a,认为至少有一对样本的均值有显著的差异;反之,没有足够的理由拒绝 H_0,认为所有的样本均值没有显著的差异。而且考虑到所有样本的方差也没有显著差异,可以判断这些样本都来自同一个总体 $N(\mu, \sigma^2)$。

以常用的统计学软件 Minitab 为例,多个样本的均值检验路径图如图 21.2 所示,其中 Bartlett Test 是用来检测多个正态样本的方差是否相等的工具。

第三节　方差分析案例

[例] 某公司为调查经营成本,想了解各地分公司为员工办理保额为 100 万元的意外伤害险的成本是否相同,数据如表 21.1 所示,显著性水平为 0.05。

分析:我们需要检验的是多个样本的均值是否有显著差异,选择方差分析法,$\alpha = 0.05$。

第一步:建立原假设和备择假设

H_0:各地的保险成本没有显著差异;公式表达为:$\mu_1 = \mu_2 = \cdots = \mu_5$。

H_a:至少有两个城市的保险成本有显著差异;公式表达为 $\mu_i \neq \mu_j$,其中 $i = 1, \cdots, 5$, $j = 1, \cdots, 5, i \neq j$。

第二步:选择统计量

选择 f 作为统计量。

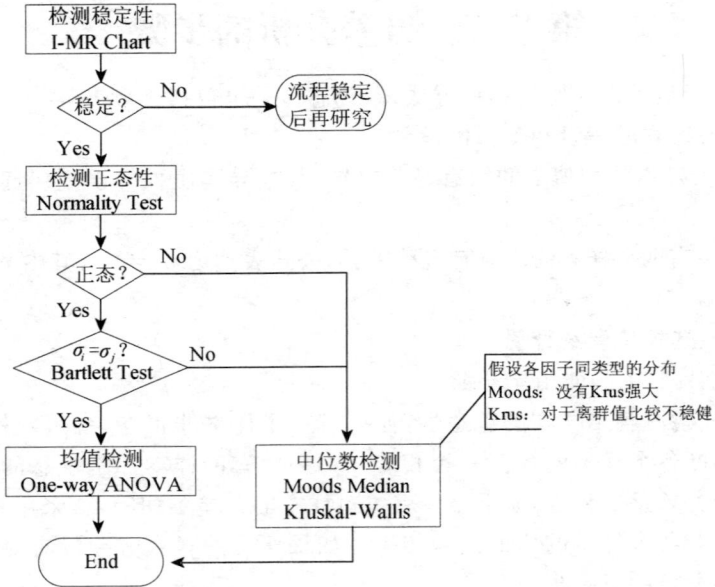

图 21.2　多个样本均值的检验路径图

表 21.1　例 1 的数据表

北京	上海	西安	成都	广州
763	1335	596	3742	1632
1335	1262	3742	1833	5078
596	217	1632	375	3010
3742	4100	1448	2010	671
1632	2948	1833	743	2145
4365	3210	5078	867	4063
1262	867	1183	1233	1232
1448	3744	375	1072	1456
1833	1635	3010	3105	2735
3026	643	3200	1767	767

　　利用 Minitab 检验这 5 个样本的正态性,结论是:与正态分布没有显著差异。

　　利用 Minitab 检验这 5 个样本的方差是否相等,结论是:5 个样本的方差没有显著差异。

第三步：计算统计量，作出判断

$r = 5, m = 10, f_{(1-\alpha)}(r-1, r(m-1)) = f_{(1-0.05)}(4, 45) = 2.60$；

由样本数据得：$f = \dfrac{S_b/(r-1)}{S_i/r(m-1)} = \dfrac{2225002/4}{81226366/45} = 0.3082$；

$\therefore f < f_{(1-0.05)}(4, 45)$，没有落在拒绝域中。

判断结论：没有充分证据证明样本均值不相同，因此我们接受原假设，各地分公司为员工办理保额为 100 万元的意外伤害险的成本是相同的。

第四节　其他说明

在方差分析时，并不要求所有样本的容量（即每个样本中数据的个数）都一样。

假设 X 有 r 个取值水平，每个水平上 Y 有 $k_i (i = 1, \cdots, r)$ 次试验，因此共有

$n = \displaystyle\sum_{i=1}^{r} k_i$ 个结果数据：y_{ij}，其中 $i = 1, \cdots, r, j = 1, \cdots, k_i$，那么：

组内均值：$\overline{y}_i = \dfrac{\displaystyle\sum_{j=1}^{k_i} y_{ij}}{k_i}$；

总体均值：$\overline{y} = \dfrac{\displaystyle\sum_{i=1}^{r} \sum_{j=1}^{k_i} y_{ij}}{n}$；

总体方差和：$S = \displaystyle\sum_{i=1}^{r} \sum_{j=1}^{k_i} (y_{ij} - \overline{y})^2$；

组内方差和：$S_i = \displaystyle\sum_{i=1}^{r} \sum_{j=1}^{k_i} (y_{ij} - \overline{y}_i)^2$；

组间方差和：$S_b = \displaystyle\sum_{i=1}^{r} (\overline{y}_i - \overline{y})^2$；

同样可以证明：$S = S_i + S_b$；

统计量：$f = \dfrac{S_b/(r-1)}{S_i/(n-r)} = \dfrac{(n-r)S_b}{(r-1)S_i}$，临界值为 $f_{(1-\alpha)}(r-1, n-r)$。

第 22 章　线性回归

在统计学中,将自变量(即原因 x)与因变量(即结果 y)之间的关系用定量的方式表达的分析方法,叫做回归分析。"回归"这个名词来自于一位英国的遗传学家弗朗西斯·高尔顿(Francis Galton,1822~1911),相关性概念和回归的定义,是高尔顿对统计学的最大贡献。他在进行人类学测量、实验心理学研究、遗传优生的研究中,利用大类的数据分析进行计算和统计工作。他发现父母如果身高比较高,他们的孩子身高会略低一些;如果父母的身高比较矮,孩子的身高会高一些,他把这种现象叫做"回归"。

回归分析在现代的统计学中应用非常广泛,按照涉及的自变量的多少,可分为一元回归分析和多元回归分析;按照自变量和因变量之间的关系类型,可分为线性回归分析和非线性回归分析。如果只有一个自变量、一个因变量,且二者的关系可近似用一条直线来表示,这叫一元线性回归分析;如果自变量个数多于一个,且因变量和自变量之间是线性关系,则称为多元线性回归分析;如果自变量与因变量的关系不是线性的,就叫做非线性回归分析。我们在本书中仅介绍最简单的一元线性回归分析方法,其他的回归分析方法可以参考相关的统计学资料。

第一节　一元线性回归分析的原理

我们都知道直线的方程是 $y=ax+b$,这条直线上的所有点的坐标可以表示为 $(x,ax+b)$。反过来考虑,如果我们在分析问题时,得到了一系列的数据点(x_i,y_i),如果它们是线性的关系,那么它们就应该位于某条直线上:$y_i = ax_i + b$。我们知道解二元一次方程,只需要两个点就可以确定其参数 a 和 b。但是实际上数据总会有波动,那么 y_i 并不总是等于 ax_i+b,如图 22.1 所示,用任何一条直线也不能通过所有的数据点。

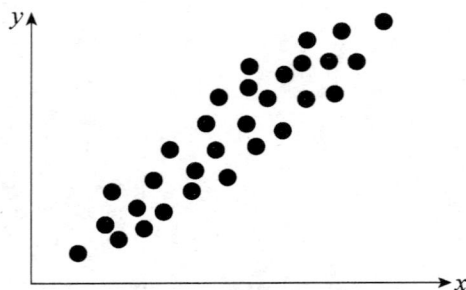

图 22.1　有线性关系的数据波动

试验的数据与理想的直线公式的差异就是误差,我们表示为 ε_i,那么实际数据的公式为 $y_i = ax_i + b + \varepsilon_i$,如图 22.2 所示。如果 x 与 y 是线性的关系,那么 ε 应该服从分布 $n(0,\sigma^2)$,即数据点(x_i,y_i)围绕着直线 $y = ax + b$ 波动,其偏差的均值为 0。如果我们能让 σ^2 最小,那么直线 $y_i = ax_i + b + \varepsilon_i$ 就与 $y = ax + b$ 最接近。所以现在我们分析的目标就是利用现有的数据,找到这样一对参数(a,b),使得 ε 的方差 σ^2 最小。

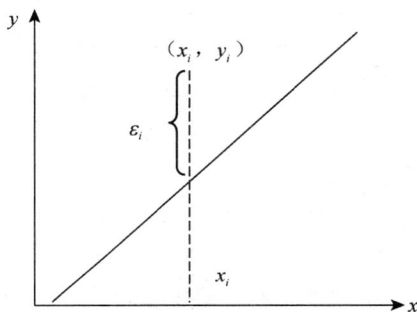

图 22.2　数据点与误差

我们通常用最小二乘法来确定这些回归系数,但是无论 x 与 y 是否是直线的关系,如图 22.3 所示的 a 图与 b 图,用最小二乘法都能找到一对儿参数(a,b),使得 σ^2 最小。因此在进行线性回归之前,我们必须用其他方法确认上述分析方法的假设成立,即:x 与 y 是线性相关关系。

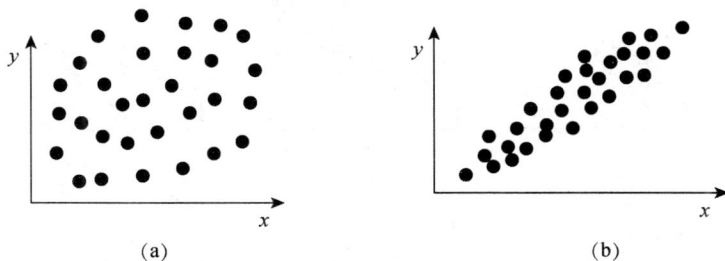

(a)　　　　　　　　　　　　(b)

图 22.3　不同类型的数据关系

第二节　线性相关分析

通常我们使用 Pearson 相关系数 r 来表示两个变量的相关程度。假设有一组数据(x_i,y_i),$i = (1,\cdots,n)$,定义:

$$\overline{x} = \frac{1}{n}\sum_{i=1}^{n}x_i \, , \, \overline{y} = \frac{1}{n}\sum_{i=1}^{n}y_i \, ;$$

则：$L_{xy} = \sum_{i=1}^{n} (x_i - \overline{x})(y_i - \overline{y})$；

$$L_{xx} = \sum_{i=1}^{n} (x_i - \overline{x})^2$$；

$$L_{yy} = \sum_{i=1}^{n} (y_i - \overline{y})^2$$；

那么相关系数 $r = \dfrac{\sum\limits_{i=1}^{n} (x_i - \overline{x})(y_i - \overline{y})}{\sqrt{\sum\limits_{i=1}^{n} (x_i - \overline{x})^2 \cdot \sum\limits_{i=1}^{n} (y_i - \overline{y})^2}} = \dfrac{L_{xy}}{\sqrt{L_{xx}L_{yy}}}$。

可以证明：$-1 \leqslant r \leqslant 1$，那么：

$r = \pm 1$ 时，所有点都在直线上；

$r = 0$ 时，x 与 y 不呈直线关系，即不是线性相关；

r 的绝对值越趋近于 1，x 与 y 的线性相关性越强；

$0 < r \leqslant 1$ 时，x 与 y 正相关，即 x 越大，y 越大；

$-1 \leqslant r < 0$ 时，x 与 y 负相关，即 x 越大，y 越小。

从图 22.4 我们可以看到相关系数不同时，其数据的分布状态也有明显的差别。因此在实际应用中，建议大家首先用点图的方式，大致了解数据的关系，然后选择是否需要计算其相关系数。

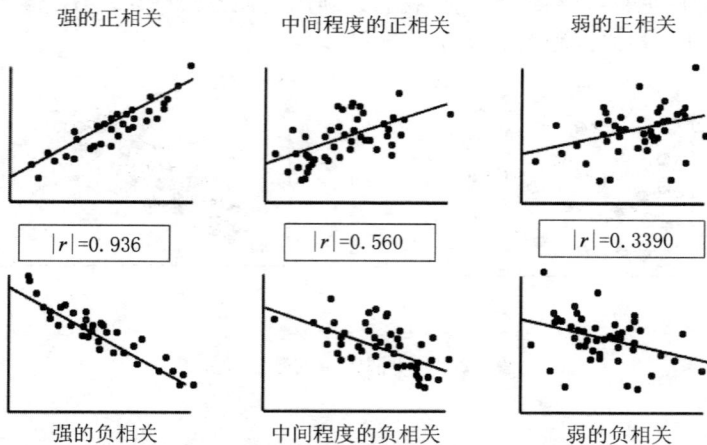

图 22.4　相关系数与数据分布形态

我们在实际应用时，可以简单地用 r 来判断 x 与 y 是否具备线性相关的关系：

$n > 9$ 时，$r \geqslant 0.7$，就可以确认 x 与 y 线性相关；

$n > 25$ 时，$r \geqslant 0.4$，就可以确认 x 与 y 线性相关。

需要注意的是：此判断仅是针对 x 与 y 是否具备线性相关关系。即使 x 与 y 没有线性相关关系，也不能说它们"不相关"，只能说"不是线性相关"。

第三节 最小二乘法

最小二乘法是最常用的曲线拟合法之一,它的优化效果也很好。1829 年,高斯证明了这一点。用最小二乘法拟合直线,其原理也比较简单。同前所述,假设我们有 n 个数据点 (x_i , y_i),已经确认它们具备线性相关关系,接下来我们要确定 x 与 y 的量化关系。

假设其线性关系是:$y = ax + b$,其中 b 是截距,a 是斜率。在所有数据中,我们认为自变量 x 是准确的,所有的误差都与 y 关联,即:$y_i = ax_i + b + \varepsilon_i$。用最小二乘法进行拟合时,要求数据误差的平方和最小,即 $\varphi = \sum_{i=1}^{n} \varepsilon_i{}^2 = \sum_{i=1}^{n} [y_i - (ax_i + b)]^2$ 最小,那么就应该有:

$$\frac{\partial \varphi}{\partial a} = \frac{\partial}{\partial a} \sum_{i=1}^{n} [y_i - (ax_i + b)]^2 = -2 \sum_{i=1}^{n} [y_i - (ax_i + b)]x_i = 0,$$

$$\frac{\partial \varphi}{\partial b} = \frac{\partial}{\partial b} \sum_{i=1}^{n} [y_i - (ax_i + b)]^2 = -2 \sum_{i=1}^{n} [y_i - (ax_i + b)] = 0。$$

解此方程式得:

$$a = \frac{\sum x_i y_i - \sum x_i \cdot \sum y_i / n}{\sum x_i{}^2 - (\sum x_i)^2 / n} = \frac{\sum x_i y_i - n \bar{x} \bar{y}}{\sum x_i{}^2 - n \bar{x}^2},$$

$$b = \frac{\sum y_i - a \sum x_i}{n} = \bar{y} - a \bar{x}。$$

由数据集合 (x_i , y_i) 可以分别求出 $\bar{x} = \sum_{i=1}^{n} x_i / n$,$\bar{y} = \sum_{i=1}^{n} y_i / n$,以及 $\sum x_i y_i$ 和 $\sum x_i{}^2$,即可得出 (a, b)。

而且,此拟合直线必定经过 $(0, b)$ 和 $(\bar{x}, \bar{y})$ 两个点。

第四节 残差分析

综上所述,一元线性回归分析中我们提出了一些假设。

1)x 与 y 相关,这部分由因果分析得出。

2)x 与 y 线性相关,这部分由相关系数可以判断。

3)y 的误差 ε 应该服从分布 $N(0, \sigma^2)$,这需要我们在拟合之后进行确认,也就是残差分析。

确认 $\varepsilon_i = y_i - (ax_i + b)$ 服从正态分布,就是要看残差数据的分布是否具备下述几个特征。

1)ε 的均值为 0。

2)对于不同的 x,ε 的方差 σ^2 不变。

3)ε 的值相互独立。

4）ε 服从正态分布。

如果残差分析中，发现 ε 的分布没有完全包括这几项特征，就需要进行进一步分析其原因。例如，如果随着 x 的增大，ε 的方差 σ^2 越来越大，应该是遗漏了 x^2 项，把它归入了 ε 所致。

第五节　线性回归的案例

我们在工艺流程中发现硅胶的强度与 SiO_2 的使用量有关系，于是采集了一组数据进行分析，数据如表 22.1 所示。

表 22.1　案例数据表

用量	1.3	1.5	2.1	2.8	3.1	3.5	3.4	4.2	4.3
强度	42	34	35	62	35	52	66	57	58
用量	4.9	5	5.2	5.3	5.5	6.6	6.8	7	7
强度	65	88	67	75	73	68	75	83	72

分析：使用量是自变量 x，强度是因变量 y；首先要判断 x 与 y 是否线性相关；如果线性相关，再用最小二乘法拟合其直线的参数，并进行残差分析。

1）线性相关分析

从图 22.5 中看，x 与 y 的线性相关性是比较明显的。

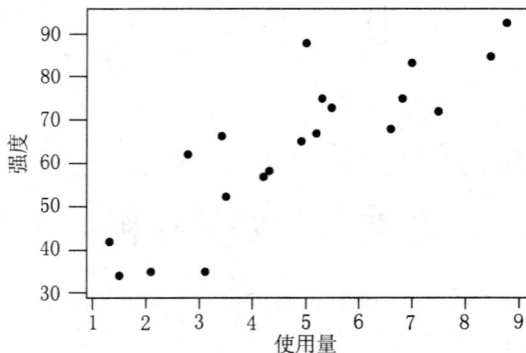

图 22.5　案例的数据点分布图

$$相关系数\ r = \frac{\sum_{i=1}^{n}(x_i - \overline{x})(y_i - \overline{y})}{\sqrt{\sum_{i=1}^{n}(x_i - \overline{x})^2 \cdot \sum_{i=1}^{n}(y_i - \overline{y})^2}} = \frac{L_{xy}}{\sqrt{L_{xx}L_{yy}}} = \frac{416.85}{\sqrt{56.805 \times 4540.5}} =$$

0.8208。

因此我们判断：SiO_2 的使用量与硅胶的强度有线性相关性。

2）假设 x 与 y 的线性关系为 $y=ax+b$，则利用最小二乘拟合法，计算 a 与 b。

$$a=\frac{\sum x_iy_i-\sum x_i\cdot\sum y_i/n}{\sum x_i^2-(\sum x_i)^2/n}=\frac{\sum x_iy_i-n\overline{x}\,\overline{y}}{\sum x_i^2-n\overline{x}^2}=\frac{5306.1-4889.25}{407.93-351.125}=$$

7.3383，

$$b=\frac{\sum y_i-a\sum x_i}{n}=\overline{y}-a\overline{x}=61.5-7.3383\times4.416667=29.0893,$$

因此，此线性方程为 $y=7.3383x+29.0893$。

残差分析，首先计算 $\varepsilon_i=y_i-(ax_i+b)$，数据结果如表 22.2 所示。

表 22.2　案例的残差数据表

用量	1.3	1.5	2.1	2.8	3.1	3.5	3.4	4.2	4.3
强度	42	34	35	62	35	52	66	57	58
残差	−3.3709	6.0967	9.4997	−12.3635	16.8380	2.7733	−11.9606	2.9100	2.6439
用量	4.9	5	5.2	5.3	5.5	6.6	6.8	7	7
强度	65	88	67	75	73	68	75	83	72
残差	0.0468	−22.2193	0.2483	−7.0179	−3.5502	9.5219	3.9895	−2.5428	8.4572

　　在很多统计软件中，线性回归的功能都包括残差分析的内容。以常用的统计软件 Minitab 为例，这个案例的残差分析图如图 22.6 所示。

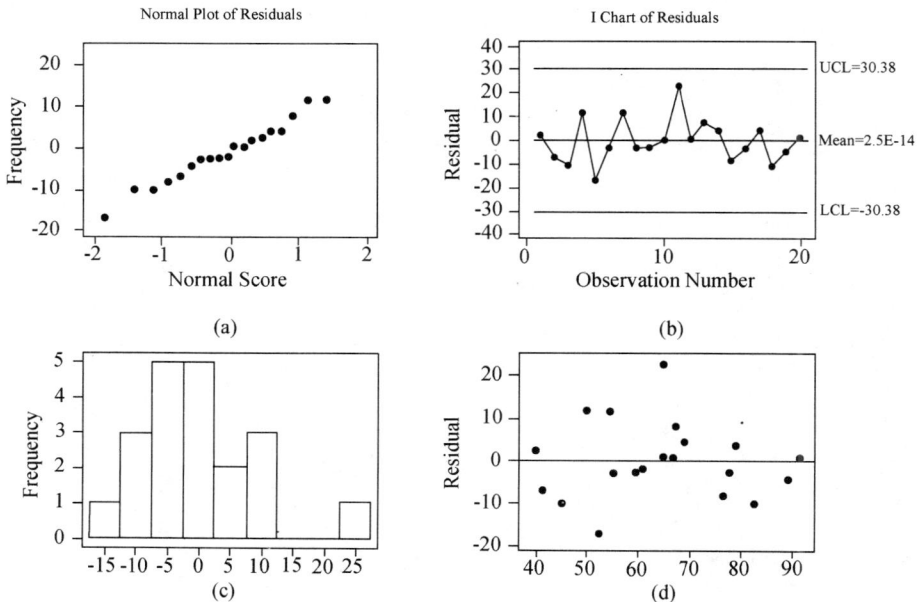

图 22.6　案例的残差分析图

  a 图是正态性概率图，c 图是柱状图，这两个图可以帮助我们观察残差的正态性；b 图是残差按照观测顺序的排列图，可以观察残差均值是否为 0，是否呈现某种趋势；d 图是残差相对于 y 的分布图，可以观察残差随着 y 的增大，其方差是否恒定。

  按照这些图，本案例的残差服从正态分布，均值为 0，没有呈现出特别的趋势，因此我们的分析结论是：硅胶的强度与 SiO_2 的使用量有线性关系：$y=7.3383x+29.0893$。

第23章 思维惯性及创新思维方法

第一节 克服思维惯性与创新思维

"思维定势"是一种倾向,即依赖个人经验,不愿跳出框外思考。如果我们重复面对几乎相同或略有差别的情境,那么思维定势是有利的,但如果我们面对有着本质差别的情境(尽管我们有时甚至不会注意到这种差别),那么思维定势就是有害的。因此,我们需要一些工具来控制思维定势,即帮助揭示和重新考虑通常被"默认"接受的假设。虽然此种倾向在多数情况下可以解决问题,但在需要创新解决方案时,它却会成为严重的障碍。由于思维定势通常是"无形的",因此能够发现并控制它便成为成功发明者的重要特征。

创新思维的本质就是根据解决问题的需要,在头脑中对原有的知识经验、观念、方法等进行新的组合、加工,特别是现有的知识结构进行优化与建构,使之形成新的合理的知识结构体系,并充分发挥其结构效能。这其中的关键在于突破阻碍思维创新因素,即人们头脑中传统的、固有的观念和思维中形成的习惯与定势。因此,需要学会运用各种创新思维的原理和方法,自觉抵制和克服各种思维障碍的束缚,以实现思维方式与知识结构的创新。

TRIZ理论体系中,提出了多种创新思维方法,帮助我们克服思维惯性。这些方法主要有:小人法(modeling smart little creatures)、尺度—时间—成本算子(size-time-cost operator)、金鱼法(golden fish method)、多屏幕方法(multi-screen thinking)。

第二节 小人法

一、小人法简介

小人法(又称智能小人法)是一种极好的工具,它可打破技术或专业术语导致的思维定势,并可用于微观级别上分析系统。

利用智能小人法,可想象所分析的系统由许多聪明机敏的小人或对象组成,它们可单独或集体制决策。考虑这样的系统,有助于确保每个人都真正了解系统的工作方式,并且将它们分解为更小、更易了解的部分,我们可非常有效地解释复杂情景。

一旦利用智能小人法对问题情境进行了分析,便可思考如何让它们来求解问题,包括将它们视为个体或群组,然后将所得结果转换为物理方案。

二、实例:安全饮料杯

当在行驶的汽车中喝热饮料(茶、咖啡)时,饮料洒出并烫伤乘客是完全有可能的。对装有饮料的杯子的矛盾要求是:一方面杯子必须让液体自由流出供人饮用;另一方面,在杯子翻倒时,它又要留住液体,不致烫伤他人。是什么使该问题如此难以求解? 主要是因为人们在心理上"默认"杯子是由不能改变的固体材料制成。利用小人法对这种情境建模,可以帮助我们克服此类思维定势。

在模型中,我们把液体想象成一群黑色的小人,把杯子壁想象成白色的小人,把杯子上方的空气看成是灰色的小人。当杯子翻倒时,黑色小人可移动、比灰色小人强壮、不受白色小人约束,可同时离开"杯子"。

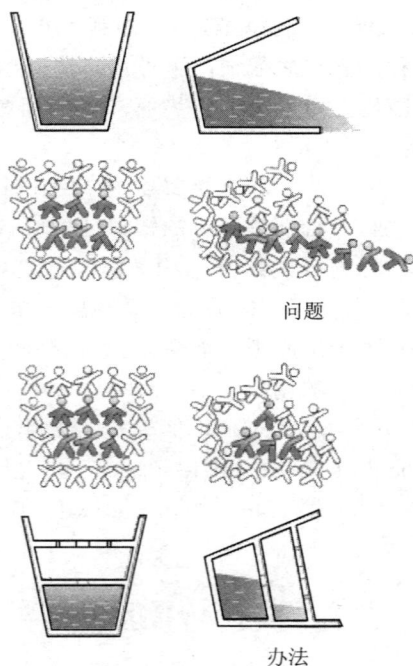

图 23.1　小人法示例

我们的期望是:可以让黑色小人分小组离开杯子,但不能让它们同时离开。在最理想的情况下,应只有黑色、灰色和白色小人参与此类解决方案,它们应该以某种方式重新排列,以防止可移动的黑色小人在杯子翻倒时集体离开,同时可让黑色小人分小组离开杯子。因为黑色和灰色小人都是可移动的,所以它们都不能阻止黑色小人离开。因此,只有白色小人能执行此功能。应该对它们进行重新排列,以便让黑色小人分小组(一个一个地)离开,但不能允许它们同时离开。看来白色小人应该构成狭窄的"过道",以便黑色小人可一个一个地通过。

再从模型过渡到实物,黑色小人可给我们数种想法。例如,可以在杯子上设置数层环形薄膜,薄膜在杯子翻倒时会改变自身的倾角。在薄膜上开出小孔,以便让少量的液体流出供人饮用。

第三节　尺度—时间—成本算子(STC算子)

一、STC算子简介

尺度—时间—成本算子是一种非简单的工具,它通过极限方式想象系统,以打破思维定势,如表23.1所示。

表 23.1　STC算子个因素变化范围

尺寸	从 0 到无穷大
时间	从 0 到无穷大
成本	从 0 到无穷大

把系统想象为很小(甚至不存在),思考如何来建立这样的系统,会遇到哪些难题,它会带来什么益处,然后在相反的极限上想象系统,即想象系统无限大,并思考如何来建立这样的系统,会遇到哪些难题,它会带来什么益处。

还可针对时间(瞬间发生,或者要花费无限长的时间)和成本(系统免费,或者要花费无限多的资金)来执行此类想象。尽管此工具很简单,但它却可让我们真实地看待系统,以及想从系统中得到的东西,并且非常有效,另外,它还可帮助我们排除所有虚假的约束条件。

STC算子是利用对象的尺度、时间及成本相关特性进行的一系列心理实验。这些心理实验可帮助克服常规认知中的定型观念。

通常,某一对象的精神意象描绘某些"定型的"对象,它们具有"定型"的特性,尤其是空间、时间和资金方面的。此种定型的精神意象会建立心理障碍,从而妨碍我们清楚地认识所探讨的情境。

二、STC算子的算法

这种心理障碍的影响有两点。首先,它所建立的精神意象与解决所探讨问题的想法相去甚远。例如,当我们听到"飞机"一词时,我们就会下意识地想象出某种庞大、昂贵和持久耐用的装置设计,装置以亚音速或超音速飞行。当这种精神意象成为心理障碍后,我们很难想出设计一种一次性飞机,飞机只有巴掌大小,并以大约一米每秒的速度飞行。这种心理障碍就是我们所说的"思维定势"。其次,这种心理障碍会"滤出"某些与此意象不符的重要信息,并"滤入"可能与真实情境毫无关系的"定型"信息。这会使我们曲解所探讨的问题,并且这种歪曲是"不可见的",

因此也无法更正。结果，我们最终可能错误地曲解了问题，或者漏掉了最有效的解决方案，如图 23.2 所示。

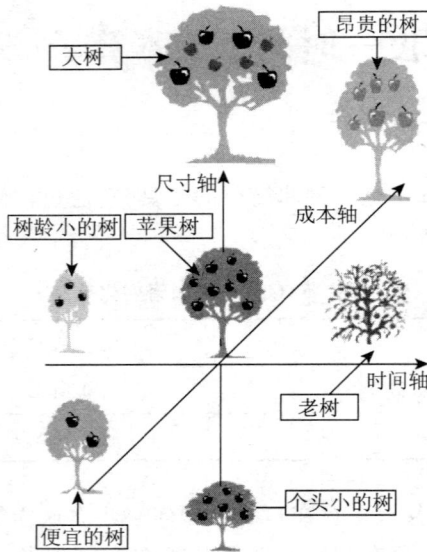

图 23.2　STC 算子示意图

例如，提到具有直翼的双翼机或三翼机，定型的看法会告诉我们其具有气动性差的特点，就像 20 世纪 20 年代的飞机，而具有三角形机翼的超音速飞机性能则优越得多。结果，在设计航天飞机时，人们甚至可能不会考虑翼栅的设计，尽管其可能远远优于现有设计。

STC 算子能有效摧毁此类心理障碍，并揭示精神意象对所探讨情境的歪曲。

三、STC 算子的规则

当使用 STC 算子时，请遵循下列规则。

1）勿改变初始问题。

2）应用 STC 算子的目的是揭示对象的新特性。此心理练习的各个阶段旨在找出这些新特性、能力或属性。对各个阶段进行深入分析。

3）在所有各阶段均完成之前，勿停止改变尺度—时间—成本参数的过程，即使发现 STC 算子产生的解决方案或方向导致考虑因素过于复杂。

4）尺度、时间及成本以外的特性，如温度、强度或光反射率，可通过类似的方式来进行改变，即先增加到无限，然后减少到零。

尽管 STC 算子一般不会直接揭示出所探讨问题的解决方案，但它却可让我们产生某些独到的想法，并将思路引向解决问题的方向。

四、实例：提高计算机性能

计算机是用来处理数字数据的。普通计算机的尺寸约为半米，处理器时钟频率约为 2 G 赫兹，平均成本约为 1000 美元。我们需要提高计算机计算能力。

1) 想象对象的尺寸显著增加（10 倍甚至更大），然后增加到无限大。

巨型计算机约有 10 米长，因此，我们一开始设想计算机的尺寸在百米以内。这与本地网络的典型尺寸相一致。现有技术可合并本地网络中所有计算机的计算能力，以便它们像一台大型计算机一样工作。

接下来，我们想象数百千米长的计算机，它看起来像是大公司中的内联网。

然后，我们将尺寸再增加百倍到 10000 千米后，我们可想到将全世界计算机连接起来的互联网。人工计算能力在此达到最高极限。

进一步朝无限大的方向增加，我们可想到将所有人工与自然（大脑）数据处理能力组合到世界信息领域中。

2) 想象对象的尺寸显著减小（1/10 甚至更小），然后减小到零。

想象 1 毫米大小的计算机。"智尘"（Smartdust）样机目前正在研制中。

Smartdust 是一个假想网络，它包含微型无线微机电系统（MEMS）传感器、机器人或装置，并安装有无线通信系统，它可进行各种各样的检测，从光和温度到振动等。

装置（或称"微尘"）预计将只有沙粒大小，甚至只有尘粒大小。

当群集在一起后，它们会自动建立起高灵活性的低功耗网络，应用对象从气候控制系统到与信息家电交互的娱乐装置。

智尘的概念是由 Kristopher Pister（加州大学）于 2001 年引入的，但在那之前，"智尘"只是科幻小说中的概念。最近一次评审讨论了各种相关技术，它们将传感器网络中超过毫米的微尘带至微米级别。

这样，我们想象 100 微米的计算机，它的形状就像细丝。可将多条这样的细丝埋植到衣服中或人体内，以检测人的意愿，并帮助满足他们。

原子大小的计算机可让我们想到量子计算机，它是 21 世纪新的科学发展对象。

3) 当改变对象的尺寸时，我们通常在三个相应维度上同时进行改变。想象仅改变一个或两个维度，而保持其余维度不变，例如将某物体改变为细丝或薄膜。薄膜型计算机、织物型计算机、网状计算机，所有这些意象都可实现不同的用途。

4) 想象对象的过程显著减慢（1/10 甚至更慢），然后作用时间增加到无限长。设想让它的计算速度降低到 10 赫兹，这可让我们想到天然（神经）计算机即大脑。

计算速度降到零可让我们想到另一种有趣的概念。生物进化是一个非常缓慢的过程，它遵循某些数学方程式。根据这些方程式，若改变"祖先"的特征，则将改变几百万年后生物的特征。因此,这台"进化计算机"可在(比方说)1000 万年后给出方程式的解。

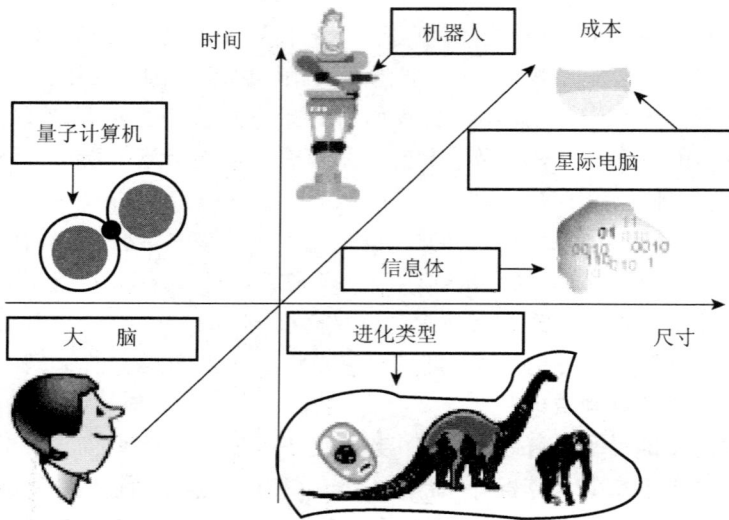

图 23.3 **STC 算子示例**

5)想象对象的过程显著加快(10 倍甚至更快),然后作用时间减少到零。

若将计算机的处理速度提高到 1000G 赫兹,则我们可实时计算复杂过程,预测事件的发生,并用机器人模拟人类的行为。

6)想象对象的成本显著增加(10 倍甚至更高),然后增加到无限高。

1 亿美元的成本可让我们想到现有的巨型计算机,它可用来模拟核爆炸,或者宇宙在大爆炸后的最初情形。

我们进一步提高计算机的成本。例如,地球上所有计算机的总成本大约为1000 亿美元。投资约 10 万亿美元制造的计算机,也许能求解经济及政治问题。我们可将这台计算机为"地球的电子大脑"。

7)想象对象的成本显著降低(1/10 倍甚至更低),然后降低到零。

在经过若干次降低后,计算机的成本等于 1 美分。可以将这样的计算机用作建造"智能房屋"、"智能堤坝"乃至"智能山脉"的砖块。

现在,计算机的成本趋近于零。研制可逆量子计算系统在理论上是可能的,它们在进行计算时的耗电量几乎为零。Richard P. Feynman 最先论述了有关研制可逆量子计算系统的可行性。

人的大脑是天生的思维工具。从这个意义上讲,人的大脑是零成本的、独一无二的个人超级计算机。充分发挥大脑功能的有效途径之一是运用 TRIZ 原理来求解任何类型的问题。

第四节　金鱼法

一、金鱼法简介

有时候,想法看起来不可行甚至不现实,并且与其说属于真实世界,还不如说属于科学幻想。但是,此种想法的实现却绝对是令人称奇的。如何才能克服对"虚幻"想法的自然排斥心理? 金鱼法可帮助我们解决此问题。

此方法的基础是将想法的非现实部分分为两个部分:现实部分及非现实部分。结果,余下的非现实部分有时会变得微不足道,而想法看起来愈加可行。

二、金鱼法算法

金鱼法实施步骤具体如下,如图 23.4 所示。

1)将不现实的想法分为两个部分:现实部分与非现实部分。精确界定什么样的想法是现实的,什么样的想法看起来是不现实的。

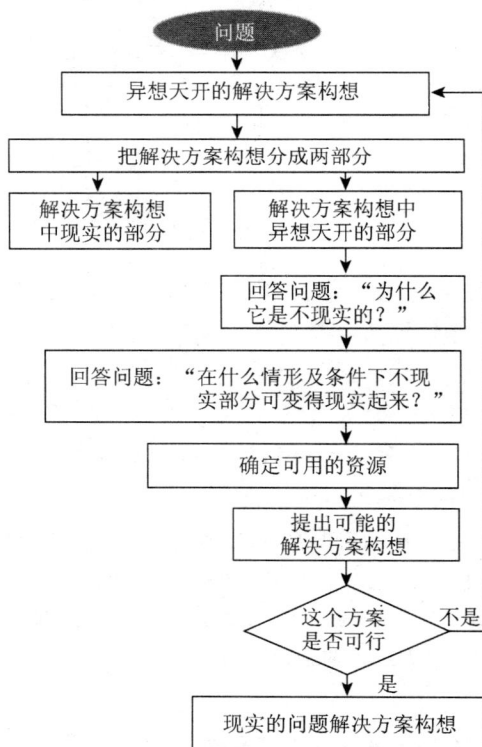

图 23.4　金鱼法实施步骤

2）解释为什么非现实部分是不可行的。尽力对此进行严密而准确的解释，否则最后可能又会得到一个不可行的想法。

3）找出在哪些条件下想法的非现实部分可变为现实的。

4）检查系统、超系统或子系统中的资源能否提供此类条件。

5）如果能，则可定义相关想法，即应怎样对情境加以改变，才能实现想法的看似不可行的部分。将这一新想法与初始想法的可行部分组合为可行的解决方案构想。

6）如果我们无法通过可行途径来利用现有资源为看起来不现实的部分提供实现条件，则可将这一"看起来不现实的部分"再次分解为现实与非现实部分。然后，重复步骤1）～5），直到得出可行的解决方案构想。

三、实例：用空气赚钱

问题：如何用空气赚钱？如图 23.5 所示。

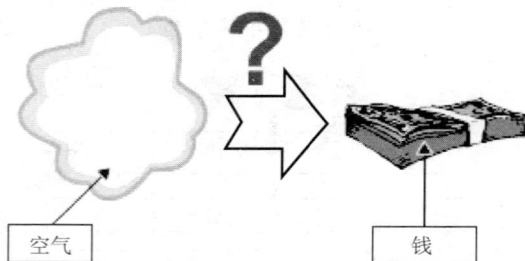

图 23.5　金鱼法案例

1）将不现实的想法分为两个部分：现实部分与非现实部分。精确界定什么样的想法是现实的，什么样的想法看起来是不现实的。

现实部分：空气、钱、赚钱。

不现实部分：出售空气。

2）解释为什么非现实部分是不可行的。尽力对此进行严密而准确的解释，否则您最后可能又会得到一个不可行的想法。

空气为大家共有，它在我们的身边取之不尽。因此，它不能卖钱。

3）找出在哪些条件下想法的非现实部分可变为现实的。

在下列条件下，空气可以卖钱：空气资源缺乏，即它的供应有限；它包含某些特殊成分，具有某些特殊功能；它要通过特定手段来输送，而不能直接呼吸；周围的大气不适合呼吸。

4）检查系统、超系统或子系统中的资源能否提供此类条件。

在超系统中，存在许多这样的情境：空气供给不充足，例如在飞机中、在飞船中、在地下、在高山上、在水下；需要人工呼吸，例如在心脏病发作期间；需要空气中含有特殊成分，例如深潜水中可使用基于氢的混合物，肺病患者可使用桉树芳香化的空气;空气不适合呼吸,例如火灾期间空气中含有高浓度的一氧化碳等。

5)如果能,则可定义相关想法,即应怎样对情境加以改变,才能实现想法中看似不可行的部分。将这一新想法与初始想法的可行部分,组合为可行的解决方案构想。

在下列条件下,空气可以卖钱:在空气有限的场所出售空气(例如在水下或地下作业时,在污染严重的大城市中);出售有益健康的空气供呼吸使用(如海上或山区的空气);出售空气净化装置,或者制备有益健康空气的装置;出售芳香化的空气。

6)如果我们无法通过可行途径来利用现有资源为看起来不现实的部分提供实现条件,则可将这一"看起来不现实的部分"再次分解为现实与非现实部分。然后,重复步骤1)～5),直到得出可行的解决方案构想。

该例分析过程如图23.6所示。

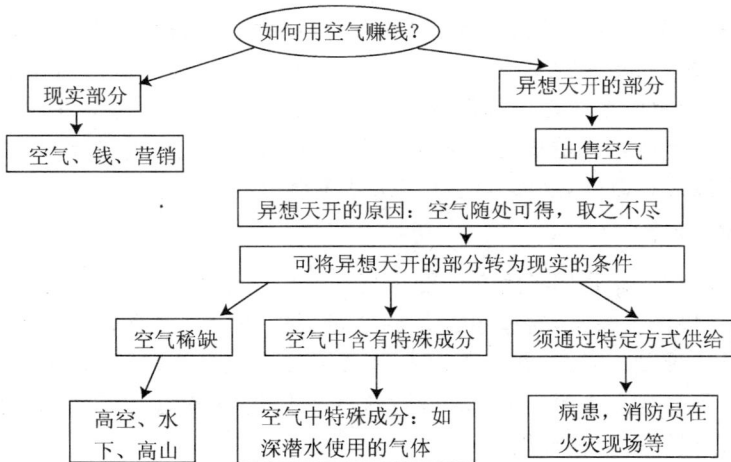

图23.6　金鱼法示例过程

虽然在许多情境下空气确实可以卖钱,但它仍然不能"在正常条件下"出售,即在空气充足且新鲜的地方出售。

对于这个例子,我们还可以继续进行考虑。

第五节　系统思维的多屏幕方法

一、多屏幕方法介绍

"系统思维"是指对情境进行整体考虑,即不仅考虑目前的情境和探讨的问题,而且还有它们在层中和时间上的位置和角色。这两条轴线即层和时间,可将发明者视野从1个"屏幕"扩展到9个"屏幕"(它们给出情境和问题),如图23.7所示。

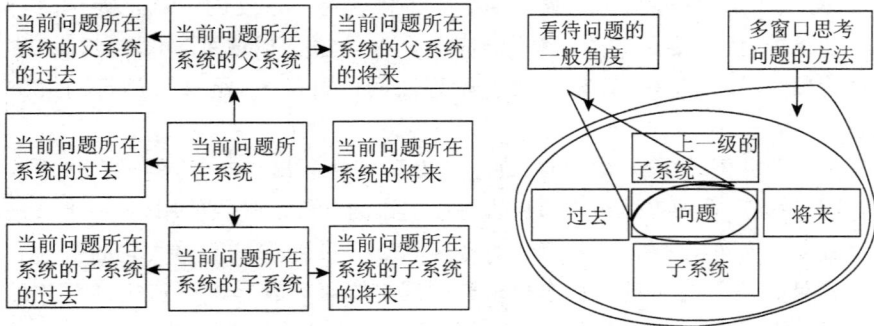

图 23.7   多屏幕法

1. 屏幕"过去"

首先，我们考虑"时间"轴。屏幕"过去"可让我们考虑在问题出现前发生于合适层级（包括系统、超系统或子系统）上的事件。通常，这些事件是制造过程中的"先前"操作，或者是系统寿命周期的"先前"阶段。因此，每个屏幕都可代表发生在"过去"的多个事件。从防止问题出现的观点来看，我们应该对这些事件进行考虑，因为它们可以进行改变，这样问题在将来就不会出现。

2. 屏幕"未来"

屏幕"未来"可让我们考虑在问题出现后发生于合适层级（包括系统、超系统或子系统）上的事件。通常，这些事件是制造过程中的"后续"操作，或者是系统寿命周期的"后续"阶段。因此，每个屏幕都可代表发生在"未来"的多个事件。从消除问题不良后果的观点来看，我们应该对这些事件进行考虑，因为它们可以进行改变，这样潜在损害就会被补偿。

3. 屏幕"超系统"

现在，我们考虑"层次"轴线。屏幕"超系统"可让我们考虑某一高级别系统的单元，该高级别系统在适当的时段（即过去、现在或未来）包含系统。通常，此类超系统或者代表系统所参与的某过程，或者是系统运行于其中的邻近环境。因此，每个"超系统"屏幕都可包含多个不同的超系统及环境。从提供资源以防止问题出现的观点看，我们应该考虑此类超系统的组件，这样就能抵消所探讨问题的不良作用，或者消除它的不良后果。

4. 屏幕"子系统"

屏幕"子系统"可让我们考虑系统包含的单元，系统在适当的时段（即过去、现在或未来）处于运行状态。通常，此类子系统或者代表系统的某些组件，或者代表系统所消耗的"投入"，或者代表系统所产生的"产出"。"有意"与"无意"的投入都应予以考虑，"有用"（产品）与"有害"（废物，副产品，副作用）的产出也是如此。因此，每个"子系统"屏幕都可包含多个不同的子系统、投入及产出。从提供资源以防止问题出现的观点看,我们应该考虑此类子系统,这样就能抵消所探讨问题的不良作用,或者消除它的不良后果。

5. 结果

此类多屏幕考虑因素,可让您将所探讨的问题视为一组相互关联的问题,这样您便可对其进行更为全面的理解。由于这些新问题中有些可提供更易寻找和实施的解决方案,因此这种方法可大大提高求解问题的效率。另一方面,思维的多屏幕方法并不一定能保证提示新的问题求解方法,尽管它总是能扩展情况及问题的视野。

二、高级多屏幕方法

有时,我们需要高级多屏幕思维方法,在此情况下,您应考虑全部 9 个"屏幕",不仅针对您的特定系统,而且针对替代系统及反系统,如图 23.8 所示。替代系统就是通过不同工作原理来执行相同主要功能的系统,例如,钢笔和标记器是铅笔的替代系统;反系统就是执行系统主要功能的相反功能的系统,例如,橡皮擦是铅笔的反系统。

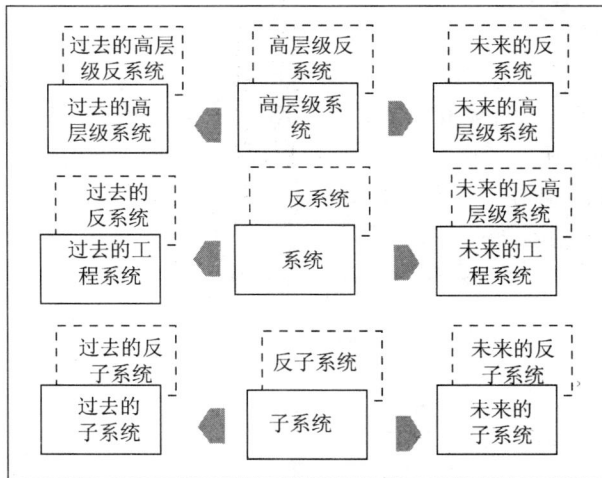

图 23.8　高级多屏幕方法

三、实例:密封药瓶

1. 屏幕"过去"

1)密封前的操作:在药瓶中装入药物;将装有药物的药瓶传送到密封地点。

2)如何才能防止药物在装入药瓶期间或之后发生过热?

想法 1:在装药期间对药物进行冷却,或者/以及在送往密封地点期间使用冷却装置。

2. 屏幕"未来"

1）密封后的操作：将药瓶从支架上取下；对药瓶进行包装，然后运送到仓库。

2）如何保持药物的质量？是否允许在包装阶段中密封药物？

想法 2：对药物进行包装，以便药瓶进入气密状态。在此情况下，我们无须密封药瓶。

3. 屏幕"超系统"

1）超系统单元清单：一排药瓶（在不同焰炬的火焰下对同一支架上的所有药瓶进行密封），一个药瓶支架，空气，传送机，焰炬，燃气管线……

2）如何才有可能利用上述单元来防止药物过热？

想法 3：找出一种在支架上放置药瓶的方法，以便药瓶颈部可带走全部热量，进而保护药物不发生过热。

想法 4：找出一种改进支架形状的方法，以便它可保护药瓶不发生过热。

想法 5：在密封药瓶时，使用供给到焰炬的燃气来冷却药物。

4. 屏幕"子系统"

1）子系统单元清单：制作药瓶的玻璃，药物。

2）是否有可能利用玻璃和药物的特性来防止过热和药品变质？

想法 6：改变药瓶的特性，以便可在较低温度下对它进行密封。

想法 7：改变药物与药瓶之间的相互作用来防止过热。

该例具体分析过程如图 23.9 所示。

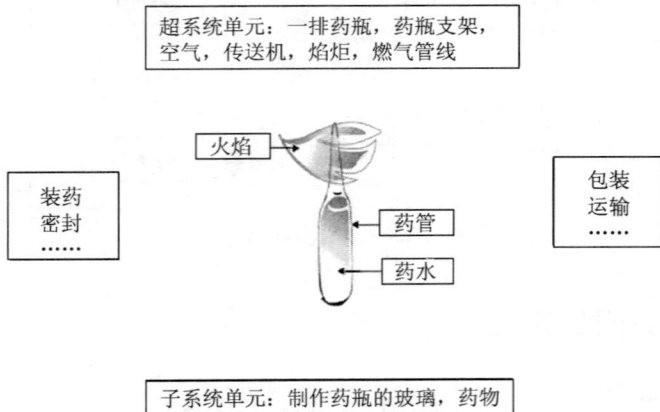

图 23.9　多屏幕方法分析药瓶密封问题

本章小结

本章主要介绍了 TRIZ 理论当中的创新思维方法，包括：小人法、STC 算子、金鱼法、多屏幕方法等。这些创新思维方法是整个 TRIZ 理论以及 DAOV 实施方法论的基础。

第 24 章　技术矛盾

第一节　术语介绍

矛盾:指内在要素、作用或主张彼此不一致或相反的情境。特别是指"双失"情况:即因为使用常规方法来改进当前问题情境,而产生无法忍受的后果。

技术矛盾:是指为了改善系统的一个参数,导致了另一个参数的恶化。技术矛盾描述的是两个参数的矛盾。例如,改善了汽车的速度,导致了安全性发生恶化。这个例子中,涉及的两个参数是速度和安全性。

创新原理:创新原理用于解决技术矛盾。阿奇舒勒通过对大约 4 万件高级别的发明专利分析总结,发现了常用来解决技术矛盾的 40 个创新原理。创新原理是用于解决技术矛盾的最行之有效的创造性方法。

第二节　工具/方法介绍

一、创新原理及实例

目前,TRIZ 理论提供的 40 个创新原理已经在机械、电子、化学、生产过程及其质量管理,甚至生物技术和建筑技术等领域得到广泛应用。下面是对 40 个创新原理的具体介绍,大部分创新原理包括几种具体的应用方法。本节将对每个创新原理做简单的介绍,并给出相应的应用实例。

原理 1. 分割

1)把一个物体分成相互独立的部分:将计算机工作站的主机分解成个人电脑;将巨型载重汽车分解成卡车及拖车;大型项目设置子项目。

2)将物体分成容易组装和拆卸的部分:组合家具;消防器材中铅管的可快速拆卸连接。

3)提高物体的可分性:活动百叶窗替代整体窗帘。

原理 2. 抽取

1)从物体中抽出产生负影响的部分或属性:空气压缩机工作,将其产生噪声的部分即压缩机移到室外;用光纤或光缆引出光源。

2)从物体中抽出必要的部分或属性:用电子狗代替真狗充当警卫,以减少伤人事件的发生和减少环境污染。

原理 3. 局部质量

1)将均匀的物体结构、外部环境或作用改为不均匀的：让系统的温度、密度、压力由恒定值改为按一定的斜率增长。

2)让物体的不同部分各具不同功能：带橡皮的铅笔；羊角锤（既可起钉子，又可钉钉子）。

3)让物体的各部分处于各自动作的最佳状态：在食盒中设置间隔，在不同的间隔内放置不同的食物，避免相互影响味道。

原理 4. 增加不对称性

1)将对称物体为非对称：为增强混合功能，在对称容器中用非对称的搅拌装置（水泥搅拌车）。

2)已经是非对称的物体，增强其不对称的程度：为增强防水保温性，建筑上采用多重坡屋顶。

原理 5. 合并

1)在空间上将相同或相近的物体或操作加以组合：在网络中使用个人电脑；在计算机中使用成百上千的微处理器；电路板上的多个电子芯片。

2)在时间上将相关的物体或操作合并：冷热水混合器。

原理 6. 多用性

使物体具有复合功能以替代其他物体的功能：牙刷的把柄内含牙膏；可移动的儿童安全椅，既可放在汽车内，也可拿出汽车外单独作为儿童车；企业中的有多种才能的人才。

原理 7. 嵌套

把一个物体嵌入另一物体，然后再嵌入另一物体：俄罗斯套娃；可伸缩电视天线；汽车安全带。

原理 8. 重量补偿

1)将某一物体与另一能提供上升力的物体组合，以补偿其重量：用氢气球悬挂广告牌。

2)通过与环境的相互作用（利用空气动力、流体动力、浮力等）实现重量补偿：直升机的螺旋桨；轮船应用阿基米德定律产生可承重千吨的浮力；赛车安装阻流板用来增加车身与地面的摩擦力则使用了空气动力学的特征。

原理 9. 预先反作用

1)事先预置反作用，用来消除不利影响：酸碱缓冲溶液。

2)如果一个物体处于或将处于受拉伸状态，预先施加牵引力：在灌注混凝土之前，对钢筋预加应力。

原理 10. 预先作用

1)预置必要的动作、功能：不干胶粘贴；手术前将手术器具按所用顺序排列整齐。

2)预先在方便的位置安置相关设备,使其在需要的时候及时发挥作用而不浪费时间:在停车场安置的预付费系统;建筑内通道里安置的灭火器。

原理 11. 事先防范

采用事先准备好的应急措施,对系统进行相应的补偿以提高其可靠性:显影剂可依据胶卷底片上的磁性条来弥补曝光不足;降落伞的备用伞包;航天飞机的备用输氧装置。

原理 12. 等势

在势场内避免位置的改变:工厂中与操作台同高的传送带;运河的水闸。

原理 13. 反向作用

1)用与原来相反的动作达到相同的目的:将两个套紧的物体分离,将内层物体冷冻。

2)把物体(或者过程)倒过来:通过把杯子倒置从下边喷入水来进行清洗。

3)让物体可动部分不动,不动部分可动:加工中心中变刀具旋转为工件旋转;健身器材中的跑步机。

原理 14. 曲面化

1)将直线或平面用曲线或曲面替代,将平行六面体或立方体用球形结构替代:两表面间引入圆倒角,减少应力集中。

2)使用滚筒及球状、螺旋状的物体:千斤顶中螺旋机构可产生很大的升举力;圆珠笔和钢笔的球形笔尖,使书写流畅。

3)利用离心力,以回转运动替代直线运动:使用鼠标在计算机上画直线;洗衣机中的离心甩干机。

原理 15. 动态特性

1)自动调节物体,使其在各动作、阶段的性能最佳:飞机中的自动导航系统。

2)将物体的结构划分成既可变化又可相互配合的若干组成部分:装卸货物的铲车,通过铰链连接两个半圆形铲斗,可以自由开闭,装卸货物时张开,铲车移动时铲斗闭合;笔记本电脑。

3)使不动的物体可动或可自适应:可弯曲的饮用吸管;在医疗检查中,使用挠性肠镜。

原理 16. 未达到或超过的作用

若所期望的效果难以百分之百实现时,稍微超过或稍微小于期望效果,使问题简化:印刷时,喷过多的油墨,然后再去掉多余的,使字迹更清晰;在孔中填充过多的石膏,然后打磨平滑。

原理 17. 空间维数变化

1)将一维线性运动的物体变为二维平面运动或三维空间运动:用空间红外线鼠标进行虚拟操作;螺旋梯可以减少占地面积。

2)单层构造的物体变为多层构造:三碟 VCD 机;印刷电路板的双层芯片。

3）将物体倾斜或侧向放置：自动垃圾卸载车。

原理 18. 机械振动

1）振动：电动振动剃须刀。

2）已振动的物体，提高振动的频率：超声波清洗。

3）利用共振现象：超声波碎石机击碎胆结石。

4）用压电振动代替机械振动：高精度时钟使用石英振动机芯。

5）超声波振动和电磁场耦合：超声波振动和电磁场共用，在电熔炉中混合金属，使混合均匀。

原理 19. 周期性作用

1）将连续动作改为周期性动作：警车所用警笛改为周期性鸣叫，避免产生刺耳的声音。

2）已是周期性的动作，改变其运动频率：用频率调音代替摩尔电码；使用调幅，调频，脉宽调制来传输信息。

3）在脉冲周期中利用暂停来执行另一有用动作：医用的呼吸机系统：每五次胸廓运动，进行一次心肺呼吸。

原理 20. 有效作用的连续性

1）物体的各个部分同时满载工作，以提供持续可靠的性能：汽车在路口停车时，飞轮储存能量，以便汽车随时启动。

2）消除空闲或间歇性动作：后台打印，不耽误前台工作。

原理 21. 减少有害作用的时间

将危险或有害的作业在超高速下进行：为避免牙齿组织受热损伤，用高速牙钻；照相用闪光灯。

原理 22. 变害为利

1）利用有害的因素，得到有益的结果：废热发电；回收废物二次利用，如再生纸。

2）将有害的要素相结合变为有益的要素：潜水中用氮氧混合气体，以避免单用氧造成昏迷或中毒。

3）增大有害性的幅度直至有害性消失：森林灭火时用逆火灭火（在森林灭火时，为熄灭或控制即将到来的野火蔓延，燃起另一堆火将即将到来的野火的通道区域烧光）。

原理 23. 反馈

1）引入反馈，提高性能：声控喷泉；自动导航系统；自动工艺控制—确定工步动作加强的时间。

2）若已引入反馈，改变其大小或作用：在 5 千米航程范围内，改变导航系数的敏感区域；自动调温器的负反馈装置。

原理 24. 借助中介物

1）使用中介物实现所需动作：机加工中钻孔时，用于为钻头或丝锥定位的导套,用拨子弹竖琴。

2)把一物体与另一容易去除物暂时结合在一起:在化学反应中引入催化剂;饭店上菜的托盘。

原理25. 自服务

1)让物体具有自补充、自恢复功能:自清洗烤箱、自补充饮水机。

2)灵活运用剩余的材料及能量:利用发电的过程产生的热量取暖;用动物的粪便做肥料。

原理26. 复制

1)用简单、廉价的复制品替代复杂、高价、易损、不易获得的物体:虚拟现实系统,如虚拟训练飞行员系统;看电视直播,而不到现场。

2)按一定比例扩大或缩小图像,用图像代替实物:用卫星相片代替实地考察;由图片测量实物尺寸。

3)如果已使用了可见光拷贝,用红外线或紫外线替代:利用紫外光诱杀蚊蝇。

原理27. 廉价替代品

用若干便宜的物体替代昂贵的物体,同时降低某些质量要求,实现相同的功能:用一次性的物品,如一次性的餐具。

原理28. 机械系统替代

1)用视觉系统、听觉系统、味觉系统或嗅觉系统替代机械系统:用声音栅栏代替实物栅栏(如光电传感器控制小动物进出房间);在煤气中掺入难闻气体,警告使用者气体泄漏(替代机械或电子传感器)。

2)使用与物体相互作用的电场、磁场、电磁场:为混合两种粉末,用电磁场代替机械震动使粉末混合均匀。

3)用动态场替代动静态场,确定场替代随机场:早期的通信系统用全方位检测,现在用特定发射方式的天线。

4)把场与场作用和铁磁粒子组合使用:用不同的磁场加热含磁粒子的物质,当温度达到一定程度时,物质变成顺磁,不再吸收热量,以达到恒温的目的。

原理29. 气压和液压结构

将物体的固体部分用气体或流体代替,如利用气垫、液体静压、流体动压产生缓冲功能:气垫运动鞋,减少运动对足底的冲击;汽车减速时液压系统储存能量,在汽车加速时再释放能量;运输易损物品时,经常使用发泡材料保护。

原理30. 柔性壳体或薄膜

1)使用柔性壳体或薄膜替代传统的三维结构:在网球场地上采用充气薄膜结构作为冬季保护措施;农业上使用塑料大棚种菜。

2)使用可挠性的膜片或薄膜,使物体与环境隔离:用薄膜将水和油分别储藏。

原理31. 多孔材料

1)使物体变为多孔性或加入多孔性的物体:为减轻物体重量,在物体上钻孔或使用多孔性材料。

2)若物体已有多孔结构,利用多孔结构引入有用的物质或功能:用海绵储存液态氮。

原理 32. 颜色改变

1)改变物体及其周围环境的颜色:在暗室中使用安全灯,做警戒色。

2)改变物体或其周围环境的透明度或可视性:感光玻璃,随光线改变其透明度。

3)在难以看清的物体中使用有色添加剂或发光物质:紫外光笔辨别伪钞。

4)通过辐射加热改变物体的热辐射性。

原理 33. 同质性

把主要物体及与其相互作用的其他物体用同一材料或特性相近的材料作成:方便面的料包外包装用可食性材料制造;用金刚石切割钻石,切割产生的粉末可以回收。

原理 34. 抛弃或再生

1)废弃或改造机能已完成或没有作用的零部件:可溶性的药物胶囊;火箭助推器在完成其作用后立即分离。

2)在工作过程中迅速补充消耗或减少的部分:草坪剪草机的自锐系统;自动铅笔。

原理 35. 物理或化学参数变化

1)改变物体的物理状态:酒心巧克力,先将酒心冷冻,然后将其在热巧克力中蘸一下;用液态石油气运输,不用气态运输以减少体积和成本。

2)改变物体的浓度或黏度:用液态的肥皂水代替固体肥皂,可以定量控制使用,减少浪费。

3)改变物体的可挠度:硫化橡胶改变了橡胶的柔性和耐用性。

4)改变物体的温度或体积等参数:提高烹饪食品的温度(改变食品的色、香、味);降低医用标本保存温度,以备后期解剖。

原理 36. 相变

利用物质相变时产生的某种效应(如:体积改变,吸热或放热):水在固态时体积膨胀,可利用这一特性进行定向无声爆破。

原理 37. 热胀冷缩

1)使用热膨胀或热收缩材料:装配钢双环时,可使内环冷却收缩,外环升温膨胀,再将两环装配,待恢复常温后,内外环就紧紧装配在一起了。

2)组合使用不同热膨胀系数的材料:热敏开关(两条粘在一起的金属片,由于两片金属的热膨胀系数不同,对温度的敏感程度也不一样,可实现温度控制)。

原理 38. 强氧化剂

1)将普通空气用浓缩空气替代:为持久在水下呼吸,水中呼吸器中储存浓缩空气。

2)用纯氧代替空气:用乙炔—氧代替乙炔—空气切割金属;用高压纯氧杀灭伤口厌氧细菌。

3)将空气或氧气用电离放射线处理,产生离子化氧气:使用离子空气清新机;在化学试验中使用离子化氧气加速化学反应。

4)用臭氧替代离子化氧气:臭氧溶于水中去除船体上的有机污染物。

原理 39. 惰性环境

1)用惰性环境替代通常的环境:用氩气等惰性气体填充灯泡,做成霓虹灯。

2)在物体中添加惰性或中性添加剂:添加泡沫吸收声振动,如高保真音响。

3)使用真空环境:真空包装食品,延长储存期。

原理 40. 复合材料

用复合材料代替均质材料:飞机外壳材料用复合材料代替;用玻璃纤维制成的冲浪板,更加易于控制运动方向,更加易于制成各种形状。

二、矛盾矩阵

为了提高利用创新原理的解题效率,阿奇舒勒创建了矛盾矩阵。矛盾矩阵第一行和第一列都是39个通用技术参数。不同的是,第一列代表的是改善的参数,第一行代表的是恶化的参数。矛盾矩阵内部的单元格内的数字表示解决对应的技术矛盾常用的创新原理的编号。也就是说,矛盾矩阵建议优先采用这些创新原理帮助解决技术矛盾。数字多于一个时,数字之间则用逗号隔开,如图24.1所示。

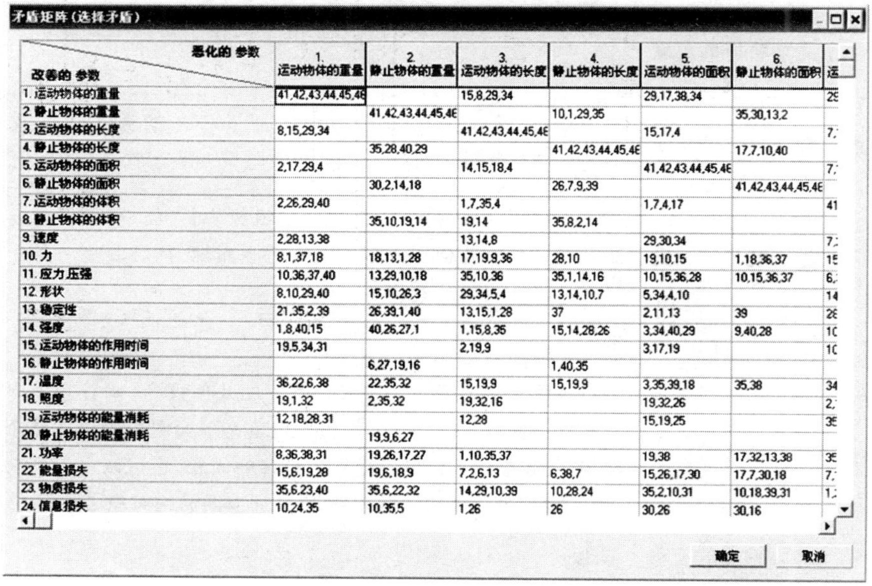
矛盾矩阵(选择矛盾)

恶化的参数 / 改善的参数	1. 运动物体的重量	2. 静止物体的重量	3. 运动物体的长度	4. 静止物体的长度	5. 运动物体的面积	6. 静止物体的面积	运
1. 运动物体的重量	41,42,43,44,45,46		15,8,29,34		29,17,38,34		29
2. 静止物体的重量		41,42,43,44,45,46		10,1,29,35		35,30,13,2	
3. 运动物体的长度	8,15,29,34		41,42,43,44,45,46		15,17,4		7,
4. 静止物体的长度		35,28,40,29		41,42,43,44,45,46		17,7,10,40	
5. 运动物体的面积	2,17,29,4		14,15,18,4		41,42,43,44,45,46		7,
6. 静止物体的面积		30,2,14,18		26,7,9,39		41,42,43,44,45,46	
7. 运动物体的体积	2,26,29,40		1,7,35,4		1,7,4,17		41
8. 静止物体的体积		35,10,19,14	19,14	35,8,2,14			
9. 速度	2,28,13,38		13,14,8		29,30,34		7,
10. 力	8,1,37,18	18,13,1,28	17,19,9,36	28,10	19,10,15	1,18,36,37	15
11. 应力压强	10,36,37,40	13,29,10,18	35,10,36	35,1,14,16	10,15,36,28	10,15,36,37	6,
12. 形状	8,10,29,40	15,10,26,3	29,34,5,4	13,14,10,7	5,34,4,10		14
13. 稳定性	21,35,2,39	26,39,1,40	13,15,1,28	37	2,11,13	39	28
14. 强度	1,8,40,15	40,26,27,1	1,15,8,35	15,14,28,26	3,34,40,29	9,40,28	10
15. 运动物体的作用时间	19,5,34,31		2,19,9		3,17,19		10
16. 静止物体的作用时间		6,27,19,16		1,40,35			
17. 温度	36,22,6,38	22,35,32	15,19,9	15,19,9	3,35,39,18	35,38	34
18. 照度	19,1,32	2,35,32	19,32,16		19,32,26		2,
19. 运动物体的能量消耗	12,18,28,31		12,28		15,19,25		35
20. 静止物体的能量消耗		19,9,6,27					
21. 功率	8,36,38,31	19,26,17,27	1,10,35,37		19,38	17,32,13,38	35
22. 能量损失	15,6,19,28	19,6,18,9	7,2,6,13	6,38,7	15,26,17,30	17,7,30,18	7,
23. 物质损失	35,6,23,40	35,6,22,32	14,29,10,39	10,28,24	35,2,10,31	10,18,39,31	1,
24. 信息损失	10,24,35	10,35,5	1,26	26	30,26	30,16	

确定 取消

图 24.1 矛盾矩阵

[例] 某一对技术矛盾是为了改善系统的温度，导致了生产率的恶化。利用矛盾矩阵解决这一对技术矛盾的步骤是：在矛盾矩阵的第一列找出温度这个参数，在第一行找出生产率这个参数，温度所在的行与生产率所在的列有一个交叉的单元格。单元格内有三个数字15、28、35。这也就是说15号、28号、35号创新原理常用来解决温度与生产率之间的技术矛盾。

三、通用技术参数

矛盾矩阵中39个通用技术参数是阿奇舒勒通过对大量专利文献的分析不断总结出来的。他发现，利用39个通用技术参数就足可以描述工程中出现的绝大部分技术矛盾。故在应用矛盾矩阵解决实际问题的时候，就要把组成技术矛盾的两个参数用39个通用技术参数中的两个来表示，目的是把实际工程设计中的矛盾转化为标准的技术矛盾（即用39个通用技术参数表示的技术矛盾）。对这39个参数配对组合，产生了大约1500对典型技术矛盾。表24.1是对这些工程参数的较为准确和有效的解释。

通用技术参数中常用到运动物体与静止物体两个术语，分别介绍如下。

运动物体是在自身或因外力作用下可以改变空间位置的物体，如交通工具，可便携物品等；静止物体是在自身或因外力作用下无法改变其空间位置的物体，具体情况要根据物体所处状态来分析。

表24.1　39个通用技术参数及其解释

编号	名称	解　释
1	运动物体的重量	重力场中的运动物体作用在防止其自由下落的悬架或水平支架上的力。重量常常表示物体的质量
2	静止物体的重量	重力场中的静止物体作用在防止其自由下落的悬架，水平支架上或者放置该物体的表面上的力。重量常常表示物体的质量
3	运动物体的长度	物体上的任意线性尺寸，不一定是最长的长度。它不仅可以是一个系统的两个几何点或零件之间的距离，而且可以是一条曲线的长度或一个封闭环的周长
4	静止物体的长度	同上
5	运动物体的面积	物体被线条封闭的一部分或者表面的几何度量，或者物体内部或者外部表面的几何度量。面积是以填充平面图形的正方形个数来度量的，如面积不仅可以是平面轮廓的面积，也可以是三维表面的面积，或一个三维物体所有平面、凸面或凹面的面积之和
6	静止物体的面积	同上

续表

编号	名称	解 释
7	运动物体的体积	以填充物体或者物体占用的单位立方体个数来度量。体积不仅可以是三维物体的体积,也可以是与表面结合、具有给定厚度的一个层的体积
8	静止物体的体积	同上
9	速度	物体的速度或者效率,或者过程、作用与时间之比
10	力	系统间相互作用的度量。在牛顿力学中力是质量与加速度之积,在 TRIZ 中力是试图改变物体状态的任何作用
11	应力、压强	单位面积上的作用力也包括张力。例如,房屋作用于地面上的力,液体作用于容器壁上的力,气体作用于气缸—活塞上的力。压强也可以理解为无压强(真空)
12	形状	形状是一个物体的轮廓或外观。形状的变化可能表示物体的方向性变化或者物体在平面和空间两方面的形变
13	稳定性	物体的组成和性质(包括物理状态)不随时间变化而变化的性质。物体的完整性或者组成元素之间的关系。磨损,化学分解及拆卸都代表稳定性的降低,增加物体的熵就是增加物体的稳定性
14	强度	物体在外力作用下抵制使其发生变化的能力,或者在外部影响下抗破坏(分裂)和不可逆变形的性质
15	运动物体的作用时间	物体具备其性能或者完成作用的时间、服务时间以及耐久力等。两次故障之间的平均时间也是作用时间的一种度量
16	静止物体的作用时间	同上
17	温度	物体所处的热状态,代表宏观系统热动力平衡的状态特征。还包括其他热学参数,比如影响温度变化速率的热容量
18	照度	照射到某一表面上的光通量与该表面面积的比值。也可以理解为物体的适当亮度、反光性和色彩等
19	运动物体的能量消耗	物体执行给定功能所需的能量。经典力学中能量指作用力与距离的乘积。包括消耗超系统提供的能量
20	静止物体的能量消耗	同上
21	功率	物体在单位时间内完成的工作量或者消耗的能量
22	能量损失	做无用功消耗的能量。减少能量损失有时需要应用不同的技术来提升能量利用率

编号	名称	解　释
23	物质损失	部分或全部，永久或临时，物体材料、物质、部件或者子系统的损失
24	信息损失	部分或全部，永久或临时，系统数据的损失，后者系统获取数据的损失，经常也包括气味、材质的感性数据
25	时间损失	一项活动持续的时间，改善时间损失一般指减少活动所费时间
26	物质的量	系统或者物体的材料，物质，部件或者子系统的数量，它们一般能被全部或部分，永久或临时改变
27	可靠性	系统或物体在规定的方法和状态下完成规定功能的能力。可靠性常常可以理解为无故障操作概率或无故障运行时间
28	测量精度	系统特性的测量结果与实际值之间的偏差程度。比如减小测量中的误差可以提高测量精度
29	制造精度	制造的产品的性能特征与图纸技术规范和标准所预定参数的一致性程度
30	作用于物体的有害因素	环境或系统其他部分对于物体的（有害）作用，它使物体的功能参数退化
31	物体产生的有害因素	降低物体或者系统功能的效率或质量的有害作用。这些有害作用一般来自物体或者作为其操作过程一部分的系统
32	可制造性	物体或者系统制造构建过程中的方便或者简易程度
33	操作流程的方便性	操作过程中需要的人数越少，操作步骤越少，工具越少，代表方便性越高，同时还要保证较高的产出
34	可维修性	一种质量特性，包括方便、舒适、简单、维修时间短等
35	适应性、通用性	物体或者系统积极响应外部变化的能力或者在各种外部影响下以多种方式发挥功能的可能性
36	系统的复杂性	系统元素及其之间相互关系的数目和多样性，如果用户也是系统的一部分，将会增加系统的复杂性，掌握该系统的难易程度是其复杂性的一种度量
37	控制和测量的复杂性	测量或者监视一个复杂系统需要高成本，较长时间和较多人力去实施和使用，或者部件之间关系太复杂而使得系统的检测和测量困难。为了低于一定测量误差而导致成本提高也是一种测试复杂度增加

编号	名称	解　释
38	自动化程度	系统或者物体在无人操作时执行其功能的能力。自动化程度的最低级别是完全手工操作工具。中等级别则需要人工编程,监控操作过程,或者根据需要调整程序。而最高级别的自动化则是机器来自动判断所需操作任务,自动编程和对操作自动监控
39	生产率	单位时间系统执行的功能或者操作的数量;完成一个功能或操作所需时间;单位时间的输出或者单位输出的成本等

为了应用方便和便于理解,上述 39 个通用技术参数可分为如下三类。

1)通用物理及几何参数:1～12,17～18,21。

2)通用技术负向参数:15～16,19～20,22～26,30～31。

3)通用技术正向参数:13～14,27～29,32～39。

所谓负向参数是指这些参数变大时,使系统或子系统的性能变差。如子系统为完成特定的功能所消耗的能量(No.19～20)越大,则设计越不合理。

正向参数指这些参数变大时,使系统或子系统的性能变好。如子系统可制造性(No.32)指标越高,子系统制造成本就越低。

第三节　综合实例

一、松动螺母问题

生活和工程实践中经常需要用扳手松动或拧紧螺栓或螺母。但实际应用中经常会有这样的麻烦,标准的六角形螺母常常会因为拧紧时用力过大或者使用时间过长,螺母的六角形外表面被腐蚀使表面遭到破坏。螺母被破坏后,使用普通的传统型扳手往往不能再松动螺母,有时甚至会使情况更加恶化,也就是说螺母外缘的六角形在扳手作用下破坏更加严重,扳手更加无法作用于螺母。

传统型扳手之所以会损坏螺母,原因主要体现在三个方面:一是扳手作用在螺母上的力主要集中于六角形螺母的某两个棱角上,如图 24.2 所示;二是为了松动螺母而在扳手上施加较大的作用力,结果导致棱角受损;三是没有有效的措施保证施加的力既能松动螺母,又能不损坏螺母棱角。

针对这三个方面,我们分别利用技术矛盾解决。

对于第一种情况,即扳手作用力作用在棱角上的情境,我们需要一种新型的扳手来解决这一问题。现在对这个问题描述如下。

第一步:定义技术矛盾

我们的目的是要方便地拧紧或者松动螺母或螺栓但不损坏螺母或螺栓,一般

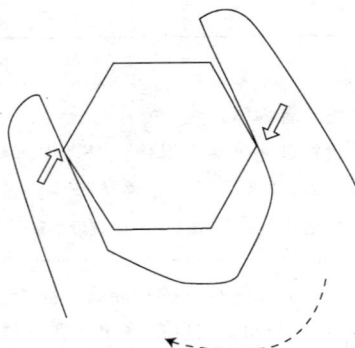

图 24.2　传统扳手存在的问题

做法是通过减小扳手卡口和螺栓的配合间隙,增加受力面来减少对棱角的磨损,但这样会提升制造精度,提高制造成本。

我们可以将以上矛盾情境归结为 39 个通用技术参数中的两个参数:即对象产生的有害因素(希望改善的参数)和制造精度(导致恶化的参数)之间的矛盾。

第二步:查询矛盾矩阵

将这两个参数输入到矛盾矩阵中就能得到相应的创新原理,包括 4 号原理(增加不对称性)、17 号原理(一维变多维)、34 号原理(抛弃或再生)和 26 号原理(复制)。

第三步:应用创新原理

基于这些原理可以得到如图 24.3 所示的方案,即在扳手卡口内侧壁开几个弧,则此时扳手的作用力是作用在螺母的棱面上,有效地保护了棱角,基于该原理开发的实际产品已经获得美国专利(5406868)。

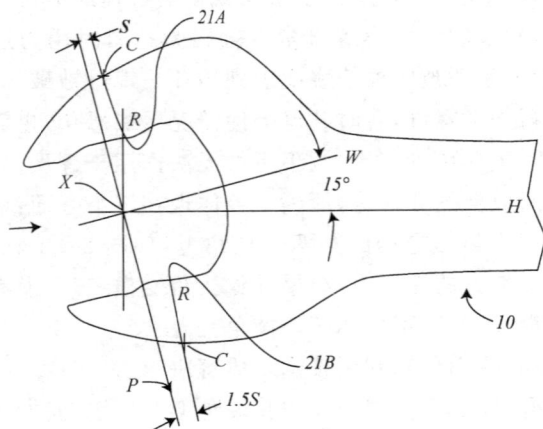

图 24.3　新型扳手设计方案

对于第二种情况,即因为扳手作用力过大导致棱角受损的问题情境,我们可以分析如下。

第一步:定义技术矛盾

为了松动螺母,一般的方法就是增大松动螺母的力,但这样做的结果就是导致螺母棱角受损,因此我们可以用 39 个通用技术参数中的其中两个来描述这个矛盾的两个方面。

1)希望改进的参数——力(施加的松动力)。

2)导致恶化的参数——物体组成的稳定性(棱角材料受损)。

第二步:查询矛盾矩阵

输入这两个参数到矛盾矩阵,便可以得到相应的用于解决这样一对矛盾的创新原理:35 号原理:物理或化学参数改变原理;10 号原理:预先作用原理;21 号原理:减少有害作用的时间原理。

第三步:应用创新原理

基于物理或化学参数改变原理的改变聚集态原理,可以引入一种电流变体材料,放在扳手卡口和螺帽之间,通电后流体变为固态,此时扳手和螺母实现完全的接触。这样就不会损坏螺母棱角。

基于物理或化学参数改变原理的改变浓度或密度的思想,就是采用我们生活中常用的办法,即将螺母与螺栓连接件的螺纹连接处滴入机油或者润滑油,减小两者之间螺纹的摩擦力。

基于物理或化学参数改变原理的改变温度原理,就是我们也会经常想到的对螺母加热,让其膨胀,这样也会减小摩擦力,比较容易松动螺母。

另外,我们也常用对螺母施加一个快速冲力的办法松动螺母,这也符合减少有害作用时间的原理的思想。

对于第三种情况,我们既想让扳手施加的力能松动螺母,又不至于大到损坏螺母棱角的程度。

第一步:定义技术矛盾

显然这就需要对扳手松动力的精确测量和控制,显然这样会显著增加成本。因此这里也产生了矛盾,我们可以用下面两个通用技术参数来描述矛盾的两个方面。

1)希望改进的参数——力。

2)导致恶化的参数——控制和测量的复杂度。

第二步:查询矛盾矩阵

那么基于矛盾矩阵可以查到相应的创新原理为:36 号原理:相变原理;37 号原理:热膨胀原理;10 号原理:预先作用原理;19 号原理:周期性动作原理。

第三步:应用创新原理

相变原理指利用物质相变时产生的某种效应,如体积变化、吸热、放热等。热膨胀原理主要应用物质的热胀冷缩效应,而预先作用原理主要是预先对物体施加必要的改变。那么综合这些原理思想,我们可以考虑添加润滑油并加热螺母,形成油气来降低拧开螺母时的静态摩擦力，从而顺利松动螺母。

二、安全便捷的信封设计

现实生活中我们常遇到这样的麻烦，即拆信时不小心损坏了里面的文件或者资料，或者为了保护里面的文件需要用辅助工具，如剪刀等。那么对于这一问题，是否有方便快捷，同时又安全可靠的拆信方式？

针对这一问题，我们应用技术矛盾的解题流程解决这个问题。

第一步：定义技术矛盾

通过分析我们会发现关键问题在于信封的设计上，即寻求设计一种快捷方便安全的信封。那么现在对主要的拆信方式先作一分析。

1）最快拆信方式：直接撕开。

缺点：损坏内部文件。

存在的矛盾：想节约时间，结果却降低了拆信的可靠性。

2）最可靠拆信方式：用辅助器具，如剪刀，拆信刀，往往需要摇晃信封。

优点：信封保持漂亮，不损坏文件。

缺点：麻烦，费时。

存在的矛盾：改善拆信的可靠性，结果却导致拆信方便性降低。

现在就存在这样两种矛盾。

矛盾一：节约拆信时间与降低拆信的可靠性之间的矛盾，用 39 个通用技术参数中的两个可以表示为：需要改善的特性（时间损失）与系统恶化的特性（可靠性）之间的矛盾。

矛盾二：改善拆信的可靠性与恶化拆信方便性之间的矛盾，用 39 个通用技术参数中的两个可以表示为：

需要改善的特性（可靠性）与系统恶化的特性（操作流程的方便性）之间的矛盾。

第二步：查询矛盾矩阵（请尝试）

第三步：应用创新原理

得到相应的创新原理可以应用到实际中。如对技术矛盾一，可以得到 30 号原理（柔性壳体或薄膜）、10 号原理（预先作用）和 4 号原理（增加不对称性）等原理。对技术矛盾二就可以得到 27 号原理（廉价替代品）、17 号原理（一维变多维）和 40 号原理（复合材料）等原理。基于这些原理，就可以寻求最佳的解决方案。经分析后得到如图 24.4 所示的快捷安全拆信方案，即设计一种带有撕带的信封。拆信时只要轻轻一拉就可很轻松地拆开信封，同时不损坏内部文件资料，也保持信封的整洁。

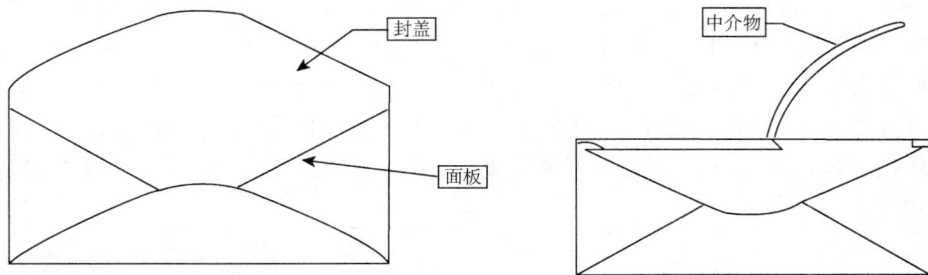

图 24.4　安全便捷的信封设计

三、飞机机翼的进化

早期的飞机机翼都是平直的,而且为了增加升力而采用双翼和三翼。但这样会给飞机带来阻力,严重地影响飞机的飞行速度,于是出现了单翼飞机。随着飞机进入喷气式时代,其飞行速度迅速提高,很快接近音速。机翼上出现"激波",使机翼表面的空气压力发生变化。同时,飞机的阻力骤然剧增,比低速飞行时增加十几倍甚至几十倍。这就是所谓的"音障"。为了突破"音障",许多国家都在研制新型机翼。德国人发现,把机翼做成向后掠的形式,像燕子的翅膀一样,可以延迟"激波"的产生,缓和飞机接近音速时的不稳定现象。但是,向后掠的机翼比不向后掠的平直机翼,在同样的条件下产生的升力小,这对飞机的起飞、着陆和巡航都会带来不利的影响,浪费了很多不必要的燃料。能否设计一种适应飞机各种飞行速度,具有快慢兼顾特点的机翼呢? 这成为当时航空界面临的最大课题。

利用解决技术矛盾的方法来解决这个问题。

第一步:定义技术矛盾

现在的问题是传统的固定翼不适合高速飞行,在突破音障的时候产生非常大的阻力,消耗的能量相应增大,而且容易产生飞机在空中解体的事故;另一方面三角翼不适合低速飞行,而且起飞与降落以及巡航时在相同推力条件下产生的升力小,相应的能量消耗又相应地加大了。也就是说系统中的矛盾集中体现在速度与其在运动中能量消耗之间的矛盾上。所以参数速度和运动物体的能量消耗比较合适。

第二步:查询矛盾矩阵

查阅技术矛盾解决矩阵,可以得到以下四条创新原理:8 号原理:重量补偿;15号原理:动态性;35 号原理:物理或化学状态变化;38 号原理:强氧化剂。

第三步:应用创新原理

综合考虑 15 号原理(动态性)和 35 号原理(物理或化学状态变化)两条创新原理。通过对机翼的改造,使其成为活动部件,形成了目前的可变式后掠翼。即在飞行的时候有效地控制机翼的形态,使之能够在比较大的范围内改变"后掠角",获得从平直翼到三角翼的优点，以获得从低速到高速不同的飞行状态，表现出很强的适应性。如美国的 F-111 战斗/轰炸机就采用了这种机翼。这是世界是第一架应用变后掠翼设计思想的飞机，开创了新一代超音速战斗机的新纪元。从此以后，世界战机家族又多了"变后掠翼战斗机"这个新成员，如：英国、德国、意大利三国联合成立的帕那维亚飞机公司的狂风超音速战斗机等都采用了这种新的设计思想，如图 24.5 所示。

图 24.5　可变后掠翼狂风超音速战斗机

因此，综合考虑动态性和物理或化学状态变化原理，设计者找到了满意的设计思路：能够得到平直翼和三角翼的优良的飞行特性，极大地节约了在起飞/降落过程（平直翼在低速飞行中可得到较大的升力，从而缩短跑道的长度，借此节约了能量）和高速飞行过程（后掠角可达 72.5 度，三角翼在高速飞行中可以轻易地突破音障，减轻机翼的受力，提高飞机在高速飞行时的强度，最终降低了能量的消耗）。这种机翼可谓是飞机设计界的一个大胆创新，一举突破了传统的固定翼设计理念，在飞行器设计领域开辟了一块新天地。反观传统的妥协设计只能在速度与能耗之间做取舍性质的设计。而采用 TRIZ 技术矛盾矩阵给出的创新原理则避免了传统的折中设计，从一个全新的角度很好地解决了速度/能量这对技术矛盾。TRIZ 理论与折中设计的不同之处在这里得到了体现。这是 TRIZ 理论应用的一个经典的例证。

四、飞机的隐身设计

飞机的隐身技术是设法降低飞机的可探测性，使之不易被敌方发现、跟踪和攻击的专门技术。当前的研究重点是雷达隐身技术和红外隐身技术。早在第二次世界大战中，美国便开始使用隐身技术来减少飞机被敌方雷达发现的可能。

由于一般飞机的外形比较复杂，许多部分能够强烈反射雷达波，像发动机的进气道和尾喷口、飞机上的凸出物和外挂物、飞机各部件的边缘和尖端以及所有能产生镜面反射的表面，因此早期的隐身技术是对飞机的外形和结构做较大的改进。所以我们可以看到一些现役隐身飞机的外形十分独特，如美国的 F-117 隐身战斗机,其隐身的主要原理是依靠奇特的外形设计、特种材料及特种涂料的共同作用。F-117采用隐身外形,造成许多难以改变的缺陷,如空气动力性能不好,飞行不稳定,机动性较差,飞行速度低,作战能力低下等。1999年3月27日,一架F-117误入敌方的探测和攻击范围,结果被老式的萨姆-3导弹击落。随后另一架F-117也被击伤。

发展新一代的隐身技术成为世界各军事大国的目标,以下应用技术矛盾的解决方法来研发新一代的隐身技术。

第一步:定义技术矛盾

现有的隐身飞机出现的矛盾是,希望提高飞机的隐身性能,所以采用了改善飞机的外观形状的方法,使基站接收不到雷达波到达飞机反射回去的回波,但是会造成飞机的机动性变差,从而降低了飞机的适应性和通用性。即技术矛盾是可靠性与适应性之间的矛盾。

第二步:查询矛盾矩阵

查找27号可靠性与35号适应性参数,TRIZ理论建议使用以下创新原理:13号创新原理:逆向思维;35号创新原理:物理或化学参数变化;8号创新原理:重量补偿;24号创新原理:借助中介物。

第三步:应用创新原理

受35号和24号创新原理的启发,在飞机和雷达之间加入物质的第四态等离子体。目前,俄罗斯、美国等国家已经相继开始试验研究,利用在飞机周围产生等离子云的原理实现战斗机的隐身。如利用放射性同位素发射的 α 粒子,将周围空气电离,形成等离子体,可以吸收电磁波的能量,从而达到隐身的目的。

本章小结

技术矛盾的本质是发生了不想要的副作用,描述了试图通过常规方法来改进问题情境时,使想要的问题情境特征得到了改进,同时另一问题情境特征却发生了无法忍受的恶化并存的情况。简而言之,就是本来想干一件好事,好事做了,但是同时坏事也产生了。

第 25 章 物理矛盾

第一节 术语介绍

所谓物理矛盾就是针对系统的某个参数,提出两种不同的要求。

物理矛盾是常见的一种矛盾之一。当对一个系统的某个参数具有相反的要求时就出现了物理矛盾。例如,狮子和驯兽员之间的矛盾。既要狮子表现出必要的野性,又不能伤害驯兽员。这时,对狮子既要野性又不能表现野性的要求就是一个物理矛盾。

再看一些其他的物理矛盾例子:飞机的机翼应该尽量大,以便在起飞时获得更大的升力;飞机的机翼应该尽量小以减少在高速飞行时的阻力。钢笔的笔尖应该细,以使钢笔能够写出较细的文字;同时钢笔的笔尖应该粗,以避免锋利的笔尖将纸划破。飞机的起落装置在飞机起飞和降落时是必需的,但是在飞机飞行的过程中是不需要的。

通过上面实例可以看出,物理矛盾是对技术系统的同一参数提出相互排斥的需求的物理状态。无论对于技术系统宏观参数,如长度、导电率及摩擦系数,还是对于描述微观量的参数,如:粒子浓度、离子电荷及电子速度等,都可以对其中存在的物理矛盾进行描述。

物理矛盾反映的是唯物辩证法中的对立统一规律,矛盾双方存在两种关系:对立及统一的关系。一方面,物理矛盾讲的是相互排斥,即同一性质相互对立的状态;另一方面,物理矛盾又要求所有相互排斥和对立状态的统一:即矛盾的双方存在于同一客体中。

第二节 定义矛盾

当对一系统参数有相反的要求时就出现了物理矛盾。出现物理矛盾的子系统成为关键子系统,该子系统可以是任何的物质或场。针对这种问题情境,如何准确地描述和定义其中的物理矛盾,对于问题的最终有效解决十分关键。一般可以通过七个简单步骤逐步完成对物理矛盾的准确描述,这里以对卡车材料密度提出截然相反的要求为例,如表 25.1 所示。

表 25.1 表述物理矛盾的步骤

步 骤	举 例
1. 元素或其组成部分(指定技术系统的元素)	1. 卡车车身
2. 必须(是,有)(指定要求的作用,物理状态,性质或参数值)	2. 必须由高密度材料制成
3. 满足(指定某一项需求,例如:X)	3. 应坚固及能运输重货
4. 与/但是	4. 与/但是
5. 元素或其组成部分(同第 1 步)	5. 卡车车身
6. 必须(是,有)(指定与第 2 步相反的作用,物理状态,性质或参数值)	6. 必须由低密度材料制成
7. 满足(指定另一需求,例如:Z)	7. 节省运货卡车运输所需的燃油

我们也可以将物理矛盾按照以下方式进行简单地表述:技术系统或其元素存在一参数 A,同时存在另一参数非 A。那么对于卡车车身这一实例中存在的物理矛盾则可以简单表述为:卡车车身的材料应密度高,同时也应密度低。

第三节 物理矛盾与技术矛盾

物理矛盾是针对一个参数的矛盾。技术矛盾是针对两个参数之间的矛盾。

物理矛盾和技术矛盾是有相互联系的。例如,为了提高子系统 Y 的效率,需要对子系统 Y 加热,但是加热会导致其邻接子系统 X 的降解。这是一对技术矛盾。同样,这样的问题可以用物理矛盾来描述,即温度要高又要低。高的温度提高 Y 的效率,但是恶化 X 的质量;而低的温度不会提高 Y 的效率,也不会恶化 X 的质量。所以技术矛盾与物理矛盾之间是可以相互转化的。在很多时候,技术矛盾是更显而易见的矛盾,而物理矛盾则是隐藏得更深的矛盾。

第四节 分离原理

物理矛盾的解决方法一直是 TRIZ 理论研究的重要内容。解决物理矛盾的核心思想是实现矛盾双方的分离。现代 TRIZ 理论在总结物理矛盾解决的各种研究方法的基础上,将各种分离原理总结为四种基本类型:空间、时间、条件分离和系统级别分离,如图 25.1 所示。下面将对这四种基本的分离原理分别作具体介绍。

图 25.1 分离原理的四种方法

一、空间分离原理

所谓空间分离原理是将矛盾双方在不同的空间上分离。当关键子系统矛盾双方在某一空间只出现一方时，可以进行空间分离。

[**例1**] 轮船与声呐探测器的分离。在利用轮船进行海底测量工作时，早期是把声呐探测器安装在轮船上的某个部位。这样在实际测量时，轮船本身就会成为干扰源，影响测量的精度和准确性。解决这一问题的其中一种方法是轮船利用电缆拖着千米之外的声呐探测器，以在黑暗的海洋中感知外部世界的信息。因此，被拖拽的声呐探测器与产生噪声的轮船之间在空间上就处于分离状态，互不影响，实现了矛盾的合理解决。

[**例2**] 双光眼镜、双焦点眼镜。一些患有屈光不正的中老年人看远、看近物体时，需要配戴不同度数的两副眼镜，这种情况多见于远视眼合并老花眼或近视眼合并老花眼。如50岁的100度近视眼，看远用100度近视眼镜，看近则需100度老花眼镜。如果佩戴两副眼镜，更换时拿上拿下极不方便。在眼镜历史上，美国的富兰克林首先提倡双光眼镜，又称为富兰克林型眼镜。所谓双光眼镜，是指这些眼镜于同一镜片上有两种屈光度数（远及近/老花），矫正远距离视力的屈光度数通常在镜片的上方，矫正近距离视力的屈光度数则设在镜片的下方。由于同一镜片上同时包括远及近的屈光度数，交替看远及近时不需更换眼镜，比单光老花眼镜方便了很多。

[**例3**] 自行车的飞轮。自行车采用链轮与链条传动是一个采用空间分离原理的典型例子。在链轮与链条发明之前，自行车的脚蹬子与前轮连接成一体。这种早期的自行车存在的物理矛盾是骑车人既要快蹬（脚蹬子）提高车轮转速，以提高自行车的速度，又希望慢蹬以感觉舒适。链条、链轮及飞轮的发明解决了这个物理矛盾。在空间上将链轮（脚蹬子）和飞轮（车轮）分离，再用链条连接链轮和飞轮，链轮直径大于飞轮，链轮以较慢的速度旋转，将使飞轮以较快的速度旋转。因此，骑车人可以较慢的速度蹬踏脚蹬，自行车后轮将以较快的速度旋转。

[**例4**] 打桩问题。在采用混凝土打桩的过程中，希望桩头锋利，以便桩容易进入地面；同时又不希望桩头太锋利，因为在桩到达位置后，锋利的桩头不利于桩承受较重的负荷。运用空间分离原理解决混凝土打桩的问题。如图25.2所示，在桩的上部加上一个锥形的圆环，并将该圆环与桩固定在一起，从空间上将矛盾进行分离，既保证了混凝土桩容易打入，同时又可以承受较大的载荷。

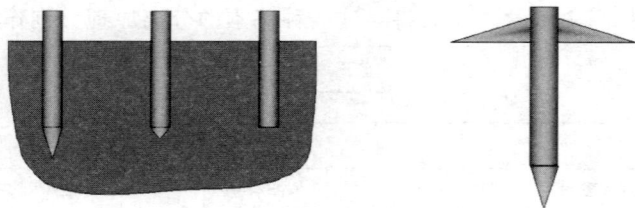

图25.2 空间分离原理解决混凝土打桩问题

二、时间分离原理

所谓时间分离原理是指矛盾双方在不同的时间段上分离,以降低解决问题的难度。当关键子系统矛盾双方在某一时间段上只出现一方时,可以进行时间分离。

[例1]折叠式自行车在行走时体积较大,在储存时可折叠使体积变小。行走与储存发生在不同的时间段,因此采用了时间分离原理。

[例2]我们希望舰载飞机的机翼大一些,这样可有更好的承载能力,提供更大的升力;但是我们又希望小一些,因为要在航空母舰有限的面积上多放些飞机。用时间分离法可解决这样一个物理矛盾:在航空母舰上折叠机翼,在飞行时飞机机翼打开,如图 25.3 所示。

图 25.3 苏-33 重型舰载机

[例3]在喷砂处理工艺中,必须使用研磨剂,但是在完成喷砂工艺之后,产品内部或一些凹处会残留一些研磨剂。研磨剂的存在将影响后续的工艺。所以,研磨剂对于产品而言是不需要的。考虑在喷砂处理工艺中的砂粒聚集的问题。一个有效的解决方案是采用干冰块作为研磨剂。处理完后,干冰块将会由于升华而消失,从而解决了砂粒聚集问题。

[例4]前面提到的打桩问题,在这里运用时间分离原理解决这个问题。如图25.4 所示,在混凝土桩的导入阶段,采用锋利的桩头将桩导入,到达指定的位置后,将桩头分成两半或者采用内置的爆炸物破坏桩头,使得桩可以承受较大的载荷。

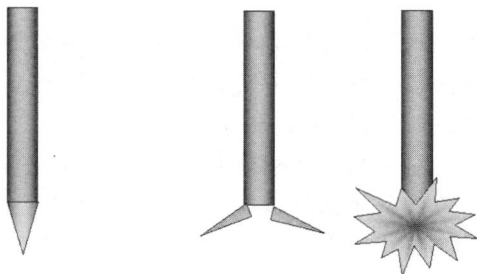

图 25.4 时间分离原理解决混凝土打桩问题

三、条件分离

所谓条件分离原理是指将矛盾双方在不同的条件下分离,以降低解决问题的难度。当关键子系统矛盾双方在某一条件下只出现一方时,可以进行条件分离。

[例 1] 在厨房中使用的筛子对于水而言是多孔的,允许水流过;而对于食物而言则是刚性的,不允许食物通过。

[例 2] 水与跳水运动员所组成的系统中,水既是硬物质,又是软物质,这取决于运动员入水时的相对速度。相对速度高,水是硬物质,反之是软物质。

[例 3] 水射流可以用来淋浴,也可以用来进行金属切割。水射流既是硬物质,又是软物质,取决于水射流的速度。

[例 4] 运用条件分离解决混凝土打桩的问题,如图 25.5 所示。在桩上加入一些螺纹,当将桩旋转时,桩就向下运动;不旋转桩时,桩就静止。从而解决了方便地导入桩与使桩承受较大的载荷之间的矛盾。

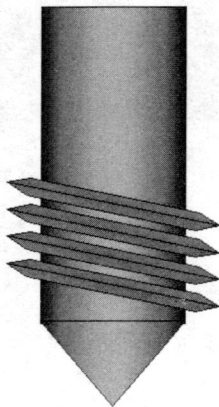

图 25.5 运用条件分离原理解决混凝土打桩问题

四、系统级别分离

所谓系统级别分离原理是指将矛盾双方在不同的层次分离,以降低解决问题的难度。当矛盾双方在关键子系统层次只出现一方,而该方在子系统、系统或超系统层次内不出现时,可以进行系统级别分离。

[例 1] 自行车链条微观层面上是刚性的,宏观层面上是柔性的。

[例 2] 自动装配生产线与零部件供应的批量化之间存在矛盾。自动生产线要求零部件连续供应,但零部件从自身的加工车间或供应商运到装配车间时要求批量运输。专用转换装置接受批量零部件与连续地将零部件输送给自动装配生产线之间存在矛盾。

[**例3**] 运用系统级别分离解决混凝土打桩的问题,如图 25.6 所示。将原来的一个较粗的桩用一组较细的桩来代替,从而解决了方便地导入桩与使桩承受较重的载荷之间的矛盾。

图 25.6　系统级别分离原理解决混凝土打桩问题

第五节　物理矛盾求解实例

一、转发器载体

通信技术领域目前就如何覆盖范围更广及开支更少的解决方案进行了探索。其中的一个问题是以最小的通信服务成本覆盖最大可能的范围。传统的解决方案是用天线塔或卫星转发器。天线塔不允许架设得很高,对于架设不高的天线塔,就有必要在适当的区域内集中进行布置,但这种情况将占用大量的土地,增加运营成本。另一可能的解决方案是利用卫星,卫星转发器可覆盖很大的范围,但其发射、维护及更新成本则很高,如图 25.7 所示。

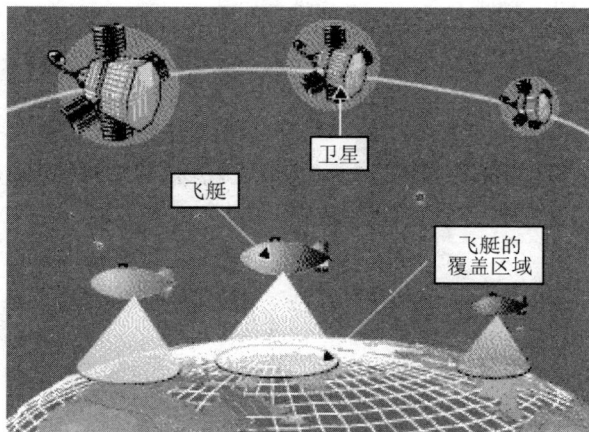

图 25.7　卫星与飞艇通信覆盖区域

转发器载体的高度形成了物理矛盾：转发器载体必须定位很高以使其覆盖的服务面积最大，并可避免用于土地的开支，同时也应降低定位，以避免发射、维护及更新成本过高。

对转发器载体高度的物理矛盾可简单表述为：转发器载体应定位高些（卫星因素），同时也应定位低些（非卫星因素）。

将卫星换成飞艇便解决了这一物理矛盾，飞艇是比空气轻的像气球一样的空中飞行器。但和气球也有不同之处，飞艇是雪茄形的，并装备了电动机和推进器，用于水平飞行的控制。

壳体上部的太阳能电池或蓄电池为电机提供动力，和一个卫星运行在 100 千米以上高度不同的是，若干个飞艇将被发射到 20 千米的高度，每个飞艇服务的区域组合在一起便是所要求提供服务的整个区域。

从解决物理矛盾的角度出发，飞艇高度低，可避免过高的发射、维护及更新成本，同时它也处在足够的高度，可提供大范围的通信服务。

因此用飞艇作为转发器载体的好处之一便是可节约发射、维护及更新成本。除此之外，由于能够校正发动机的运行，转发器飞艇可持续飘浮在一单个区域上空，可为该区域提供连续的服务。

二、咖啡壶的设计

当设计一个便携式咖啡杯时，就会面临冷热物理矛盾，我们希望咖啡在杯子里时尽可能热，以便能较长时间保温，同时，我们希望咖啡温度适中，以便饮用时不致烫伤。

1）空间上分离：把咖啡壶分成冷区和热区两部分，在冷区加强对流换热，在热区改善保温效果。

2）系统级别分离：设计与咖啡壶配套的能迅速制冷的咖啡杯，咖啡壶只需具备保温功能，当咖啡倒入咖啡杯时，可使其迅速降温，如图 25.8 所示。

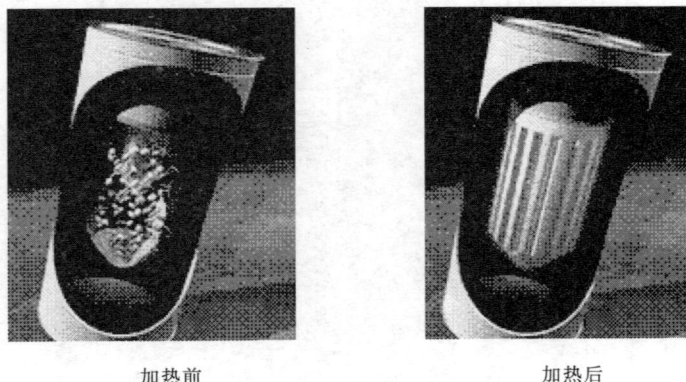

加热前　　　　　　　　　　　　加热后

图 25.8　及时加热咖啡壶

三、空中加油机授油探头喷嘴的设计

加油机在高空给授油机加油时,授油探头在高空中要进入到授油机的油箱中。由于加油机和授油机在高空中存在着相对位移,会使授油探头振动。轻微的振动不应影响加油的正常进行;但是在突发情况下,剧烈的振动会使授油机的授油探头喷嘴断裂,使加油机的结构受损,甚至会造成整个加油机机毁人亡的事故。这就要求在剧烈的振动下,授油探头喷嘴可以折断,以使加油机和授油机分离。这就产生了物理矛盾:要求授油机授油探头喷嘴的强度既要强,以保证加油过程的顺利进行;又要弱,以便在突发情况下,使加油机和受油机分离。

采用条件分离方法,使用一些螺栓紧固授油探头喷嘴,螺栓具有一定的强度,可以保证轻微振动下授油探头喷嘴加油的正常进行;当振动超过一定值后,授油探头喷嘴的紧固螺栓的强度不足,授油探头喷嘴自动断裂,从而使加油机和授油机分离。

第26章 物场分析和76个标准解

第一节 概 论

物场分析方法是 TRIZ 分析工具,是用于描述与现有或全新的技术系统相关问题的功能模型,它遵循 TRIZ 问题解决的一般流程。物场模型一般作为问题模型,中间工具是标准解法,对应的解决方案模型是标准解法中的标准解。因为标准解法提供的是具体的解决方案模型,所以很多 TRIZ 专家都喜欢用物场理论和标准解法去系统地解决实际问题。

物场的英文名称是"Su-Field",它是物质(substance)和场(field)两个英文单词的组合与缩写。物场用来表示同一技术系统中两个对象的交互作用,两个对象的交互是在某种特定类型的交互作用能量下产生的。交互作用的对象被称为"物质",用 S_1 和 S_2 表示,交互作用的能量被称为"场",用 F 表示。

第二节 物场分析

"物质"可以是任何东西,如电脑、桌子、房屋、空气、水、地球、太阳、人、计算机等,符号是 S。多种物质利用序号区分,如 S_1、S_2、S_3 等。

"场"指物质之间的相互作用。如拍打、承受、毒害、加热等都可以称为是物场分析中的一种"场"。场的符号是 F。多种场利用序号区分,如 F_1、F_2、F_3 等。

利用物质和场来描述系统问题的方法叫做物场分析方法,也称作物场理论。在分析某个系统时,建立起的这种用物质和场描述的模型就叫做物场模型。

阿奇舒勒对大量的技术系统进行分析后发现,一个技术系统如果实现有用功能,就必须遵循一种最小的系统模型,必须具备三个元素:两种物质和一个场。物场的基本模型如图 26.1 所示。

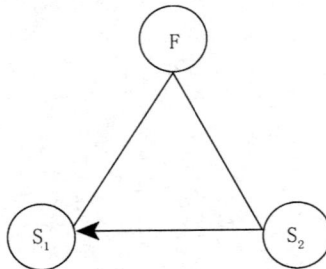

图 26.1 基本的物场模型

[例1] 手拿杯子。手和杯子这一系统中的两种物质,支撑力是它们之间的相互作用,所以场就是机械场(也可以直接叫做支撑力)。建立起的物场模型如图26.2所示。

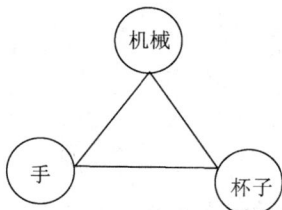

图 26.2　手拿杯子的物场模型

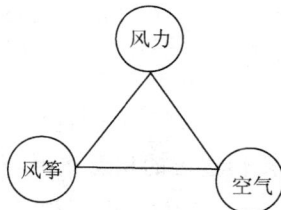

图 26.3　空中风筝的物场模型

[例2] 空中的风筝。风筝可以飘在空中,这一系统中风筝和空气分别是一种物质,风力是它们之间的场。物场模型如图26.3所示。

物场模型可以用来描述系统中出现的问题,主要有四种问题类型。我们针对不同的问题类型,可以用四种不同的物场模型来描述。

1)有用并且充分的相互作用。

2)有用但不充分的相互作用。

3)有用但过度的相互作用。

4)有害的相互作用。

1. 有用并且充分的相互作用

手拿杯子,手握住杯子,杯子不会落到地上,这时实现的就是有用并且充分的相互作用。建立起这种系统的物场模型如图26.4所示。

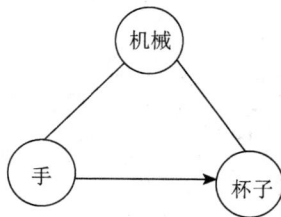

图 26.4　有用并且充分的相互作用

2. 有用但不充分的相互作用

手拿杯子,手握住杯子,但是力度不够,杯子还是要往下滑。比如小孩拿一个很沉的杯子。这是就是有用但不充分的相互作用,建立起这种系统的物场模型如图26.5所示。

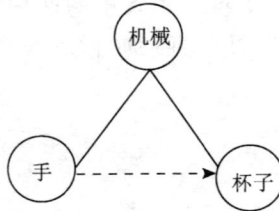

图 26.5　有用但不充分的相互作用

3. 有用但过度的相互作用

手拿杯子,手握住杯子,但是力度太大,杯子被手捏得变形。这是就是有用但过度的相互作用,建立起这种系统的物场模型如图 26.6 所示。

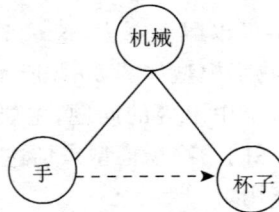

图 26.6　有用但过度的相互作用

4. 有害的相互作用

手拿杯子,玻璃杯没有打磨圆滑,手被玻璃边缘或小的凸起处割破了。这个系统中除了手对杯子的有用作用外,还存在着有害的相互作用,建立起这种系统的物场模型如图 26.7 所示。

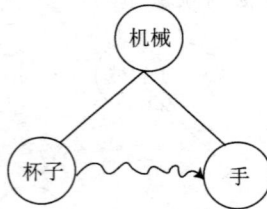

图 26.7　有害的相互作用

第三节　标准解法的由来

阿奇舒勒经过分析大量的专利发现,如果专利所解决的问题的物场模型相同,那最终解决方案的物场模型也相同。

[例]如果一种物质 S_1 对另外一种物质 S_2 产生了有害作用,则经常引入第三种物质——S_1 或 S_2 的变形物质 S_3 来消除有害作用,问题和解决方案的物场模型如图 26.8 所示。

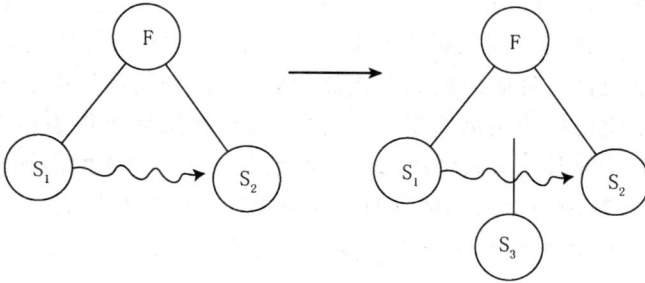

图 26.8 消除有害作用的标准解法

[**例 1**] 和面。在桌子上和面时，面团会黏在桌子上，这时对桌子会有一种有害作用，可以引入第三种物质——干面粉（面团的变形）。

[**例 2**] 轮胎。轮胎在泥泞路面上行进有时会打滑，可以在路面上铺撒第三种物质——沙子（泥巴的变形）。

这样的解法规则，阿奇舒勒一共发现了 76 种，由于对不同工程领域的问题是通用的，所以称为标准解法。

第四节 标准解法系统

目前一共有 76 种标准解法，阿奇舒勒将这些标准解法按所解决问题的类型进行了归类，建立起了标准解法系统，具体而言可分为以下五级。

第一级：建立或破坏物场模型，共 13 个标准解。

第二级：增强物场模型，共 23 个标准解。

第三级：向超系统和微观级系统跃迁，共 6 个标准解。

第四级：检测和测量，共 17 个标准解。

第五级：应用标准解法的标准，共 17 个标准解。

一、建立或破坏物场模型

1. 建立物场模型

建立物场模型指完善一个不完整的物场模型。例如在建立物场模型的时候发现只有一种物质 S_1，那么增加第二种物质 S_2 和一个相互作用场 F，这样才可以实现系统必要的功能。比如，如果系统只有锤子，什么都不会发生。如果系统只有一个锤子和钉子，同样也什么都不会发生。作为一个完整的系统，就必须有锤子、钉子和锤子作用于钉子上的机械场。

如果系统中已有的对象无法实现需要的变化，加入一种永久的或者临时的添加物可帮助系统实现功能，可以在 S_1 或者 S_2 中引入一种内部添加物。如喷涂中的携带载体。

相同的情况下，也可以在 S_1 或者 S_2 的外部引入一种永久的或者临时的外部添加物 S_3。如可以通过在滑雪橇上涂上蜡（S_3）改善雪（S_1）和滑雪橇（S_2）组成系统的功能。如果不允许在物质的内部引入添加物，可以利用环境中已有的资源实现需要的变化。如航道中的航标摇摆得太厉害，可以利用海水作为镇重物。也可以通过改变系统环境或其变形来解决问题。如果不允许在物质的内部或外部引入添加物，可以通过在环境中引入某种资源作为添加物。如在办公室中有台台式电脑，因为它发热量太大，所以增加了室内的温度。为此，可以在办公室内加上空调从而改变温度。

有时候很难精确地达到需要的量，可通过施加过量的需要的物质，然后再把多余的部分去掉。如向一个方框中加入混凝土，想得到一个很平的表面，很难直接做出平的表面，通常的做法是，将混凝土加满方框并超出一部分，然后再把多余的部分抹掉，抹出一个平面，这样就能很好地实现精确控制了。

如果由于各种原因不允许达到要求作用的最大化，那么让最大化的作用通过另一个物质 S_2 传递给 S_1。如普通的蒸锅是一个很好的例子。要蒸煮的食物是不能直接接触到火焰的。所以可以利用火焰加热水，然后让水把热量传递给食物，而这时加热的温度是不可能超过水的沸点的，也就不会破坏食物。

有时候既需要强场作用，同时又需要弱场作用。这个时候给系统施以很强的作用场，然后在需要较弱场作用的地方引入物质 S_3，起到一定的保护作用。如小玻璃药瓶要用火焰封口，但是火焰的热量很高，会使药瓶内的药物分解。如果将药瓶盛药物的部分放在水里，就可以使药保持在安全的温度之内，免受破坏。

2. 物场模型的破坏

以下解法可以消除或抵消系统内的有害作用。

1）在当前设计中，既存在有用的作用，也存在有害的作用。这个时候如果没有让 S_1 和 S_2 必须直接接触的限制条件，可以在 S_1 和 S_2 之间引入 S_3，从而消除有害作用。如医生的手 S_2 需要在病人身体 S_1 上做外科手术。戴一双无菌手套 S_3 可以消除细菌带来的有害作用。

2）还是上述情况，但不允许引入新的物质。这个时候可以改变 S_1 和 S_2 来消除有害作用。这种解决方案包括加入一些"不存在的物质"，如利用空间、空穴、真空、空气、气泡、泡沫等。或者加入一种场，这个场可以实现需添加物质的作用。如防风雨伞伞面纤维中的通风口和遮挡封盖减小了空气的阻力，从而保护雨伞不被强风所破坏。

3）如果某个场对物质 S_1 产生了有害作用，可以引入物质 S_2 来吸收有害作用。如医疗上的 X 射线只需要照射在形成图片的某个特定的区域。但是产生 X 射线的射线管产生的是一束很宽的光束。为了防止 X 射线对病人身体的伤害，在病人身体前方放一个铅屏，从而保护病人的其他的部位不会受到 X 射线的照射。另外，对于医生而言，也可以放置一堵铅墙使自己免受 X 射线的伤害。

4)如果系统中存在有用作用的同时也存在有害作用,而且 S_1 和 S_2 必须直接接触,这个时候可引入 F_2 来抵消 F_1 的有害作用,或将有害作用转换为有用作用。如在脚腱拉伤手术后,脚必须固定起来。可以利用绷带 S_2 作用于脚 S_1,起到固定的作用,场 F_1 是机械场。但是,肌肉如果不用的话就会萎缩,这个机械场也产生了有害的作用。解决方法是在物理治疗阶段向肌肉加入一个脉冲的电场 F_2,以防止肌肉的萎缩。

5)某一种有害作用可能是因为系统内部的某个部分的磁性质导致的。这个时候可以通过加热,使这部分处于居里点以上,从而消除磁性。或者引入一种相反的磁场。如加工中,让带研磨颗粒的铁磁介质在旋转磁场的作用下运动,来打磨工件的内表面,如果是铁磁材料的工件,其本身对磁的响应会影响加工过程,解决方案是提前将工件加热至居里温度以上。

二、增强物场模型

1. 转化成复杂的物场模型

1)链式物场模型:将单一的物场模型转化成链式模型,转化的方法是引入一个 S_3,让 S_2 产生的场 F_1 作用于 S_3,同时,S_3 产生的场 F_2 作用于 S_1。如锤子砸石头完成碎石的功能。为了增强现有功能,可以在锤子 S_1 和石头 S_2 之间加入凿子。锤子的机械场传递给凿子,然后凿子的机械场传递给石头。

2)双物场模型:现有系统的有用作用 F_1 不足,需要进行改进,但是又不允许引入新的元件或物质,这时可以加入第二个场 F_2 来增强 F_1 的作用。如应用电镀法生产铜片的时候,在铜片表面会残留少量的电解液。用水清洗的时候不能有效地除掉这些电解液。可以通过增加第二个场来解决。比如在清洗的时候加入机械振动或者在超声波清洗池中清洗铜片。

2. 增强物场模型

1)用更加容易控制的场来代替原来不容易控制的场,或者叠加到不容易控制的场上。例如,机械场相对重力场就更加容易控制,同样,电场比机械场、磁场比机械场更加容易控制。这也是场的可控性增加的进化模式。如将一个机械控制系统用电控制系统代替。

2)增加物质的分割程度。如设计一种顶住不规则形状的物体的支架比较困难。可以利用一种充水的液压设备,可以更加均匀地将压力分布在物体的各个部分。

3)将物质中增加空穴或毛细结构。如通过加油孔加油不能使油均匀地添加到齿轮上,可以应用带有多孔表面的加油器。

4)使系统具有更好的柔韧性、适应性、动态性。如生橡胶太脆,通过硫化处理,增加其柔性性,以更好地应用到各种设备中。

5)用动态场替代静态场。如利用驻波来固定液体或者微粒。

6)在均匀的物质空间结构中,加入不均匀的物质。如通过添加加强钢筋来提高混凝土的质量。

3. 频率的协调

将场 F 的频率与物质 S_1 或者 S_2 的频率相协调。如肾结石可以通过超声波使其共振破碎成小碎颗粒,然后排出体外。

场 F_1 与场 F_2 的频率相协调。如机械振动可以通过产生一个与其振幅相同,但方向相反的振动消除。

两个独立的动作可以让一个动作在另外一个动作停止的间隙完成。如在尚未找到承租者之前装修出租房屋,可以提高房屋出租价格。

4. 利用磁场和铁磁材料

1)向系统中加入铁磁物质。如磁悬浮列车。

2)将标准解法 2.2.1(应用更可控的场)与 2.4.1(应用铁磁材料)结合在一起。如橡胶模具的刚度可以通过加入铁磁物质,通过磁场进行控制。

3)运用磁流体。磁流体可以是悬浮有磁性颗粒的煤油、硅树脂或者水的胶状液体。如计算机马达中的旋转轴承中,用磁流体替代原来的润滑剂。

4)应用包含铁磁材料或铁磁液体的毛细管结构。如过滤器的过滤管中填充铁磁颗粒。利用磁场可以控制过滤器内部的结构。

5)转变为复杂的铁磁场模型,如果原有的物场模型中禁止用铁磁物质替代原有的某种物质,可以将铁磁物质作为某种物质内部的添加物引入系统。如为了让药物分子到达身体需要的部位。在药物分子上加上铁磁微粒,并且在外界磁场的作用下,引导药物分子转移到特定的位置。

6)如果物质内部不允许引入铁磁添加物,可以在环境中引入。如将一个内部预置磁性颗粒的橡胶垫放在车上方,保证在维修的时候,工具能在这个垫子的帮助下随手可得,而不需要将汽车外壳内填入铁磁物质。

7)应用自然现象和效应(如可以通过场来排列物体,或者磁性物质在居里点之上时丧失磁性的性质)。如磁共振成像。

8)应用动态的、可变的或者自动调节的磁场。如不规则空心物体的壁厚可以通过一个内部的铁磁体和一个外部的感应器来完成。为了增加准确性,可以将铁磁体做成表面覆有磁性微粒的弹性球形状,通过感应器控制内部铁磁球和待测空心物体的内壁紧紧贴合,从而实现精确测量。

9)利用结构化的磁场来更好地控制或移动铁磁物质颗粒。如聚合物的传导率可以通过在其中掺杂传导材料来提高。如果材料是磁性的,就可以通过磁场来排列材料,从而达到只用很少的材料就能获得更高的传导率。

10)铁磁场模型的频率协调。在宏观系统中,应用机械振动来可以加速铁磁颗粒的运动。在分子或者原子级别,通过改变磁场的频率,可以利用测量对磁场发生响应的电子的共振频率的频谱来测定物质的组分。如每个原子都会有各自的共振频率,这种测量的技术叫做 ESR,电子自旋共振。

11)应用电流产生磁场,而不是应用磁性物质。如各种电磁石。它们可以消除磁性材料居里点的限制,或者用于一些永久磁性材料不安全的地方。它们还有一个优点是,当不需要的时候就可以关闭,并且通过改变电流可以得到非常精确大小的磁场。

12)通过电场可以控制流变液体的黏度。如在动力减震器中,通过改变电场来允许或者禁止流变体溶液的流动。

三、向超系统和微观级系统进化

1. 转换成双系统或者多系统

1)创建双系统和多系统。如将薄玻璃堆砌在一起,并且用油做临时的粘贴物质,便于加工。

2)改变双系统或者多系统之间的连接。如复杂的交通状况,使十字路口的交通灯需要实时地输入一些交通流量的信息,以控制其变化。

3)增加系统之间的差异性。如多头订书机各头可以装不同的订书钉。增加一个起钉器可以使订书机的作用更加丰富。

4)双系统和多系统的简化。如新的家庭用立体声系统是在一个外壳中加入多个音频设备。

5)部分或者整体表现相反的特性或功能。如自行车的链条是刚性的,但是总体上是柔性的。

2. 向微观级进化

转换到微观级别,计算机的发展就是这种方向。

四、检测和测量

检测和测量的区别:检测是二元的,也就是检查发生或者没有发生,有或者没有的问题。测量是多元的,很多时候是需要进行定量和精确结果的。

1. 间接方法

1)改变系统,原来需要测量的系统现在不再需要测量。如加热系统的自动调节装置可以用一个双金属片的热电偶制成。

2)测量系统的复制品或者图像。如可以通过阴影测量测量金字塔的高度。

3)应用两次间断测量代替连续测量。如柔韧物体的直径应该实时地进行测量,从而看它是否和相互作用对象之间匹配完好。但是实时测量不容易进行,可以测量它的最大直径和最小直径,确定变化的范围。

2. 建立新的测量系统

1)如果一个不完整的物场模型不能够检测或者测量,则建立一个包含一个场作为输出的单或者双物场模型。如果现有的场是不充分的,在不干扰原始系统的情况下改变或者增强场。新的或者增强的场应该有一个很容易测量的参数,这个参数与我们想测量的参数具有关联特性。如如果塑料袋上有个很小的孔很难测量,可以给塑料内填充空气,然后将塑料袋放在水中,并且减小外面的压力,水中会出现气泡,指示泄漏的位置。

2)测量引入附加物。引入的附加物与原系统的相互作用产生变化,可以通过测量附加物的变化再进行转换。如生物样品很难通过显微镜观察,可以通过加入化学染色剂来观察其结构。

3)如果不能在系统中添加任何东西,可以在外部环境中加入物质,并且测量或者检测这个物质的变化。如 GPS 的应用。

4)如果不能引入附加物到系统或环境中,可以通过将环境中已有的东西进行降解或转换变成其他的状态,然后测量或检测转换后的这种物质的变化。如云室可以用来研究亚原子颗粒的性质。在云室内,液氢保持在适当的压力和温度下,以便液氢正好处于沸点附近。当外界的粒子穿过液氢时,液氢就会局部沸腾,从而形成一个由气泡组成的路径。此路径可被拍照。通过这种方法可研究粒子的动态性能。

3. 增强测量系统

1)应用自然现象。应用在系统中发生的已知的效应,并且检测因此效应而发生的变化,从而知道系统的状态。如通过测量导电液体电导率的变化来测量温度。

2)如果不能直接测量或者通过引入一种场来测量,可以通过让系统整体或部分产生共振来解决,测量共振频率。如应用音叉来调谐钢琴。调节琴弦时,音叉与其频率协调,发生共振进行协调。

3)若不允许系统共振,可以通过与系统相连的物体或环境的自由振动获得系统变化的信息。如不直接测量电容。将未知电容的物体插入到已知感应系数的回路中,然后改变电源的频率,寻找到复合回路的共振频率,据此计算出电容。

4. 测量铁磁场

1)引入铁磁物质进行测量工作,这种方法在遥感、微型设备、光纤维和微处理器上经常使用。增加或者利用铁磁物质或者系统中的磁场,从而方便测量。如交通管制中应用交通灯进行管制。如果想知道车辆需要等候多久或者想知道车辆已经排了多长队伍,可以在主要路面下铺设一个环形线圈,从而轻易地检测车辆的铁磁成分,转换得出测量结果。

2)在系统中增加磁性颗粒,通过检测磁场实现更容易测量。如通过在流量中引入铁磁颗粒,从而增加测量的准确度。

3)如果磁性颗粒不能直接加入到系统中,可建立一个复杂的铁磁测量系统,将磁性物质添加到系统已有物质中。如通过在非磁性物体表面涂敷含有磁性材料和表面活化剂细小颗粒的流体,检测该物体的表面裂纹。

4)如果不能在系统中引入磁性物质,可以通过在环境中引入。如船的模型在水上移动的时候会出现波浪。为了研究波浪的形成特性,可以将铁磁微粒添加到水中辅助测量。

5)通过测量与磁性相关的自然现象,如居里点、磁滞现象、超导消失、霍尔效应等。如磁共振成像。

5. 测量系统的进化趋势

1)向双系统、多系统转化。如果一个测量系统不能有高的效率,应用两个或者更多的测量系统。如为了测量视力,验光师使用一系列的设备来测量眼睛对某物体的聚焦能力。

2)不直接测量,而是在时间或者空间上测量第一级或者第二级的衍生物。如测量速度或加速度,而不是测量距离。

五、应用标准解法的标准

1. 引入物质

1)应用"不存在的东西"替代引入新的物质。比如增加空气、真空、气泡、泡沫、水泡、空穴、空洞、毛细管、空间等。如对于用在水下工作的保暖衣而言,如果增加衣服厚度,整个衣服会很重。利用泡沫结构,不用增加衣服厚度,还可以使衣服变得很轻。

2)运用场代替物质。如想知道墙壁内铁钉的位置,不需使用凿子一个地方一个地方地凿洞去看,而是直接运用磁场来检测。

3)运用外部添加物代替内部添加物。如折断的物体进行修补,如果不改变其内部的结构,可以直接在外部用金属片包裹。

4)应用少量高活性的添加物。如普通焊接方式焊接铝时需要极高的温度和一些腐蚀性的化学添加剂。可以应用一些铝热剂进行爆炸焊接。

5)将添加物集中在一个特定的位置。如清洗衣服上的污渍。只将洗涤剂喷洒在衣服的污渍部分就可以,没有必要将整件衣服都放在洗涤剂中。

6)临时引入添加剂。如癌症化疗时,引入一些非常有毒性的药物。这些药物对癌细胞的毒性比对正常细胞的毒性要强。在引入这些物质之后很短的时间内,要将它们排出体外。

7)如果原来的物体中不允许引入添加物,则在物体的复制品或者模型中加入添加物。如电视电话会议或者电脑上开会可以使一些不在同一个城市的人都参加会议。

8)不能直接引入某种物质,可以引入能通过反应或衍生产生此种物质的物质。如人体需要钠元素新陈代谢,但是直接引入钠是有害的,于是通过食用盐补充钠。

9)通过降解环境中某些资源或物质自身产生需要的添加物。如直接将垃圾埋在公园里作为化学肥料,从而不会产生污染,浪费能量。

10)将物质分割为更小的组成部分。如将大型飞机的发动机分成两个小发动机。

11)添加物在使用完毕之后自动消失。如用冰打磨。

12)如果条件不允许加入大量的物质,则加入虚无的物质。如在物体内部增加空洞以减轻物体的重量。

2. 引入场

1)应用一种场产生另外一种场。如电场产生磁场。

2)应用环境中存在的场。如电子设备产生大量的热,这些热可以使周围的空气流动,从而冷却电子设备。

3)应用能产生场的物质。如将放射性的物质植入到肿瘤位置(不久后再进行清除)。

3. 相变

1)改变相态。如用 α-黄铜取代 β-黄铜(晶体结构的改变,导致特定温度下机械性质的改变)。

2)双相互换。如在滑冰过程中,摩擦力通过将刀片下的冰转化成水以减小阻力,之后,水又可以冻成冰,形成平整的表面。

3)应用相变过程中伴随出现的现象。如暖手器里面有一个盛有液体的塑料袋。袋内同时还有一个薄金属片。金属盘在液体中弯曲时可以产生一定的声信号,信号触发液体使其转变为固体并释放热量,全转变为固体后,将暖手器放在热水中或微波炉中加热即可还原。

4)转化为双相状态。如在切削区域应用泡沫,刀具能穿透泡沫持续切割,而噪声、蒸汽等却不能穿透,可用于消除噪声。

5)利用系统的相态交互作用增强系统的效率。如白兰地经过两次蒸馏后在木桶中进行保存,这是木材和液体之间的相互作用。

4. 运用自然现象

1)状态的自动调节和转换。如果一个物体必须处于不同的状态,那么它应该可以自动从一种状态转化为另外一种状态。如太阳镜在阳光下颜色变深,在阴暗处又恢复透明。

2)将输出场放大。如真空管、继电器和晶体管可以通过很小的电流控制很大的电流。

5. 产生物质的高级和低级方法

1)通过降解来获得物质颗粒(离子、原子、分子等)。如如果系统需要氢,但系统本身不允许引入氢,可通过引入水,将水通过电解转化成氢和氧。

2)通过组合获得物质粒子。如树木吸收水分、二氧化碳,并且运用太阳光进行光合作用生长壮大。

3)如果一个高级结构的物质需要降解,但是又不能降解,就应用次高水平的物质。另外,如果物质需要低级结构的物质组合起来,我们就可以应用较高级结构的物质。如需要传导电流,可将物质变成离子和电荷,电离后,离子和电荷还可以继续组合在一起。

第27章 科学效应库

效应(effect)是发明问题解决理论(TRIZ)中基于知识的工具。效应是通过专利分析,在寻找专利中产品所实现的技术功能和用于实现技术功能的科学原理之间的相关性的基础上形成的。问题的创新解决方案,通常是使用问题所在的技术领域中很少用到或根本没有用到过的效应实现的。

本章主要介绍 TRIZ 理论中科学效应库的基本概念以及相应的分类。并以表格的形式概要地呈现科学效应库中各类效应,以帮助大家全面掌握科学效应库。

第一节 TRIZ 中的科学效应

从 TRIZ 观点来看,科学效应是自然法则的表现,如果具备必要的初始条件,就可以采用这些自然法则来获取所需的结果。

换句话说,若我们希望获得某种结果,我们应提供相应的初始条件(或条件成熟时,利用这些条件),剩下的只要交给大自然去做,这些条件就会被转化成为我们需要的结果。

第二节 科学效应库的发展历程

科学效应库的编撰工作,最初是由苏联发明家及合理化建议者协会中央理事会的发明方法学公共实验室,于 1968 年开始进行的。从 1971 年起,科学效应库就在发明创造公共学校和发明进修班里用做练习。

1968 年:开始研究,有 5000 多个专利被分析。

1971 年:第 1 版《物理效应指南》。

1973 年:300 页《物理效应》记录的手稿。

1978 年:第 2 版《效应指南》

1979 年:在阿奇舒勒 1979 年的著作《创造是精确的科学》(*Creativity as Exact Science*)中提出 ARIZ-77,通过应用表的形式整理出了"效应指南"。

在 ARIZ-77 中,附有可资利用的一个物理效应和现象的应用表。这是在分析了约 12000 个发明后编成的。编入这个表内的若干物理学效应,可能是我们不知道的,或了解不多的。这时可以根据表的提示,求助于"科学效应库"。

1981 年:TRIZ 中的物理效应首次出现在《科学和技术》技术杂志上(*Technologies and Science*)。

1987 年:《物理效应指南》首次通过《大胆的创新公式》(*Daring Formulas of*

Creativity)被公布。

1988 年:《化学效应指南》首次通过《迷宫中的线索》(*A Thread in Labyrinth*)被公布。

1989 年:《几何效应》首次通过《没有规则的游戏规则》(*Rules of a Game without Rules*)被公布。

现在,已有 5000 个不同的效应为我们所知,其中 400~500 个效应在我们的工程实践中最为常用。

第三节 关于发明的科学效应

科学效应与任何其他过程或转变的最大差异如下。

1)科学效应总是产生新的性质或特性,而并不仅仅像线性过程那样增加或减少某种参数。

2)科学效应不像人工转变那样需要通过控制行为来产生结果。

科学效应的自然本性和固有可靠性(它们仅遵守自然法则)使它们成为获得派生资源的最佳方式。

事实上,如果在系统或周围环境中有发生必要转化的各种条件,那么事实上就可以无偿获得这种转化结果。

即使以直接、不明智的方式提供一些初始条件,科学效应的自然本性使获得的结果仍比通过其他方式获得的类似结果更廉价(并且更可靠)。

因此,科学效应对发明问题解决者的吸引力很大。通过科学效应实现的创新方案或任何系统功能与理想状态更加接近。

解决发明问题时,最常用的科学效应有:物理效应、化学效应、几何效应。以下选录了三类效应中的主要部分,归纳成列表的形式供读者参考。如表 27.1、表 27.2、表 27.3 所示。

表 27.1 物理效应

效应分类	具体效应	应用方式
力学效应	惯性力	创造附加力
		惯性离心力
		旋转体的惯性矩
		陀螺效应
	重力	
	摩擦力	反常的低摩擦力效应
		无磨损性效应
		对散发出来的热的利用

续表

效应分类	具体效应	应用方式
形变	形变值	
	坡印廷效应（Poynting's Theorem）	
	撞击情况下的能量转换（亚历山德罗夫效应）	
	金属放射性膨胀效应	
	合金的形状复原效应	
	聚合物的形状复原效应	
分子现象	物质的热膨胀	压力的产生（能够达到很大的值）
		双金属板（条杆、管道等）
		物体的微小幅度位移
	相态转变	让水冻结，让金属和混合物凝结—熔接
	毛细—多孔材料	
	吸附作用	
	扩散作用	
	渗透作用	
	热导管	
	分子沸石过滤器	
流体静力学 流体空气动力学	阿基米德定律	
	液体和气体的流动	层流运动
		湍流运动
		伯努利定律
		汤姆斯效应（降低液体运动阻力）
	液冲压	
	空化作用	
	泡沫（液体和气体的混合物，固态泡沫）	

效应分类	具体效应	应用方式
振动与波	机械振动	自由振动
		受迫振动
		共振
		自振
	声学	声学振动
		混响
	超声波	
电磁现象	电荷的相互作用	
	电容器	
	焦耳－楞次定律	
	电阻	
	电磁波	
	电磁感应	交互感应
		涡流效应
		趋肤效应
物体的电气属性、电介质	电介参数	
	电介质击穿	
	压电效应	
	驻极电介体	
物体的磁性	磁性的利用	
	铁粉	
	磁性液体	
	超越居里点	
气体中的放电现象	电晕放电	
光与物质	可见光	
	紫外线	
	红外线	
	光压	
	光的反射和折射	
	波纹效应	
	干扰	
	发光	

表 27.2　化学效应

具体效应	应用方式
气体水合物	
氢	
臭氧	
光色物质	
凝胶	
亲水性－疏水性	亲水性
	疏水性
放热的混合物	
电解	

表 27.3　几何效应

具体效应	应用方式
球形	球面上所有的点承受外力是均匀的
	在接触点上小面积的接触和对位移的敏感
	高阻尼性能（消振）
	振动形成
椭圆形（椭圆）	聚焦
	弯角（旋转）时的参数改变
	振动
	在平整表面上的翻滚
	椭圆的制作
偏心轮	加速零件的装配（安装）
	周期性负荷的形成
	间断性的零件加工
	在不停止电解过程的情况下改变点击和零件间的间隙
	秘密装置的编码
	系统本身振荡频率的改变
	机械振动的产生

续表

具体效应	应用方式
刷（梳子、刷子、毛笔、排针、绒毛）	在各种形状的表面粘贴物体的调节
	扩大热交换器的面积
	制造不同外形的物体
	运动物体的支撑
	其他用途
颗粒体（粉末、颗粒、砂粒、铅砂、种子、膏剂）	沉入它们之中的物体的部分位移
	不能压缩的特性
	做不同形状的模型
	零件的抓取和定位
	利用发胀的颗粒
单维度的表面（莫比乌斯带）	物体棱面的面积或长度加倍
	物体表面扩大几倍
	其他用途

效应的功能分类如表 27.4 所示。

表 27.4　效应的功能分类

功　能	效　应
测量温度	热膨胀及它引起的固有频率的改变。热电现象，发射光谱。物质的光、电、磁特性的变化。经过居里点的转变，霍普金斯效应及巴克豪森效应
降低温度	相变。焦耳—汤姆逊效应。兰柯效应。磁热效应。磁电现象
提高温度	电磁感应。涡流。表面效应。电解加热。电加热。放电。物质吸收辐射。热电现象
稳定温度	相变（包括经过居里点的转变）
指示物体的位置及位移	引进标记物，它能改造外界的场（如荧光粉）或形成自己的场（如磁性体），因此很容易被发现。光的反射和放出。光效应、变形、伦琴及无线电辐射。发光。电场及磁场的改变。放电。多普勒效应
物体位移的控制	以磁场作用于物体或者作用于与物体相结合的磁性体。以电场作用于带电物体。用液体及气体传递压力。机械振动。离心力。热膨胀。光压

功　　能	效　　应
控制液体及气体的运动	毛细管现象。渗透压。汤姆逊效应。伯努利效应。波动。离心力。威辛别尔格效应
控制气溶胶流（灰尘、烟、雾）	电离。电场及磁场。光压
搅拌混合物形成溶液	超声波。空隙现象。扩散。电场。与磁性物质结合的磁场。电泳。溶解
将混合物分开	电分离及磁分离。在电场及磁场作用下，液体分选剂的视在密度发生变化。离心力。吸收。扩散。渗透压
物体位置的稳定	电场及磁场。固定于磁场及电场中硬化的液体中。回转效应，反冲运动
力的作用、力的调节，形成很大的压力	磁场通过磁性物质起作用。相变。热膨胀。离心力。磁性液或导电液在磁场中视在密度的变化所引起的静液力的变化。爆炸物。电水效应。光水效应。渗透压
摩擦的改变	约翰逊—拉别克效应。辐射作用。克拉克格尔斯基现象。振动
物体的破坏	放电。电水效应。共振。超声波。空隙现象。感应辐射
机械能及热能的蓄积	弹性形变。回转效应。相变
能量的传递：机械能	形变。振动。亚历山德罗夫效应。波动，包括冲击波。辐射。热传导。对流。光反射现象。感应辐射。电磁感应。超导电现象
在活动的（变化着的）及不活动的（未变化着的）物体之间建立起相互作用	利用电磁场（从"物质的"联系过渡到"场的"联系）
测量物体的尺寸	测量固有振荡频率。加上磁或电标记并校读
物体尺寸的变化	热膨胀。形变。磁致伸缩。电致伸缩。压电效应
检查表面的状态及性质	放电。光反射。电子发射。穆亚罗维效应。辐射
表面性质的改变	摩擦。吸收。扩散。鲍辛海尔效应。放电。机械振动和声振动。紫外辐射

续表

功　能	效　应
物体内状态及性质的检查	引进标记物,它改变外界的场(如荧光粉)或形成取决于物体结构及性质变化的比电阻的变化与光的相互作用。电光现象及磁光现象。偏振光。伦琴及无线电辐射。电子顺磁共振及核磁共振。磁弹性效应。经过居里点的转变。霍普金斯效应及巴克豪森效应。测量物体的固有振动频率。超声波。穆斯堡尔效应、霍尔效应
物体空间性质的变化	在电场及磁场作用下液体性质(视在密度、黏度)的改变。引进磁性物质及磁场的作用。热作用。相变。在电场作用下的电离、紫外、伦琴、无线电辐射。形变。扩散。电场及磁场。鲍辛海尔效应。热电、热磁及磁光效应。空隙现象。光色效应。内光电效应
形成要求的结构。物体结构的稳定	波的干涉。驻波穆亚罗维效应。磁场。相变。机械振动及声振动。空隙现象
指示出电场及磁场	渗透压。物体的电离。放电。压电及塞格涅特电效应。驻极体。电子发射。电光现象、霍普金斯及巴克豪森效应。霍尔效应。核磁共振。回转磁现象及磁光现象
指示出辐射	光—声效应。热膨胀。光电效应。发光。照相底片效应
电磁辐射的发生	约瑟夫逊效应。感应辐射现象。隧道效应。发光。汉恩效应,切林柯夫效应
控制电磁场	屏蔽。环境状态的变化,如它导电性的增加或减少。与场相互作用的物体的表面形状的变化
控制光强度	光的折射和反射。电光现象及磁光现象。光弹性。柯尔及法拉第效应。汉恩效应。弗兰茨—开尔代斯效应
产生及加强化学变化	超声波。空隙现象。紫外、伦琴、无线电辐射。放电。冲击波。胶粒态催化剂

本章小结

科学效应库是发明者应用科学知识所必需的有效途径。其中,物理效应是我们课本上所学的物理知识与工程技术之间的桥梁。科学效应库集合了在工程技术中所经常使用的物理知识。而在实际解决技术难题的过程中,如果能找对对应的化学效应,问题往往可以迅速而高效地解决。但在尘封已久的化学世界中,找到对应的效应本身就是一件极其困难的事情。因此,迫切需要将我们常用的这些化学效应总结、分类,科学效应库正好满足了大家这方面的要求。物理效应和化学效应主要是通过改变工作区域的物质,建立新的技术系统特征,以解决矛盾。

科学效应库面向应用的实际情况,抽取出常见的效应,归纳、总结、分类,便于大家理解物质的属性在设计中的应用。

当然,我们还应该充分认识到科学效应库只是提供给我们一个解决问题的手段,它不是唯一,而是更为基本。要真正地解决技术系统中的问题,关键还要靠我们创造性地利用这些科学效应。

科学效应库本身也不是一个静态的,我们应用发展的眼光来看待科学效应库。目前,已有不少 TRIZ 工作者正在对科学效应库进行发展、完善以及深化。

第 28 章　发明问题解决算法 ARIZ

第一节　基本介绍

问题越难,适用于这个问题的解决工具就越严格而完备。发明问题解决算法(algorthm of TRIZ,ARIZ)又称创新算法,就是非常实用的问题解决武器,可以处理很多看似无解的问题,ARIZ 还是高效创新者的设计图。

ARIZ 是一个分析问题、解决问题的流程方法,通过对初期问题进行一系列变形及再定义后,应用不同的 TRIZ 解题工具,最终可找到问题的解决方案。对于较高级别的发明问题,其实质是把问题转化成物理矛盾,并解决该物理矛盾。

ARIZ 由阿奇舒勒提出。1977 后,阿奇舒勒借鉴其他 TRIZ 专家的经验、解释和建议,对 ARIZ 进行了多次完善,从而形成了比较完整的理论体系。阿奇舒勒认为:"复杂问题的解决不可能仅仅两步。那些问题是如此复杂,任何其他工具都难于解决。遵循 TRIZ 理论包括 ARIZ 算法将有助于问题解决的进程。"

ARIZ 并不是一个方程,而是一个集合了一连串问题的多步骤过程。ARIZ 先假设问题的本质是未知的,使问题解决者用崭新的视角重新审视问题。

第二节　发明问题解决算法的步骤

ARIZ 有不同版本。现在,使用较为广泛的是 ARIZ-85C 版本。ARIZ 按照分析问题、解决问题、方案评价的基本流程来解决问题。一个完整的 ARIZ 解决问题的流程如下。

一、分析问题

1. 定义最小问题

使用非专业术语依据下列模式定义最小问题。

1)技术系统为陈述系统的目的,包括列出系统的主要部件。

2)技术矛盾 1(EC-1)。

3)技术矛盾 2(EC-2):必要时,可以对系统做最小的改动。

最小问题是通过在问题情境中引入这样的约束获得的:当系统中的各个元素保持不变或稍微改变时,要求的作用(或特性)就会出现,有害作用(或性能)就会消失。将问题情境转化为最小问题并不意味着我们只想解决小的问题,而是通过引入附加要求，指导我们突出矛盾，从一开始就锁定通往解决方案的途径。

在本步骤中，不但要指出系统的技术部件，也要明确和系统相作用的自然界物质。例如在保护望远镜天线的问题中，我们考虑将闪电和无线电波作为自然界物质（无线电波是太空中的物体发射的）。

技术矛盾表示系统内的相互作用，由此既产生有用作用也产生有害作用；换句话说，通过引入或改善有用作用，或通过消除或减少有害作用，整个或部分系统得到退化（有时是无法容忍的）的结果。

技术矛盾通过确定（书面上）系统单元好的和坏的结果中的一种情形来陈述；然后，同相关的解释来一起确定系统单元的另一相反情形。有时，问题情境只包含工件；技术系统（工具）是缺少的，因而，不存在明确的技术矛盾。在这种情况下，技术矛盾可以通过考虑工件的两种情形来获得，即使其中的一种情形是无法获得的。如考虑以下的问题情境：如果颗粒微小到光线可以从其周围悄然溜过，如何用肉眼观察悬浮在洁净液体中的微小颗粒？

EC-1：因为颗粒很微小，所以液体始终保持洁净，但是肉眼无法看到。

EC-2：大颗粒容易被观察，但导致液体不再洁净，这是不可接受的结果。

看起来问题情境有意在避免考虑 EC-2，毕竟我们不能改变工件。所以这里我们只能考虑 EC-1，但是请注意，EC-2 给我们提供了施加在工件上的附加要求，即小颗粒既应保持微小，又应可以变大。

为减少思维惯性，与工具和环境相关联的专业术语应用通俗易懂的词语来替代。其原因是专业术语会在人们的脑海里打下那些习惯使用的工具和工作方法的烙印。例如，"破冰船破冰"的惯性思维，会让人忘记破冰船可以不用破冰而将冰移走。专业术语可能将问题情境中描述的某些单元的特征隐藏，缩小了物质可能存在情形的范围：如用术语"油漆"强制人们想到液态或固态油漆，尽管油漆也可以是气态的。

2. 定义相互矛盾的系统（功能）单元

相互矛盾的功能单元包括工件和工具。

规则 1：如果工具可有两种情形，根据问题情境的描述，指出这两种情形。

规则 2：如果问题情境描述涉及几对相似的相互作用的功能单元，则只考虑其中的一对就可以了。

工件是问题情境中需要处理的功能单元（处理是指制造、移动、调整、改进、保护、探测、测量等）。一些功能单元，经常因为其用途被认为是工具，在不得不做测量和/或探测的问题中被认为是工件。

工具是直接作用在工件上的功能单元；例如，铣刀而非铣床，火焰而非火炉。环境的特定部分也被认为是工具。工件装配中的标准零部件也可被认为是工具。

矛盾对中的单元可以有双重作用。例如，可以有两个不同的工具同时作用在工件上，一个工具干扰另外一个工具。或者也可以有两个工具同时由同一个工具作用,一个工件干扰另一个工件。

3. 建立技术矛盾的图解模型

如果非标准图解模型能更贴切地反映矛盾的本质,则允许使用非标准图解模型,有些问题具有多步非标准图解模型。如果我们认为单元 B 是一个被改进的工件,或者扩充单元 A 的主要特性或状态到单元 B,那么这样一个模型可以转换为两个单步图解模型。

4. 为后续分析选择一个模型图

从两个矛盾图解模型中,选择一个能提供主要制造过程最好性能的,也就是问题描述中所指出的技术系统的主要功能。说明主要制造过程是什么。

当选定了两个矛盾模型图中的一个时,也就选定了工具的两种相反的状态之中的一个。我们随后的问题解决方法将努力与该状态相连。

5. 强化矛盾

通过指出功能单元的限制状态(作用)来强化矛盾。大多数问题涉及以下类型的矛盾:多功能单元和少数功能单元、强功能单元和弱功能单元等。少数功能单元的矛盾只可以被转化为没有功能单元或缺失功能单元。

6. 定义问题模型

定义问题模型,陈述下列两个方面:相互矛盾的功能单元;矛盾的强化(即:强调,夸大)规则。

一个被称为 X 的元素(X-element)将被引入系统来解决问题。也就是说,X 应持有、保持、消除、改进、提供什么。

这个问题模型是典型的提取问题,人工选择技术系统一些功能单元的同时,将其他功能单元暂时放置视野外。例如,在保护天线的问题中,我们只选择四个功能单元中的两个(它们是天线、无线电波、导体、闪电);其他的功能单元被忽略。你应该检查所创建问题模型的逻辑性。有时,选择的矛盾模型图可以通过指出 X 的作用来提炼。

X 单元不一定必须是系统的一个实质部分,可以是系统的某种变化、调整或系统的变异,或全然未知的东西。例如,它可以是该系统单元或环境的温度变化或相变。

7. 应用标准解系统

考虑应用标准解系统来解决问题模型。如果不能解决问题,则进入步骤二。如果可以解决问题,则可以直接跳到 ARIZ 步骤七,虽然仍然建议通过步骤二来继续分析问题。

步骤一所进行的分析和建立的问题模型,对问题作了重要的澄清。在很多情况下允许在非标准问题中确定标准功能单元。因此,在问题解决过程的这个阶段,应用标准解法相比于在原始问题阶段应用要有效得多。

二、分析问题模型

1. 定义操作区

在最简单情况下,操作区是在问题模型中矛盾出现的空间范围。

2. 定义操作时间

操作时间是有效的时间资源,包括矛盾发生的时间(T_1)和矛盾发生前的时间(T_2)。矛盾,尤其是短时间内出现的矛盾,有时可以在 T_2 中预防和消除。

3. 定义物场资源

物场资源(substance field resource,SFR)是已经存在的物质和场,或者根据问题陈述能够容易获得的物场资源。物场资源有三种类型:

1)内部 SFR:工具的 SFR;工件的 SFR。

2)外部 SFR:环境的 SFR 适合已知的问题,如在观察洁净溶液中微小颗粒的问题中,水就是 SFR;SFR 共存于环境中,包括背景中的场,如重力或地球磁场力。

3)超系统的 SFR:根据问题描述,可用的其他系统的废弃材料也可作为 SFR;廉价物,也就是几乎无成本的"外来"元素。

在解决最小问题时,需要消耗最少的资源来达到期望的结果。因此,最先考虑利用"内部"SFR。然而,在发现解决方案或做预测时(即最大问题),应考虑最广泛范围内的可能资源。

工件(产品)被认为是不可改变的功能单元。那么,它能有些什么样的资源呢?

1)改变自我。

2)允许改造的部分,在这些部分大量存在(如河流中的水,风等)。

3)允许向超系统转化(例如,砖块不能被改变,但是房子可以)。

4)允许包含微观级结构。

5)容许与虚空结合。

6)允许暂时的改变。

因此,工件可以被认为 SFR。SFR 是可用的资源,所以应该首先被应用。如果没有可用的资源,其他的物质和场就会被考虑。

三、定义最终理想解和物理矛盾

1. 确定 IFR-1 表达式

用以下的模板来确定并文件化 IFR-1 表达式:在不增加系统复杂性、也不带来有害影响的情况下,在操作时间和在操作区范围内,采用 X 元件的引入不会以任何方式使系统复杂,也不会产生任何有害效应,并消除原有的有害作用(指出有害作用),保持了工具完成有用动作的能力(指出有用作用)。

除了"有害作用与有用作用相联系的"矛盾外,其他类型的矛盾也是可能的,如

"引入一个新的有用作用导致系统变得复杂",或"一个有用作用不与其他有用作用相兼容"。所以,IFR-1表达式只是一个模式。

任何IFR表达式都是获得新的有用特性,或消除有害特性,并不应伴随特性的退化或有害特性的出现。

2. 强化IFR-1表达式

通过强加一个附加要求来强化IFR-1表达式:禁止向系统引入新物质和场,只有物场资源可以利用。

解决最小问题时应根据以下顺序考虑物场资源:工具的SFR、环境的SFR、外界的SFR、工件的SFR。以上四类资源决定了进一步分析的四条路线。另一方面,问题情景也切断了某些路线的有效性。在解决最小问题时,分析这些路线只可能通向解决方案的终点;如果在工具线(以上第一条)上获得了思路,那么就不需要考虑其他路线。然而,在解决最大问题时,应考虑所有的路线。如果在工具线上可获得思路,同样应考虑与之相关的环境、外界资源和工件。

问题解决伴随着打破过时的概念和诞生新概念,这是一个无法用语言充分形容的过程。例如,在不发生溶解而产生溶解、不着色而有颜色的情况下,如何描述油漆的特性?

3. 定义宏观级物理矛盾

依据以下模板定义宏观级物理矛盾:在操作时间和操作区内,应该是……(指出物理的宏观状态,如"热"),以形成……(指出相互矛盾的作用之一);还应该是……(指出相反的宏观状态,比如,"冷"),以形成……(指出另一个相互矛盾的作用或要求)。

1)物理矛盾表明了操作区物理状态的相反要求。

2)如果针对物理矛盾很难创建一个完整的表达式,可以依据以下模板试着定义一个简单的物理矛盾:功能单元(或其中的部件)应该处于操作区内以形成……和不应处于操作区内以防止……

注意用ARIZ解决问题时,解决方案是缓慢形成的,如同照片的显影。

4. 定义微观级物理矛盾

依据以下模板定义微观级物理矛盾:物质的粒子(指出其物理状态或作用)应处于操作区以提供……(指出依据步骤三中第3步所要求的物理状态),又不应在操作区(或应有相反的状态或作用)以提供……(指出依据步骤三中第3步所要求的另一种宏观状态)。

1)在步骤三的第4步中,不需要精确地定义"粒子"的概念,如畴、分子、原子、离子等,都可以被认为是粒子。

2)粒子还可能是以下所列的一部分:物质、物质和场、场。

3)如果问题只能在宏观级求解,那么步骤三的第4步可能就不需要。即使是这样，在微观级努力形成物理矛盾也是有益的，因为它给我们提供问题在宏观级得到解决的附加信息。

注意 ARIZ 的前 3 步可基本上改变初始最小问题，步骤三的第 5 步将归纳总结这些改变。通过定义理想化的最终结果 IFR-2，我们可以获得全新的认识。

5. 定义理想化的最终结果（IFR-2）

依据下列模板定义理想化的最终结果（IFR-2）：操作时间内的操作区系统自己应提供……（指出相反的宏观或微观状态）。

6. 考虑解决新的物理问题

考虑用标准解系统解决新的物理问题。如果问题仍得不到解决，则进入步骤四。如果可以解决，则可以进入步骤七，但是，ARIZ 仍然建议进入步骤四来继续分析问题。

四 动用物场资源

1. 用智能小人模拟矛盾状况

智能小人法由设想小人（以组、多组、群等）是怎样操作的简图所组成。智能小人应代表问题模型（工具或 X 单元）的可变单元。矛盾要求描述了问题模型中的矛盾，或步骤三中的第 5 步中的相反物理状态。后者可能是最好的，但还是没有严格的规则来将物理问题（步骤三中的第 5 步）转化为智能小人模型。问题模型中的矛盾经常容易勾画，有时我们可以通过合并两个简图来改进模型图，从而一起表示坏的作用和好的作用。如果问题是在时间上不断发展的，可以适当考虑创建一系列简图。

好的图应该满足以下的要求：没有文字也具有表现力，通俗易懂；提供与物理矛盾相关的附加信息，并给出解决问题的一般途径。

本步骤是一个辅助步骤。它的作用是把操作区内和周围粒子的作用可视化。智能小人使我们对其理想的相互作用有了更清晰的理解，想象这种理想相互作用时，不需要考虑其物理原理，还弱化了思维惯性，赋予创造性的想象力。虽然智能小人法是一种心理方法，但它的使用仍然依照技术系统进化法则，这就是它时常能得到解决方案的原因。

注意在解决最小问题时动用资源的目的并不是要全部利用，而是用最小的资源获得最强有力的解决方案。

2. 从理想化的最终结果退后一步

如果你知道未来系统是什么，那么唯一的问题是寻找获得这个系统的途径。从理想化的最终结果退后一步可能会有帮助。期望的系统先被简化，随后进行最小的拆分改变。比如，如果根据理想化的最终结果，两个工件应当互相连接，从理想化的最终结果退后一步使两者之间存在间隙。这时新的问题就会出现：怎样消除这个间隙？

3. 利用物质资源的混合物

如果可以利用可用物质资源解决问题,则问题很可能不会发生或自动得到解决。通常解决一个问题需要新的物质,但是新物质的引入使系统变得复杂,并产生有害的副作用。ARIZ第四步骤中给出的物场资源分析的本质是避免这种矛盾,即在无需引进新物质的情况下完成新物质的引进。

在最简单的情况下,本步骤推荐从两种单态物质跃迁到一种异质双态物质的转化。系统的从类似的均质双系统和多系统的转化被广泛用于和描述于标准解法3.1.1之中。虽然标准解处理的是系统集成而非物质,但是在步骤四的第3步中仍然提倡此方法。两个系统的集成结果是形成一个新系统。两个物质的集成结果是形成其中物质数量增加的一种物质。通过集成相似系统生成新系统的一种机制是保持新系统中所集成系统的边界。例如,如果我们认为单页纸是单系统,笔记本则可被认为是多系统。维持边界需要引入第二个物质,一个"边界"物质可以是虚空。所以步骤四的第4步描述了用虚空作为第二种边界物质的异质准多系统。虚空是一种非常不寻常的物质,当物质和虚空混合时,其边界不再清晰可见,但是新的特性出现了,而这正是我们需要的结果。

4. 使用虚空

虚空是一种极其重要的资源。它没有数量限制,具有可用性,便宜,并且易于与其他物质混合形成中空或多孔结构、泡沫、气泡等。虚空未必就是空间。如果物质是固态的,其内可以填充液体或气体。如果物质是液态的,其内可以是气泡。对于高水平的物质结构,低水平的结构可以作为虚空。例如,分离的分子可以认为是晶体结构的虚空,原子是分子的虚空等。

5. 使用派生资源

派生资源可以通过改变物质资源的相态变化来获得。例如,如果物质资源是液体,我们可以考虑将冰或水蒸气作为派生资源。破坏物质资源所获得的产品同样可以认为是派生资源。如氧和氢是水的派生资源;各种成分是多成分物质的派生资源。通过物质分解或燃烧所得的物质也可以被认为是派生资源。

6. 使用电场

如果根据问题描述,应用派生资源的方法是不可接受的,则可以使用电子(电流)资源。电子可以被认为是存在于任何物体内的一种物质。此外,电子还与可控制的场相联系。

7. 使用场和场敏物质

在步骤二的第3步中,我们探究了可用物场资源,在步骤四的第3～5步中我们考虑了派生资源。步骤四的第6步中是可用和派生资源的部分倒退,因为它处理外场的引入。消耗的资源越少,可能越能获得理想的解决方案。但是,用少量的资源解决问题的情况不是常有的。有时我们必须回过头去考虑引入"外界"物质和场。当然,只有在完全有必要的时候才这么做,即可用物场资源不可被利用的时候。

五、应用知识库

1. 标准解

我们已经在步骤四的第 6 和第 7 步中返回到标准解系统。在这些步骤之前,主要思路是应用可用物场资源,目的是避免引入新的物质和场。如果还不能解决问题,则必须要引入新物质和场。大多数标准解都涉及引入附加物的方法。

2. 已经解决的问题

虽然有无穷多的发明问题,但只有少数的物理矛盾与它们相关联。因此,许多问题可以通过对包含类似矛盾的问题的类推来得到解决。这些问题看起来可能不相同,所以适当的近似只有当分析结果在物理矛盾层面上时才能够发现。

3. 分离原理

考虑应用分离原理来解决物理矛盾。只有当解决方案完全符合或接近理想化的最终结果时才可以被接受。

4. 科学效应

考虑利用物理、化学等科学效应和现象来解决物理矛盾。

六、改变或者替换问题

1. 将概念方案转化为实用方案

如果问题得到解决,要将理论的解决方案转化为实用的、陈述作用的原理,创建完成这项原理的设备原理图。

2. 组合问题

如果问题没有得到解决,应当返回去检查步骤一中的第 1 步里的描述是否代表了几个问题的组合。如果是,重新表达步骤一中的第 1 步,分离问题,然后解决这些问题。

3. 另一个技术矛盾

如果问题仍然无法得到解决,通过选择步骤一中的第 4 步中另外的技术矛盾来改变问题。

4. 向超系统跃迁

如果问题依然得不到解决,应返回到步骤一中的第 1 步,就超系统重新定义最小矛盾。若有必要,与下面几个连续的超系统一起重复这个定义过程。

七、分析解决物理矛盾的方法

1. 检查解决方案

考虑每一个引入的物质和场。是否可以用派生资源来替代要引入的物质和场？是否可以应用可自我控制的物质？

2. 解决方案的初步评估

回答下列问题。

1)解决方案是否满足 IFR-1 的主要需求？

2)解决方案解决了哪一个物理矛盾？

3)新系统是否包含了至少一个易控单元？是哪一个单元？如何控制？

4)为"单循环"问题所得到的解决方案是否适用于现实的、"多循环"问题情境？

如果解决方案不能符合以上各点,则返回步骤一中的第 1 步。

3. 检查解决方案的新颖性

通过专利搜索来检查解决方案的新颖性。

4. 预测后续问题

在新技术系统的发展过程中,什么新问题会出现？注意,这些后续的问题的解决可能要求发明、设计、计算以及克服组织上的挑战等。

八、利用解决方案

1. 定义超系统的改变

定义包含已变化系统的超系统应如何进行改变。

2. 检查新用途

检查改变的系统或超系统是否具有新用途。

3. 解决新问题

应用解决方案解决新问题。

1)在现有解决方案基础上,抽象出一个通用原理。

2)考虑对其他问题该解法原理的直接应用。

3)考虑使用相反的解法来解决其他问题。

4)创建一个包含了所有解决方案可能的更改的形态矩阵,并仔细考虑矩阵所产生的每一种组合。比如,"放置零件"对"工件的相态";"应用场"对"环境的相态"。

5)考虑解决原理的更改产生于系统尺寸或主要零件引起的变化,想象如果尺寸趋于零或伸展到无穷大可能产生的结果。

九、分析解决问题的过程

1. 比较 ARIZ 流程的偏离

将问题解决的实际过程与理论相比较（更确切地说，依照 ARIZ）。记下所有偏离的地方。

2. 检查 TRIZ 知识库

将解法方案与 TRIZ 知识库相比较（标准解、分离原理、科学效应和现象知识库等）。如果知识库中没有包括解决问题所使用的原理，则文件化这个原理，以便在 ARIZ 修订时被考虑纳入。注意：ARIZ—85 已经在很多问题上进行了检验，一些使用者忘记了这一点，在基于解决了一个问题的经验基础上就建议改进 ARIZ，甚至将只适用于特殊问题的特殊解法当做规则建议修改 ARIZ，结果却导致其他问题的解决更加困难。因此，任何建议都需要在 ARIZ 外当做案例来进行检验，比如，和智能小人一起进行检验，然后，再纳入 ARIZ，任何的改变都必须经过至少 20～25 件相当具有挑战性问题的解决来检验。ARIZ 一直处于完善之中，因此需要更新观念。但是，这些观念必须先小心彻底地进行检验。

第29章　计算机辅助创新软件介绍

第一节　计算机辅助创新技术

计算机辅助创新技术(computer aided innovation, CAI)是工程与管理领域又一个重要的计算机辅助技术,和其他 CAX 技术一样,它得益于创新理论、方法的发展及其与计算机技术的不断融合。由于 TRIZ 理论的出现和不断发展,促使了计算机辅助创新技术的诞生。

CAI 包括科学的问题分析与创新思维方法、问题转换与矛盾解决创新原理、标准问题解法与发明问题解决算法等,相对于传统的创新方法,具有很强的科学性和可操作性。另外,不断成熟的本体论技术为创新思维扩展和基于专利的问题解决提供了重要途径,逐渐成为计算机辅助创新技术的核心内容之一。随着问题分析方法、专利分析、价值工程和项目管理等理论方法的融入,逐渐形成完善的计算机辅助创新技术,这些理论构成计算机辅助创新技术的理论基础。

基于创新理论和方法,针对实现创新的必要条件和基本过程,计算机辅助创新逐渐形成了一套系统的理论与方法框架。它主要包括以 TRIZ 创新理论与方法为核心的创新能力拓展,基于创新思维的问题分析与矛盾发现,基于本体论的创新概念扩展,基于 TRIZ 创新原理的工程矛盾解决,基于专利的解决方案知识库构建,基于价值工程的方案评价,以及专利分析与生成等几个方面,它们为创新过程中创新主体能力的提升和创新问题的系统解决提供了强大的理论与方法基础,构成了计算机辅助创新整体解决方案的理论框架。

第二节　Pro/Innovator™软件

Pro/Innovator™由如下一些模块组成,详细流程图见图 29.1。

图 29.1　Pro/Innovator™模块组成图

一、系统分析模块

提供自底向上、自顶向下、手工、基于建模向导等多种方式构建系统组件模型（即系统组件及其相互作用关系）来分析系统、明确系统改进方向。

组件角色分析和系统能量流分析帮助工程技术人员和软件本身更准确地理解技术系统，从更高的层次上把握整个技术系统。

软件自动将系统建模过程中发现的系统中存在的有害的和非优化的相互作用转化为问题定义，并排列在项目导航树上，帮助工程技术人员梳理和明确下一步问题求解或系统改进的子项目，如图 29.2 所示。

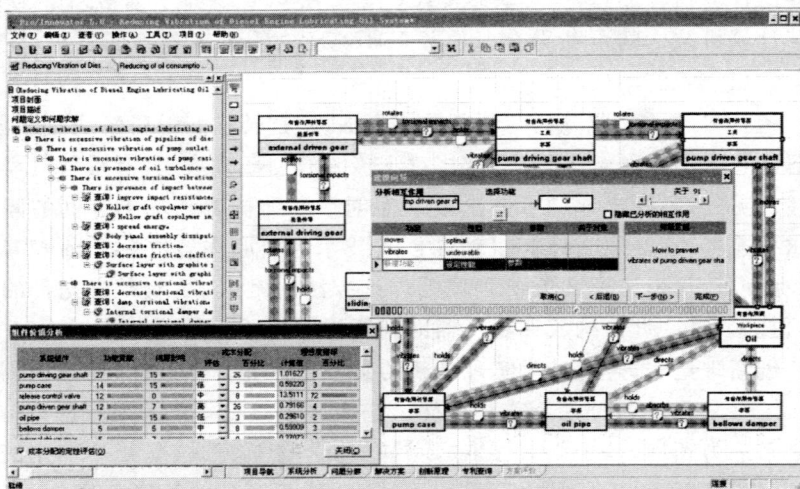

图 29.2　系统分析模块界面

基于价值工程的组件价值分析可以帮助工程技术人员快速、客观地定位系统中的薄弱环节，为后续的系统简化和性能改进提供重要参考。

除了用于系统初始工况分析，系统分析模块还可用于备选方案（类比方案或用户方案）的系统建模，进而用于生成备选方案的专利生成和用户方案的知识管理。

二、问题分解模块，如图 29.3 所示

从项目导航树上排列的任何一个问题定义开始，都可以进行因果分析和资源分析，暴露初始问题的根本原因，并揭示现有系统中可用来解决问题的资源。

因果分析鼓励工程技术人员剖析根本原因，并从根本上解决问题，而不是停留于表面症状。

基于 TRIZ 多屏幕系统思维方法的资源分析，采用启发式提问形式帮助工程技术人员理清问题区域附近在时间维度和空间维度上所有可用的物场资源，用以解决已识别出的根本问题。

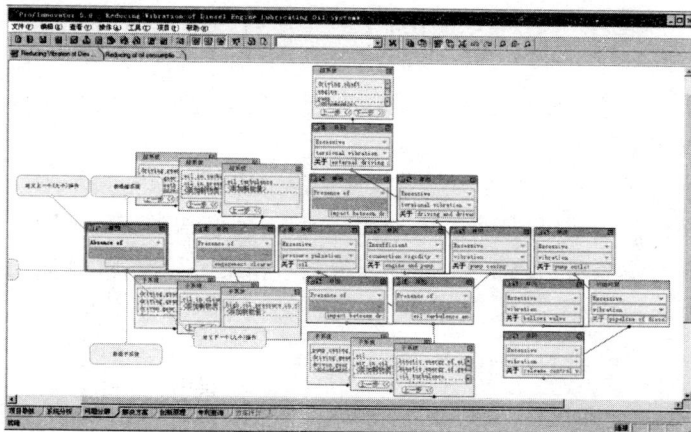

图 29.3　问题分解模块界面

Pro/Innovator™自动将因果分析和资源分析产生的转化问题排列在项目导航树上。工程技术人员评估可用资源解决根本问题或其他转化问题的可行性,进入各问题解决模块进行矛盾定义或问题求解。

完成了初始工况分析阶段后,用户可以在项目导航树上得到一系列的问题定义或转化问题。接下来进入备选方案生成阶段。Pro/Innovator™提供了三个模块支持构造备选方案。

1)解决方案模块:来自高水平发明专利,基于本体构建的创新方案库。

2)专利查询模块:基于本体扩展查询的在线专利搜索引擎。

3)创新原理模块:为非折中地解决矛盾问题提供向导。

三、解决方案模块,如图 29.4 所示

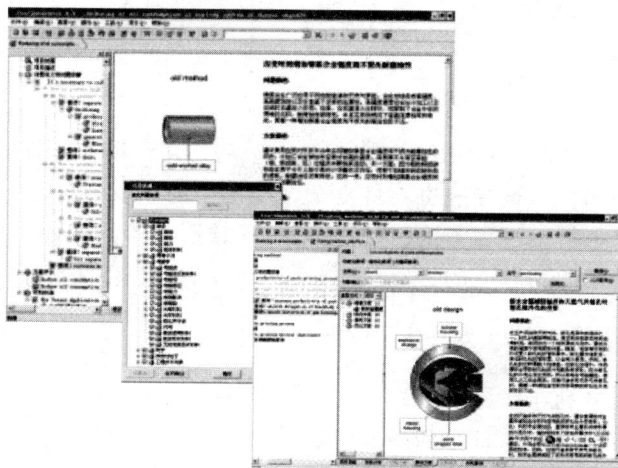

图 29.4　解决方案模块界面

提供有效的、可实施的解决方案库。其中所有方案全部来自不同制造业工程领域的发明专利。

包含万余条精选发明问题解决方案，所有方案全部由近30年来的数百万发明专利成果提炼而来。

基于本体的知识组织方法保证信息搜索的准确性。

支持二次检索模式，保证了搜索过程高效率、搜索结果高精确性。

每个解决方案条目内容精炼，并辅以准确形象的动画演示，帮助使用者快速领悟跨领域的创新成果。

四、创新原理模块，如图29.5所示

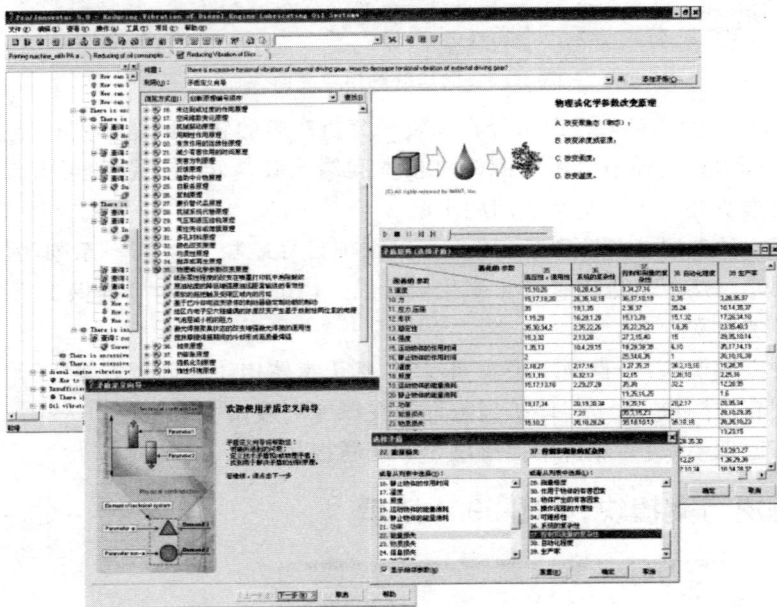

图 29.5　创新模块界面

提供三种定义 TRIZ 矛盾的方法，三种方法满足对 TRIZ 矛盾矩阵不同熟练程度的人群使用，同时，三种方法也支持复杂程度不同的矛盾问题分析与定义。

每条创新原理均配以动画演示，帮助使用者领悟创新原理内涵，同时每条创新原理下包括从发明专利萃取的、来自不同工程领域的典型应用。

五、专利查询模块，如图29.6所示

提供通用的专利在线检索门户。

支持访问美国、欧洲、日本和中国专利数据库。

基于本体的自动扩展的检索方式，提高了专利检索的查全率。

在备选方案生成阶段，Pro/Innovator™不仅支持用户跨领域借鉴各行业精选

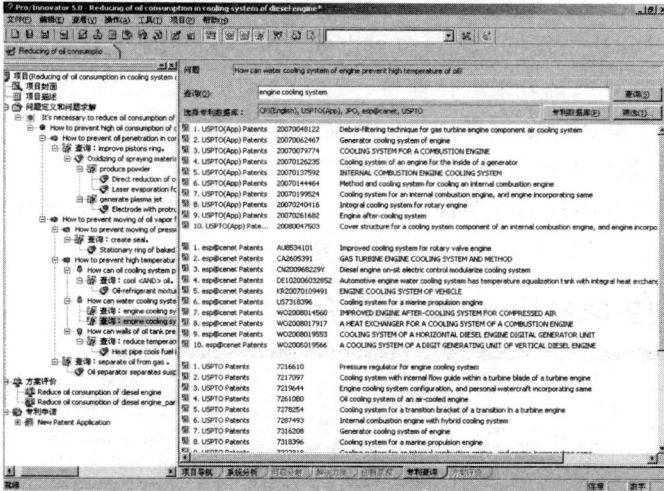

图 29.6 专利查询模块界面

知识(解决方案库模块)和前沿的创新知识(专利查询模块),还支持工程师使用
TRIZ 工具创造性地解决矛盾问题(创新原理模块),无论工程师对 TRIZ 掌握程度
如何。这三个模块不仅具有启发式的结构,有效帮助工程师构造出创新的备选方
案;同时它们之间也是互动的,工程师可以将自己的创造性思维和备选方案及时记
录,并整理到整个项目流程中。

六、方案评价模块,如图 29.7 所示

图 29.7 方案评价模块

　　系统内嵌的方案评价模型为工程技术人员提供评价备选方案可能存在的正面和负面效果。同时，工程技术人员也可以修改和添加新的方案评价模型，并调用不同方案评价模型对项目方案进行评价。

　　允许单专家和多专家方案评价。当选择多专家方案评价时，每个专家的权重因不同专家背景、经验或其他因素而具体确定。

　　允许主观的和客观的方案评价。主观评价由专家按照指定的方案评价模型进行；客观评价则根据参考专利的引证指数来进行。

七、专利生成模块，如图 29.8 所示

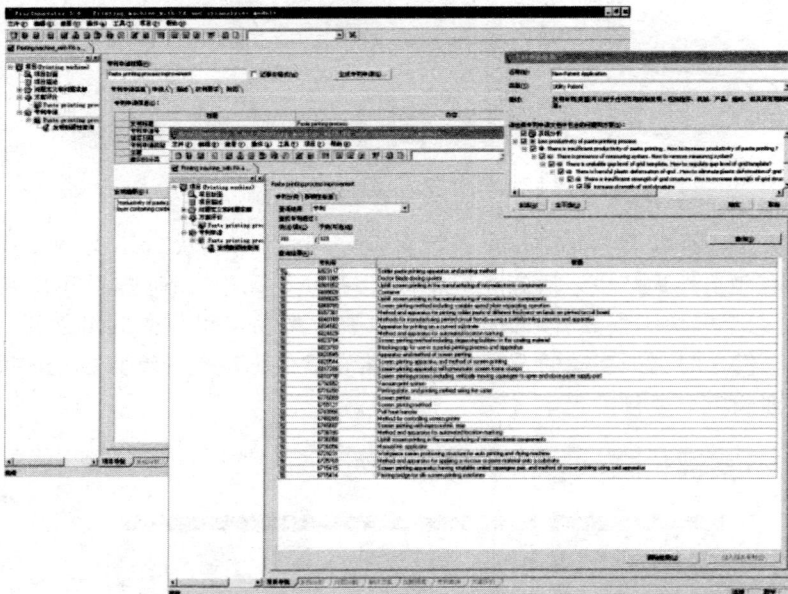

图 29.8　专利生成模块

　　辅助用户撰写技术交底书初稿。

　　整理发明方案，并构建组件模型，帮助发明人理解发明内容的实质。

　　自动形成权利要求书的主要部分。

　　帮助发明人获得高质量、高价值的专利申请。

八、知识库编辑器

　　知识库编辑器是 Pro/Innovator™创新知识管理平台的重要组成部分，是用户实现创新知识管理的工具，如图 29.9 所示。

　　可按企业知识的具体类型定制模板。

　　知识模板管理器中内嵌的多种内容类型为用户自定义知识结构提供足够的支持，实现知识的有序化分类管理。

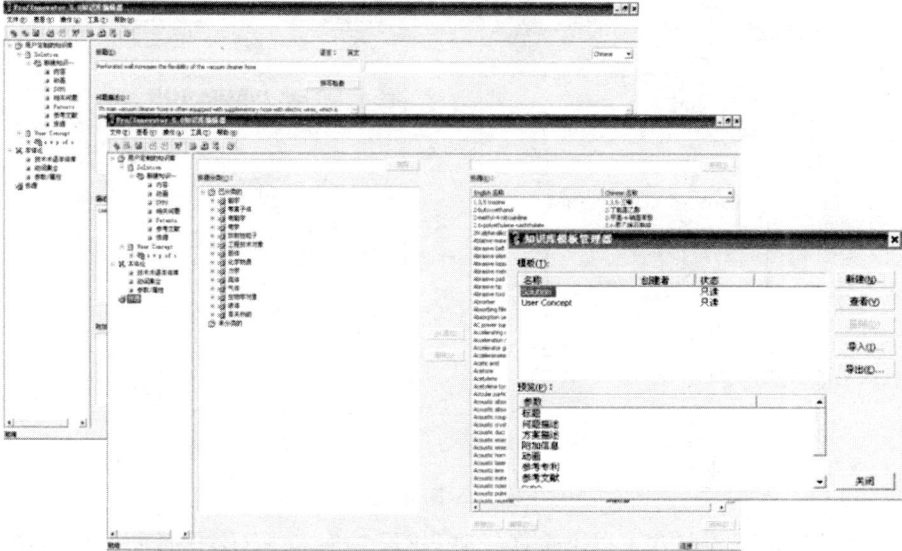

图 29.9 知识库编辑器界面

集中收集与管理 Pro/Innovator™产生的用户方案,为企业创新知识积累和重用提供支持。

支持知识条目批量导入与导出,简化了用户知识的移植与备份。

编辑本体库完成技术术语领域本体,使企业创新知识与各领域解决方案融为一体、直接为研发服务。

权限管理机制使得企业的创新知识管理更加安全有效。

Pro/Innovator™系列为创新提供了相关的技术信息和有效的创新方法。它主要覆盖了航空航天、船舶制造、国防军工、机械制造、汽车工业、铁道、通信、电子、轻工、家电等行业。

第三节　CBT/TRIZ——创新能力拓展平台

CBT/TRIZ 5.0 是以 TRIZ 理论为核心内容,以计算机技术为基础实现的网络化创新能力拓展平台,为企业和高校的创新人才培训和创新内容管理提供帮助。

CBT/TRIZ 5.0 涵盖国际 TRIZ 协会(MATRIX)认证的 TRIZ 培训课程和考试内容、中国 ITC 标准培训课程与考试内容。CBT/TRIZ 是唯一获得国际 TRIZ 协会认证的 TRIZ 培训软件;是国内机械设计工程师资格认证考试的辅导工具;是获得中国 ITC 认证证书的培训平台,如图 29.10 所示。

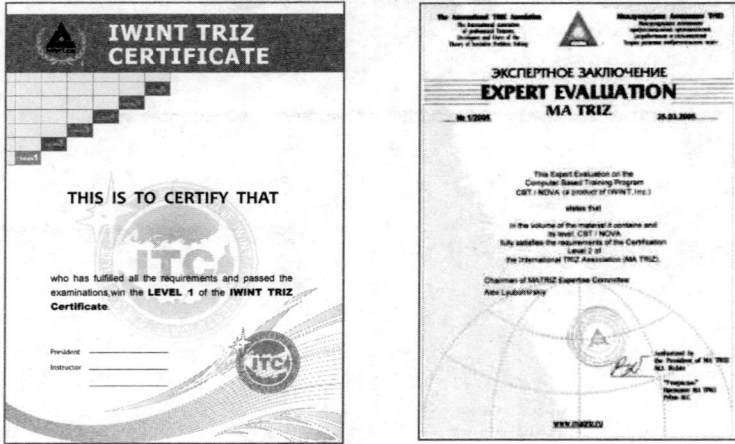

图 29.10　CBT/TRIZ 培训和资格证书

TRIZ 培训课程包含了以下全部经典 TRIZ 内容和 TRIZ 的最新发展趋势。

40 个创新原理	物场分析方法
技术系统进化法则	发明问题解决算法
特征转化、修剪技术	创新思维方法
76 种发明问题标准解法	科学原理和效应及资源分析
矛盾问题解决方法	专利战略……
系统建模和分析	

用户也可以在课程体系中添加、开发新的培训课程，如图 29.11 所示。

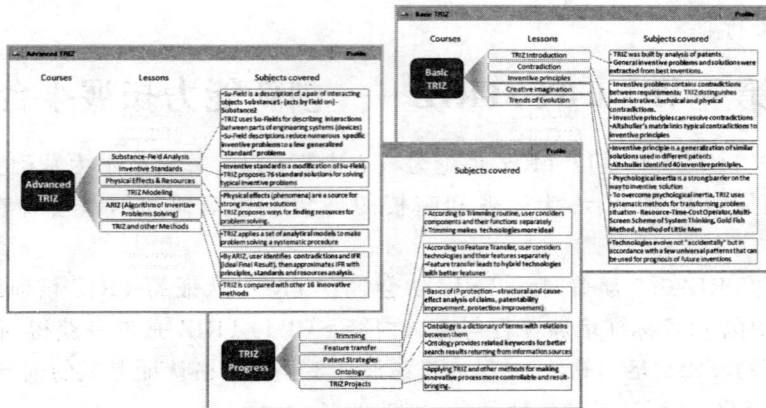

图 29.11　CBT/TRIZ 界面

采用理论－实例－练习－测试的系统化培训流程；基于课程单元和卡片方式的课程设置，每张卡片完整地介绍一个概念或主题，如图 29.12 所示。

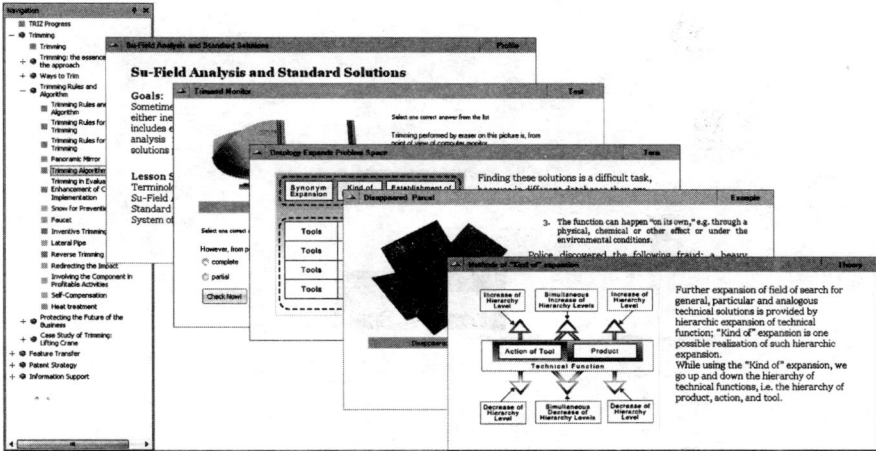

图 29.12　CBT/TRIZ 完整示例

引入国际高端软件流行的概念图技术，每个课程单元内的关键概念及其相互关系都是可视化的，如图 29.13 所示。

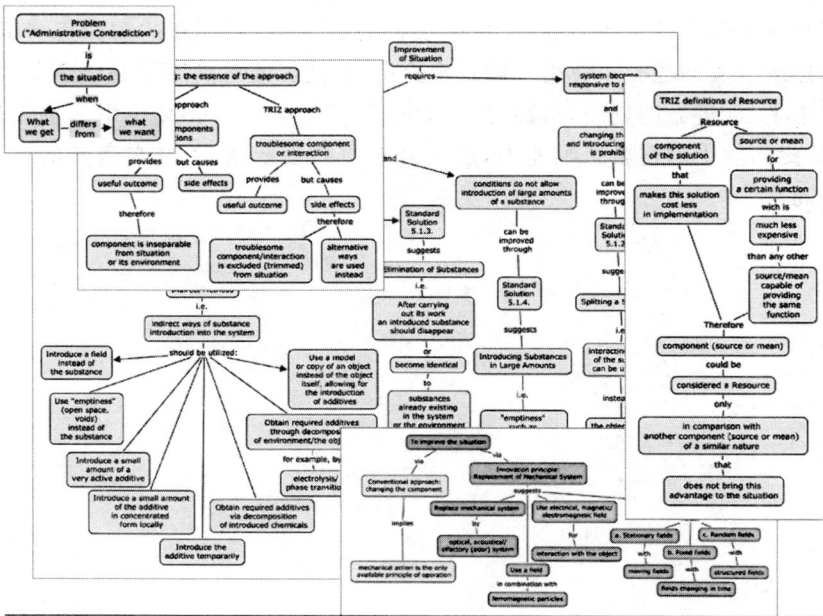

图 29.13　CBT/TRIZ 的概念图

概念清晰,图文并茂,激发培训者学习兴趣,如图 29.14 所示。

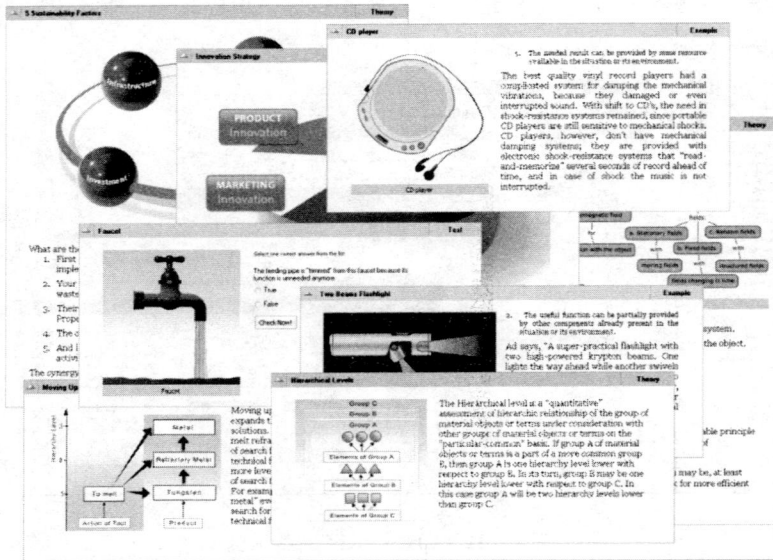

图 29.14　CBT/TRIZ 丰富的界面要素

　　CBT/TRIZ 学习课程以系统的 TRIZ 理论知识以及全新的案例式教学方式,帮助用户掌握创造性解决问题的方法,突破思维定势,用创新的视角思考问题,用创新的思维解决问题。企业引入创新理论培训,能够改善员工的整体创新能力,提升研发水平,促进原始创新,打破专利封锁,掌控知识产权。高校引入创新理论教育,能够提高学生的创新思维能力,造就高素质的创新型人才,在激烈的就业竞争中脱颖而出。

第30章 优化阶段简介

O阶段——优化阶段是 DAOV 流程中的第三个阶段。优化阶段的核心是对所得到的方案进行评价,找到在现有条件下切实可行的最终理想方案。这一阶段我们需要列出在 A 阶段得到的所有概念方案,按照 S 曲线和进化法则,分析各个方案在进化路径上的位置,并以此为制定决策依据,选择最佳方案,并使用 Pro/Innovator™的评价模块对该方案进行评价。其中,很重要的一点是在决策阶段我们应该确认决策的依据是什么? 决策的主要风险是什么? 决策的结论是否通过了相关方的评审? 从而帮助我们以较高的概率选择出能满足各方多重需求的方案。

优化阶段的目标是寻找最优的解决方案。本阶段分概念列表和方案选择两个步骤。

第一节 概念列表

将前一阶段得到的诸多解决方案依照软件给出的模板形成列表。每一方案均包含方案描述、示意图及实施风险分析等详细内容,如表 30.1 所示。

表 30.1 概念列表

序号	备选方案名称	方案描述	示意图	实施风险分析
1				
2				
...				

第二节 方案选择

当得到方案列表之后,需要做的工作就是在诸多的可行方案中优选出最适宜的方案。可运用 S 曲线、层次分析法 AHP、进化法则、决策分析及 Pro/Innovator™评价模块等工具来对上述概念方案列表进行处理,以得到最终的解决方案。

一、S 曲线

通常所说的产品生命周期理论是反映产品生产销售状况的曲线,它被划分为四个阶段:引入期、发展期、成熟期和衰退期(淘汰期)。对于复杂的有持续技术创新的产品而言,这种曲线表示的实际上是一种趋势,它的作用是评估系统现有技术的成熟度,以帮助企业针对现有产品进行合理的分配和投入,辅助企业作出正确的决策。

二、进化法则

技术系统进化就是指实现系统功能的技术从低级向高级变化的过程。对于一个具体的技术系统来说,对其子系统或元件进行不断地改进,以提高整个系统的性能,就是技术系统的进化过程。任何一种产品、工艺或技术都在随着时间向着更高级的方向发展和进化,并且它们的进化过程都会经历相同的几个阶段。阿奇舒勒在分析大量专利的过程中发现,产品及其技术的发展总是遵循一定的客观规律,而且同一条规律往往在不同的产品技术领域被反复应用,即任何领域的产品改进、技术的变革过程,都是有规律可循的。人们如果掌握了这些规律,就能能动地进行产品设计,并能预测产品的未来发展趋势。基于进化法则,可以使我们的产品开发具有可预见性,对于提高产品创新的成功率,缩短发明周期,都具有重要意义和价值。

三、层次分析法 AHP

层次分析法(analytic hierarchy process,AHP)是美国运筹学家托马斯·塞蒂(Thomas L. Saaty)教授于 20 世纪 70 年代初期提出的,AHP 是对定性问题进行定量分析的一种简便、灵活而又实用的多准则决策方法。它的特点是把复杂问题中的各种因素通过划分为相互联系的有序层次,使之条理化,根据对一定客观现实的主观判断结构(主要是两两比较)把专家意见和分析者的客观判断结果直接而有效地结合起来,将一层次元素两两比较的重要性进行定量描述。而后,利用数学方法计算反映每一层次元素的相对重要性次序的权值,通过所有层次之间的总排序,计算所有元素的相对权重并进行排序。该方法的应用步骤如下。

1)通过对系统的深刻认识,确定该系统的总目标,弄清规划决策所涉及的范围、所要采取的措施方案和政策、实现目标的准则、策略和各种约束条件等,广泛地收集信息。

2)建立一个多层次的递阶结构,按目标的不同、实现功能的差异,将系统分为几个等级层次。

3)确定以上递阶结构中相邻层次元素间相关程度。通过构造两两比较判断矩阵及矩阵运算的数学方法,确定对于上一层次的某个元素而言,本层次中与其相关元素的重要性排序——相对权值。

4)计算各层元素对系统目标的合成权重,进行总排序,以确定递阶结构图中最底层各个元素的总目标中的重要程度。

5)根据分析计算结果,考虑相应的决策。

四、决策分析

当议题为体系结构方案或设计方案中的选择、可复用产品构件或商业现货构件的选择、供方选择、工程化支持环境或相应的工具、测试环境以及后勤保障和生产等涉及中、高风险时或者这些问题影响到实现项目目标的能力时,采用结构化决策过程。在结构化决策过程中可以采用数值的或非数值的准则。数值化准则使用比较客观的衡量尺度来反映各项准则的相对重要性。非数值准则使用的是比较主观的定级尺度(如高、中、低)。决策分析的目的是运用结构化方法对候选方案进行决策,可以减少决策中的主观影响,并能够以比较高的概率选择出能满足各相关方多种需求的解决方案。

主观评价是决策方案的一种主要方法,它的理论基础来源于苏格兰 Strathclyde 大学 Stuart Pugh 教授发明的 Pugh 矩阵(普氏矩阵)。

Pugh 方法的实质是个矩阵,矩阵的列为评价方案所选择或设计的一组评价准则(实为一组功能参数),行是参与评价的一组方案。选定一个备选方案(或一个已有的设计项目)作为评价标准,设定其各项参数为需要评价的对象;由本专业领域专家(或用户)计算或评估每个备选方案中各参数相对评定准则的层次,即此方案中该参数的性能状况;Pugh 将比较结果分为三个层次:与评定标准同等层次(设为0)、优于评定标准(设为+)、劣于评定标准(设为一);计算各方案参数评价值的总和(分别计算"+"和"一"),从总评价值中选择可用的最好方案或符合用户对参数不同需求的方案。如果某些方案的总和值相差不大,可对相近的方案继续细化参数或修改参数,以便决定方案的选择。第一轮评价后,用户可修改参数和方案,开始第二轮评价,直至找出合适的解决方案。

五、Pro /Innovator™方案评价模块

方案评价模块提供的是一种相对评价。通过对"创新原理"、"解决方案"或"专利查询"模块搜索到的备选方案来进行相对评估,找出在所获得的备选方案中哪个方案更好。其中包含三种评价方法:单专家评价、多专家评价(主观评价)、专利权值评价(客观评价)。

所谓主观评价,即由用户自行确定评价模型中的功能参数,并设定各参数对系统影响的程度,即参数权重。评价模型中的参数可为系统问题解决后生产力提高的情况、单位成本降低的状况、实现功能所需的时间和成本是否降低等。

客观评价主要是从备选方案中所采用的专利被引证的次数的角度来进行评价。这些备选方案可以来自于各国的专利数据库、软件本身的知识库等。从备选方案的专利状况可评价其可行性和有效性,利用专利权值 K 评价。一个备选方案的专利权值 K 越大,则表明此备选方案对解决该问题越有效。

第 31 章　S 曲线

第一节　S 曲线简介

企业不能期望它的产品永远畅销,因为一种产品在市场上的销售情况和获利能力并不是一成不变的,而是随着时间的推移发生变化。一种产品进入市场后,它的销售量和利润都会随时间变化,呈现一个由少到多、由多到少的过程,就如同人的生命一样,由诞生、成长到成熟,最终走向衰亡,这就是产品的生命周期现象,即产品从进入市场开始,直到最终退出市场为止所经历的市场生命循环过程。产品只有经过研究开发、试销,然后进入市场,它的市场生命周期才算开始。产品退出市场,则标志着生命周期的结束。

产品生命周期曲线因其形状类似 S 形,因此常被称为"S 曲线"。S 曲线横轴为时间,纵轴为产品普及率或销售量。根据 S 曲线划分,产品生命周期包括婴儿期(infancy stage)、成长期(growth stage)、成熟期(maturity stage)与衰退期(decline stage)。这四个阶段类似人类的成长阶段,它指出技术体系的主要参数(功率、生产率、速度、它所派出的型号的数目等)是怎样在时间上变化的,如图 31.1 所示。

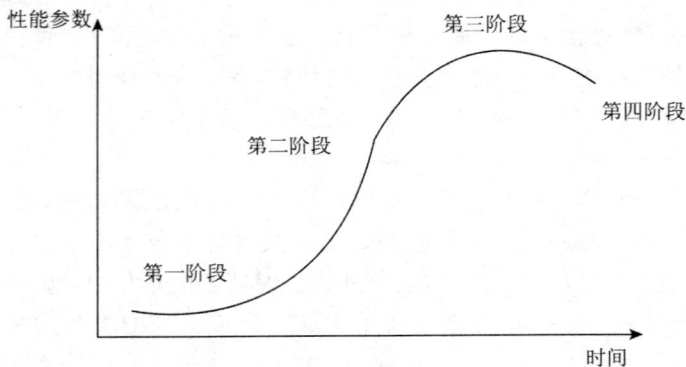

图 31.1　S 曲线

除了"性能参数"这一指标呈现标准的 S 形曲线,我们通常还可以通过几个指标来考察技术系统,以识别系统所处的阶段。这个几个指标是:专利数量、发明级别、利润,它们随时间变化的曲线对于技术系统四个阶段呈现明显的变化,如图31.2 所示。

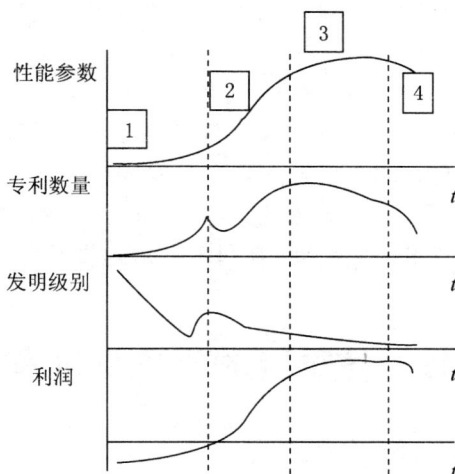

图 31.2　S曲线的四个指标

在这四个关键指标中,值得一提的是"发明级别"这一指标。其源于 TRIZ 理论对于发明等级的区分,TRIZ 理论将其分为五个等级。

第一级是最小型发明。指那种在产品的单独组件中进行少量的变更,但这些变更不会影响产品系统的整体结构的情况。该类发明并不需要任何相邻领域的专门技术或知识。特定专业领域的任何专家,依靠个人专业知识基本都能做到该类创新。如以厚度隔离减少热损失,以大卡车改善运输成本效率等。据统计,大约有 32% 的发明专利属于第一级发明。

第二级是小型发明。此时产品系统中的某个组件发生部分变化,改变的参数约数十个,即以定性方式改善产品。创新过程中利用本行业知识,通过与同类系统的类比即可找到创新方案,如中空的斧头柄可以储藏钉子等。约 45% 的发明专利属于此等级。

第三级是中型发明。产品系统中的几个组件可能出现全面变化,其中大约有上百个变量加以改善,它需利用领域外的知识,但不需要借鉴其他学科的知识。此类的发明如原子笔、登山自行车、计算机鼠标等。约有 19% 的发明专利属于第三等级。

第四级是大型发明。指创造新的事物,需要数千个甚至数万个变量加以改善的情境,它一般需引用新的科学知识而非利用科技信息,该类发明需要综合其他学科领域知识的启发方可找到解决方案。大约有 4% 的发明专利属于第四级发明,如内燃机、集成电路、个人电脑等。

第五级是特大型发明。主要指那些一般是先有新的发现,建立新的知识,然后才有广泛的运用的科学发现。大约有 0.3% 的发明专利属于第五级发明。如蒸汽发动机、飞机、激光等。

产品S曲线是公司研发或产品规划中的一个重要依据。如某一产品的现有竞争者存在吗？若有该公司位于S曲线哪一位置？自身公司该选择哪一时间点进行投入以超越对手？

在S曲线的每个阶段，公司所采取的营销策略、研发策略、专利策略与竞争竞争策略都是不同的，这是S曲线规划的重点内容。产品S曲线分析已经成为思考技术战略的核心工具，它是关于技术改进潜力的一种归纳性推论。通过S曲线分析，可以评估系统现有技术的成熟度，有利于合理地投入和分配，帮助我们作出正确的研发决策。

第二节　各阶段的辨别标准和特征

一、第一阶段——婴儿期

婴儿期是指产品产生的最初阶段。在这个阶段，实现系统功能的原理已经出现，技术系统也随之产生。接着，系统内部的各组成部件得以改进。但此时新系统的性能通常不如旧系统稳定，技术系统发展缓慢。这一阶段的主要问题主要包括以下几种。

1) 资源缺乏。"资源"是TRIZ理论中的重要概念，创造性地利用资源是我们解决问题的关键。

2) 存在一系列"瓶颈"问题。"瓶颈"问题是那些阻碍技术系统进一步发展的关键问题。判别出这些挑战，并且针对这些问题提出解决方案，是技术系统突破性发展的核心。

值得一提的是，在第一阶段，我们常常会遇到一些典型的错误导向，如有时研究者会错误地把还在实验阶段的系统当做是处于第二阶段或第三阶段的成熟系统。因此，我们必须明确处于第一阶段技术系统的特征。

1) 系统还未进入市场或只占有小份额。

2) 该阶段研究人员努力地改进系统，但系统基本无利润。

3) 老系统的组件直接拿来用在新系统上。

4) 系统和超系统中的元素集成在一起——超系统的元素未改变，而是系统改变来适应该元素。

5) 系统和当时已经很领先的其他系统的组件相结合。

6) 系统的改进量以及改进前后的区别最开始是增长的，后来下降。

此时产品品种少，顾客对产品还不了解，除少数追求新奇的顾客外，几乎无人实际购买该产品。生产者为了扩大销路，不得不投入大量的促销费用，对产品进行宣传推广。该阶段由于生产技术方面的限制，产品生产批量小，制造成本高，广告费用大，产品销售价格偏高，销售量极为有限，企业通常不能获利，反而可能亏损。第一阶段的发明级别很高，随着系统的改进，以后各个阶段的发明级别是急剧下降的。在该阶段结束前有一个小幅的回升。而此阶段的成本往往大于收益。

产品处于第一阶段存在上述诸多风险，因此，要求识别出阻止产品进一步进入市场的"瓶颈"，然后着力消除这些因素。对第一阶段系统，TRIZ 理论给予我们如下一些改进技术系统的建议。

1) 应该充分利用当时已有的系统部件和资源。

2) 多考虑与当时比较先进的其他系统或部件相结合。

3) 主要的精力应放在解决阻碍产品进入市场的"瓶颈"上。

以人工心脏为例，一个主要的"瓶颈"问题是它的尺寸问题。对于正常人而言，人工心脏太大无法移植。因此，只能用于延长那些濒临死亡的人的寿命。为了使人工心脏得到更广泛的应用，则必须缩小它的尺寸，并消除组织的排异问题。现在人工心脏的尺寸在中国已经大大的缩小，其重量也仅有几十克。在不久的将来，可以预见它将进入医疗市场，并惠及更多心脏病患者。

综上所述，处于第一阶段的技术系统一般都应用了新的操作原理，该阶段也允许对系统及其部件的组成做大的改动，这对于系统确定最适合的细分市场非常重要。明确产品定位后，可以帮助分析限制系统发展的超系统和自然因素，为突破这些技术"瓶颈"指明方向。

二、过渡阶段

在第一阶段之后，技术系统存在一个过渡阶段。处于该阶段的技术系统的商业价值已经体现，并在不同的市场领域得到应用。一方面，系统发展为几种不同的类型，尽管其中的多数类型会被淘汰。另一方面，系统中那些"瓶颈"问题无法克服，最终只有一种类型的系统会在过渡期结束时生存下来。因此，在产品生命周期中存在过渡阶段的主要原因是由于面临着进入或退出市场的抉择，面临的竞争系统施加的阻力也陡然增大。

过渡阶段的技术系统一般有以下一些特征。

1) 尝试进入多个细分市场，使 S 曲线趋于平坦。

2) 在该阶段结束时，最适应现有超系统的那个系统会生存下来（并不代表这个系统是最有前途的）。

3) 该系统的胜利会使其他系统停止或暂时停止发展。

要加快系统进入市场的速度，不只是让系统带来更多的利润。系统只需要有一方面的性能是独特的即可，其他的性能只需达到最低要求，这样，系统会进入某一特定的细分市场。处于过渡阶段的技术系统，一般允许对系统及其部件的组成做大的改动，却不允许改变系统的操作原理。对于技术系统的改变，需要适应和利用已存在的资源。因此，需要我们正确地认识资源，具体情况可以参考本书相关章节的介绍。

三、第二阶段——快速成长期

技术系统发展的第二阶段是"快速成长期"。由于收益率的提高，使投资额也大幅增长，系统充分利用所有可利用的资源，而且特定资源的引入使系统变得更有效，处于此阶段的系统其主要参数快速成长，且成本降低，生产量增加，并且系统向新的领域扩展。此时，可以通过下述指标判别系统处于第二阶段。

1）专利数量迅速增长。

2）发明级别持续降低。

3）系统带来的收益开始上升。

处于第二阶段的技术系统其特征，主要有以下几个。

1）随着性能的改进，利润增长与其成正比。

2）系统的类型和应用领域增加。

3）系统各类型间的区别增大。

4）系统会具备一些与主功能相关的附加功能。

5）出现系统专用的资源。

6）当系统和超系统单元结合时，超系统单元会为适应系统而做调整。

处于第二阶段的技术系统优化建议如下。

1）利用折中法就可解决问题，但得到的方案并没有彻底消除存在的问题。

2）可以利用超系统中适合的资源。

3）引入系统专用的资源，并向该方向发展。

处于第二阶段的产品，开始获利，并且开始进入不同的细分市场，此时系统及其部件会有些适度的改变。可以说产品生命周期的第二阶段是生命周期中最好的阶段。

四、第三阶段——成熟期

产品生命周期的第三个阶段称为产品的"成熟期"，此时技术系统发展缓慢，生产量趋于稳定，产品大批量生产并稳定地进入市场销售。经过成长期之后，随着购买产品的人数增多，市场需求趋于饱和。此时，产品普及并日趋标准化，成本低而产量大。销售增长速度缓慢直至转而下降，由于竞争的加剧，导致同类产品生产企业之间不得不在产品质量、花色、规格、包装服务等方面加大投入，在一定程度上增加了成本。同时，技术系统所出现的矛盾会阻碍技术系统的进一步发展。

这些问题产生的原因，主要在于以下几个方面。

1）系统性能已接近自然极限。

2）回报率/有害作用的比值快速增长。

3）经济和法律的限制。

4）超系统发生改变。

5)出现的矛盾会阻碍系统的发展。

也可以通过前面我们所谈到的几个标准进行判别。

1)专利数量一直较多。

2)发明级别非常低。

3)系统收益很高。

针对上述处于第三阶段产品所面临的问题,下一步的努力方向是降低成本、发展相应的服务子系统、改善外观。可以通过寻找基于新的工作原理的系统,或者对系统进行简化或与其他系统或技术相结合等方法来改进系统。

五、第四阶段——衰退期

产品生命周期中的第四阶段被称为"衰退期",此时的产品一般进入了淘汰阶段。此时技术系统几乎被淘汰,系统功能和带来的收益都在,产品的销售量和利润持续下降,产品在市场上已经老化,不能适应市场需求,市场上已经有其他性能更好、价格更低的新产品,足以满足消费者的需求。此时成本较高的企业就会由于无利可图而陆续停止生产,该类产品的生命周期也将陆续结束,直至最后完全撤出市场,如图 31.3 所示。

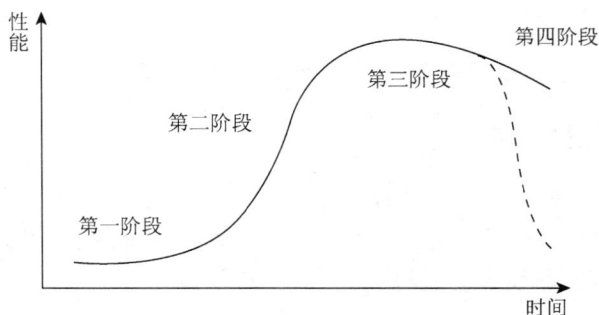

图 31.3 S曲线的衰退期

从系统层面上看,当现有系统处于第四季阶段时,一般与此同时的另一个新系统已经发展到第二阶段,迫使现有系统退出市场。超系统的改变导致对系统需求的降低,也导致系统生存困难。处于第四阶段的系统一般仅用于娱乐领域、体育项目或某特殊领域。

第三节 案例:制冷压缩机

目前,我国拥有冰箱量约为 1.3 亿台,空调器也超过了 1 亿台,它们使用的都是制冷压缩机。压缩机是制冷系统的心脏,它从吸气管吸入低温低压的制冷剂气体,通过电机运转带动活塞对其进行压缩后,向排气管排出高温高压的制冷剂气体,为制冷循环提供动力,从而实现压缩→冷凝→膨胀→蒸发(吸热)的制冷循环。

压缩机一般由壳体、电动机、缸体、活塞、控制设备(启动器和热保护器)及冷却系统组成。目前家用冰箱和空调器压缩机都是容积式,其中又可分为往复式和旋转式。往复式压缩机使用的是活塞、曲柄、连杆机构或活塞、曲柄、滑管机构,旋转式使用的是转轴曲轴机构。压缩机技术比较成熟,但是在噪声和能耗等方面还存在着一些问题。

根据 S 曲线,判断当前制冷压缩机所处的阶段,为企业后续研发的方向决策提供信息,如图 31.4 所示。

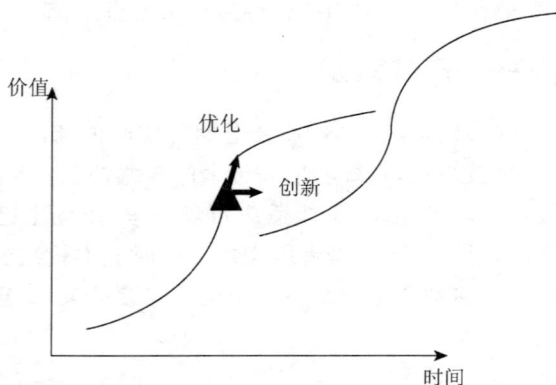

图 31.4　制冷压缩机的进化趋势

一、专利级别分析

自 1971 年以来,有关制冷压缩机的专利有 220 多件。从发明等级上看,现有的系统并没有阿奇舒勒可以称为"大发现"的东西。因此,我们可以初步推断:制冷压缩机可能处于 S 曲线成熟期的末期,如图 31.5 所示。

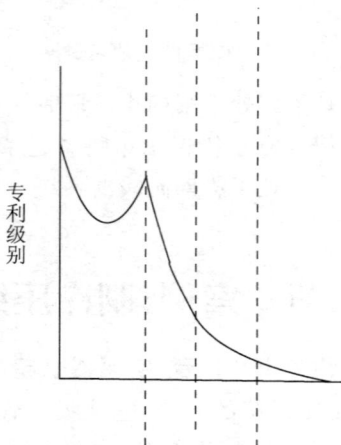

图 31.5　制冷压缩机专利级别曲线

二、性能参数分析

现有压缩机的热效率如图 31.6 所示,根据产品生命周期的 S 曲线中第三阶段的特征即可判别出:压缩机处于成熟期。

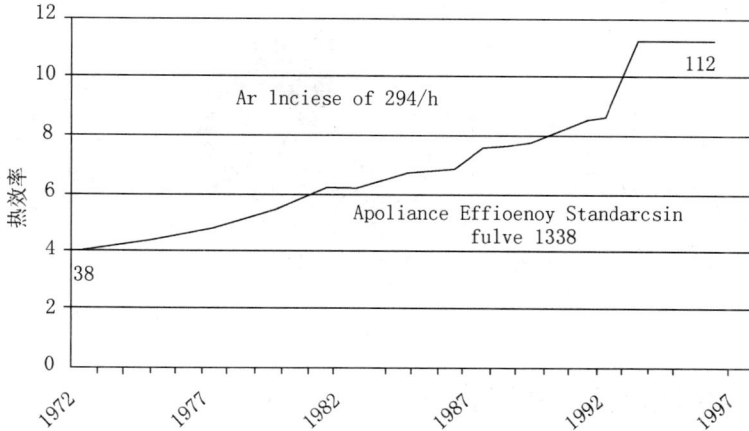

图 31.6　制冷压缩机参数曲线

三、专利数量分析

我们对制冷压缩机的专利逐一分析,得出图 31.7,从图中可以看出,制冷压缩机的专利数量峰值已经出现,现在又在逐步下降中,参照前面的图,可以判断目前压缩机处于成熟期的后期。

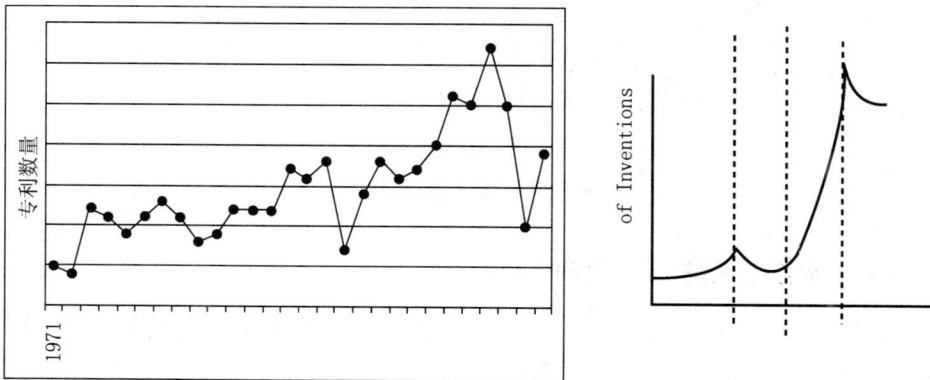

图 31.7　制冷压缩机专利数量曲线

四、专利问题类型分析

从图31.8可以看出,现有压缩机的多数专利都处于一级和二级,其关注的主要是解决症状问题。由此也可推断出压缩机处于成熟期的后期。

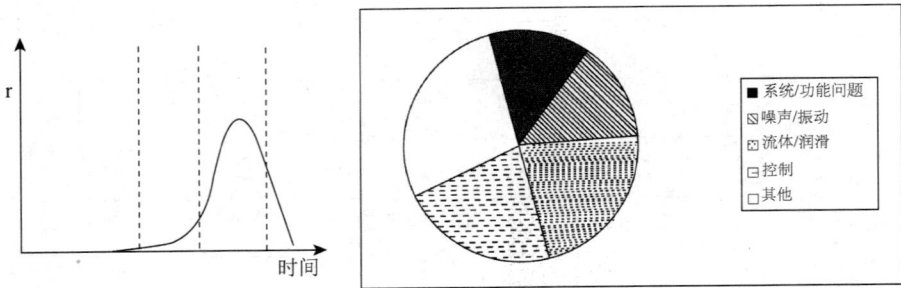

图 31.8　专利问题分类

五、"噪声和振动"专利分析

在所有压缩机的专利中,"噪声和振动"方面的专利数量大约占到专利总量的1/5。而"噪声和振动"问题本身是症状而不是产生问题的根源。问题根源是由于现有系统采用的是往复式压缩机。TRIZ建议从根本上解决问题,必须研究新型压缩机,而不是使用往复式或者旋转式压缩机,如图31.9所示。

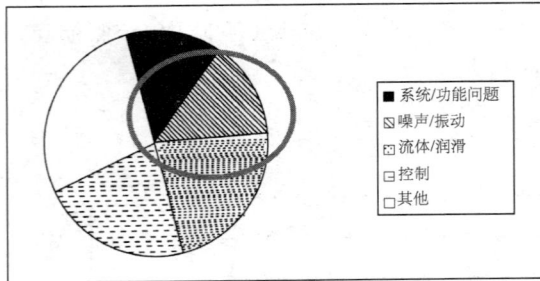

图 31.9　噪声和振动分析

六、"流质/润滑剂"专利分析

在所有压缩机的专利中,"流质/润滑剂"方面的专利数量大约占到专利总量的1/4。对于此问题,分析该领域里绝大多数专利,得到的建议主要集中在:采用更好的方式来提供润滑剂,或者把润滑剂与流质分开放;也有少数专利考虑了"裁剪",但是也很少有人从根本上解决该问题。这其中就有美国专利 US patent 5555956应用"裁剪"方式,让工作流质承担润滑剂的功能,很好地解决了该问题,如图31.10所示。

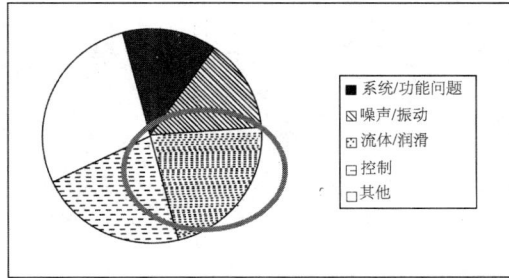

图 31.10　流质/润滑剂分析

七、"控制系统"的专利分析

另有大约 1/4 的专利是关于控制系统的,这种趋势同家用电冰箱压缩机的发展情况相关。第一代控制系统通过永久性开/关压缩机实现,不考虑冰箱内的温度;第二代控制系统试图实现温度调节控制,对单一转速的发动机进行开关转换;第三代调温系统控制可变速的马达的转速,当前的主流控制系统就是这样的。而最近出现的一些专利中,发动机转速不仅根据绝对温度控制,还对温度变化作出反应,如图 31.11 所示。

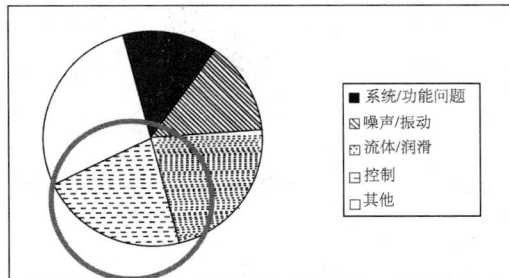

图 31.11　控制系统分析

TRIZ 发明原理 19 :周期性动作(periodic action)原理。

1)不采取连续行动,而是用间歇或脉动式的行动。

2)如果行动已经是周期性的,则改变其力度或频率。

3)利用脉动之间的暂停来执行不同的行动。

控制系统的操作:连续性动作→间歇式动作→改变频率,同步动作→利用动作间歇,如图 31.12 所示。

在上述发明原理的启发下,可以考虑采用该原理的第三种方式:利用脉动之间的暂停来执行不同的行动。例如在电费低时压缩机工作,过剩的能量以某种形式储存起来;当电费相对较高时,压缩机停止工作,前面储存的能量释放,提供制冷功能。

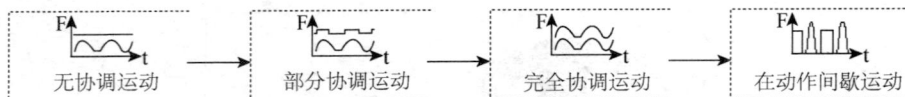

图 31.12　控制系统进化趋势

综上所述,产品成熟度是重要的业务度量项。企业需要了解自己技术的成熟度,以及其技术是否有能力通过创新产生新产品,开始新的 S 曲线。了解创新的可能性,就可以为下一步研发计划是优化还是创新提供决策支持。证据显示,多数公司都倾向于优化和改进现有产品,但是早日实现创新的公司必定会在市场上战胜只关注优化的公司。TRIZ 的 S 曲线组图,其中的度量指标可以评价技术成熟度。

通过上述这些指标可以度量冰箱压缩机的技术成熟度,但是这种度量方法实施起来很难,而且也不够精确,对于某个具体行业来说可能既费力又耗时。使用"成本降低"、"解决症状问题"等方面专利的度量指标,可提供更快的定性评估。

通过分析判断:制冷压缩机处于 S 曲线成熟期的末期,应开始研究可替代的新产品。TRIZ 的进化趋势或发明原理,可以为压缩机的发展方向提供线索。

1)研究新型压缩机,不使用往复式或者旋转式压缩机,从根本上解决噪声问题。

2)下一代控制系统向"利用间歇执行有用的行动"发展,例如在电费低时压缩机工作,过剩的能量以某种形式储存起来;当电费相对较高时,压缩机停止工作,前面储存的能量释放,提供制冷功能,这也符合节能、环保的发展方向。

本章小结

S 曲线揭示了任何产品都和生物有机体一样,有一个诞生→成长→成熟→衰亡的过程,描述了技术系统的一般发展规律。借助产品生命周期理论,可以分析判断产品处于生命周期的哪一阶段,推测产品今后发展的趋势,正确把握产品的市场寿命,并根据不同阶段的特点,为研发决策提供参考作用,不断创新,开发新产品。在现实中,很少有产品会遵循这样一种制定的周期,每一阶段的长度都会有很大的变化,而且我们充分了解产品生命周期曲线的特点后,就可以充分挖掘产品潜力,延长产品生命周期。

第 32 章　层次分析法

层次分析法(analytic hierarchy process,AHP)是美国的运筹学家托马斯·塞蒂在 20 世纪 70 年代中期,基于数学和人类心理学,提出的一种处理复杂决策问题的结构化分析方法。AHP 用一种全面而理性的框架来表示与量化相关的所有要考虑的决策要素,并将这些决策要素与目标关联起来,以评价各备选方案。由于这种方法的实用性和有效性,一经提出,就得到了各方面的关注、研究和改进,现在它已经在全球广泛应用于政务、商务、工业、健康和教育等领域的各种决策。

第一节　AHP 的步骤

AHP 的步骤主要包括以下几项。

1)建立决策模型。

2)建立比较矩阵。

3)一致性检验。

4)统计各备选方案的权重与得分。

5)作出决策。

下面我们按步骤逐一介绍如何进行层次结构分析。

步骤一:建立决策模型

AHP 的决策原理是将复杂决策分解为能够独立分析的子决策,最终将对子决策的评价汇总成为总体决策,即

$$D = \sum d_i \cdot w_i$$

其中,D 表示我们面对的总体决策,d_i 表示由 D 分解而得到的一个子决策(或者叫做决策因素),w_i 是子决策 d_i 的权重。

因此它的前提是这个复杂决策能够分解为相对独立的决策因素,当然这些因素也许需要继续分解。如果同层次的子决策之间耦合严重,有可能出现非线性的结果,那么用此方法就不太适合。这是选择 AHP 之前需要根据实际情况考虑的内容,我们在本书中介绍的是相对比较简单的用法,因此假设条件已经满足。

决策的结构模型大体分为三层:最上层是目标层;最下面是方案层;中间是子决策层,实际上也许这一层会包含若干层,如图 32.1 所示。

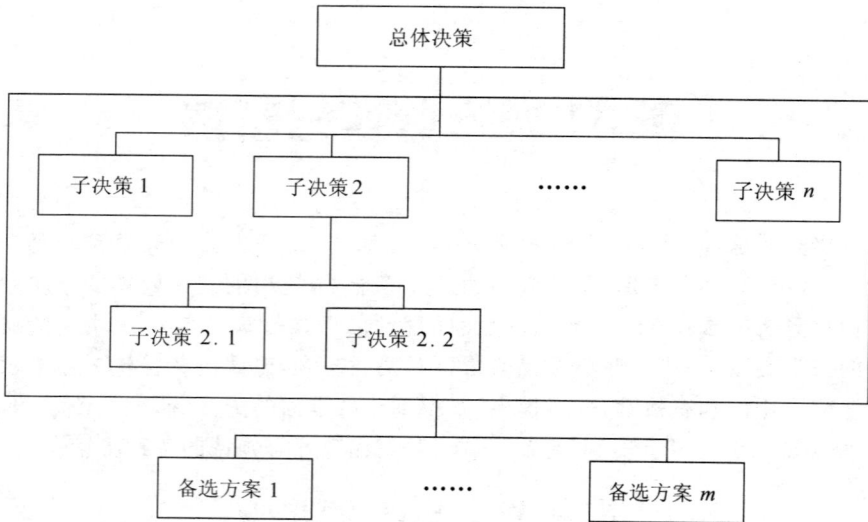

图 32.1　AHP 决策结构模型

上图中子决策 2 有两个子决策，分别是 2.1 和 2.2，那么它的权重会在 2.1 与 2.2 中间分配，分配的权重方式，与上一层是一样的。就是说，第一层子决策的权重之和是 1，其余层次子决策的权重之和等于其母子决策的权重。如图 32.1 所示的决策结构，其最终的决策表模型如表 32.1 所示，有下层子决策的决策因素就不出现在此模型中。

表 32.1　图 32.1 的决策结构模型对应的决策表模型

子决策	子决策 1	子决策 2.1	子决策 2.2	……	子决策 n
权重	w_1	w_{21}	w_{22}		w_n

步骤二：建立比较矩阵

将每层的子决策两两比较其重要性，就得出一个比较矩阵 M。如果有 n 个子决策参加比较，就得到一个 n 阶矩阵：

$$M = \begin{pmatrix} a_{11} & a_{12} & \cdots & a_{1n} \\ a_{21} & a_{22} & \cdots & a_{2n} \\ \vdots & \vdots & \vdots & \vdots \\ a_{n1} & \cdots & \cdots & a_{m} \end{pmatrix}$$

其中，矩阵中的每一个元素 a_{ij} 表示子决策 i 相对于子决策 j 的重要性。重要性打分建议如表 32.2 所示。

表 32.2　重要性打分标准

分数	参考标准
1	i 与 j 相比,同样重要
3	i 与 j 相比,略微更加重要
5	i 与 j 相比,更加重要
7	i 与 j 相比,重要得多
9	i 与 j 相比,极其重要
2,4,6,8	i 与 j 相比,重要度处于相邻两个奇数之间

　　如果子决策 1 对于子决策 2 的重要程度是 3,即略微更加重要,那么子决策 2 相对于子决策 1 的重要程度应该是"略微更加不重要",我们就用前者的倒数表示:1/3。而且子决策 1 对于自己而言,一定是"同等重要",即重要程度为 1。

　　因此,这个决策矩阵的每个元素 a_{ij} 有下述特征:

$$a_{ij} > 0, a_{ii} = 1, a_{ij} \cdot a_{ji} = 1$$

　　所以,这个矩阵其实只要写出上三角或下三角,就可以得出其余的元素数值。

　　注意,所有这些表达的是我们从逻辑上对于各个子决策重要性的判断,那么这个判断应该是明确的,没有逻辑错误。例如子决策 1 的重要性高于子决策 2,子决策 2 的重要性高于子决策 3,那么子决策 1 的重要性应该高于子决策 3;如果填写的数据是子决策 3 高于子决策 1,就是逻辑错误。按照存在逻辑错误的矩阵得出的决策,其可靠性就令人质疑。我们把这个要求叫做比较的一致性,当我们把两两比较的重要程度转换成数字之后,就可以通过对矩阵进行一致性检验来判断整体的逻辑是否有错误,即第三步:一致性检验。

步骤三:一致性检验

　　如果比较矩阵 M 是完全一致的,那么应该有: $a_{ij} \cdot a_{jk} = a_{ik}$ 。但是实际上在建立比较矩阵时,逐一检验以确保这个条件是不可能的,而且完全满足也会比较困难,因此业界有一个常用的判断方式,即使用一致性比例(consistency ratio,CR)。只要 $CR < 0.1$,就认为此矩阵满足一致性要求。

$$CR = \frac{CI}{RI}$$

其中,RI(random index)是平均随机一致性指标,它的数值可以查表得到,对于 15 阶以下的矩阵,RI 取值如表 32.3 所示。

表 32.3 RI 取值表

矩阵阶数	1	2	3	4	5	6	7	8
RI	0	0	0.52	0.89	1.12	1.26	1.36	1.41
矩阵阶数	9	10	11	12	13	14	15	
RI	1.46	1.49	1.52	1.54	1.56	1.58	1.59	

不一致指数 CI(consistency index)$= \dfrac{\lambda(M) - n}{n - 1}$，可以根据矩阵 $\boldsymbol{M}$ 计算得到。

各个子决策的权重：$w_k = \dfrac{\sum\limits_{j=1}^{n} a_{kj}}{\sum\limits_{i=1}^{n} \sum\limits_{j=1}^{n} a_{ij}}, k = (1, \cdots, n)$

那么，$\lambda(M) = \dfrac{1}{n} \sum\limits_{i=1}^{n} \dfrac{\sum\limits_{j=1}^{n} a_{ij} w_j}{w_i}$

步骤四：统计各备选方案的权重与得分

针对表 32.1 中的第一行列出的每个子决策，为每个备选方案打分。如果这个子决策是可以量化的，例如成本、周期，那么可以直接将这些数据归一化处理，即可得出每个方案的得分。如果不是量化的，仍然可以按照前述的步骤二和三，将这些方案两两比较建立矩阵，得出其权重分数，当然也需要检验其一致性。最后将这些数据填入决策表 32.4，按行得出每个备选方案的总分 T。

表 32.4 决策表

子决策	子决策 1	子决策 2.1	子决策 2.2	……	子决策 n	总分
权重	w_1	w_{21}	w_{22}	……	w_n	1.000
备选方案 1	s_{1-1}	s_{1-21}	s_{1-22}	……	s_{1-n}	T_1
⋮	⋮	⋮	⋮	⋮	⋮	⋮
备选方案 m	s_{m-1}	……	……	……	s_{m-n}	T_m

其中，s_{i-j} 表示备选方案 i 对于子决策 j 的权重，$i = (1, \cdots, m), j = (1, (21, 22), \cdots, n)$；那么每个备选方案的最后得分：$T_i = \sum\limits_{j=1}^{n} (S_{i-j} \cdot w_j)$。

步骤五：作出决策

$T = \max(T_i)$，即得分最高的方案就是依据此决策模型的最优方案。

第二节 AHP 案例

要购买电视机，选定了五个决策因素：品牌、价格、外观、尺寸、耗电量，共有三个型号的电视可选,按照 AHP 的步骤进行决策。

步骤一:建立决策模型

结构模型如图 32.2 所示。

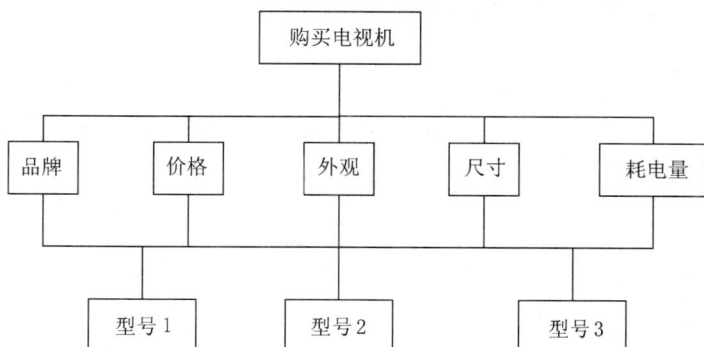

图 32.2　案例的决策结构模型图

步骤二:建立决策模型的比较矩阵

$$\begin{pmatrix} 1 & 2 & 7 & 5 & 5 \\ 1/2 & 1 & 4 & 3 & 3 \\ 1/7 & 1/4 & 1 & 1/2 & 1/3 \\ 1/5 & 1/3 & 2 & 1 & 1 \\ 1/5 & 1/3 & 3 & 1 & 1 \end{pmatrix}$$

步骤三:一致性检验

由 $w_k = \dfrac{\sum\limits_{j=1}^{n} a_{kj}}{\sum\limits_{i=1}^{n}\sum\limits_{j=1}^{n} a_{ij}}, k = (1,\cdots,5)$ 得:

$W = (0.456695, 0.2626, 0.050835, 0.103518, 0.126352)$,即决策的重要性排名为:品牌、价格、耗电量、尺寸、外观。

$$\lambda(M) = \frac{1}{n}\sum_{i=1}^{n}\frac{\sum\limits_{j=1}^{n} a_{ij}w_j}{w_i} = 5.101993; \quad CI = \frac{\lambda(M) - n}{n - 1} = 0.025498;$$

$n = 5$,查表得 $RI = 1.12$;$CR = \dfrac{CI}{RI} = 0.022766 < 0.1$

一致性检验的结果:满足一致性要求。

步骤四:统计各备选方案的权重和得分

先比较三个型号电视机的品牌,其对比矩阵为:

$$\begin{pmatrix} 1 & 1/3 & 1/8 \\ 3 & 1 & 1/3 \\ 8 & 3 & 1 \end{pmatrix}$$

得其权重 $W = (0.0820, 0.2436, 0.6745)$；

$\lambda(M) = 3.00243$，$CI = 0.00122$，$RI = 0.52$，$CR = 0.002338 < 0.1$，此矩阵满足一致性要求。

与此类似，得到三个型号电视相对于其他子决策的对比矩阵、权重分配和一致性比例：

价格：$\begin{bmatrix} 1 & 2 & 5 \\ 1/2 & 1 & 2 \\ 1/5 & 1/2 & 1 \end{bmatrix}$，$W = (0.606, 0.265, 0.129)$，$CR = 0.007171 < 0.1$

外观：$\begin{bmatrix} 1 & 1 & 3 \\ 1 & 1 & 3 \\ 1/3 & 1/3 & 1 \end{bmatrix}$，$W = (0.429, 0.429, 0.143)$，$CR = 0.00 < 0.1$

尺寸：$\begin{bmatrix} 1 & 3 & 4 \\ 1/3 & 1 & 1 \\ 1/4 & 1 & 1 \end{bmatrix}$，$W = (0.6358, 0.1854, 0.1788)$，$CR = 0.010599 < 0.1$

耗电量：$\begin{bmatrix} 1 & 1 & 1/4 \\ 1 & 1 & 1/4 \\ 4 & 4 & 1 \end{bmatrix}$，$W = (0.1667, 0.1667, 0.6667)$，$CR = 0.00 < 0.1$

将各子决策的权重与每个备选方案对于每个子决策的权重分配，填入汇总的决策表，并计算出每个备选方案的总分 $T_i = \sum_{j=1}^{n} (S_{i-j} \cdot w_j)$，$i = (1, \cdots, m)$，$j = (1, (21, 22), \cdots, n)$，如表 32.5 所示。

表 32.5　案例的汇总决策表

决策因素	品牌	价格	外观	尺寸	耗电量	总分
权重	0.456695	0.2626	0.050835	0.103518	0.126352	1.000
型号 1	0.0820	0.606	0.429	0.6358	0.1667	0.305272
型号 2	0.2436	0.265	0.429	0.1854	0.1667	0.242903
型号 3	0.6745	0.129	0.143	0.1788	0.6667	0.451933

步骤五：作出决策

按照表 32.5，$T = \max(T_i)$，型号 3 得分最高，是最优方案。

第33章 进化法则

第一节 术语介绍

进化法则(evolution laws):指出技术系统进化发展的规律和宏观的模式与方向。

进化路线(evolution lines):反映了技术系统发展过程中会经历的具体阶段和进化顺序。

第二节 工具/方法介绍

一、技术系统进化

技术系统进化就是指实现系统功能的技术从低级向高级变化的过程。

对于一个具体的技术系统来说,对其子系统或元件进行不断的改进,以提高整个系统的性能,就是技术系统的进化过程。

实例:黑白电视机向彩色电视机的进化,如图33.1所示。

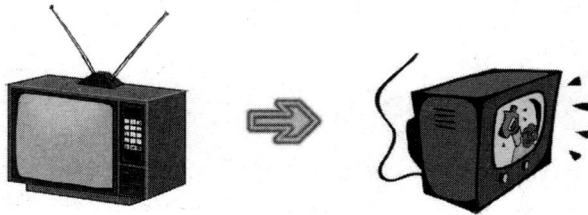

图 33.1 电视机的进化

实例:木船向轮船的进化,如图33.2所示。

图 33.2 木船向轮船的进化

任何一种产品、工艺或技术都在随着时间向着更高级的方向发展和进化,并且它们的进化过程都会经历相同的几个阶段。

二、八大技术系统进化法则

1. 完备性法则

要实现某项功能,一个完整的技术系统必须包含以下四个部件:动力装置、传输装置、执行装置和控制装置,如图 33.3 所示。

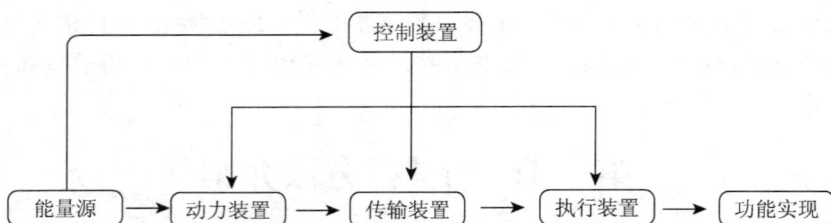

图 33.3　完整的技术系统

1)系统如果缺少其中的任一部件,就不能成为一个完整的技术系统。

2)如果系统中的任一部件失效,整个技术系统也无法"幸存"。

完备性法则有助于确定实现所需技术功能的方法并节约资源,利用它可对效率低下的技术系统进行简化。

2. 能量传递法则

1)技术系统要实现其功能,必须保证能量能够从能量源流向技术系统的所有元件。

如果技术系统中的某个元件不接收能量,它就不能发挥作用,那么整个技术系统就不能执行其有用功能,或者有用功能的作用不足。

实例:收音机的能量传递,如图 33.4 所示。

图 33.4　收音机的能量传递

收音机在金属屏蔽的环境(如汽车)中不能正常收听高质量广播。尽管收音机内各子系统工作都正常,但电台传导的能量源(作为系统的组成部分)受阻,使整个系统不能正常工作。在汽车外加一天线，问题就解决了。

2）技术系统的进化应该沿着使能量流动路径缩短的方向发展，以减少能量损失。

实例：用手摇绞肉机代替菜刀剁肉馅，如图33.5所示。

图33.5　绞肉机

用刀片旋转运动代替刀的垂直运动，能量传递路径缩短，能量损失减少，同时提高了效率。

掌握了"能量传递法则"，有助于我们减少技术系统的能量损失，保证其在特定阶段提供最大效率。

3. 协调性法则

技术系统的进化，沿着整个系统的各个子系统互相更协调，与超系统更协调的方向发展。即系统的各个部件在保持协调的前提下，充分发挥各自的功能。这也是整个技术系统能发挥其功能的必要条件。

（1）形状协调。

各子系统之间以及子系统与超系统的形状要相互协调。

形状协调进化路线①。

相同形状 ⇒ 自兼容形状 ⇒ 兼容形状 ⇒ 特殊形状

形状协调进化路线②——表面形状的进化。

平滑表面 ⇒ 带有突起的表面 ⇒ 粗糙表面 ⇒ 带有活性物质的表面

实例：牙刷柄，如图33.6所示。

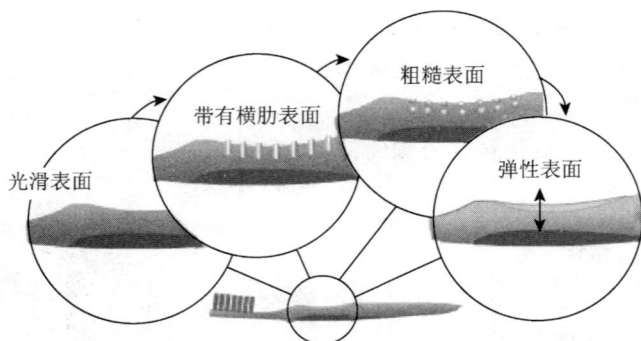

图 33.6　牙刷柄

形状协调进化路线③——内部结构的进化。

实例：汽车保险杠，如图 33.7 所示。

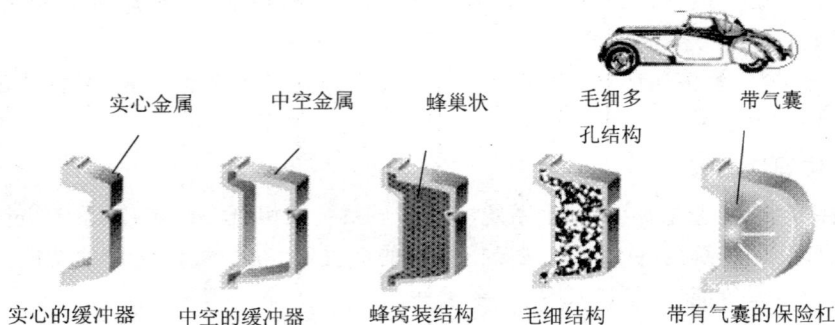

图 33.7　汽车保险杠

形状协调进化路线④——几何形状进化。如图 33.8 所示。

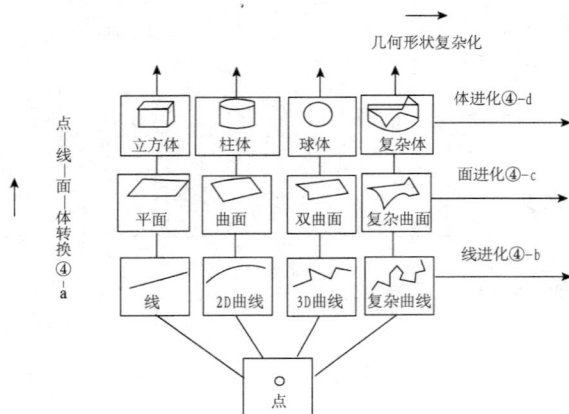

图 33.8　几何形状进化

④—a：点—线—面—体。

实例:轴承接触,如图 33.9 所示。

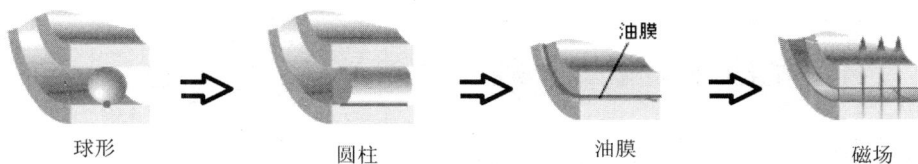

图 33.9 轴承接触

④—b:直线—2D 线—3D 线—复杂线。

实例:塑料装饰灯线,如图 33.10 所示。

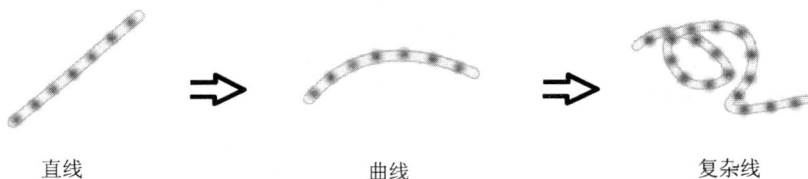

图 33.10 塑料装饰灯线

④—c:平面—曲面—双曲面—复杂面。

实例:风扇叶片,如图 33.11 所示。

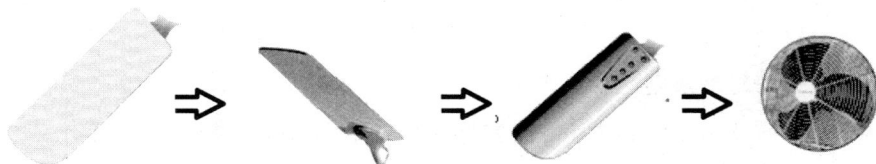

图 33.11 风扇叶片

(2)频率协调。

频率协调进化路线①——单个物体。

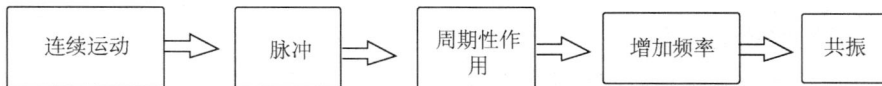

频率协调进化路线②——多个物体。

实例：金属丝拉伸，如图 33.12 所示。

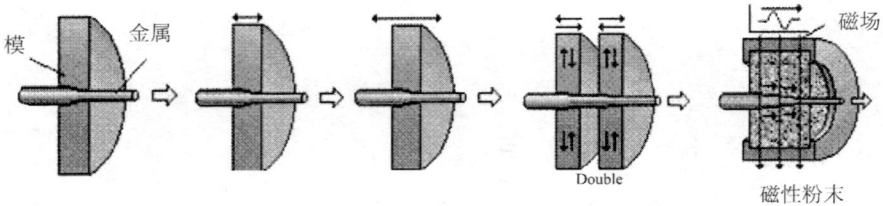

图 33.12　金属丝拉伸

（3）材料协调。

材料协调进化路线

协调性法则小结

协调性——某一组件参数值的选择要参考系统其他组件参数的值。

尽管系统单元的很多特性能可以相互协调，但是最有代表性的参数特性为：形状、频率和材料。

4. 提高理想度法则

最理想的技术系统：作为物理实体它并不存在，但却能够实现所有必要的功能。技术系统沿着提高其理想度，向最理想系统的方向进化。提高理想度法则代表所有进化法则的最终方向。

其定量描述为：

$$理想度 = \frac{\sum 有用功能}{\sum 有害作用 + COST}$$

提高理想度的建议。

1）去掉实现有用功能的特定设备。

2）利用现有的能量和资源实现有用功能。

3）提高理想度法则的路线。

随着系统的进化，要提高其理想度，可以在不削弱系统主要功能的前提下，简化掉系统的某些组件或操作。

（1）简化子系统。

简化子系统的路线。

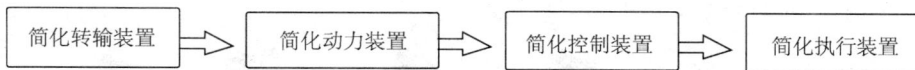

| 简化转输装置 | → | 简化动力装置 | → | 简化控制装置 | → | 简化执行装置 |

实例：锡焊——铝热焊接

烙铁被完全简化,加热的功能传递给焊料,它可以自加热。

（2）简化操作。

简化操作的路线。

| 修正功能的操作 | → | 辅助功能的操作 | → | 产生功能的操作 |

（3）简化组件。

简化低价值组件的路线。

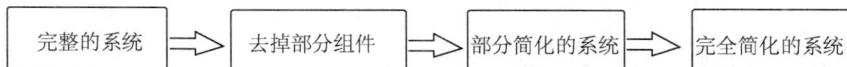

| 完整的系统 | → | 去掉部分组件 | → | 部分简化的系统 | → | 完全简化的系统 |

实例：汽车仪表盘,如图33.13所示。

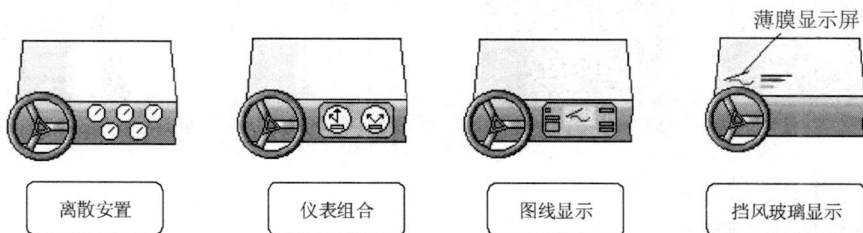

离散安置　　　仪表组合　　　图线显示　　　挡风玻璃显示

图 33.13　汽车仪表盘

提高理想度法则小结

随系统的进化,要提高其理想度,可以在不削弱系统主要功能的前提下,简化系统的某些组件或操作,如:简化子系统,简化操作,简化组件。提高理想度是技术系统发展的终极目标,给我们指明了方向。其他的进化法则都是围绕着这条法则进行的。

5. 动态性进化法则

技术系统的进化应该沿着结构柔性、可移动性、可控性增加的方向发展,以适应环境状况或执行方式的变化。

（1）柔性进化。

柔性进化路线。

刚体系统 → 单铰接系统 → 多铰接系统 → 柔性系统 → 场连接系统

实例：三星显示器，如图33.14所示。

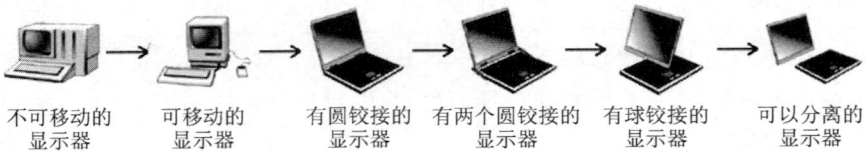

不可移动的显示器　可移动的显示器　有圆铰接的显示器　有两个圆铰接的显示器　有球铰接的显示器　可以分离的显示器

图33.14　电脑显示器

（2）可移动性进化。

系统向着整体可移动性增强的方向发展。

可移动性进化路线。

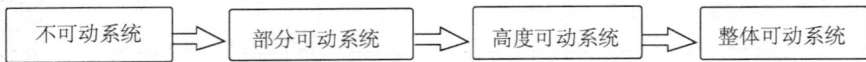

不可动系统 → 部分可动系统 → 高度可动系统 → 整体可动系统

实例：电话进化，如图33.15所示。

图33.15　电话进化

（3）可控性进化。

可控性进化路线。

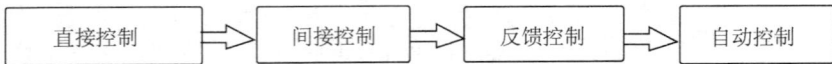

直接控制 → 间接控制 → 反馈控制 → 自动控制

实例：路灯，如图33.16所示。

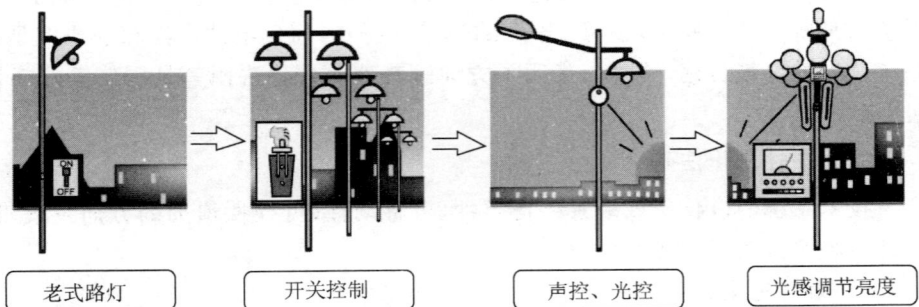

老式路灯　开关控制　声控、光控　光感调节亮度

图33.16　路灯的进化

动态性进化法则小结

技术系统的进化应该沿着结构柔性、可移动性、可控性增加的方向发展,以适应环境状况或执行方式的变化,提高技术系统的高度适应性。

此原则指导我们花费很小的代价,而取得通用性、高度适应性、可控性的技术系统。

6.子系统不均衡进化法则

任何技术系统所包含的各个子系统都不是同步、均衡进化的。这种不均衡的进化经常会导致子系统之间的矛盾出现,解决矛盾将使整个系统得到突破性的进化。整个系统的进化速度取决于系统中发展最慢的子系统。

实例:飞机速度进化,如图33.17所示。

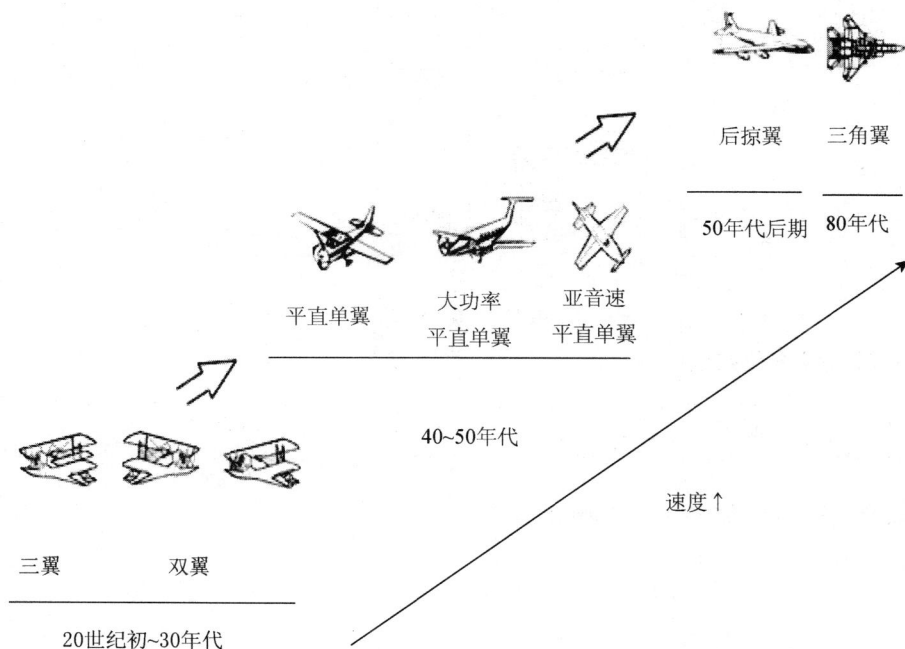

图33.17 飞机速度进化

7.向微观级进化法则

技术系统沿着减小其元件尺寸的方向进化。

实例：计算机，如图 33.18 所示。

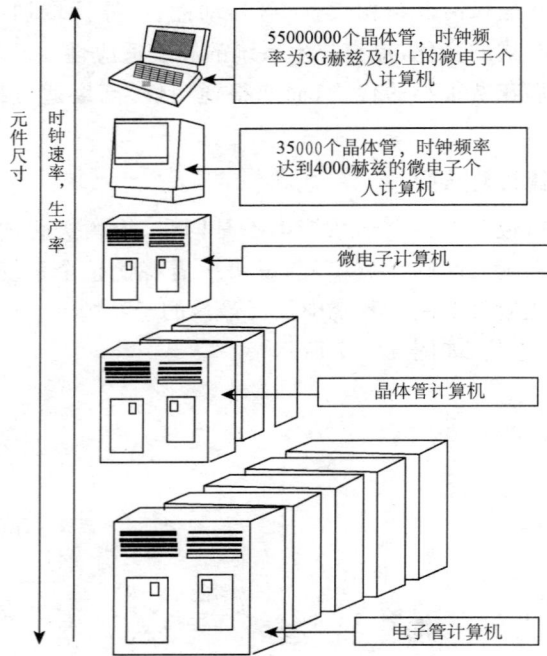

图 33.18　计算机进化

向微观级进化路线。

实例：螺旋桨，如图 33.19 所示。

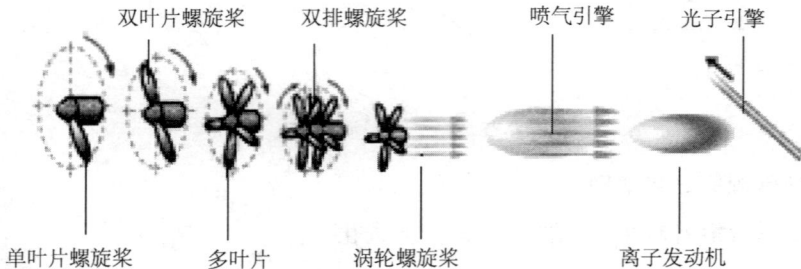

图 33.19　螺旋桨进化

8.向超系统进化法则

技术系统的进化沿着单系统—双系统—多系统的方向发展。技术系统进化到极限时,实现某项功能的子系统会从系统中剥离,转移至超系统,作为超系统的一部分。在该子系统的功能得到增强改进的同时,也简化了原有的技术系统。

(1)系统参数差异增加。

合并系统的参数差异增加进化路线。

```
相同系统合并  →  同类差异系统合并  →  同类竞争系统合并
```

1)相同系统:和原技术系统有相同的参数。

2)有差异系统:至少一个参数与技术系统不同。

3)竞争系统:不同的系统,但具备类似的功能。

实例:帆船,如图33.20所示。

图 33.20　帆船进化

(2)系统功能差异增加。

合并系统功能差异增加进化路线。

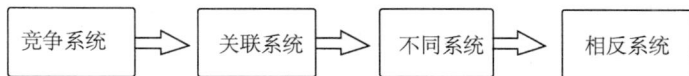

```
竞争系统  →  关联系统  →  不同系统  →  相反系统
```

1)竞争系统:和原系统具备相同的主要功能。

2)关联系统:不同的主要功能,共同的特征。

3)不同系统:不同的主要功能,不同的特征。

4)相反系统:具备相反的主要功能。

(3)集成深度增加。

合并系统的集成深度增加进化路线。

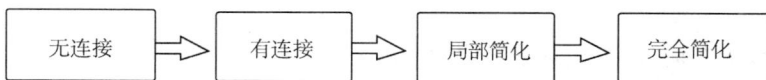

```
无连接  →  有连接  →  局部简化  →  完全简化
```

实例:腕表,如图 33.21 所示。

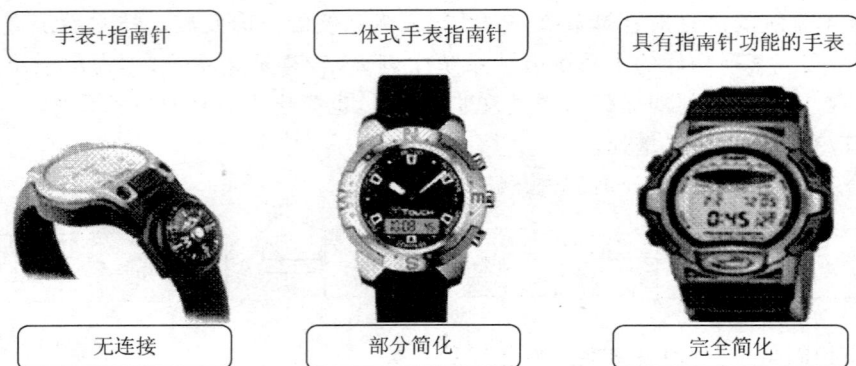

图 33.21　手表进化

向超系统进化小结

1)当系统可用资源逐渐枯竭,需要新的资源来支撑系统继续发展,如通过增加功能或降低花费来提高价值。

2)技术系统的进化沿着从单系统—双系统—多系统的方向发展。

3)技术系统通过与超系统组件合并来获得资源,超系统会提供大量的可用资源。

4)技术系统进化到极限时,实现某项功能的子系统会从系统中剥离,转移至超系统,作为超系统的一部分。

三、技术系统的 S 曲线,如图 33.22 所示

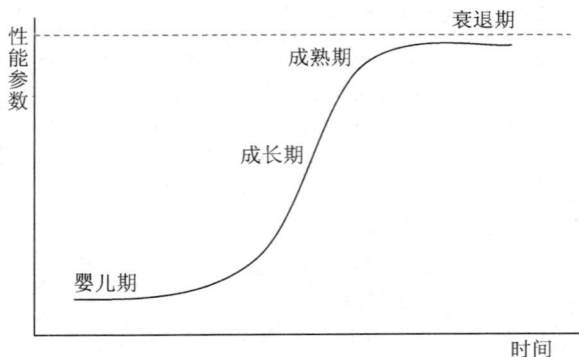

图 33.22　**S** 曲线

S 曲线的各阶段特征,如表 33.1 所示。

表 33.1　S 曲线的各阶段特征

序号	时期	特点
1	婴儿期	效率低,可靠性差,缺乏人、物、财力的投入,系统发展缓慢
2	成长期	价值和潜力显现、大量的人、物、财力的投入,效率和性能得到提高,吸引更多的投资,系统高速发展
3	成熟期	系统日趋完善、性能水平达到最佳,利润最大并有下降趋势,研究成果水平较低
4	衰退期	技术达极限,很难有新突破,将被新的技术系统所替代。新的 S 曲线开始

　　S 曲线的意义:描述了技术系统的一般发展规律;确定系统的发展阶段;为研发决策提供参考作用。

　　S 曲线小结

　　1)尽可能保持技术系统在第二阶段发展,因此我们需要缩短第一阶段和第三阶段。

　　2)如果技术系统发展到第四个阶段,我们需要发展具备新的工作原理的新系统。

　　S 曲线与进化法则,如图 33.23 所示。

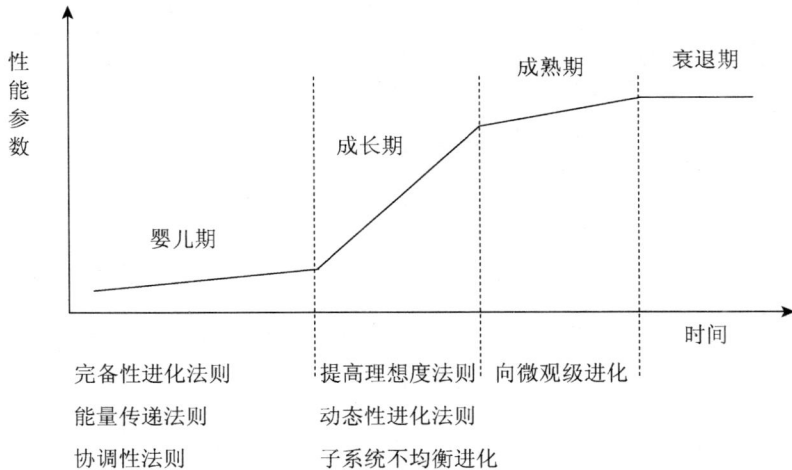

图 33.23　S 曲线与进化法则

四、产品预测流程

步骤 1：分析系统：功能、资源，IFR，矛盾。

步骤 2：选择一条技术系统进化路线，分析当前系统特征，确定系统目前所处的位置。

步骤 3：按照步骤 2 中路线对应的趋势和方向，预测下一代产品应具有的特征，寻找构思。

步骤 4：参照每个进化路线，依次对产品执行步骤 2 和步骤 3，进行系统定位和预测。

步骤 5：将步骤 4 得到的所有构思集中组合，得到完整的新一代产品概念。

步骤 6：尝试步骤 5 的概念，选择需要进行可行性研究的范围，列入产品规划。

第34章 决策分析

第一节 决策概述

    无论在工作还是在生活中,当我们面临多种选择的时候,对问题的决策能力就显得非常重要。我们每天面临着大量需要作决定的问题,这些问题有的比较简单,有的比较复杂,但它们有共同的特点,就是需要进行比较和权衡,以作出最优的选择。

    作任何决策,决策者都需要知道两点,一是我们有哪些可能的选择,二是根据哪些判断准则来判定各种选择方案的优劣。对于只有一个判断准则的简单情况,决策可以非常简单,但是,判断准则较少的情况不太多见,大部分决策过程都有许多准则需要我们考虑。当存在多个判断准则的时候,情况就变得很复杂,此时我们需要对照多个准则来判定哪个选择方案最好。另外,在为数众多的判断准则中,往往有很多准则是相互矛盾、相互制约的,此时,我们的决策过程就变得更加复杂,需要综合考虑多种因素来作判断。权衡分析方法为解决这类问题提供了很好的工具。

    拥有多项候选方案和评价准则的非技术论题本身也适宜于作结构化决策。非此即彼的二元判定不适用。在项目计划阶段,确定要对哪些具体的议题实施结构化决策过程。这类指导原则一般建议,当这些问题涉及中、高风险时或者这些问题影响到实现项目目标的能力时运用结构化决策过程。

    结构化决策过程在表现形式、准则类型和技术上可能是多种多样的。大多数正式决策可能需要单独的决策计划,花费几个月时间多次拟订和商讨准则,还有仿真、设计原型、试点以及大量文件。在结构化决策过程中可以采用数值的或非数值的准则。

    结构化决策过程确定和评价候选方案。在最终完成评价和选择解决方案之前可能需要反复进行"识别和评价"活动。识别出来的候选方案可以加以组合。在评价期间,新兴的技术可能改变候选方案,销售商的业务状态可能发生变化。最终选择的候选方案应附有所选的技术、准则和各个候选方案的文件以及选择理由。该文件是决策和决策理由的记录,要分发给所有相关方,它对那些可能遇到类似问题的项目很有用。

第二节　PUGH 矩阵

一、PUGH 矩阵简述

苏格兰 Strathclyde 大学 Stuart Pugh 教授发明了 PUGH 矩阵，用来帮助设计人员识别出最好的方案。

在概念设计中，概念权衡分析可以在系统、子系统和部件级对多种可选择方案作出决策，它通过电子表格的形式提供定性和定量的分析数据，PUGH 矩阵就是最常用的一种权衡分析工具。

二、PUGH 矩阵的原理和方法

权衡分析工具的共同点是列出所有的可选择项，列出判断准则，对照判断准则对每个选择项进行评分，比较各选择项相互之间的得分，识别出总分最高的选择项。图 34.1 是一个 PUGH 矩阵。

PUGH矩阵		可选择方案						
图例 更好+ 相同S 更差-	重要度	标杆方案	可选方案1	可选方案2	可选方案3	可选方案4	可选方案5	可选方案6
判断准则								
A								
B								
C								
D								
E								
F								
G								
H								
I								
J			○	○	○	○	○	○
"更好"总数			○	○	○	♂	○	○
"更差"总数			○	○	○	○	○	○
"相同"总数			○	○	○	○	○	○
"更好"加权总数			○	○	○	○	○	○
"更差"加权总数			○	○	○	○	○	○

图 34.1　PUGH 矩阵

如图 34.1 所示，PUGH 矩阵是最简单的权衡分析工具，它从众多的可选择方案中选出一个基准（标杆）方案，然后对照判断准则，将其他方案与基准方案进行定性的比较,从而进行权衡分析。

现在我们来看如何使用 PUGH 矩阵。首先,根据选择决策的关键因素建立选择的判断准则项。举例来说,这些判断准则项可以是成本、交付时间、风险、复杂程度等。一般的原则是要避免太多的判断准则,通常以不超过 20 项为好,也不对判断准则项进行加权。

在 PUGH 矩阵的结构中,把需要考虑的方案列在矩阵上端的一行,每个方案占一列。判断准则放在左边的一列,每个判断项为一行。为了清晰地判断各个方案,一定要保证参加分析的所有成员对可选择的方案和判断准则都有很好地理解。选择一个方案作为基准方案,通常挑选大家认为最好的方案作为基准方案。将每一个方案与基准方案进行比较,每次评估一个判断准则。然后在方案和判断准则对应的方框中填入一个符号:用"+"表示这个方案在这个判断准则上比基准方案更好,用"−"表示比基准方案差,用"S"表示与基准方案相等。在此过程中,记录下可能产生新方案和新判断准则的想法,以便把这些新想法融入迭代进行的下一次 PUGH 矩阵分析。

统计所有的评价符号。在每列的下面累加"+"、"−"和"S"的总数。注意不能从"+"的数量中减去"−"的数量。评估总体评分。寻找"+"最多、"−"最少的方案,同时也寻找融合多种方案的方法,将一个方案的最强项应用到另一个方案,以加强其较弱的方面。这个过程将导致混合方案的产生。这些新产生的方案和以前记录的方案和判断准则都应该加入到矩阵中来,同时,将那些不能进一步改进的弱势方案从矩阵中删除。对不能帮助我们识别不同方案的判断准则也要删除。重新选择一个基准方案,还是像以前那样选择当前认为最强势的方案,通常都是从以前的筛选中得到的混合方案。重复这个过程直到产生出最好的方案。

三、PUGH 矩阵的优缺点

PUGH 矩阵优点:首先它对设计方案的定量细节要求得很少,因此在设计项目很早的阶段就可以应用于设计方案的比较。另外,PUGH 矩阵的应用也比较简单,可以很快去除弱势的方案,帮助我们清晰和精炼方案的细节。同时,也可以识别出哪些判断准则对方案选择有重大的影响,从而帮助我们得到混合方案。PUGH 矩阵关注所有的判断准则,力争使这些准则都能得到较好地满足,从而避免挑选出只对某一准则满足得很好的不合理的方案。

PUGH 矩阵也有缺点:第一,它对"更好"和"更坏"的程度没有进行详细的区分,只要都是"更好"或"更坏"就给予相同的评价。第二,在等级相近的时候,需要进一步进行风险分析。

第三节　决策分析的步骤

我们可以在产品或项目生存周期的任何阶段识别要求运用决策过程的问题。目标是尽可能早地识别问题，以便为解决问题留下可用的时间，图 34.2 是决策分析的步骤。

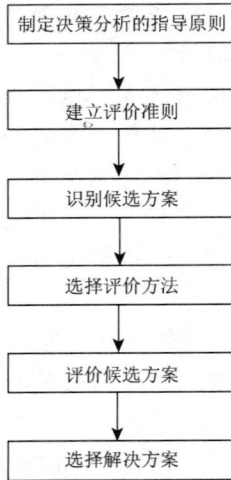

```
┌─────────────────────┐
│   制定决策分析的指导原则   │
└─────────────────────┘
          │
          ▼
┌─────────────────────┐
│      建立评价准则       │
└─────────────────────┘
          │
          ▼
┌─────────────────────┐
│      识别候选方案       │
└─────────────────────┘
          │
          ▼
┌─────────────────────┐
│      选择评价方法       │
└─────────────────────┘
          │
          ▼
┌─────────────────────┐
│      评价候选方案       │
└─────────────────────┘
          │
          ▼
┌─────────────────────┐
│      选择解决方案       │
└─────────────────────┘
```

图 34.2　决策分析的步骤

一、制定决策分析的指导原则

这个步骤是说明什么时候用决策分析和解决方案（decision analysis and resolution，DAR），其实不属于某个具体的 DAR 过程。典型工作产品是在什么情况下运用结构化决策的指导原则。其步骤是先拟订指导原则，然后适当时把指导原则的用法纳入已定义过程。不是所有的决策都需要进行结构化决策。如果没有明确的判断准则，很难判断决策是否重要，一个决策是否重要，取决于项目和环境以及所规定的指导原则。

典型的指导原则有决策直接关系到的论题可能是中等风险或是高风险、决策关系到重要工作产品的变更、决策可能造成进度拖延、决策影响到达到目标的能力、与决策的影响相比较决策过程的成本可以接受等。

二、建立评价准则

评价准则相对重要性的尺度可以采用非数值形式的条款，或者采用那些评价参数与数值形式的衡量值相关联的公式。建立评价准则及其相对等级划分。评价准则必须反映所有相关方的需要和目标。按照定义的范围和尺度为评价准则划分等级,以反映相关方的需要、目标和优先级。典型工作产品:文档化的评价准则和评价准则的重要程度等级。记录是为了将来参考或使用。为评价准则建立重要度是很重要的(见图 34.3)。

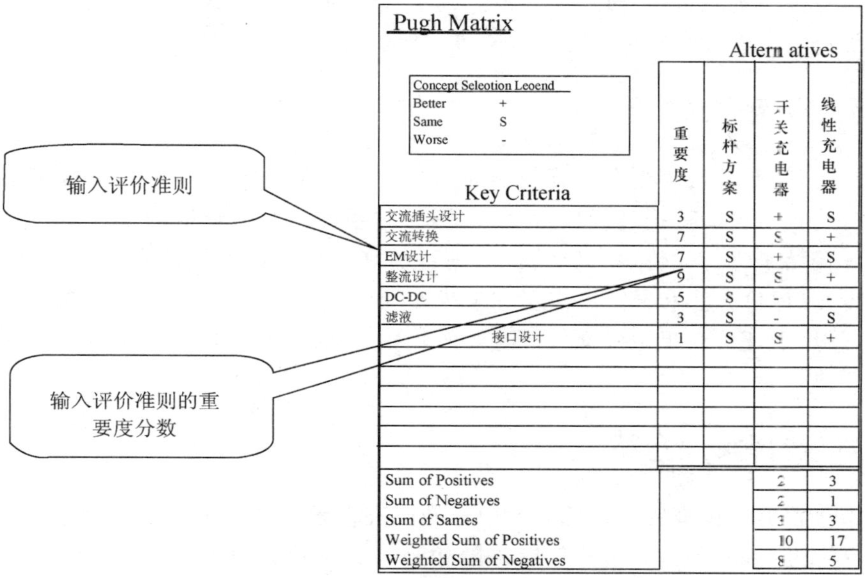

Pugh Matrix

Alternatives

Concept Selection Legend
Better +
Same S
Worse -

输入评价准则

输入评价准则的重要度分数

Key Criteria	重要度	标杆方案	开关充电器	线性充电器
交流插头设计	3	S	+	S
交流转换	7	S	S	+
EM设计	7	S	+	S
整流设计	9	S	S	+
DC-DC	5	S	-	-
滤波	3	S		S
接口设计	1	S	S	+
Sum of Positives			2	3
Sum of Negatives			2	1
Sum of Sames			3	3
Weighted Sum of Positives			10	17
Weighted Sum of Negatives			8	5

图 34.3 为评价准则建立重要度

三、识别候选方案

在决策过程中,尽早生成和考虑多种候选方案将提高作出可接受决策的可能性,也有利于理解决策的因果关系。如果没有充足的候选方案供分析使用,那么随着分析的推进就必须补充其他被选方案。

具体操作时注意首先选择标杆方案,注意标杆方案不打分。常见错误是没有一定的标杆方案,而是针对每一个标准,分为"＋"、"S"、"－"三个等级打分,这样的话即使选出了对于每个标准最好的方案,这些方案也不能简单拼凑成一个方案,即不能标准一致地总体评价一个方案。每个方案必定有利有弊,必须与一个固定的方案进行各方面的对比。

四、选择评价方法

有许多问题可能只需要一种评价方法,不过,有些问题可能要求运用多种技术。例如,在进行比较研究时同时运用模拟技术,可以增强在确定哪一项候选设计方案最接近给定的准则时的判断力。评价方法的详细程度应该与成本、进度、性能以及风险影响相当。

首先,根据分析决策的目的和支持这种方法的信息的可获得性来选择评价方法。典型的评价方法有模拟、工程分析、制造性分析、成本分析、商业机遇分析、调查问卷、按照领域经验和原型进行推断、用户审查和建议、测试等。其次,按照评价方法本身关注论题,而不过分受枝节问题干扰选择评价方法。最后,确定可以支持这种评价方法的度量指标,如成本、进度、性能以及风险。

五、评价候选方案

首先,按照评价准则对推荐的候选方案进行评价,然后对有关选择准则的假设和支持这种假设的证据进行评价,在适当时对候选方案的分值的不确定性是否影响到评价结果进行评价,如果必要,再进行仿真、建模、原型设计和试运行,以测试评价准则、评价方法和候选方案。如果推荐的候选方案测试不理想,考虑新的候选方案,最后把评价结果记入文件。重要的是找出最好的方案,而不是急于得出一个方案。

六、选择解决方案

本步根据评价准则从候选方案中选择解决方案。这往往必须在信息不够完全的情况下进行决策,因此决策可能伴随相当大的风险。如果必须按照规定的进度进行决策,那么,可能没有充分的时间和足够的资源以用于收集足够的信息。因而,在不完全的信息下进行的风险决策可能要求在以后再次进行评价。对识别出的风险应该进行监控。这些记录的信息对于今后的决策有重要意义,可以减少后续决策的重复工作量,也可以跟踪风险,有些当初决策时不可用的技术也许后来就可以用了。

我们要对候选方案的评价结果进行权衡,必须评估与解决方案或结构化决策过程执行的相关风险,权衡结果可以考虑:正面效果最佳、负面效应最小、综合效果最佳。必要时,重新制订更好的方案,最后把决策结果和理由记入文件。

第四节　案　例

一、求职案例

小张的妻子刚生了孩子,他想换个压力小、离家近一些的工作,当然最好薪资也不少。他参加了一些面试后收到了三家公司的邀请,应该加盟哪一家呢?

1. 建立评价准则

如表 34.1 所示。

表 34.1   求职评价表

评价准则	重要程度（打分）
薪水	7
离家远近	8
工作性质	9
升职机会	9
公司财务	7
市场美誉度	6
管理人数	5
惩罚措施	4
同行评价	5

2. 识别候选方案

注意发出邀请的三家公司提供的职位和现有的职位。

选择评价方法：小张向朋友、私交很好的同事了解这几家公司的情况，并从网络、报纸等渠道了解这些公司的财务情况和名声，以及面试官提供的职位信息，汇总了三个岗位的信息，如表 34.2 所示。

表 34.2   职位信息表

特性	现在岗位	新职位 1	新职位 2	新职位 3
薪水（美元/月）	4000	6500	4500	6800
离家距离（千米）	12	8	4	2
工作性质	技术	技术	技术管理	技术
升职机会	每 2 年	每 4 年	每 2 年	每 3 年
公司上年度赢利率（%）	150	−50	200	−10
市场美誉度	优秀	中等	中等	优秀
管理人数	2	10	5	12
惩罚措施	给 2 次机会	立即解雇	给 3 次机会	给 1 次机会
同行评价	好	好	不好	很好

3. 评价候选方案

现有岗位为标杆；打分分为三个等级："＋"、"S"、"－"，如表 34.3 所示。

表 34.3　求职评价打分表

评价准则	重要度	候选方案			
		现在岗位	新职位 1	新职位 2	新职位 3
薪水（美元/月）	7	S	+	S	+
离家距离（千米）	8	S	+	+	+
工作性质	9	S	S	+	S
升职机会	9	S	−	S	−
公司上年度赢利率	7	S	−	+	−
市场美誉度	6	S			S
管理人数	5	S	+	+	+
惩罚措施	4	S	−	+	−
同行评价	5	S	S	−	+

4. 选择解决方案

如表 34.4 所示。

表 34.4　各岗位得分表

评价准则	重要度	候选方案			
		现在岗位	新职位 1	新职位 2	新职位 3
薪水（美元/月）	7	S	+	S	+
离家距离（千米）	8	S	+	+	+
工作性质	9	S	S	+	S
升职机会	9	S	−	S	−
公司上年度赢利率	7	S		+	
市场美誉度	6	S			S
管理人数	5	S	+	+	+
惩罚措施	4	S		+	−
同行评价	5	S	S	−	+
Sum +			3	5	4
Sum −			4	2	3

续表

评价准则	重要度	候选方案			
		现在岗位	新职位 1	新职位 2	新职位 3
Sum S			2	2	2
Total			−1	3	1
Sum Weighted +			20	33	25
Sum Weighted −			26	11	20
Sum Weighted Total			−6	22	5

最终职位 2 得分最高。

二、汽车喇叭改进案例

某汽车配件公司专门生产汽车喇叭,客户反映现有产品存在很多问题,包括声音不够响亮、零部件多、难装配和维修,现在需要对汽车喇叭进行改进设计,通过在公司内部征集方案,一共获得了六个改进设计方案,那么公司应该采用哪一种改进设计方案呢?

1. 建立评价准则

如表 34.5 所示。

表 34.5　建立喇叭改进评分准则

评价准则	重要程度(打分)
易于达到 100 分贝声音	9
抗振动性	5
设计的简洁性	8
低能耗	6
尺寸小	5
低制造成本	3
重量轻	3
零部件少	6
易操作性	8

2. 识别和评价候选方案

为了确定最终方案,某汽车配件公司组成了有各个部门专家参加的专家组,分别对 7 个方案进行评议打分。专家组选择现有的设计方案作为标杆方案，然后分别将 6 个改进方案和标杆方案进行对照打分，打分共分为三个等级，分别是"＋"（比现有方案改善）、"S"（和现有方案差不多）、"一"（不如现有方案），结果如表34.6 所示。

表 34.6　各方案数据收集表

评价准则	重要度	现有设计	新方案 1	新方案 2	新方案 3	新方案 4	新方案 5	新方案 6
易于达到 100 分贝声音	9	S	－	－	＋	－	＋	－
抗振动性	5	S	－	－	S	－	－	－
设计的简洁性	8	S	＋	＋	＋	＋	－	－
低能耗	6	S	－	－	－	－	＋	－
尺寸小	5	S	－	－	－	－	－	－
低制造成本	3	S	S	＋	＋	－	－	－
重量轻	3	S	－	－	－	－	＋	S
零部件少	6	S	＋	＋	＋	－	－	－
易操作性	8	S	S	＋	＋	－	S	S

3. 选择解决方案

在专家组填完上表之后，对填写的评价结果进行汇总统计，如表 34.7 所示。

表 34.7　各方案得分表

评价准则	重要度	现有设计	新方案 1	新方案 2	新方案 3	新方案 4	新方案 5	新方案 6
易于达到 100 分贝声音	9	S	－	－	＋	－	＋	－
抗振动性	5	S	－	－	S	－	－	－
设计的简洁性	8	S	＋	＋	＋	＋	－	－
低能耗	6	S	－	－	－	－	＋	－
尺寸小	5	S	－	－	－	－	－	－
低制造成本	3	S	S	＋	＋	－	－	－
重量轻	3	S	－	－	－	－	＋	S
零部件少	6	S	＋	＋	＋	－	－	－

评价准则	重要度	现有设计	新方案 1	新方案 2	新方案 3	新方案 4	新方案 5	新方案 6
易操作性	8	S	S	＋	＋	－	S	S
总分		S	2	0	1	0	1	2
		＋	2	4	5	1	3	0
		－	5	5	3	8	5	7
		合计	－3	－1	2	－7	－2	－7

　　分析上面的结果,我们可以清晰地看到,在专家或用户填充了上述矩阵后,可以发现从方案 1 到方案 6 都不能对"抗振动性"和"尺寸小"有所改善。所以这两个参数可以被修改或被替代。

　　我们再从总分数看到方案 4 对这 9 个参数的改进最多,而降低最少。方案 3 其次。实际上,用户也可根据各自的实际情况分析各个参数的作用,如有的用户是制造豪华汽车的,因此对制造成本可以忽略,而有的用户认为汽车喇叭的易操作性可以忽略不计,也可删除易操作性参数。所以可根据用户的需要对每个参数指定权值,这样便能更精确地比较和选择方案。

第35章　CAI 软件评价方法

第一节　概　述

CAI 软件对技术系统中的问题进行全面的分析和重构后,针对这些方方面面的问题提出了相应的解决方案。而对于现实当中最终实施解决方案而言,方案只能是唯一的。因此,必须有评估环节。本章将着重以 CAI 软件的优秀代表 Pro/Innovator™为原型,全面介绍评价方法。

第二节　Pro/Innovator™软件中的"方案评价"

Pro/Innovator™软件中的"方案评价"(Evaluation)模块是对正在考虑中的问题进行处理的重要阶段。此过程包括关于备选方案价值的一个想法的产生。评价过程的目的是为了帮助确定哪个备选方案能为正在考虑中的问题,提供最佳解决方案。它所提供的是一种相对评价,通过对"创新原理"、"解决方案"或"专利查询"模块搜索到的备选方案进行相对评估,找出在所获得的备选方案中哪个方案更好,如图 35.1 所示。

在方案评价模块中,可以在某一特例问题陈述的整个相关备选方案集合中,执行一个评价过程。也可以在集合内,选择哪些备选方案要被评价。还可以定义参数和执行者(或专家),通过前者来评价,通过后者来执行评价。具体而言,Pro/Innovator™有如下两种评价方法:专利引证评价法(非参数化);参数化模型评价法(选择评价模型)。

第三节　专利引证评价法

Pro/Innovator™软件中备选方案获取途径,主要有以下几种。

1)直接从各国的专利数据库中搜索得到。Pro/Innovator™软件专利查询模块提供了实时的、对于世界各大主要专利数据库的检索,包括美国 USPTO、USPTO(APP)、欧洲 EPO、日本 JPO 以及中国 CPI(可参考本书相关章节的详细介绍)。

2)来自软件本身的知识库。Pro/Innovator™软件中的解决方案模块和创新原理模块,嵌入了海量的案例。其中,创新原理模块包含 TRIZ 的 51 条创新原理(40条解决技术矛盾和 11 条解决物理矛盾),每条创新原理下包括从发明专利萃取的、来自不同工程领域的典型应用。解决方案库提供的所有方案全部来自不同制造业工程领域的发明专利。

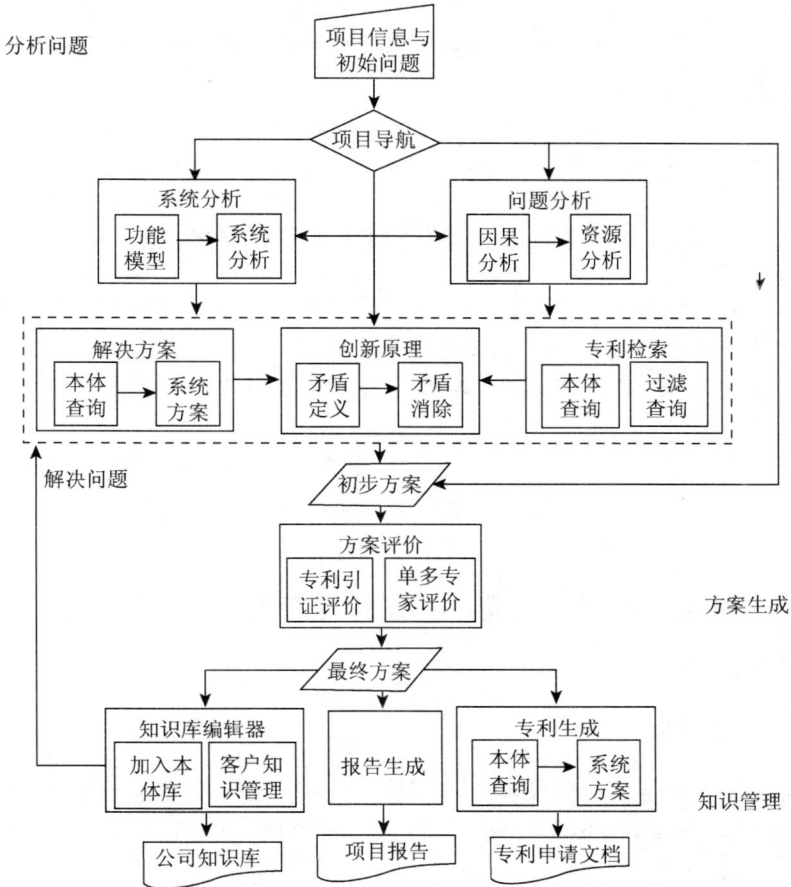

图 35.1 Pro/Innovator™中方案评价模块所处位置和界面

对于专利而言,专利权重 K 这一指标是一个反映其技术和科学背景实力和其在工程界流行程度的参数。Pro/Innovator™依据专利的一些特征来计算专利的权重值,其中包括引证索引特征。从备选方案的专利状况可评价其可行性和有效性,利用专利权值 K 评价。一个备选方案的专利权值 K 越大,表明此备选方案对解决该问题越有效。

在 Pro/Innovator™软件中,考察影响专利权值 K 的因素,主要有如下几种。

1)参考此专利的其他专利的数目(forward citation index,IFC),IFC 可表现专利的价值,即 IFC 越大,则在此专利中描述的问题越有意义,它对其他与问题相关的专利的参考越多。

2)被此专利参考的其他所有专利的数目。

3)被此专利参考的其他所有专利的平均 IFC。

4)技术周期时间,说明该专利学科现状。

5)被此专利参考的科学文章的数量,间接地指出了专利的价值。这一数值显示一家公司拥有的美国专利中引用科学文献的平均数目。数字越高表示该公司越接近科学技术的前沿。

6)专利权人的技术实力(assignee technological strength,ATS)表征了专利创新所属机构的特点,显示了一家公司的知识产权力量。

第四节　参数化模型评价法

专利引证评价法是基于数据进行评价的方法,而 Pro/Innovator™软件还提供了由专家进行评审的方式,我们也可把这种主观的方式称为"参数化模型评价法"。根据执行者(或专家)数量的多少,评价模型评价法分为以下两种类型:单专家模式、多专家模式。

评价结果的显示方式有两种:一种是数字格式,如百分比;另一种是图形格式,如条形图。被评价备选方案按照从高到低的顺序被排列在一个表格中。可以单击某个备选方案,查看其描述。

一、主观评价的算法基础—PUGH 矩阵法

参见第 34 章。

二、评价模型

评价模型应用了一个参数集合,其允许依照不同侧面,如实现成本、所需实施时间等,来对数个解决方案进行评价。"CTU 评价模型"具有如下参数,如图 35.2 所示。

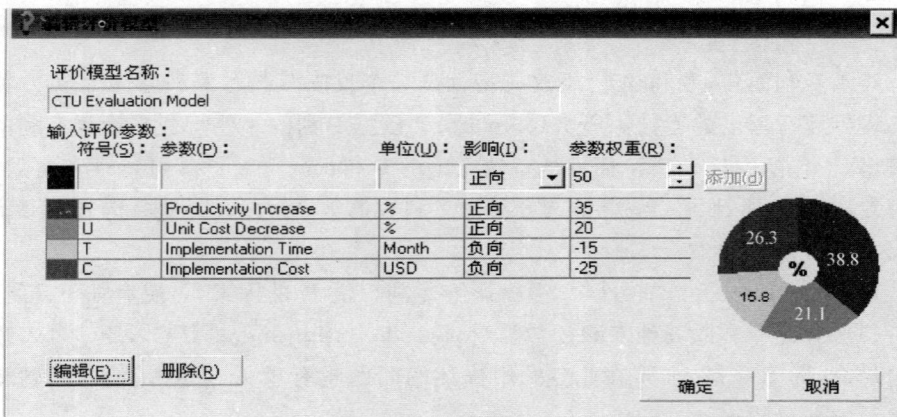

图 35.2　评价参数

其中,"参数"对于正在评价中的解决方案来说,是其效率的一个关键特征。而

"影响"可以是正向的,也可以是负向的,其反映了参数对评价结果的影响。右面的"模型饼形图"显示了参数的百分比,这是基于每个参数的权重生成的。

三、评价模型管理器

作为项目的管理者,还可以对评价模型进行管理,主要包括新建新的评价模型;对模型的编辑、修改、删除;还可以导入导出评价模型。如图35.3所示。

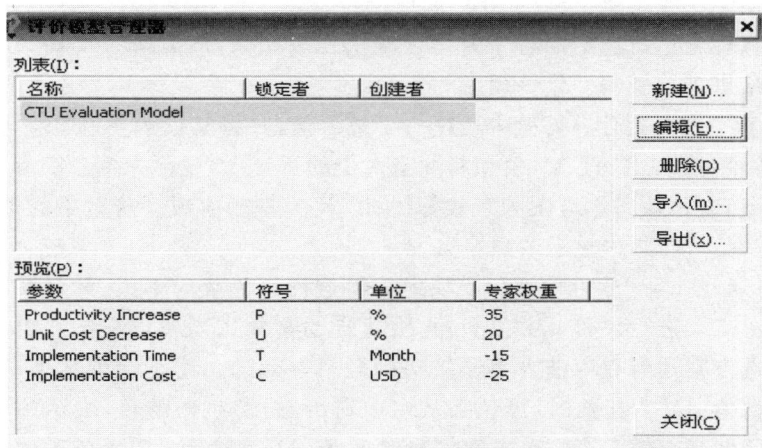

图 35.3 评价模型管理器界面

四、单专家评价

单专家评价方法是由某一指定专家个人对选定的多个方案应用同一个评价模型进行评价的方式。

我们设对现存的问题已经提出了 $S_1, S_2, \cdots, S_p$,共计 p 个解决方案。该专家选定了 CTU 评价模型,该模型包含 N 个评价参数,设为:$EV_1, EV_2, \cdots, EV_n$;各个参数对应的权重定义为 $Wp_1, Wp_2, \cdots, Wp_n$,如表 35.1 所示。

表 35.1 单专家评价表

	Wp_1	Wp_2	Wp_i	……	Wp_n	TOTAL	K
	EV_1	EV_2	EV_i	……	EV_n		
S_1	ev_1	ev_2	ev_i	……	ev_n	AV_1	
S_2						AV_2	
S_i							
……							
S_p						AV_p	

该专家（或用户）凭借专业知识及经验在评价参数表中为每个备选方案输入第 i 个参数 ev_i，其单位取决于参数的给定单位（参数的单位无关，但相对同一参数）。这样，专家首先对 S_1 这个方案进行评价后，得到：ev_1，ev_2，$\cdots$，ev_i，$\cdots$，ev_n。

那么 S_1 方案综合得分 AV_1，可由下述公式得到：

$$AV_1 = \sum (ev_i \cdot Wp_i) \qquad i = 1 \cdots n$$

这样，对于其他 $p-1$ 个方案也可以同样得到对应的综合得分：AV_2，AV_3，$\cdots$，AV_p。

为了直观表示所选定的各个方案之间的比较结果，Pro/Innovator^{TM}软件对评价出来的结果进行了归一化处理。

在这 p 个综合得分 AV 值中选择一个最大值，并将其设为 100%；再重新计算其他 $p-1$ 个备选方案的 AV 值相对此最大值的百分比，被称为单专家参数模型的评价标志 K，表示该备选方案的有效等级；以 K 为基础生成评价结果的条形图，如图中的"方案评价"栏内显示的黑色条。

Pro/Innovator^{TM}软件中评价模块最后以这种黑色条的形式、针对系统同一个问题的备选方案进行评价。并能根据 K 值自动重新排列备选方案。放在图中最上部的备选方案是所有备选方案中解决问题最有效的。对于评价结果，当一个方案评价的数值 AV 为正数时，黑色条从左向右绘出，黑色条越长，表示此备选方案对解决该问题越有效。当一个方案评价的数值 AV 为负数时，黑色条从右向左绘出，黑色条越短，表示此备选方案对解决该问题越有效。当方案评价的数值同时存在正、负数时，黑色条分别从左向右和从右向左绘出，如图 35.4 所示。

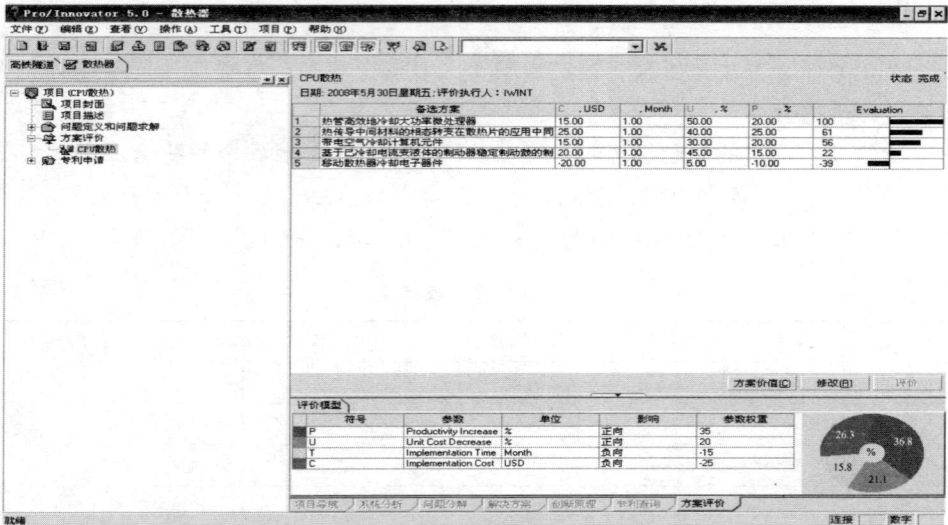

图 35.4 单专家评估结果显示界面

五、多专家评价

相对于单专家的评价方法,多专家评价模式是假定由一个专家组来执行评价。每个专家都有一个权重参数,该参数为最终评价描述了此专家在组内的影响力,如图35.5所示。

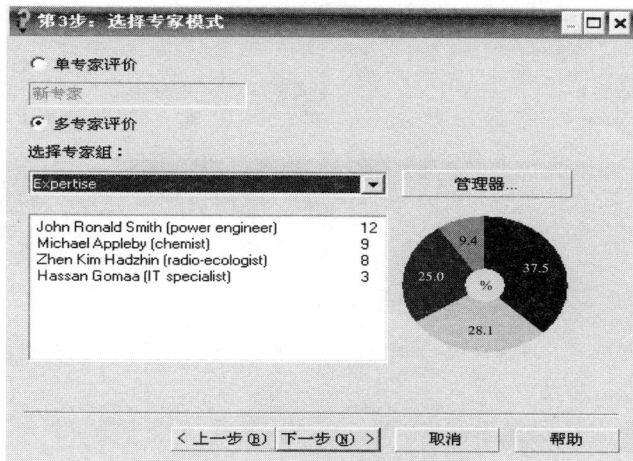

图 35.5 多专家评价进入界面

六、专家组管理器

当通过评价模型来进行多专家评价时,需要使用专家组。一个专家组通常由多位专家组成。通过专家组管理器来对专家组进行全面的管理,如图35.6所示。

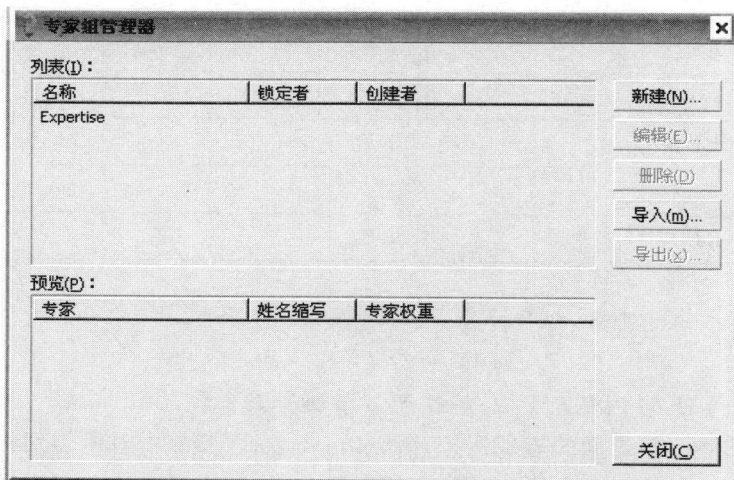

图 35.6 专家组管理器

　　组中的每个专家都有相应的专家数据，其中最主要的是"专家权重"，其反映了专家意见的相对重要程度。其值为 $1 \sim 15$。图 35.7 的"专家组饼形图"显示了专家相对重要程度的百分比。其产生是基于每个专家的权重，其以可视信号的形式反映出了每个专家的相对重要程度。

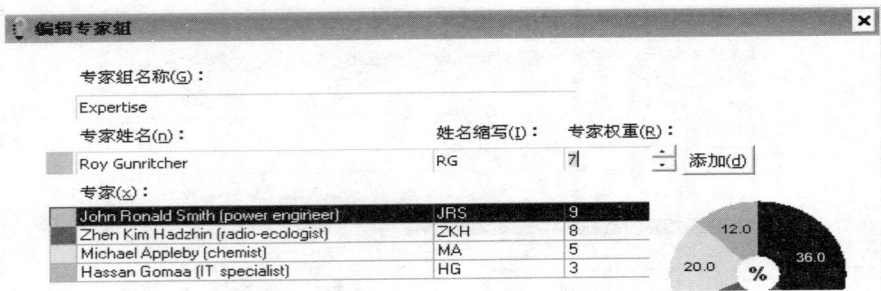

图 35.7　专家管理器示例

　　多专家评价模式下，实际也是由各个专家分别对现有的 p 个方案，采用同一指定的评价模型进行评价。

　　假设对现有问题所提出的 $S_1, S_2, \cdots, S_p$，共计 p 个方案，由 M 个专家（记为：E_i），采用 CTU 评价模型进行评价，该模型中有 $EV_1, EV_2, \cdots, EV_n$ 个评价参数，如表 35.2 所示。

表 35.2　多专家评价参数表

	We_1	We_2		We_i		We_m	TOTAL	MK
	E_1	E_2	……	E_i	……	E_m		
S_1	KE_{11}			KE_{i1}		KE_{m1}		
S_2	KE_{12}			KE_{i2}		KE_{m2}		
	……							
S_j	KE_{1j}			KE_{ij}			MAV_i	
	……				·			
S_p	KE_{1p}			KE_{ip}		KE_{mp}		

　　对第 j 个备选方案，综合评分：

$$MAV_i = \sum (KE_{ij} \cdot We_i)$$

其中 $i=1$ 至 M，M 为专家个数；$j=1$ 至 p，p 为方案个数。

　　为了方便方案之间的直观比较，Pro/Innovator™ 软件中对所得到的各个方案的 MAV 值进行了归一化处理。具体的方法是：取所有备选方案的最大 MAV 为 100%。重新计算其他备选方案的 MAV 相对此最大值的百分比值，称为多专家参数模型的评价标志 MK。以 MK 为基础生成多专家参数模型评价的条形图,如图 35.8 所示。

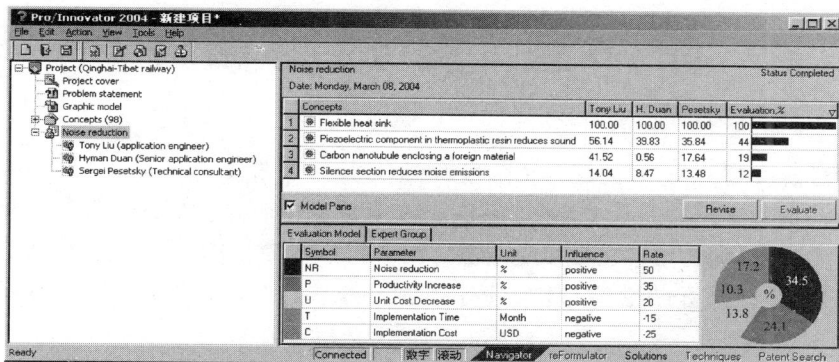

图 35.8　多专家参数模型评价示例

本章小结

Pro/Innovator™系统内嵌的方案评价模型为工程技术人员提供评价备选方案可能存在的正面和负面效果。同时,工程技术人员也可以修改和添加新的方案评价模型,并调用不同方案评价模型对项目方案进行评价。评价模式包含主观的和客观的方案评价。客观评价则根据参考专利的引证指数来进行,这种方式也是专利分析中最常用的一个指标。主观评价由专家按照指定的方案评价模型进行,其本质上是采用 PUGH 矩阵的方式来进行评价。软件中对于主观方式的评价,提供了单专家和多专家方案评价。当选择多专家方案评价时,每个专家的权重因不同专家背景、经验或其他因素而确定。并最终通过归一化处理,通过直方图的形式,直观地显示各个方案之间评价后的结果。

第36章 验证阶段简介

验证阶段是 DAOV 的第四个阶段,也是最后一个阶段。

验证是科学研究的基本特征,是 DAOV 最终的落脚点。验证是针对具体的对象进行实验,得到的结果在可接受范围之内。验证将 DAOV 与一般的思辨方法论区分开来,所有分析结论的对错,只有通过实践、通过实验才能最终并且唯一地确定。

DAOV 本身是个不断前进的闭环系统,一轮 DAOV 结束之后是否继续下一轮 DAOV 过程,有赖于在 V 阶段检验是否实现了 D 阶段设立的目标,这就是进入问题定义阶段。如果已经实现了目标,则无需进入下一轮,否则就必须进入持续改进和创新的过程,如图 36.1 所示。

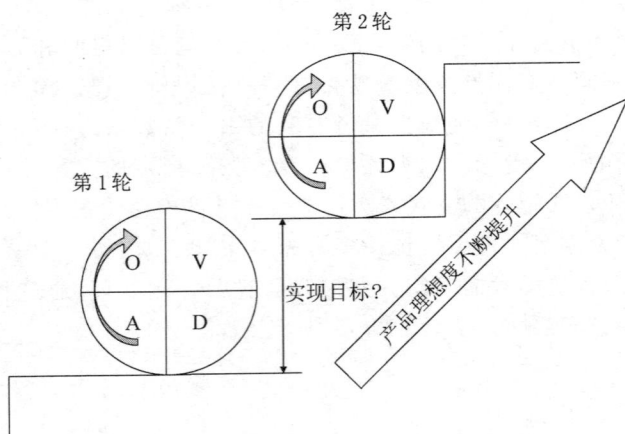

图 36.1 DAOV 循环示意图

验证阶段的主要任务如下。

1)用实验验证方案的可行性。

2)根据实验结果形成专利。

3)完成专利文档的撰写。

4)将创新知识收集入库,成为企业的智力资产。

验证阶段的关注点和交付物如下。

1)关注点:概念方案的验证;通过专利固化成果。

2)交付物:试验分析报告;专利文档;更新创新知识库;项目总结/验收报告;持

续改进计划。

3）验证阶段可能用到如下一些工具和技能：DOE，专利规避技术，持续改进计划模板。

V阶段包括三个步骤：实验验证、结果评估和项目验收。下面我们分别对三个步骤进行说明。

第一节　实验验证

实验验证的目的是通过制作样机实际测试方案是否满足设定目标。实验的步骤如图36.2所示。

| 10.1 确定方案 | → | 10.2 确定参数及水平 | → | 10.3 准备测量系统 | → | 10.4 准备样机 | → | 10.5 开始测试 |

图36.2　实验验证步骤

根据O阶段的筛选原则，选择一个可行的实验方案。详细绘制实验样品和测试方案图，提供完整的实验申请，由于实验样品和测试环境的准备都需要时间和成本，因此实验验证一般需要1～3个月才能完成。这个过程中要涉及不同部门以及与供应商的合作，因此需要项目负责人有较强的综合素质。

确定参数水平是根据DOE的要求，对一些关键参数设置不同的水平，通过实验确定参数的范围。参数一般选择在A阶段选择的那些39参数，或者39参数对应的其他参数，其他没有被分析的参数一般保持不变，这样可以保证对系统的改进最小。

测量系统的准备是验证是否成功的关键。对测量系统必须进行分析，其重复性和再现性必须满足设定的要求。在所有不合格的测量中，80％以上都出于没有进行严格的测量系统分析。

样机要按照实验次数的要求进行准备，如果涉及图纸的改变，设计师还必须提供相应的图纸。尤其要提醒的是，通过DAOV改进的结果一般都和知识产权有关，因此在样品加工和测试的过程中，要跟相关部门签订保密协议。保密协议不只适用于对外，对内也同样需要。

总之，通过以上四个步骤，一个完整的测试平台和一组设计加工完成的样本将准备完毕。

第二节　结果评估

结果评估主要是和设计要求进行对照，判定技术指标是否满足实际要求。

结果评估的步骤如图36.3所示。

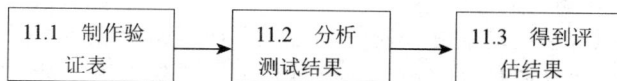

| 11.1 制作验证表 | → | 11.2 分析测试结果 | → | 11.3 得到评估结果 |

图36.3　结果评估步骤

在本阶段不仅要对改进的那些参数进行测试和验证,还要对没有改进的参数进行评估,以防止因为改进而影响了其他的参数,因此结果评估是对这个产品的所有参数进行全面的评估。

验证表一般如表 36.1 所示,一般由验证的要求和实际指标组成一个验证矩阵(test matrix),除了各具体指标(tast)的符合指标要求(specification)之外,一致性项目的比例也需要满足要求,尤其是对一些看似无关紧要的指标,也不能放松检查。

表 36.1　验证表结构

指标			验证矩阵		
			指标要求	指标	是否一致
改进指标	1.1	气密性			
	1.2	压力			
	1.3	……			
没有改进的指标	2.1	体积			
	2.2	功效			
	2.3	……			

对测试结果进行数据统计分析是高级 DAOV 专家必须具备的技能,尤其是在与产品质量、可靠性相关的岗位。

分析测试结果包括对有些不满足要求的指标进行全面分析,确定是指标要求不合理还是真的设计不合理。这个问题之所以重要就在于,设计的时候大家只关注自己的部分,但整个系统也是一个需要重新优化的过程,切忌出现有的指标很难实现而有的指标又很容易实现的现象,结果造成整个系统设计的困难。也就是说,除了检查系统指标和分系统指标之外,还不能忘记检查一下超系统指标。

第三节　项目验收

与技术评估相比,项目验收更关注项目的财务收益以及持续改进的计划。本阶段步骤主要从三个方面评估改进结果:流程,技术方案,控制参数。

流程修改包括:流程结构变动,流程规范修改,网上流程修改。如图 36.4 所示。

技术方案改进评估包括:功能结构的变化;作用原理的变化;设计文档的修改;理想度的改变。如图 36.5 所示。

对于控制参数,在启动最终控制计划之前,通过 DOE 确定用于维持改进质量水平的因素设置;定义质量计划后,通过使用 SPC,确保真正改进了整个流程。

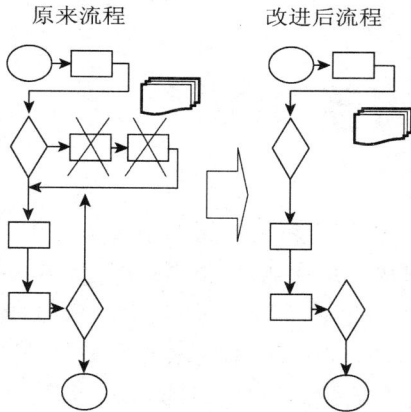

图 36.4 改进前后流程的变化

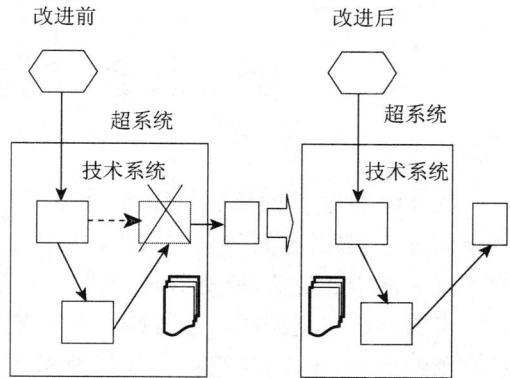

图 36.5 改进前后技术方案的变化

财务评估是整个 DAOV 项目是否成功的标准。在项目开展过程中,首先要确保财务小组成员的参与,这样就不会出现项目结束时收益意外减少的情况。除了直接收益之外,在项目结束时还可以寻找项目获得的意外收益,可以寻找额外收益的领域包括以下内容。

1)硬性收益指南:一次性收益;项目执行过程中实现的收益;结束项目后的继续产生的收益;额外附加的收益。

2)软性收益指南:顾客满意;增长的销售额;资金流通改善;时间安排的灵活性。

项目文档包括历史记录与过程文档,无论项目成败,都是公司的一份宝贵的财富。项目文档的完成是目前项目与其他机会之间进行转化和交流的至关重要的第一步。

持续控制计划是将改进措施植入流程之中,使改进真正发挥长效作用的机制,也是改进最后的落脚点。改进计划包括:控制体系;过程指导书;统计过程控制(SPC);控制计划。

最后,在项目结束时一定要和团队成员一起探讨项目过程中的得与失,并真诚地感谢参与项目的每一个人。具体包括如下一些方面。

1)在项目中学到的经验和技巧。

2)项目扩展机会是否可以应用于其他产品和流程。

3)如何主动与别人分享项目经验,推进创新文化建设。

4)网上项目结束。

5)对在项目中给予帮助的人致谢。

6)进入下一个项目。

感谢别人一般不作为流程中的一个步骤来对待,但在 DAOV 项目中,这是一个不能省略的步骤。DAOV 相信,在项目的成败中,人是关键的因素。

第 37 章 全因子 DOE

　　DAOV 方法论的核心是创新,尤其是技术创新。表达创新的最合适的语言是图形语言,这更适合人的大脑图片化思维的习惯。严格地说,根据《六顶思考小帽》作者德·波诺的说法,所有数据都是关于过去的记录,而创新是关于未来的,因此数字没有办法实现创新。但这并不意味着在 DAOV 里面,数字思维和数据技术就没有用武之地,相反,我们认为数据技术是真正学好 DAOV 的基础,是 DAOV 思维不可缺少的重要组成方面。

　　首先数据是验证因果关系的需要。TRIZ 理论最根本的是颠覆了传统线性因果关系,因此要解决遇到的问题,我们首先要认识传统的因果关系,这就需要数据才能实现。认识了原因之后,传统解决方法和创新的解决方法才表现出不同的解决之道。传统的方法采取控制的方法,使参数取某一个固定值,从而使结果在一个可接受的范围之内;而创新方法则试图寻找反因果关系的方法,去补充或者取代原来的物质,进而形成一种新的物质,这种物质可能是现在存在的,也可能现在还没有,而创造这种新物质的过程就是我们的发明过程。当然,我们首要的是希望找到一种大量使用的物质,它可能不在工程师熟悉的领域,这就是 CAI 软件的作用,借助软件,设计师可以打破行业壁垒,借他山之石攻自己之玉。因此,无论是传统的解决问题的方法还是创新的解决问题的方法,它们共同的出发点都是分析现有问题的因果关系,而这需要数据技术。

　　另外数据技术还是我们验证方案是否可行、是否达到预期目标的唯一方法。数据的思维习惯对中国人是比较陌生的,因为在中国的传统文化基因里面本没有数据的位置,而数据却是西方思维的根基。这里的关键是,在西方思维里面,数据是上帝的化身。比如没有人见过上帝,其实 1 也从来没有人见过,比如我们见过 1个人、1 棵树,但没有人见过 1,它是人类抽象思维的产物。这两个东西的联系被古希腊哲学家点破了,就是上帝即数。所以在西方思维中,相信数据更是与对上帝的信仰结合了起来。而中国文化中没有上帝元素,因此自古没有数据的位置。随着国家引进更多的数据指标,以及中国企业和国际的联系越来越密切,数据思维必然成为我们的思维模式。

第一节　什么是实验设计

　　实验设计(design of experiment,DOE)是一种安排实验和分析实验数据的数理统计方法;实验设计主要对实验进行合理安排,以较小的实验规模(实验次数)、较短的实验周期和较低的实验成本,得出理想的实验结果以及科学的结论。

实验设计源于20世纪20年代育种科学家Dr. Fisher的研究,Dr. Fisher是大家一致公认的此方法策略的创始者,但后续努力集其大成,终使DOE在工业界得以普及且发扬光大者,则非Dr. Taguchi(田口玄一博士)莫属。日本20世纪70～80年代经济的起飞,如果说全赖田口方法,那是言过其实了,但田口所指导的日本企业的质量思维,一直到现在还没有哪一个国家真正超越。

如果要了解 n 个因素 x_i 对结果 y 的影响,假设每个 x_i 只取2个值 -1 和 $+1$,则按照传统的直观思维,需要做 2^n 次实验,才能分析出这 n 个元素对 y 的贡献。何谓一次实验?就是一个数据。但问题是,这一个数据不是一个样本重复测 2^n 次,而是 2^n 个样本,本质上是 2^n 个加工的产品。一个样品测 n 次的概念,检验的不是实验而是测量系统。

当 n 个因素比较少时,2^n 个样品没有什么困难。问题是,考虑一个中等复杂的问题,比如10个因素,这时要试制出 $2^{10}=1024$ 个样品,这从成本上不是一个小数字,任何公司都不可能在产品试制阶段就做这么多的样品。一般中试阶段试制20～50个样品,这是一个企业可以承受的数量,再多性质就变了。

所以DOE的提出,极大地降低了实验的次数。对于部分因子DOE,n 次实验可以验证 $n-1$ 个因素,一个指数次的实验次数变成一个线性的实验次数,这是工程界钟情DOE的主要原因。比如10个因素,采用DOE的方式,理论上只需11次实验就可以验证;而最常用的8次实验可以验证7个因素对结果的影响,没有DOE的话需要 $2^7=128$ 次实验,8次和128次的差别不能小视。不过我们本章讨论全因子DOE,下一章再讨论部分因子DOE。

现实中,在批量生产之前,首先安排一个小批次实验,并严格按计划在设定的条件下进行这些实验,获得新数据,然后对数据进行分析,获得我们所需的信息,从而获得改进的途径。方差分析和多元回归分析就是DOE分析中所使用的工具。

在实际操作中,一般都会要求工程师对所遇到的问题做一个记录,有一些设定的表格需要填写。但这些历史记录一般都是凌乱的,没有按照DOE的要求来设定各因素的水平,它们是一些无结构的历史数据,发生时没有对可控因子进行有目的的控制。这些数据是被动得到的,利用价值极低。DOE需要的数据是经过规划的实验得到的数据,是根据实验目的和条件主动安排的实验得到的,DOE的目的是以较少的实验次数在较短的时间内以较低的实验成本得到满意的实验结果。不过在DOE中,某些实验的条件如果跟原来的记录一致,则这个数据也可以直接采用。无论如何,随时随地做记录的习惯,都是应该提倡的。

第二节　基本术语

过程模型示意图

DOE是一个完整的实验分析方法,采用系统分析模型,把整个过程当作一个系统，则响应 y 是各个自变量的函数，$y = f(x_1, x_2, \cdots, x_n)$。对于 n 个因素，考虑各阶交互作用的影响，如 2 阶的 x_1, x_2，n 阶的 $x_1, x_2, \cdots, x_n$，总共的项数是 $C_n^1 + C_n^2 + \cdots + C_n^n = 2^{n-1}$ 个，这样全因子 DOE 的函数模型相当于：

$$y = (a_1 x_1 + a_2 x_2 + \cdots + a_n x_n) + (a_{12} x_1 x_2 + \cdots) + (\cdots) + a_{12 \cdots n} x_1 x_2 \cdots x_n$$

注意：在上面的 DOE 模型中，并不包括像 x_i^2 或 x_i^5 这样的非线性项。

实验次数 2^n 比未知参数个数 2^{n-1} 多一个，相当多一个方程，这是统计分析的最基本要求，至少要 2 个数字才能进行统计分析，否则 2^{n-1} 个参数如果是 2^{n-1} 次实验，即 2^{n-1} 个方程的话，那就是精确分析，不是 DOE 的统计分析了，如图 37.1 所示。

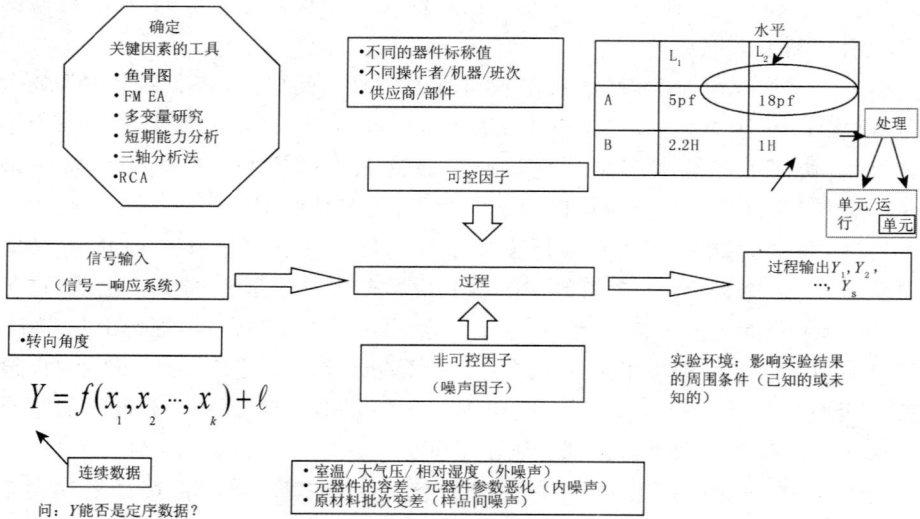

图 37.1 DOE 模型图

可控因子与非可控因子

可控因子是那些可以人为改变的因子，而非可控因子是存在但无法改变或者消除的因子。比如在弹弓实验中，弹子飞越空间时遇到的空气流动，就是一个非控制因素。比如在迈克尔逊—莫雷实验中，以太是知道的因素，但我们无法控制以太。

非控制因素往往还指那些根本没想到的因素。比如，爱丁顿率领一个观测队到西非普林西比岛观测 1919 年 5 月 29 日的日全食，拍摄日全食时太阳附近的星星位置，根据广义相对论理论，太阳的重力会使光线弯曲，太阳附近的星星视位置会变化（即星星好像不在原来的位置）。这时刚好一片云飘过来挡住了镜头，这就是我们没有想到的因素。

非可控因素总是存在的，这正是实验设计三原则的出发点。没有这个三原则，我们就不是在做统计分析，而是精确分析数据了。

水平与处理

水平指设定未知因素有几个值,取 2 个值的叫 2 水平,取 3 个值的叫 3 水平。以 Box 为核心的美国统计学家们喜欢 2 水平 DOE,而以田口为代表的日本 DOE 学派喜欢 3 水平。4 水平以上的实验在现实中很少出现,但在医药、生物行业会做近似连续参数的实验,那叫做序列实验。

因素 x 可以给实际值,也可以给归一化之后的值,但因为数学处理往往采用最小二乘法以平方函数作为优化函数,这样将会导致权重不同,得到完全不同的结果。比如角度的实际值在 $\pm 180°$ 内变化,而幅度一般在 ± 1 的范围内变化,结果是在电路对某一支节进行优化时,软件会自动选择:

$$\min Y = (\Phi - \Phi_0)^2 + (A - A_0)^2$$

这时,整个 Y 基本上只受角度变化 $(\Phi - \Phi_0)$ 的影响而与幅度变化 $(A - A_0)$ 无关,这显然与实际情况不符。因此,我们需要将角度首先归一化到 ± 1 范围内,角度和幅度在对 Y 的影响中才拥有相同的地位。

因此在 DOE 操作过程中,虽然对因素 x 的处理都是由软件自动完成的,但我们必须清楚处理的必要性。

第三节　实验设计三原则

1. 区组化

把实验单元进行合理的安排使得区组内单元的差异远比区组间单元的差异小。

2. 随机化

1)目的:把随机化用于在区组内处理到单元的安排,以进一步减小未知变量的影响。

2)做法:以完全随机的方式安排各次实验的顺序和/或所用实验单元。

3. 重复实验(仿行 replication)

1)目的:增加重复的次数可减小处理效应估计的方差,并可更有效地检测处理间的差异。

2)做法:一个处理(或运行)执行在多个试验单元上执行,但是执行的顺序不是连续进行,也需要随机化。

第四节　实验设计的类型

按照实验目的 DOE 主要分为:因子设计:Plackett-burman 和部分因子实验;回归设计:全因子实验和响应曲面法(RSM);稳健性设计;混料设计;调优运算。其常见类型如表 37.1 所示。

表 37.1　常见实验类型

目的　　常见类型	筛选	优化	比较	设计稳健
全因子实验	中	中	高	中
部分因子实验	高	低	中	低
响应曲面法（RSM）	低	高	中	中
Plackett－burman	高	低	低	低
稳健性设计	中	低	低	高

第五节　什么是全因子实验？

　　所有因子的所有水平的所有组合都至少要进行一次实验，这一点前面已经解释过。这种方法的好处是能够估计出所有的主效应和所有的各阶交互效应，即可以得到所有一次项和各因子的乘积项的影响。但这种做法的缺点是，由于包含了所有的因子水平组合，全因子实验所需试验的总数太多，不能适应中等规模实验的需要，无论是时间还是成本。

　　根据全因子实验的特点，适合因子个数在不超过 5 个的情况下使用，实验次数适中。全因子一般只适于在 Y 与 X_S 是线性模型情况下使用，但是可以增加中心点来检测弯曲程度，以为是否进行二阶实验（如 RSM）提供判据。全因子实验介于筛选实验和响应曲面实验之间，并不是必须要经过的步骤。

第六节　实验计划步骤

1. 定义目标

用以下形式陈述实验目的。

1）估计：［自变量组］的影响。

2）对：［因变量组］的响应。

3）范例。

a. 估计时间、温度以及清洗剂浓度对残留物标准偏差的影响。

b. 估计区域和营业面积对平均销售量的影响。

设计实验时，以下问题会有所帮助。

1）依据实验数据要得出怎样的结论？

2）数据采集完毕后如何对其进行分析？

3）数据和分析是否能够得出所需要的结论？

如果对第3)个问题的回答是否定的,则需重新设计实验。

2. 选择响应变量 Y

可以同时测量多个因(响应)变量,并同时将每一因变量构建为自变量的函数。

数值数据与属性数据的比较:属性数据(合格/不合格)的有效性不及数值数据(连续测量数据)的63%,这表明需要大量的数据才能得出属性数据有效的统计结论。但是,某些情况下对响应变量进行数据测量是比较困难的,通常可以进行分级,与参照标准进行比较。

3. 对 Y 和 X 变量进行 Gage R&R 分析

无论是何种类型的数据,在进行实验前必须验证测量系统。测量系统误差应小于20%。

4. 选择 X(独立)变量

经验表明所有变量中往往只有2~6个少数关键变量。

1)所面临的挑战是找到对结果影响最大的 X,并确定其出现的数值范围。

2)除非对整个过程一无所知,否则尽量保证设计的简单性。在这种情况下,测试多个变量并逐渐逼近"少数关键变量"(筛选实验)。

选择 X 变量时,可以采用如下一些方法。

1)专家意见:因果图。

2)头脑风暴:供应商输入。

3)流程图:"运行进程"。

4)竞争性分析:岗位收益。

5)分析阶段结果(图形,置信区间,假设检验)。

5. 选择 X 变量水平

1)X 变量的水平个数取决于实验目标和实验的响应变量特性。

2)如果你使用筛选实验查找重要变量,典型情况下选择两个 X 水平。

3)如果实验结果无法拟成一条直线(潜在的非线性响应),则不要用直线建模。此时需要 2 个以上的 X 水平来确定曲线关系。

6. 选择实验设计

当设计一个实验时,要考虑到以下关键因素。

(1)噪声和潜伏变量。

噪声变量会影响实验结果,但是我们不能控制它或选择对其不进行控制。此类变量为已知或未知。

范例:温度,消费者,竞争者动机,季节因素,湿度。

潜伏变量是未知或没被预期的噪声变量。

范例:操作者变化,原材料改变,竞争者动机,湿度。

（2）随机化和分组。

将数据分成类似的几组，以将噪声或潜伏变量的影响降到最小。

减少包括噪声和潜伏变量在内的其他变量的影响，并保证统计显著性测试的有效性。

随机化：运行顺序，实验单元的安排，测量顺序。

（3）重复（replication 仿行）和重复（repetition）。

完全重新设置全部实验，以得到相同水平的多个结果。

1）更好地估计长期变差。

2）降低估计值的可变性（缩小置信区间），在不重新设置的情况下，对每次实验运行测量多个样本。

3）更好地估计短期变差。

（4）样本容量。

（5）因子可控制程度。

使用对比信息、基线或参考分布状态，以确定实验区域是否能够真正改变响应 Y 值。

实例：制药公司在测试一种新药物的过程中使用了安慰剂。服用了安慰剂的实验者将成为决定该药物是否具有显著作用的控制组。

（6）混淆和正交性。

无法分离每一变量及其相互作用的影响。所有的部分析因都具有一定程度的混淆。

当我们可独立于一个 X 变量而估计另外一个 X 变量的影响时，称该 DOE 的两个影响彼此正交。

实例：同时改变两个变量。

运行　X_1　X_2

1　低　低

2　高　高

选择可以将混淆程度降到最低的部分析因设计，从而可将主要影响和重要的相互作用分离出来。

7. 进行实验并收集数据

1）确保进行实验前应设计好数据记录表，以保证在设计好的表格内记录所有数据。

2）在实验进行过程中应一直在场，因为你无法预料会发生什么样的情况。

3）保留实验样本将会对你有所帮助，如果某一测量值出现问题，你可以重新测量该样本。

8. 分析数据

1）图形。

2）柱状图。

3）散点图。

4）立方体图。

5）主效应图——有关平均数和标准偏差。

6）交互作用图——有关平均值和标准偏差。

7）等高线图——响应表面设计。

8）残差图。

9）ANOVA 表（session）——查找显示显著因数的低 p 值。

9. 得出结论

1）需回答的问题。

2）是否存在改变迹象？

3）实验结果是否具有统计显著性？

4）实验结果是否具有实际显著性？

5）实验是否指导你如何解决这些问题？

6）我们是否还需要运行附加实验？

10. 执行确认运行

1）执行确认运行对验证你是否真正作出了改进非常必要。确认运行应在合理的子群中设置，类似于工序基线分析。

2）在执行确认运行时，要允许少数重要 X 变量在设置的水平范围内自然变化，但同时又不能"扭曲"工序。希望能确保捕捉到过程的自然变化，以证实确实作出了改进。

第七节　在管理流程中的应用举例

1）一个机械设计部门的图纸检查不合格，部门领导者想知道到底是什么因素对图纸的合格率具有决定性的影响，因此进行一次 DOE 来找出这些因素。

2）项目目的 y＝图纸合格率。

3）影响合格率的因素有很多，经过讨论大家决定选择如下 3 个因素作为本实验的因素。

X_1：学历。这是假定学历高的知识丰富一些，因此考虑会全面一些。

X_2：经验。这个因素是显然的，经验越丰富越不容易出错。

X_3：专业。虽然机械制图本身是很专业的内容，但制图涉及的知识面却远超过制图本身。比如纯机框设计者会关注热设计，而单板结构设计者可能更关注单板 EMC 方面的内容。

4）至于数据能否测准，由于准确率是由高级专家进行评估的，我们认为是准确的。这里虽然不能采用硬的测量工具来测量数据的准确率，但我们要认识到，测量系统也是一个广义的概念，不是说只有测量仪器（如卡尺、秒表等），才是测量系统，任何对数据进行评判的方法和工具都是测量系统。比如 CSI 对于产品满意度的分析是通过一张调查访问卷或者通过电话进行采访来进行的，在这种情况下，这个从客户处收集表格和打电话从而确认态度的过程，就是一个测量过程，完成这个过程本身就是测量系统测试的过程，可以对它进行重复性和再现性分析，从而决定 CSI 数据本身是否有问题，而对像 CSI 这种完全主观数据进行质疑，是任何专家的一个下意识动作。因此，在任何涉及数据的地方，首先必须进行测量系统的分析。

常有人超速被罚，虽然超速者认罚，但是他还是提出质疑，就是测速仪校验过没有，测得准不准。虽然交警部门声明校验过，但公众希望看到证据，这无疑是对全民进行了一次数据意识的普及教育。这个质疑几乎就是下意识的，但它的确反映了数据的一个本性，就是数据有准不准的问题。

5）决定因素和水平如表 37.2 所示，这里我们不考虑非可控因素的影响，不做区划和重复。

表 37.2　因素和水平表

因素		水平	
		-1	$+1$
x_1	学历	＜学士	硕士
x_2	工作年限	＜2 年	＞5 年
x_3	专业	综合考试＜60 分	综合考试＞80 分

根据上表，我们做一个典型的 $2^3 = 8$ 次实验的 DOE 表格如表 37.3 所示。

表 37.3　实验表格设计

编号	x_1	x_2	x_3	y
	学历	工作年限	专业	图纸合格率
1	＜学士	＜2 年	综合考试＜60 分	
2	＜学士	＜2 年	综合考试＞80 分	
3	＜学士	＞5 年	综合考试＜60 分	
4	＜学士	＞5 年	综合考试＞80 分	
5	硕士	＜2 年	综合考试＜60 分	
6	硕士	＜2 年	综合考试＞80 分	
7	硕士	＞5 年	综合考试＜60 分	
8	硕士	＞5 年	综合考试＞80 分	

6）略。

7）当表格做完之后，一切看似很顺利，下面就等着测量数据了。一个现实的问题是，什么叫一次实验？一次新的实验意味着必须重新换一次产品，而这里的产品是什么呢？经过仔细分析，无论学历还是工作年限，本质上都是人的一种素质，是人的一个方面。所以每次实验实际上是要找一个不同素质的人进行图纸检查。

当分析到这里时，测量 y 就可以顺利进行了。找出具有这 8 个不同特征的人，获取他们的图纸合格率，这个测量就完成了。

这里再一次看到，对于因素 x，基本上是一个下位的指标，而 y 是针对整体而言的。

当这一步完成之后，后面的分析就迎刃而解了。我们不再往下分析。

第 38 章　部分因子 DOE

　　如果说全因子 DOE 是一个自然而然的模型,那么部分因子简直就是神来之笔了。

　　我们说全因子 DOE 考虑了所有的交互作用,这里的问题是,交互作用是什么?比如最简单的二元情况,如果存在交互作用,意味着 x_1、x_2 项对结果有贡献。

$$y = a_1 x_1 + a_2 x_2 + a_{12} x_1 x_2$$

将上式写成另外一种形式:

$$y = a_1 x_1 + (a_2 + a_{12} x_1) x_2$$

　　由此可见,交互作用表明,x_2 的系数不是固定的,而是随着参数 x_1 改变的。

　　那么系数是什么呢? 比如对于一个电路的输出电压 y 和它的输入电流 x 之间的关系满足 $y = ax$,则这个 a 是什么? 原来 a 就是电阻,是一个跟 x 和 y 都没有关系的物性参数,是物质本质特性的表征。所以 a_1 表明了物质关于 x_1 方面的物质特性,而 a_2 表示了物质关于 x_2 方面的特性,但本质上二者是跟物质的构成有关的。交互作用表明了物性参数受另外因素的影响,这跟非线性不同,非线性是说物性参数跟自己有关,比如 $y = a_1 x_1 + (a_2 + a_{12} x_2) x_2$,则 y 对于 x_2 的物性参数是非线性的。实际中,我们要注意这些说法的细微区别。如图 38.1 所示。

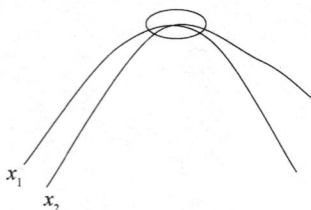

图 38.1　任何非线性特性的近极点近似示意图

　　我们知道,在多数情况下,在我们所关心的一个有限的区域内,所有的特性都是可以近似为线性的,这样不仅可以极大地简化问题,同时也是事物都是相对静止的体现。

　　对世界的这个基本判断正是部分 DOE 的基础。2 阶交互作用一般可能碰到,但 3 阶交互作用基本上就碰不到了,3 阶以上的更是少见。但我们又希望保留全因子 DOE 优良的性能,这时,人们大胆地将交互作用项换成另外一个因子,就可以衡量更多新因子的影响,这在实际中非常重要,这也是部分 DOE 能够减少实验次数的原因所在。

第一节 部分因子 DOE 概述

部分因子 DOE 一般写成 $2r^{k-p}$ 这种形式,其中:

k 为可控因子数;

p 为决定分数的等级,即实验次数从全因子对折的次数;

r 为设计的分辨力;

2^{k-p} 为部分因子实验的次数。

例如,2_{IV}^{7-2} 设计中 $k=7$,包含 7 个可控因子;$p=2$,是全因子实验的实施,即对折 2 次,全因子实验应当做 $2^7=128$ 次试验,现设计为只做 $128\times1/4=32$ 次的部分因子实验;这样的设计是在 2^5 的全因子实验设计表中加入了 2 个因子,$F=ABCD$,$G=ABDE$,$r=IV$。

当因子数目大于 5 时,2 水平全因子实验次数至少超过 32 次,这时实验次数的成本很高。看 GB8282 的抽检标准,不管批量多大,一般 20~50 个样本足矣,数量太多,就失去了抽检的意义。所以实际中我们以 20 个为标准,实验次数大于 20,我们认为这种 DOE 是不可取的。实践中,做得最多的一般是 8 次或者是 16 次实验。以 8 个因子 2 水平为例全因子 DOE 和它的各交互项列表如表 38.1 所示。

表 38.1 8 因子 2 水平全因子各项因子数

项别	常数	1	2	3	4	5	6	7	8
项数	1	8	28	56	70	56	28	8	1

在回归方程中,三阶以上交互作用项共有 $56+70+56+28+8+1=219$ 项,实际上没有具体的物理意义。如果只需要保留常数项和一阶项且不考虑交互作用,则选用分辨率为 III 的部分因子实验。如果需要保留常数项、一阶、二阶和部分交互作用,则选用分辨率为 IV 以上的部分因子实验。

一般在实验早期,为了摸底,通过头脑风暴找到 10~20 项看似都很重要的因子,这时候就需要采用部分因子 DOE 快速地找到那些重要的因子,以缩小选择因子的范围。

第二节 "混叠"的概念

虽然我们强制将某些交互作用的位置设置成另外一个因子,但这并不意味着交互作用就消失了。交互作用继续存在,它的影响和这个因子的影响重叠在一起,但因为因子的影响比交互影响大,所以我们认为计算出来的影响是强制因子的而不是交互作用的。这种互相重叠的影响被称为"混叠"。

例如,对于 2 因素的情况,如果将交互作用直接用 C 来代替,则在回归表达式中 C 和 AB 交互作用无法分开,如表 38.2 所示。

表 38.2 "混叠"的概念

实验次数	因子		交互作用	响应
	A	B	AB	y
1	+1	+1	+1	
2	+1	+1	-1	
3	+1	-1	+1	
4	+1	-1	-1	

实验次数	因子		交互作用	响应
	A	B	$C{\rightarrow}AB$	y
1	+1	+1	+1	
2	+1	+1	-1	
3	+1	-1	+1	
4	+1	-1	-1	

$$y = aA + bB + (cC + dAB)$$

AB 隐含在 y 里面的，而 C 是人为增加的，只要 c 比 d 大很多，则可以认为 AB 的影响可以忽略不计。能不能替代主要是根据对系统的客观认识而不是根据数据。

第三节　案例分析

这是一块单板实验的案例。能测量的 y 是整个单板在给定电压下的总电流，这个电流随着测试软件的不同也不同，因此 y 是指定测试软件下的单板总电流。

一般的 DOE 的实验顺序总是先确定各因素，我们确定的因素是 7 个，拟采用 8 次实验来决定表 38.3 中这些器件的电流的波动大小，以及对总电流是否敏感。

表 38.3　实例因子和水平列表

X_1	Ugate 电流	-1：小　$+1$：大
X_2	EPLD 电流	-1：小　$+1$：大
X_3	FIFO 电流	-1：小　$+1$：大
X_4	SDRAM 电流	-1：小　$+1$：大
X_5	DISCO 电流	-1：小　$+1$：大
X_6	D6/7/8	-1：小　$+1$：大
X_7	FLASH 电流	-1：小　$+1$：大

以上各器件在单板中的具体位置如图 38.2 所示。其中 y 的测试点是将温压电路的输出脚焊开，传接电流测试仪得到的。单板中有上千个元件，但耗电比较大的也就是表 38.3 列出的这些元件。

实验中，我们可供的测量数据的单板有 20 块。按照 DOE 的思路，我们应该按照表 38.4 来安排实验，实际上就是要重新制造单板，使各器件完全按照设计好的组合来构造单板，而不是随机组合。

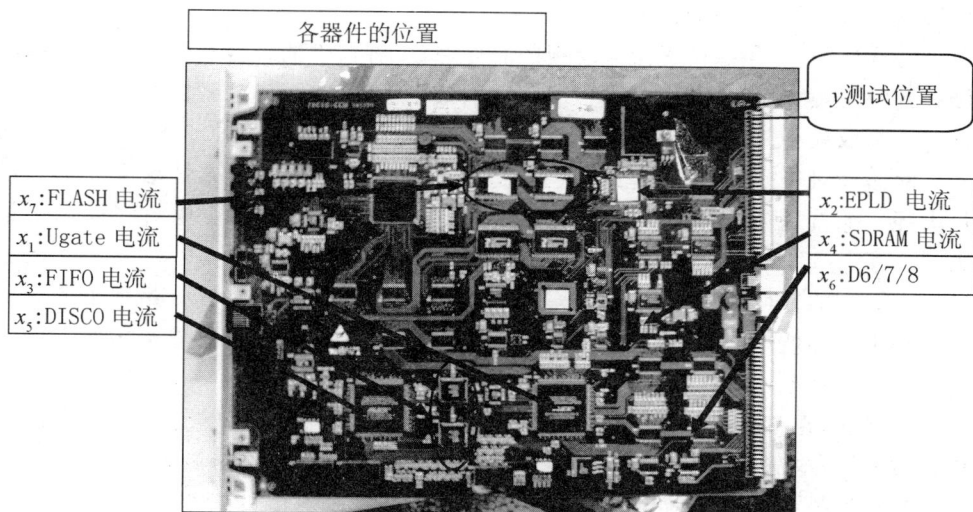

图 38.2　各参数在电路中的位置

表 38.4　实验安排

A	B	C	D(ABC)	E(AB)	F(AC)	G(BC)	y(mA)
−1	−1	−1	−1	1	1	1	
−1	−1	1	1	1	−1	−1	
−1	1	−1	1	−1	1	−1	
−1	1	1	−1	−1	−1	1	
1	−1	−1	1	−1	−1	1	
1	−1	1	−1	−1	1	−1	
1	1	−1	−1	1	−1	−1	
1	1	1	1	1	1	1	

　　问题:要做 DOE 就必须预先知道最大和最小电流的器件,然后进行人为的组合。但是,由于这些器件都是平面焊接的器件,没有地方可以测量电流;另外,对于这些大规模集成电路,往往不止一个电流端,况且这些电流随着测试软件的不同还不一样。总之,要事先确定 20 块单板中各器件电流大小是不可能的。

　　那么,这个 DOE 还能不能做呢? 在实际中,如果都能按部就班地解决,那么这个世界就太简单了。往往是,一个理论必须在实践中不断修改,才能解决我们遇到的实际问题。

　　这里我们要再一次应用工程的近似思维。这个逻辑思维的步骤如下。

　　1)假设对于一个无限多块板的总体,每一种器件的组合都无一例外地可以涵盖的情况,总电流只有在什么情况下才会出现最大呢? 只有一种情况,即所有器件电流都取最大值（＋1）的情况。

2）同样的，对于一个无限多块板的总体，每一种器件的组合都无一例外地可以涵盖的情况，总电流只有在什么情况下才取最小值呢？ 也只有一种情况，即所有器件电流都取最小值（－1）的情况。

3）假设对于一个只有有限多块板的样本，总电流只有在什么情况下才会出现最大呢？ 那就是当所有器件都有最大倾向（接近＋1）的时候，总电流也倾向于最大值。

4）同样的，对于一个只有有限多块板的样本，总电流只有在什么情况下才会出现最小呢？ 那就是当所有器件都有最小倾向（接近－1）的时候，总电流也倾向于最大值。

5）因此，在工程上一个可以接受的假定是，最大电流的那块板全部由＋1的器件组成，最小电流的那块板全部由－1的器件组成。＋1者未必真的是最大值，但一定是接近最大值者，比如0.8；同样，－1也未必真是电流的最小者，比如－0.8，但在工程上这样的假设是可以接受的。

以上这个推理结果，当可筛选的单板数越多时越可靠，我们认为实际中20个样本就合适。其实，20个样本本身只用来决定其中的最大电流和最小电流这2块单板，其余的单板在以后根本就不会用到。而真正的实验只用到了2块，但没有20块也就无法找出这关键的2块来。

有了以上思维，剩下的问题就很简单了，按照常规的实验组合即可，只是要注意在换器件的过程中，应小心谨慎，别出差错，否则就前功尽弃了。

测试结果如表38.5所示，结果表明，X_4：SDRAM为电流波动大的器件。

表38.5　实验结果

A	B	C	D(ABC)	E(AB)	F(AC)	G(BC)	y(mA)
−1	−1	−1	−1	1	1	1	679
−1	−1	1	1	1	−1	−1	704
−1	1	−1	1	−1	1	−1	705
−1	1	1	−1	−1	−1	1	680
1	−1	−1	1	−1	−1	1	704
1	−1	1	−1	−1	1	−1	680
1	1	−1	−1	1	−1	−1	681
1	1	1	1	1	1	1	706

在改进中，我们只针对x_4进行改进，其他的器件不做任何修改，这就极大地减少了盲目性。具体采取的措施如下。

1）修改软件，主备异常时单板自动复位，自动从异常恢复。

2)修改逻辑,主备控制信号加滤波,提高单板抗干扰能力。

3)修改逻辑,设置单板上预留管脚为固定电平,提高单板电流一致性。

整个单板的最终效果如图38.3所示。

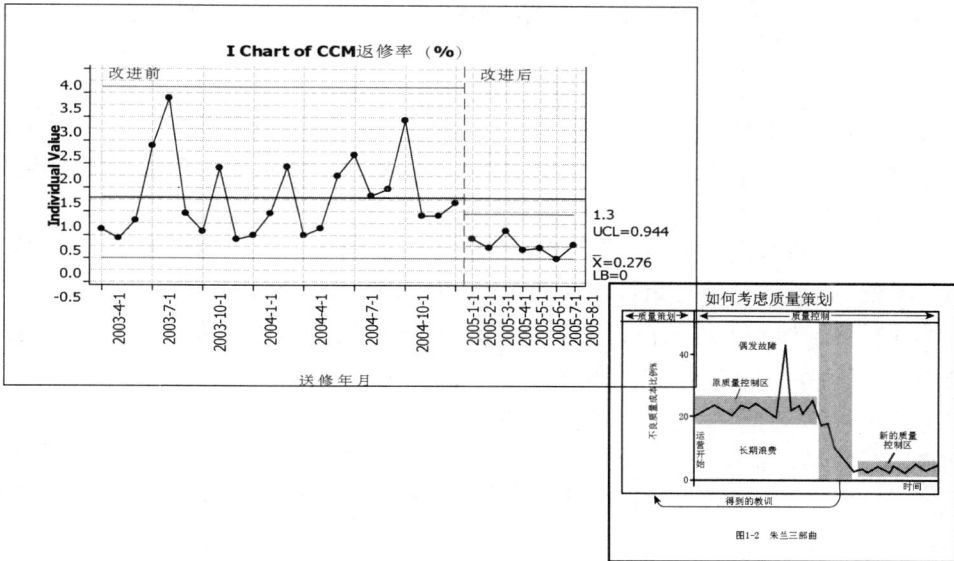

图38.3 改进的实际效果

我们可以看到,在改进后返修率有一个明显的下降,平均值从1.3降到0.276%,波动也有显著的改进。这张图与朱兰质量改进三部曲的形状是何其相似。

这件事情更精彩是在后面发生的意想不到的故事。时间到了2004年7月,项目经过6项主要的改进,构造了一个新的版本。中试加工了20块单板,用来检测功能是否正常。

结果表明20块单板工作完全正常,完全满足出厂发货的要求。

不过在这次的中试检测中,增加了对于电流的测试,电流损耗也下降了,但从统计分布来看,有2个异常点。这2个异常点要分析吗?这异常背后隐含着什么?

项目成员根据在项目中学到的DOE技术,很快就在众多器件中发现一个RS232接口芯片的电流波动为28毫安。这28毫安大吗?当时的项目经理查器件说明书,发现该器件标准最大电流为15毫安。一个15毫安的器件如何产生28毫安的电流波动呢?器件失效分析专家很快就得出了结论,该器件处于潜在失效状态。虽然各项功能都正常,但这样的单板出去,能抗得住几天!

马上更换器件,结果所有电流指标立即正常。如果没有这次惊险的过程,返修率的指标绝对不会如此完美。所以我们感慨,异常的背后一定隐藏着原因。

第39章 专利破解与保护

中国改革开放 30 年来,经济发展取得了长足进步,尤其是制造业的发展更是举世瞩目,很多行业和企业也以"中国制造"遍布世界而自豪。然而进入 21 世纪以来,世界竞争的方式悄然发生了巨大的变化。

中国是 DVD 制造大国,却屡屡发生专利纠纷,最终的结果是每生产一台 DVD 就需要向 6C 联盟缴纳专利费,因此出口单价从每台 4.5 美元上涨至 10 美元,大大降低了国际竞争力。欧盟出台新的打火机安全条例:进口价格在 2 欧元以下的打火机,必须有安全装置;而此装置的技术专利多数为欧洲国家控制,于是占世界产量 80% 的中国打火机,将被迫撤出欧洲市场。据统计,我国出口企业因技术壁垒而产生的贸易摩擦金额,占出口金额的 30% 左右,而美国国际贸易委员会的统计显示,从 2002 年开始,该委员会受理的设计知识产权违法的案件中,中国内地企业数跃居亚洲第一位。

种种事实和数据说明:在 21 世纪的国际经济体系中,自主知识产权的数量与质量,决定了一个国家和地区在全球产业链中的位置。发达国家经过长期的积累,对此早有准备,它们正在世界范围内,不遗余力地加速将其技术独占优势转化为市场垄断优势,展开新一轮的"圈地"运动:技术专利化,专利标准化,标准垄断化。据有关资料提供的专利占有数据显示,在生物工程领域,美国拥有的专利占该领域世界专利总量的 59%,欧洲占 19%,日本占 17%,包括中国在内的其他国家只拥有 5%;在药物领域,美国拥有 51% 的世界专利,欧洲为 33%,日本为 12%,包括中国在内的其他国家仅仅占有 4%。世界知识产权组织(WIPO)的统计资料显示:1965 年,各国之间专利技术许可贸易额为 20 亿美元;1975 年,贸易额达到 110 亿美元;而到了 1995 年,这个数额增长至 2500 亿美元,同期的技术贸易发展速度大大超过了一般商品贸易的增长速度,这个急剧增长的新市场的主导力量,却是个"富豪俱乐部",众多发展中国家处于全球产业链的末端,越来越沦为新世纪的"血汗工厂"。

具体来说,在国际企业与我国企业的短兵相接中,技术竞争的方式主要有两种。一是专利"圈地":在产品进入中国市场之前首先到我国抢注专利,形成专利包围圈;二是放水养鱼:有意放任国内某些企业用其知识产权,一旦这些企业发展到一定规模,它就依法提起诉讼,要求高额索赔。我国企业屡屡受诉,大大影响了国际声誉,也因此付出了沉重的经济代价。在"中国企业创新与知识产权战略高层论坛"中,英国知识产权研究所主席伊恩·哈维说,在今天的美国,公司市场 80% 的市值依赖于以专利为主体的知识产权,而在 30 年前,这一比例只有 17%;今天的中国,也同样面临美国 30 年前的问题。中国公司在已申请的专利中,只有 2% 的申请是在中国以外的地方提交的,如果中国公司想要在全球范围内进行有效的竞争,应该至少提升 30 倍的专利申请量。

面对这样急迫的需求,我国企业要怎样突破专利包围圈,在竞争中变被动为主动呢? 实施专利战略无疑是当务之急。

第一节　企业专利战略概述

专利战略就是面对激烈竞争的环境,自觉主动地利用专利文献提供的新技术新产品信息,利用专利制度提供的法律保护和其他种种条件,促进专利技术开发和科技创新,在技术竞争和市场竞争中谋取最大的经济利益,保持技术优势,以及为长期生存和不断发展而进行的总体策划。这个战略的核心是强化专利管理,实现自主知识产权保值、增值及其效益最大化。

专利战略是个系统工程,涉及政治、经济、法律、技术、生产、经营、贸易、信息、知识产权等各个方面。按照目的可分为进攻战略和防御战略,还有二者结合的混合型战略。按照实施的主体,又可以分为国家专利战略与区域专利战略,行业专利战略与企业专利战略,我们在此关注的是企业专利战略。

好的专利战略可以让企业退可保身,进可攻城,因此需要精心策划。企业这样构筑出来的专利包可以有多重功效,例如支持市场定位、保护研发成果、带来新的收入以及从交叉许可和结算协议中获益。对于那些开发原创技术的公司来说,专利为它们筑起一道防护墙,阻止竞争对手进入有价值的技术或市场领域,于是许多开发先进技术或完成重大改进的公司,就会迫切希望得到专利保护。美国加州大学伯克利分校的苏珊·哈里森教授,依据企业专利战略管理的目标,将其分为五个阶段,如图 39.1 所示。

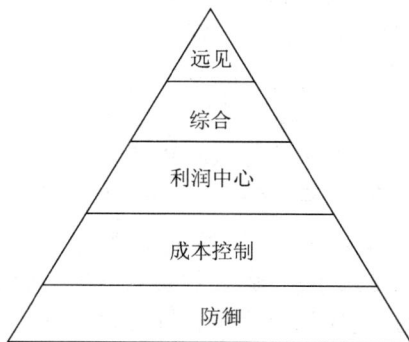

图 39.1　专利战略的阶段模型图

各个阶段对于专利的定位和目标各有不同。

1)防御阶段:专利是法律资产,目的是确保取得特权。

2)成本控制阶段:专利是法律资产,企业为降低成本而重新界定并关注专利创造,及其组合方案。

3)利润中心阶段:专利是企业资产,通过管理、购买专利等方法将知识产权货币化以增加利润。

4)综合阶段:专利战略与企业战略保持一致。

5)远见阶段:通过战略性地申请专利,创造新的博弈规则。

企业制定的专利战略必须与自身的业务目标相一致,也要考虑企业自身的实力而定。大公司拥有强大的财力,通常选择的战略是申请和拥有大量的专利。这些公司总是进攻性地利用自己的专利包,例如通过专利许可协议为公司取得大量收益,如 IBM,每年从自己的专利许可中获益将近 10 亿美元。相反,对于大多数正在起步的公司来说,开发和建立全面的专利包太昂贵了,不过如果了解一些专利战略的基本原则并及早规划,起步阶段的公司也可以设计并实施专利战略,开发出既有效又节省成本的专利包。例如,可以按照自己的业务目标,集中资源在关键的产品和领域中,取得几个高质量的专利,以此建立有效的专利包。

第二节　设计和实施专利战略的步骤

任何专利战略都涉及两个阶段:开发阶段和部署阶段。开发阶段的任务是建立专利战略,包括评估可专利化的技术和申请专利,部署阶段的主要任务是实施,包括竞争分析、专利许可与专利诉讼。二者相结合,设计和实施专利战略的主要步骤如下。

1)明确公司的业务目标和要保护的技术领域。

2)评估公司的现有智力资产。

3)按照公司的目标,为保护技术而开发专利战略。

4)实施专利战略,并在提交专利文件时尽量将专利的保护范围最大化。

步骤一:明确公司的业务目标和要保护的技术领域

在设计阶段一开始,专利战略就要识别出公司的业务目标,清晰的业务目标能够揭示公司的长期蓝图,为开发有价值的专利包提供指导。具体而言,应做到以下几个方面。

1)列出公司的业务目标、技术目标和产品目标。

2)识别关键的行业成员,包括竞争者、合作伙伴和客户。

3)识别行业的技术方向和公司的技术方向。

4)判断专利包的目的是用于进攻(起诉他人、产生收益等)、防守(用作屏障或反诉先申请者)、市场目的(向外部展示其专利包,以证明公司的创新能力),还是它们的组合。

5)让上述的目标、行业信息、技术信息与核心的组合使用战略保持一致。

在此,对企业的主要产品进行功能分析,在具体的核心功能列表与大量的一般化功能之间建立关系,就能够发现新的业务、技术、行业,这对于旨在保护智力资产、避免潜在侵权和授予许可的专利战略来说,有可能就是一个活跃的舞台。在分析中还可以识别出业务的 MPV,这就是功能 MPV 的输入。

步骤二:评估公司的智力资产

识别出了目标,就要挖掘和分析公司的智力资产,此时,评估过程就开始了。在这个过程中,公司要组织和评估所有的智力资产,包括产品、服务、技术、流程和业务活动等。

1)识别智力资产。为了判断哪些是公司的智力资产,收集和整理文档化的资料,包括业务计划、公司规程和政策、投资者的陈述、市场宣传资料及出版物、产品规格说明书、技术纲要和软件程序。可能还会包括合同协议,例如雇员协议、委任书、许可协议、非保密的或保密协议、投资协议和咨询协议。

2)为每个智力资产识别其预期的时间跨度。

3)为每个智力资产识别其市场。

4)为每个智力资产识别构成其的产品或产品线。

5)从上述智力资产中识别最适合进行专利保护的智力资产。

然后就要为公司智力资产分析其预期的时间跨度和物理限制,按照 S 曲线的各个阶段进行分析,能够为智力资产评估的总体指标提供充分的输入,利用 S 曲线分析 MPV 很有效。

这个阶段中,我们可以判断是否需要研究取得专利的能力或者专利侵权,以便判断可行的保护范围,或者自己的产品或流程是否会对第三方构成侵权行为。这样就能够从专利包的角度识别出公司的强项以及公司潜在的易受攻击区域,即竞争对手或者同业者已经做好了专利保护措施的地方。

随着评估阶段的进展,公司可以着手进行专利申请了。公司为了保护评估中发现的目前专利保护尚未覆盖到的核心技术、流程和业务活动,建立自己的专利包,其中典型的就是涵盖了核心专利、篱笆专利和回避设计专利相结合的专利包。

核心专利通常是封阻型专利,可以用一个或者几个这样的专利来封阻竞争对手进入此专利覆盖的技术或产品市场。篱笆型专利就是围绕着核心专利构筑篱笆,特别是如果核心专利是竞争对手所拥有,那么将所有可以想到的改进都申请专利,竞争对手就不得不签订交叉许可协议。回避设计专利是为了避免对第三方专利构成侵权,在原专利的基础上进行创新,并申请得到的专利。

核心专利总是出现在某个具体的 MPV 参数在 S 曲线的第一阶段或者转变阶段,而篱笆专利通常出现在第二或第三阶段。

不同的公司可以按照自己的目标和能力选择不同的方向。大多数刚起步的公司由于财力所限,谋求专利保护利害攸关。因此,它们多数的专利策略是从申请专利阶段开始的,重点放在取得一个或者几个核心专利,而大公司就可以选择利用篱笆专利的战略,在此不一一而论。

步骤三:开发保护技术的专利战略

一旦识别出了关键的技术领域,就需要为保护这种技术而裁剪专利战略,这个步骤经常被忽略,但却是非常重要的一步。

　　尽管战略通常涉及适当地将创新领域划分到具体的发明,以便按其主题申请专利,有时也需要避免重复申请专利,除非这个发明有进一步的改进,或者正打算商业化。另外,如果想在国外申请专利,要考虑在本国申请专利的时间进度,两者相配合。

　　在描述专利战略时,公司的业务和技术目标与法律方面的考虑同样重要。例如,一方面,希望从技术许可中获益的专利经营战略,就与想要阻止竞争对手复制此技术的战略不同。如果公司的财力达不到,那么精心准备在国外申请专利的战略是毫无意义的。另一方面,只在国内销售产品并且不准备销往国外的客户,如果希望对自己的业务进行技术授权或者技术转让,同样能够从国外专利的覆盖范围上获益。与此类似,如果公司突然出现了迫在眉睫的问题,也可能决定对某个商业价值超越原本业务定位的特殊技术领域,集中资源加以保护。对于一些面向市场的客户而言,开发品牌组合与开发专利包都是企业知识产权管理中重要的部分,只是完成时间略有前后之分而已。在开发专利战略时,所有这些细节都需要考虑在内。

　　业务需求的不同经常导致其专利战略也不一样,即使二者的法律或技术环境看起来很相似。例如,一个公司在某个技术集中的领域有个专利,它可以决定扩大其专利的保护范围,而不管准备和维持这个专利申请的成本有多少;而另一个公司,可能正忙着将一个新产品投入市场,也可能决定申请一个保护范围相当狭窄的专利,以便在竞争激烈的市场中取得一个切入点。

　　专利活动中用的战略有许多种,其中多数可以用 TRIZ 方法增强其效果,如表39.1 所示。

表 39.1　常见的专利战略与可以的 TRIZ 方法

序号	专利战略类型	TRIZ 工具
1	解毒战略	功能分析、因果轴分析、裁剪法
2	篱笆战略	S 曲线分析,进化趋势,MPV 分析
3	收费站战略	S 曲线分析,进化趋势,MPV 分析
4	潜水艇战略	进化趋势
5	反击战略	矛盾分析,本体论分析
6	隐形反击战略	矛盾分析,本体论分析
7	专利破解（全面覆盖原则）	功能分析、因果轴分析、裁剪法
8	专利破解（等同原则和禁止反悔原则）	功能分析,功能搜索
9	隐蔽战略	进化趋势
10	筹码战略	进化趋势
11	断尾战略	功能搜索

步骤四：实施专利战略

　　一旦制定了专利战略,其实施在很大程度上取决于准备专利申请或专利诉讼的技巧。尽管得到一定的专利保护并不困难,但是要得到最有意义的最大专利保护范围仍然具有挑战性。专利的范围取决于权利要求的范围,因此需要从开始起草专利的阶段,就持续关注权利要求的范围。而有的人把专利申请看做是新增加权利要求的技术公开,权利要求的形式和措辞都会影响到技术特征描述的形式和措辞,而这就是专利的一部分。

在这个阶段,公司也可以加入申请许可的过程。在此,公司判断是否需要从别处取得许可或购得专利,特别是在自己的专利包缺乏保护和易受第三方攻击的领域。另外,在申请许可的过程中,公司还可以判断是否向第三方授权许可或者达成交叉许可协议。

此后,实施的主要内容之一就是管理企业的专利包。对于一个公司来说跟踪其成长中的专利包的状态,是一项重要的能力。因为专利包是公司的珍贵财产,就像任何一种有价资产一样,应该认真维护。

第三节 常用的专利规避战略

这一战略也称专利破解,就是研究他人的某一项专利,然后设计一种不同于该专利保护内容的新方案,合法地规避专利的限制,以达到既能利用对方专利又不侵权的目的。专利规避也有风险,虽然这比创造一个全新的专利快捷,也可以较少的资源和投入解决企业的技术问题,但必须要研究透彻专利法的相关要求,一旦破解失败反而会自陷于侵权陷阱。想要做到专利规避,首先要研究专利的法律规则。判断侵权通常涉及以下三个原则。

1. 全面覆盖原则

被控侵权客体为被指控侵权的产品实物或实际上使用的方法。如果被控侵权客体包含了一项专利的权利要求的全部技术特征,并且这些技术特征一一对应,并且在专利法意义上两者相同,则被控侵权客体落入了专利权保护范围。如果被控侵权客体在独立权利要求全部技术特征的基础上又增加新的技术特征,则该被控侵权客体相对于权利要求的技术方案来说仍构成侵权。

针对全面覆盖原则的专利规避战略,其原理就是不包含原专利的所有技术特征,但能实现同样的功能。例如原专利的权利要求中叙述的技术特征是:(式 1)$A+B+C+D$,而被控产品如果是等同于(式 1),或者是(式 2)$A+B+C+D+E$,必然会被判侵权;但是如果是(式 3)$A+B+C$;(式 4)$A+B+E$,而且 $E\neq C+D$;(式 5)$A+B+C+F$,而且 $F\neq D$,那么就不构成侵权。

2. 等同原则

当采用全面覆盖原则判定被控侵权客体相对于专利未构成相同侵权时,进一步采用等同原则进行侵权判定。如果被控侵权对象与专利独立权利要求相比,其覆盖了该权利要求的大部分技术特征,而仅有一个或一个以上的技术特征从字面上看并不相同,但经过分析可以认定两者是用相同的方法,完成了相同的功能,并得到了相同的结果，则认为被控侵权客体落入了专利权的保护范围，构成等同侵权。判定两者技术特征是否等同，以侵权行为发生时本领域普通技术人员的水平来进行判定。

针对等同原则的专利破解，其原理就是力求不同时满足此原则的三要素：①用相同的方法；②完成相同的功能；③得到相同的结果，只要其中一个不同，等同原则就不适用。

3. 禁止反悔原则

在专利审批、无效程序中，专利权人为确定其专利具备新颖性和创造性，通过书面声明或修改文件等方式，对专利权利要求的保护范围作出限制性承诺，或者部分地放弃保护以得到授权，这些信息将详细地体现在与专利局沟通的中间文件中。此类修改作为历史数据在专利侵权诉讼中是不可以反悔的。

针对禁止反悔原则的专利破解，可在某个竞争性专利获得授权之后，从专利局获得其中间文件，分析其中的内容，看有无权利的放弃，并采用替代的方式来实现同样的功能。

针对这些原则，TRIZ 中有相应的方法进行专利破解。

为了破解全面覆盖原则，在实施中可以针对原专利的独立权利要求，按照 TRIZ 中的功能分析方法建立其所有必要组件的功能模型，针对其关键的薄弱环节进行专利规避。可以用裁剪法的三种不同方式来实现：去掉一个组件，将其有用功能转移至一个剩余的组件上，即（式 3）；用一个新的组件实现两个组件的功能合并，即（式 4）；用一个新的组件替代此组件实现其有用功能，并且不适用等同原则，即（式 5）。这个流程如图 39.2 所示，由裁剪导致技术系统出现新的矛盾，可以利用 TRIZ 中的矛盾分析与创新原理等解决。

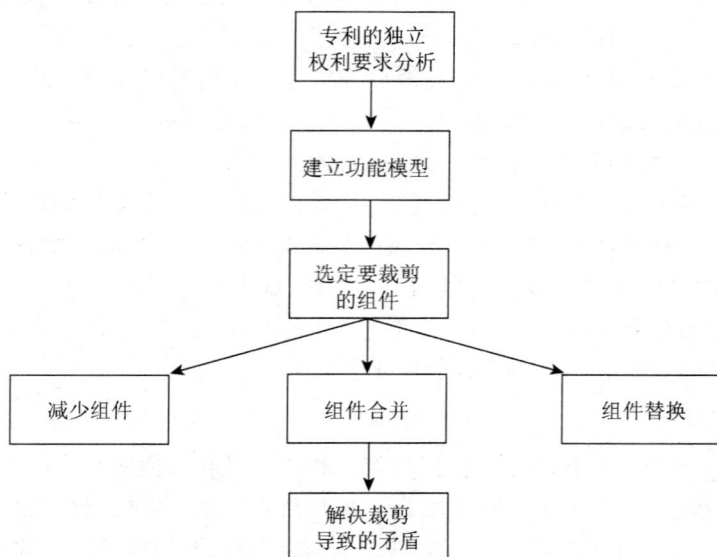

图 39.2　利用裁剪法进行专利破解的流程

为了破解等同原则,可以利用 TRIZ 中的技术系统功能分析方法,提取某个组件的功能进行搜索,用不同的方式来实现同样的功能,就可以轻易地实现专利破解。

在实际应用中,这些原则和方法是互相关联的,下面我们用一个实际案例来说明。如图 39.3 所示的产品是钢材加工的一道工序,即通过一个气枪向钢水中吹入惰性气体氩气,利用气体的流动有力地搅拌钢水,使其具备某种特性。但在这个过程中,热量会通过四壁和底部快速散失,引起钢水温度下降,氩气与钢水的反应强度就会下降,达不到规定的特性要求。

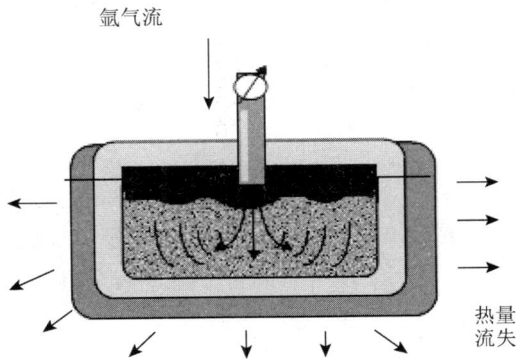

图 39.3　某设备原理图

某公司针对此设备的问题,申请了一个专利,其方案如图 39.4 所示,类似保温瓶的双层壳体,一个压缩机通过阀门与外壳相连,抽走两层壳体之间的气体,以近乎真空的状态达到隔热保温的目的。

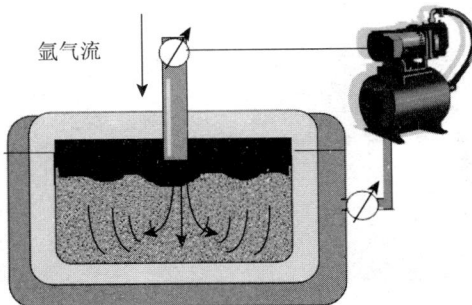

图 39.4　某专利的方案原理图

另一家企业也有类似的设备遇到同样的问题,通过专利搜索看到了这个方案,于是希望能够以此为基础进行专利破解,在较短时间得到可行的方案。

对原专利进行权利要求分析,在 Pro/I 软件中建立了此系统的功能模型,如图 39.5 所示。

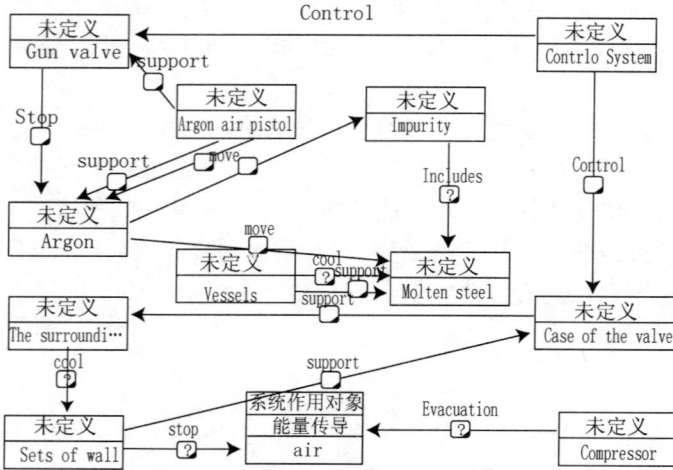

图 39.5　设备的功能模型图

经过价值分析，压缩机及其连在外壳上的阀门是价值最低的组件，那么选择去掉这两个组件，于是得到了一个问题：如果要去掉这两个组件，其功能"排出两层壳体之间气体"如何实现？

于是进行功能搜索：Evacuate air，利用 Pro/Innovator™ 软件的本体论扩展，得到一个问题情境很类似的解决方案：用文氏管去除发火有机金属的蒸汽，如图39.6所示，a 图为改进前的原理图，b 图为改进后的原理图。

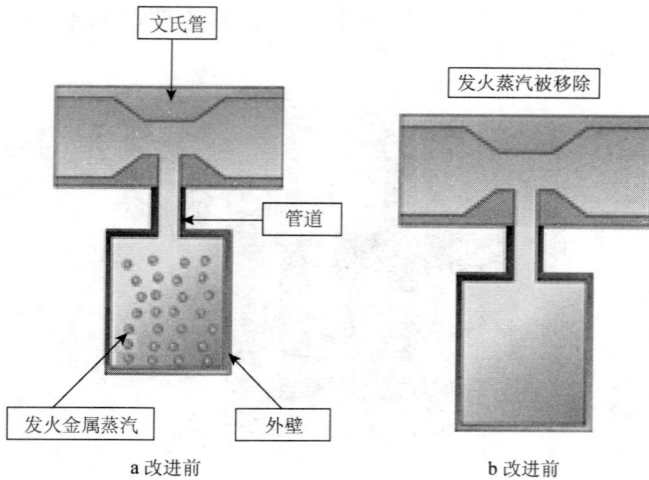

a 改进前　　　　　　　　　b 改进前

图 39.6　用文氏管去除发火有机金属蒸汽的原理图

此专利描述的是，为了安全去除发火有机金属的蒸汽，建议使用文氏管，利用负压效应带走蒸汽。将压缩携载气体输送到文氏管，携载气体与发火有机金属的蒸汽相容,不会造成燃烧反应。设备的狭窄部分通过导管与容器相连,容器中盛有待去除的发火蒸汽。在设备的狭窄区域,携载气体被加速,产生一个负压区。相连容器中的发火蒸汽会自动流向负压区,并在此与携载气体混合后顺着管道离开。利用这种办法能够彻底、安全地去除发火有机金属的蒸汽。

受此方案的启发,将本设备的压缩机和阀门去掉,整个气体管道直接与气枪相连,在气枪内部的结构上做少许改变,形成一个文氏管,如图 39.7 所示。利用不断流动的惰性气体在文氏管处形成负压,带走双层壳体之间的气体,形成几近真空状态,以隔热保温。

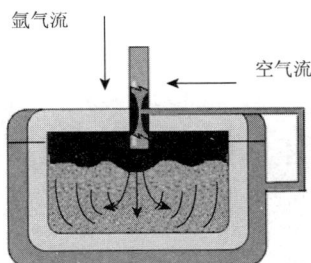

图 39.7 专利规避的设计方案

这是典型地用裁剪法进行专利破解,去掉了两个组件,改变了两个剩余组件,保持系统的功能不变。这个新的方案与原专利相比,由于去掉了组件,明显地不适用"全面覆盖原则",因此不构成侵权。

第四节 可用 TRIZ 增强的其他专利战略

一、篱笆战略

通常用于竞争对手拥有核心、基础专利的情况,我方可以在该专利基础之上增加一些具有商业价值的小创新,将所有能想到的小应用都申请专利,就形成了围绕这一核心专利的专利墙,如图 39.8 所示。这样,即使我们由于专利落入他人的专利保护范围而不可实施,但对方也不能有太多应用,因为任何商业化的构思已经被我们保护起来。双方互扼对方的咽喉,必须合作才能盈利,这往往会引向专利的交叉许可。

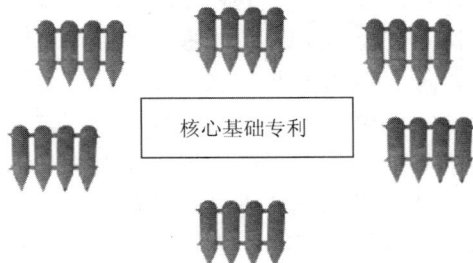

核心基础专利

图 39.8 篱笆战略的示意图

在实施这个战略时，TRIZ 的预测工具非常有效。在分析核心专利的权利要求时，识别其 MPV 参数，针对这些参数利用 TRIZ 预测工具思考其未来发展方向，将其临近的各种构思全部申请专利，形成密不透风的篱笆墙，可以有效地阻止竞争对手核心专利的商用化。

例如，汽车的保险杠，通常是实心的金属制成，那么按照形状协调进化路线，内部结构的进化路线是：实心物体→内部中空的物体→多孔结构的物体→毛细结构的物体→动态内部结构的物体。那么我们可以针对这一项参数构思出一系列的方案，如图 39.9 所示。

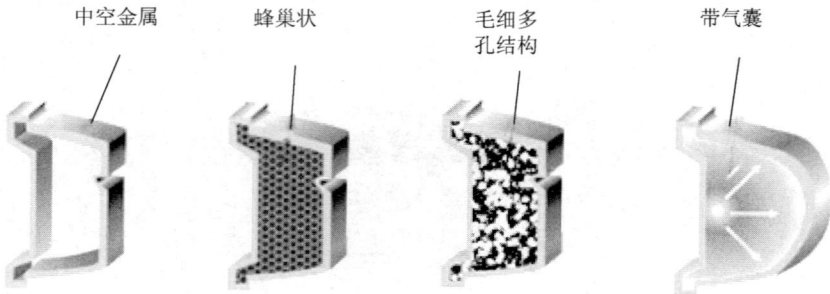

中空金属　　蜂巢状　　毛细多孔结构　　带气囊

图 39.9　保险杠按照内部结构的形状协调路线构思

要形成篱笆，仅考虑单一的参数进化还不够。例如形状协调还有一个路线是几何形状的进化：点→线→面→体，这个路线还可以继续细分，如线又有：直线→曲线→复杂曲线等。从多个参数全面分析和构思，才能够形成密密匝匝的篱笆，逼迫竞争对手不得不与我方实施专利的交叉许可。

二、解毒战略

假装自己是竞争对手，对自己的专利进行破解和分析，使保护更加全面，因此称为解毒法。本策略可使用的 TRIZ 工具有功能分析、裁剪法、因果链分析、功能搜索等。

三、收费处战略

收费处策略关注现有技术在整个行业的情况，领先定义出产品未来的研发方向，而不仅限于竞争对手的现实情况。针对技术系统的 MPV 参数，利用 TRIZ 的预测工具思考其发展方向，把可能实现的想法都申请专利保护，即使这个想法目前还只是个模糊的概念，也可能由于某些原因，例如实验室条件、资金等，还不能得以实施。但抢先一步申请专利，一旦日后这些想法成为市场的主流，就可以像设在公路上的收费处一样，对凡是使用的用户都进行收费，获益巨大。当然这样做也有风险，有很多专利在日后并不能加以实施，也可能因为当初模糊的概念、保护范围过于宽泛而被判无效。

例如在 1997 年,某公司研究了洗衣机的发展前景。传统的洗衣机用水和洗涤剂洗衣服,有四个 MPV:洗衣质量、能量消耗、水消耗、洗涤剂消耗。经过多年的改进,各项 MPV 已经接近其物理极限,那么未来的洗衣机是什么样的? 调查洗衣机的市场需求,发现最重要的需求是与整个环境更加协调地发展,如环保型洗衣机,更少消耗水资源、洗涤剂资源和能量资源,但是洗衣效果不降低甚至更高。其中最迫切的需求是希望不用洗涤剂,如洗衣粉,因为用过的水无法净化以循环使用。

针对这个迫切的问题进行因果轴分析,如图 39.10 所示,其目标问题是洗涤剂污染水,其根本原因是污染物和衣物材料的表面特性。

图 39.10 洗衣机的因果轴分析

接下来应用 TRIZ 工具解决这个目标问题,考虑到要洗的衣物和污染物多种多样,很难控制,因此将要解决的原因不放在因果轴的最后一环,而是"污染物对衣物的黏附力有害"。构建物场模型如图 39.11 所示,属于第一类第二组,需要消除有害作用。目前使用洗涤剂就是引入另一种物质,效果不佳,那么考虑引入另一个场来破坏原来有害的场。

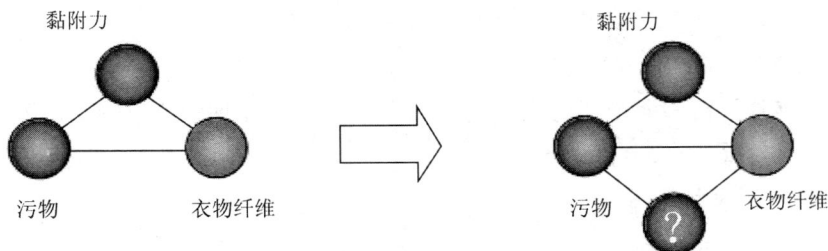

图 39.11 洗衣机的物场模型

场的类型有机械场、声场、热场、化学场、电磁场等,按照洗衣机的工作环境,目前看来采用声场是最佳选择。而且为了增强声场的效果,可以利用共振以增强效果。因此,最终的方案为利用超声波,其频率和"典型的"污物颗粒的固有频率一致,产生共振,达到最好的移除效果。

此公司在 1997 年针对这个构思申请了专利。2001 年,SANYO 公司设计和生产了世界上第一台超声波洗衣机,现在很多家庭都使用着这种既环保又高效的洗衣机。

在实施专利战略时,专利破解应该算是被动中的争取主动的行为,篱笆战略、解毒战略和收费处战略则是主动出击型的。然而无论企业实施哪一种战略,有一项能力是非常基本而且重要的,就是撰写高水平的专利申请文件,我们在下一章对此详细介绍。

第 40 章　专利撰写技术

第一节　专利申请文件撰写基础

一项发明创造,必须由有权申请的人以书面形式或者以国务院专利行政部门规定的其他形式向国家知识产权局专利局提出申请,才有可能取得专利权,这些以书面方式或规定的其他形式提交的材料称作专利申请文件。

专利申请文件是一种法律文件,其作用主要有五个方面。

1)启动专利局对专利申请的审批程序。

2)向全社会充分公开发明创造的内容,使所属领域普通技术人员能够实施。

3)阐明申请人对该发明创造所要求的保护范围。

4)专利局根据申请文件记载的内容进行审查,是审查的原始依据。

5)专利批准后的授权文本是判断侵权的依据。

发明和实用新型专利申请文件主要包含以下几个组成部分。

1. 请求书

请求书是申请人向专利局表示请求授予专利权愿望的一个文件,由其启动专利申请和审批程序。

2. 权利要求书

用技术特征的总和来表示发明和实用新型的技术方案,其作用如下。

1)表述专利申请人对发明或实用新型所要求的保护范围;

2)授权后的权利要求书用来确定专利权受保护的法律范围;

3)在一定程度上反映出发明或实用新型与最接近现有技术之间的联系与区别。

主要是前两者的作用。其本质是作为确定专利权保护范围的法律性文件。

3. 说明书

说明书是一项发明或者实用新型申请专利的基础,是专利文献的主体。本章将重点介绍说明书的撰写方法。

一、检索和调研

在撰写专利申请文件过程中,可以通过以下几个权威网站进行检索和调研。

1. 国家知识产权局专利检索

网址为 http://search.sipo.gov.cn/sipo/zljs/，页面如图 40.1 所示。

图 40.1 国家知识产权局专利检索主页

2. 欧洲专利局

网址为 http://ep.espacenet.com，页面如图 40.2 所示。

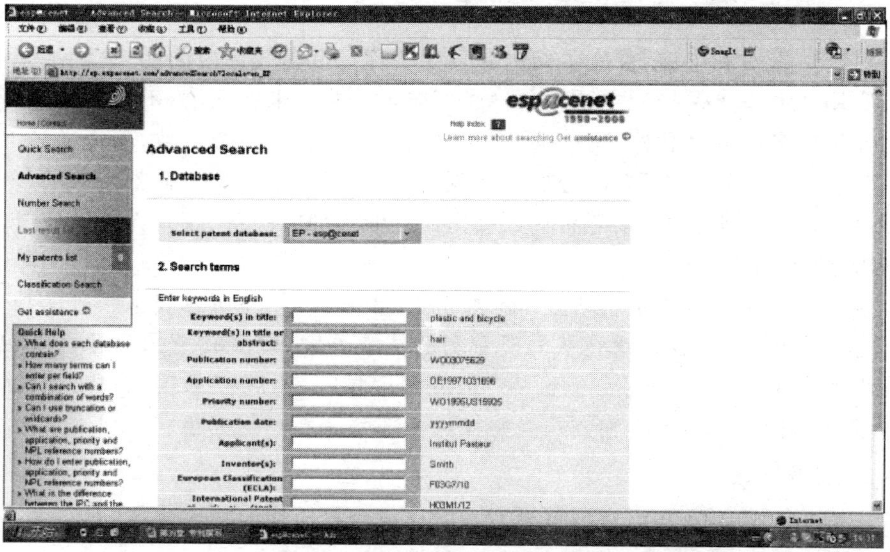

图 40.2 欧洲专利局主页

3. 美国专利商标局专利检索

网址为 http://patft.uspto.gov/，页面如图 40.3 所示。

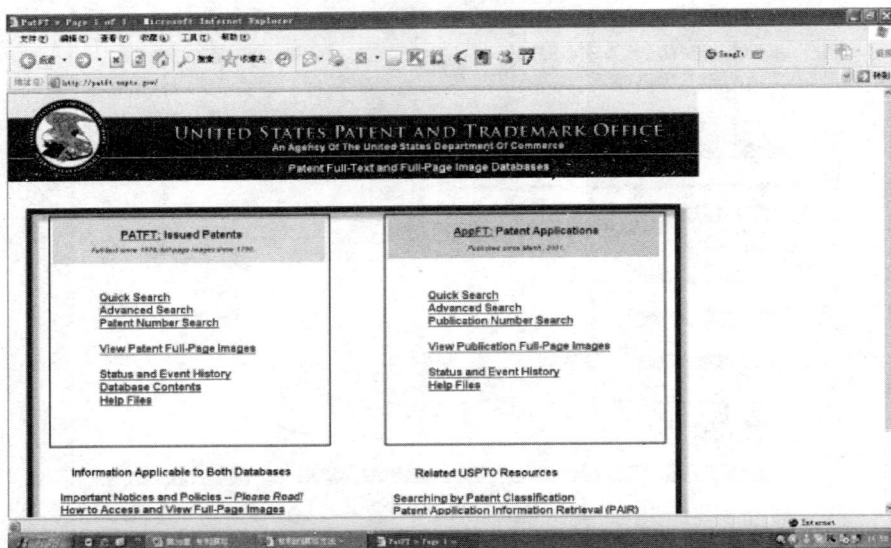

图 40.3 美国专利商标局主页

二、说明书各部分的撰写要求

对于一份专利申请，首先要确定其发明名称。发明名称应简明、准确地表明发明或实用新型请求保护的主题。名称中不应含有非技术性词语，不得使用商标、型号、人名、地名或商品名称等。名称应与请求书中的名称完全一致，不得超过 25 个字，应写在说明书首页正文部分的上方居中位置。应确定是产品还是方法，例如：一种可拆卸的打印机墨盒（产品）；二氧化钛光催化剂的制备方法（方法）；拉链及其制造方法（产品＋方法）。

说明书应对发明或实用新型作出清楚、完整的说明，使所属技术领域的技术人员，不需要创造性的劳动就能够再现专利的技术方案，解决其技术问题，并产生预期的技术效果。说明书应按以下五个部分顺序撰写：所属技术领域；背景技术；发明内容；附图说明；具体实施方式。并在每一部分前面写明标题。

1. 技术领域

应指出本发明或实用新型技术方案所属或直接应用的技术领域。

例如：本发明涉及一种安装于图像形成装置上的墨盒。

2. 背景技术

是指对发明或实用新型的理解、检索、审查有用的技术，可以引证反映这些背景技术的文件。背景技术是对最接近的现有技术的说明，它是作出发明或实用新型技术方案的基础。此外，还要客观地指出背景技术中存在的问题和缺点，引证文献、资料的，应写明其出处。

一般背景技术撰写的主要内容/框架采取如下写法。

1）第一段：介绍所研究的技术方案的由来。

例如，"在通常的图像形成装置中，为了补充在使用时所耗的显影剂，以及替换因长时间使用而劣化的显影剂，需要使用一种可拆卸的容纳显影剂的墨盒，以补充或替换显影剂。"

2）第二段：分析对比文件，或描述现有技术（从技术方案的角度）。例如：

JP-A-2005-134452 描述了一种图像形成装置，该图像形成装置具有储备箱，该储备箱构造成暂时储存待供应给显影单元的调节剂；该图像形成装置还具有这样一种机构：其构造成与将显影剂盒安装于设置在储备箱上部的盒安装部分的操作同步地打开显影剂盒的调色剂排出口的盖。

根据 JP-A-2005-134452 中所描述的常规技术（J01），即使在显影剂盒中的显影剂用完时，也可以用储存在储备箱中的显影剂来进行图像形成操作。这样，就可以在图像形成操作中将调色剂盒安装于盒安装部分上或者从盒安装部分上拆卸。

3）第三段：指出所引用的对比文件的不足之处（本发明能够解决的缺陷）。例如：

但是，在将调色剂盒安装于盒安装部分上时，显剂盒有时会和图像形成装置本体接触或者碰撞而造成冲击。因此，可能会对正在形成的图像造成不利的影响。

3. 发明内容

应包括发明或实用新型所要解决的技术问题、解决其技术问题所采用的技术方案及其有益效果。

要解决的技术问题是指要解决的现有技术中存在的技术问题，应当针对现有技术存在的缺陷或不足，用简明、准确的语言写明实用新型所要解决的技术问题，也可以进一步说明其技术效果，但是不得采用广告式宣传用语。

技术方案是申请人对其要解决的技术问题所采取的技术措施的集合。技术措施通常是由技术特征来体现的。技术方案应当清楚、完整地说明实用新型的形状、构造特征，说明技术方案是如何解决技术问题的，必要时应说明技术方案所依据的科学原理。撰写技术方案时，机械产品应描述必要零部件及其整体结构关系；涉及电路的产品，应描述电路的连接关系；机电结合的产品还应写明电路与机械部分的结合关系；涉及分布参数的申请时，应写明元器件的相互位置关系；涉及集成电路时，应清楚公开集成电路的型号、功能等。本例"试电笔"的构造特征包括机械构造及电路的连接关系，因此既要写明主要机械零部件及其整体结构的关系，又要写明电路的连接关系。技术方案不能仅描述原理、动作及各零部件的名称、功能或用途。

有益效果是发明或实用新型和现有技术相比所具有的优点及积极效果，它是由技术特征直接带来的或是由技术特征产生的必然的技术效果。

发明内容部分的主要内容/框架，可以按照下述方法进行撰写。

1）第一段：针对对比文件描述现有技术的缺陷，介绍本发明的发明目的。例如：

　　本发明的目的是减少安装可拆卸盒时所造成的冲击。

2）第二段：

3）第三段：列举本发明的有益技术效果。例如：

　　本发明具有下列优点。

　　a. 可以通过缓冲部分减少在图像形成操作中安装可拆卸盒时所造成的冲击，从而减少对图像质量的不利影响。缓冲部分与把手部分一体地形成，因此，不增加部件数量，可降低成本。

　　b. 图像形成装置上可以安装多个可拆卸盒，在替换其中一个时，可以通过其他调色剂盒提供显影剂，从而降低由于调色剂不足而造成图像形成操作中断的可能性，从而提高生产率。

4. 附图说明

在说明书中，集中给出每个附图的简要描述。例如：

　　图 1 为根据本发明第一实施例的打印机的示意图；

　　图 2 为根据本发明第一实施例的打印机的主体部分的剖面图；

　　图 3 为根据本发明第一实施例的打印机的可拆卸盒的示意图；

　　图 4 为⋯⋯

5. 具体实施方式

具体实施方式是发明或实用新型优选的具体实施例，应当对照附图对发明或实用新型的形状、构造进行说明，实施方式应与技术方案相一致，并且应当对权利要求的技术特征给予详细说明，以支持权利要求。附图中的标号应写在相应的零部件名称之后，使所属技术领域的技术人员能够理解和实现，必要时说明其动作过程或者操作步骤。如果有多个实施例，每个实施例都必须与本发明或实用新型所要解决的技术问题及其有益效果相一致。

对于具体实施方式部分撰写，需要把握以下总体要求。

1）从技术方案的角度，清楚、具体地描述本发明的实现方式，不能只有原理或功能性描述。

2）应指出哪些结构或步骤可作什么样的变化（替换方式）。

3）应结合流程图、原理框图、电路图、时序图等附图进行说明。

4）对电学领域的发明，应先用方框图介绍主要组成部分，各部分的功能及部分间的关系；连接关系也是越详细越好；对于包含电路的发明，应当说明各功能电路之间的连接关系或信号传送关系及各功能电路的具体构成。

5)机械相关的发明,要对照附图对各部分的结构关系作出详细说明。结合结构图和原理图,详细介绍本发明或实用新型的工作原理和工作方式。产品类发明,具体说明其零部件的结构及相互位置关系和连接关系。

6)方法类发明,应当说明为完成发明任务所必须实现的工艺方法、工艺流程和条件(如时间、压力、温度、浓度)。对于软件类发明,除提供流程图之外,还应提供相关的系统装置。

对于具体实施方式部分内容,可以按照以下撰写步骤进行。

第一部分:介绍各个附图中的构成组件。例如:

如图 40.4 所示,缓冲部分 118y 与把手部件 113y 一体地形成。缓冲部分 118y 具有:基部 118ay,缓冲部分本体 118by 以及梳状引导部分 118cy。

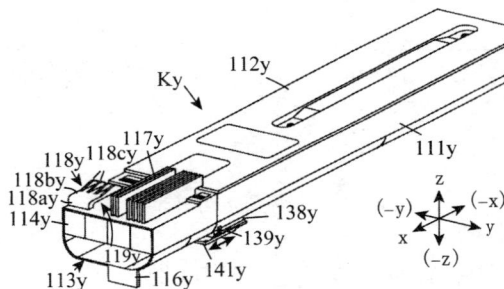

图 40.4　专利说明书附图举例

第二部分:介绍各个附图中各个组件之间的连接关系和位置关系。例如:

基部 118ay 与把手部件 113y 的顶面一体地形成。缓冲部分本体 118by 从基部 118ay 向后延伸。梳状引导部分 118cy 形成于缓冲部分本体 118by 的后端,并且向上凸出。从而,在缓冲部分本体 118by 和把手部件 113y 顶面之间形成可变形空间 119y。顺便提及,第一实施例的把手部件 113y 由树脂形成。如图 40.5 所示。

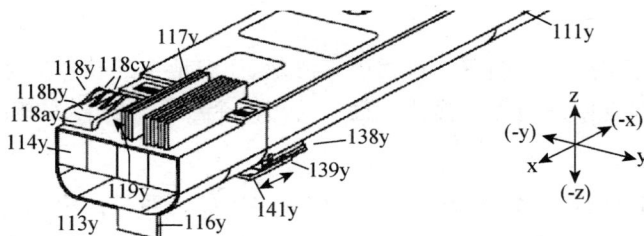

图 40.5　分解图示一部分

第三部分：引用各个附图展开对技术方案的描述。例如：

如图 40.6(a)所示，在调色剂盒 Ky 即将插入之前，缓冲部分 118y 的引导部分 118cy 与补充 32y 的顶壁部分 32dy 接触。

如图 40.6(b)所示，当调色剂盒压入时，缓冲部件 118y 的端部可朝着可变形空间 112y 向下弯曲，产生与插入方向相反的力，从而起到减震作用。

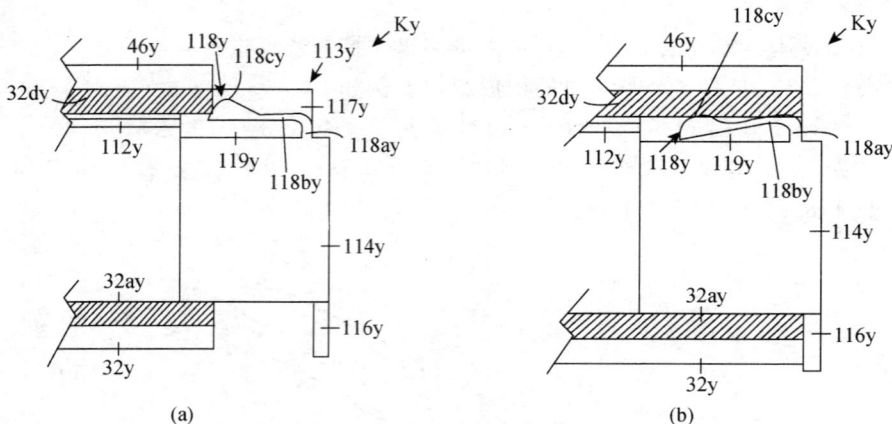

图 40.6　分解图示另外部分

第四部分：思考是否存在替代方案（可选实施例）。

如结构的变化、局部的修改、部件的增减等。如果有，仍按上述一、二、三部分的方式描述（只描述与第一实施例的不同之处）。例如：

尽管在此前的实施例的描述中已经以缓冲部分使用树脂一体地形成为例进行了描述，但是，根据本发明的缓冲部分不限于此。例如，缓冲部分可以由弹性橡胶制成。或者，缓冲部分可以由弹簧形成。优选地，如此前的实施例的描述中所描述的，缓冲部分形成可以重复地使用。但是，缓冲部分也可以构造成在一次安装时变形（或者毁坏）。而且，尽管在上述实施例中缓冲部分设置于调色剂盒的前端部分，但是，缓冲部分也可以设置于任意位置。

综上所述，具体实施方式的撰写过程中应清楚、完整地描述技术方案。对于有附图的部分，应边结合附图边进行描述。最好给出两个以上的具体实施例。

6. 附图

说明书附图部分的每一幅图应当用阿拉伯数字顺序编图号。附图中的标记应当与说明书中所述标记一致。有多幅附图时，各幅图中的同一零部件应使用相同的附图标记。附图中不应当含有中文注释，应使用制图工具按照制图规范绘制，图形线条为黑色，图上不得着色。

应写明各附图的图名和图号,对各幅附图作简略说明,必要时可将附图中标号所示零部件名称列出。

附图的形式主要有零件图、装配图、电路图、线路图、流程图、方框图、曲线示意图、形状示意图等。

附图的位置:附图应形成一个单独文件,不可穿插在文字中间。

附图的具体要求如下。

1)附图应为黑白图,不得为彩色附图。

2)附图均为示意图,不须标注尺寸及工艺要求。

3)附图中应使用附图标记,在不同的附图中,同一个部件的附图标记应相同。

4)除了必需的词语之外不应含有其他的注释。

5)对于流程图、框图等附图,可以在框内给出必要的文字或符号。

6)对于申请中国专利的发明或实用新型,附图中的词语应使用中文,必要时可在其后的括号中注明原文。

三、撰写常见问题

在撰写过程中,常见的主要问题有以下几种。

1)附图和文字互不相关。

2)未突出发明点和主要技术特征。

3)未给出必要的/相关的数据。

4)可以采用表格、公式等进行描述。

5)仅给出功能性描述,未描述功能是如何实现的。

[例1]

纸粉浓度	$0\sim3$ 毫克/米^3		
区域覆盖率	$0\%\sim5\%$	$5\%\sim20\%$	$20\%\sim100\%$
带进给速度	0.035 毫米/秒	0.018 毫米/秒	0.01 毫米/秒

如表中所示,当纸粉浓度是 $0\sim3$ 毫克/米^3 时,如果检测到的区域覆盖率是 $0\%\sim5\%$,那么清洁带 31 的进给速度是 0.035 毫米/秒;如果区域覆盖率是 $5\%\sim20\%$,那么进给速度是 0.018 毫米/秒;如果区域覆盖率是 $20\%\sim100\%$,那么进给速度是 0.01 毫米/秒。

此例中使用了表格进行描述,在说明书中,必须对表格进行详细说明。

[例2]

此例中申请中的附图(见图40.7)说明,只写:"打印机 1 可以沿着输送路径 30 传送记录纸 22"是不够的。仅给出功能性描述,未描述功能是如何实现,因此,必须详细地介绍完整的工作过程。应按如下方式撰写。

具有一定尺寸和质量的记录纸 22 通过送纸辊 26、分离辊 27 和阻滞辊 28，经过转印辊 29 提供的记录纸输送路径 30，以独立的方式一个接一个地由任意送纸托盘 23、24、25 输送，该送纸托盘分多个层，设置于彩色多功能打印机本体 1 的下部。

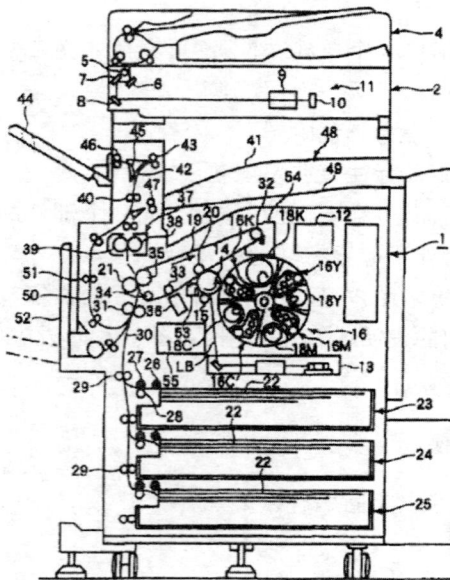

图 40.7　正确描述例 2

第二节　专利撰写的工具

为简化专利申请的准备工作，目前，已有不少实用软件工具帮助我们进行专利申请撰写。这其中，我们以 Pro/Innovator™ 软件平台中"专利申请"模块为例进行介绍。该软件中的专利申请模块最大的特点是：提供标准申请项，并自动在其许多项中填写数据，而此类数据，是先前在处理问题时输入的，并能自动生成专利权利要求。

一、专利分类及发明新颖性查询

只有此前尚未被授予专利权，且真正为独创的，一个发明方为可以获得专利权。因此，要通过专利审查，获得专利权，还必须检查自己发明的新颖性。Pro/Innovator™ 软件平台的"发明新颖性查询"功能如下。

1）找出密切相关的专利来检查所需要申请专利的发明是否确实为新的；

2）找出所申请的专利将被分类于其下的专利分类码。

Pro/Innovator™ 软件平台的"发明新颖性查询"提供了以下几种方式。

1）专利分类索引。专利分类索引中的查询通过关键词来实施。查找以下两项：①专利分类定义；②专利分类编码（类与子类号）。如图 40.8 所示。

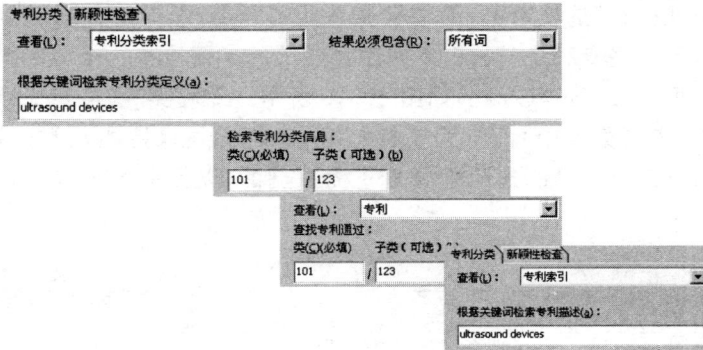

图 40.8　专利分类页面

2)专利分类编码。专利分类编码中的查询,可获得某一具体专利类/子类的定义,以进行检查。查询通过专利类(必填)及子类(可选)来实施。

3)专利索引。专利索引中的查询通过关键词来实施,可获得专利标题及专利号。

4)专利。专利中的查询通过专利类(必填)及子类(可选)来实施。可查找某一具体类或子类的专利。

这些方式还可以任意组合来完成这些类型的查询,如图 40.9 所示。

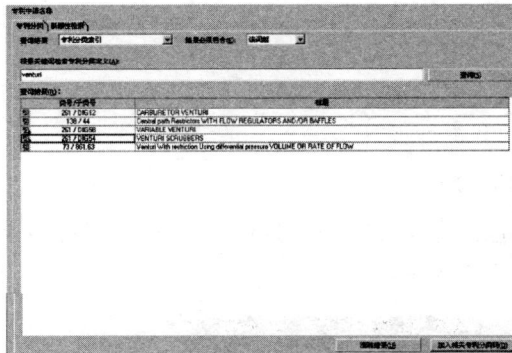

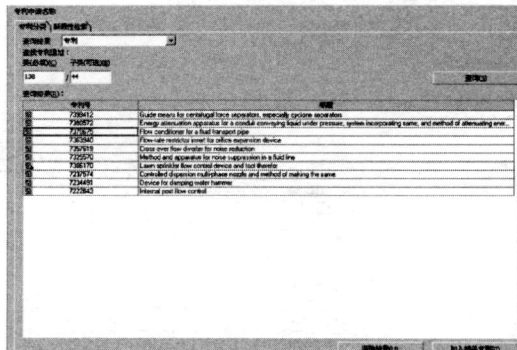

图 40.9　专利查询页面

在"新颖性检查"选项卡上，集中有至一些专利类/子类定义的链接，以及至一些专利的链接，这些专利是与自己发明密切相关的。要检查一个专利类/子类定义或一个专利，可直接点击其标题，如图 40.10 所示。专利类/子类定义或专利，可自己在缺省的网络浏览器中打开（为正常打开，此时必须保持能正常连接互联网）。在检查之后，可确定自己的发明是否真正为独创的，以保证通过专利审查，最终获得专利权。

专利号	类/子类	标题	已查看	注释
6923117	101 / 123	Solder paste printing apparatus and printing method	☑	N/A
6802250	101 / 127	Stencil design for solder paste printing	☑	N/A
6342266	427 / 8	Method for monitoring solder paste printing process	☑	N/A
6286424	101 / 129	Plastic mask unit for paste printing and method of fabricating ...	☑	N/A
6170394	101 / 129	Method of preparing and using a plastic mask for paste printing	☑	N/A
6063476	428 / 131	Method of fabricating plastic mask for paste printing, plastic ...	☑	N/A

图 40.10 要进行检查的分类码与专利

二、专利申请信息

该模块是专门针对撰写申请美国专利（USPTO）文件的，其创建申请可分为两种类型。

1）发明专利。可以被授予作出以下发明或发现的任何人：任何新的、有用的且非显而易见的过程、机器、制造的物品，或是物质的合成物，或是与之相关的任何新的且有用的改进。

2）外观设计专利。可以被授予作出以下发明的任何人：用于一种制造的物品的、一种新的、独创的装饰性设计。

1."专利申请信息"选项卡

专利申请信息：包括发明标题、专利申请号、填写日期、专利申请类型、主题、建议的分类等，如图 40.11 所示。

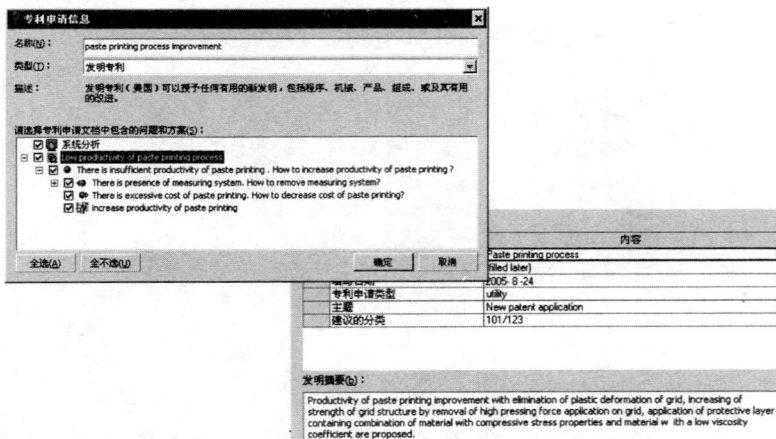

图 40.11 专利选项卡模板

可以根据技术要求填写发明摘要。摘要包含对主题核心内容及预期应用的简要描述。摘要的填写目的是使专利局与公众,能够快速确定发明技术交底的核心内容。摘要指出新发明所属的技术中有哪些新内容。

2."申请人"选项卡

此部分主要是针对申请人具体信息方面的内容,如图 40.12 所示。

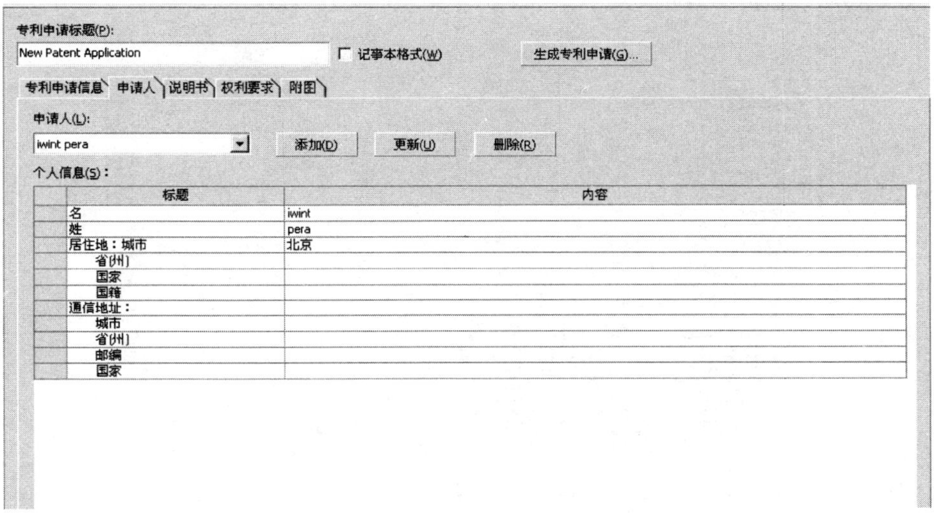

图 40.12　申请人选项模板

3."描述"选项卡

对于发明专利申请,包含三部分内容:发明背景、发明描述、此发明的详细说明。而对于外观设计专利申请,则只有两项:简要描述和(可选)特征描述(对发明特征的描述)。如图 40.13 所示。

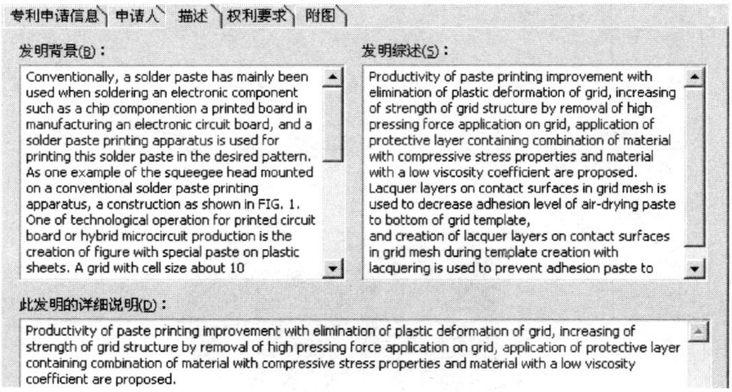

图 40.13　描述选项卡模板

4."权利要求"选项卡

"权利要求"涉及专利保护范围最关键的部分。这一部分写得好坏直接关系到申请人的权益。但这一部分的撰写工作对于一般工程师来说，也是最难写的部分。而 Pro/Innovator™软件平台能够基于先前输入的信息，自动生成专利申请中的权利要求部分。在此框架的基础上，工程师再进行修改，可方便地形成最终的"权利要求"部分。如图 40.14 所示。

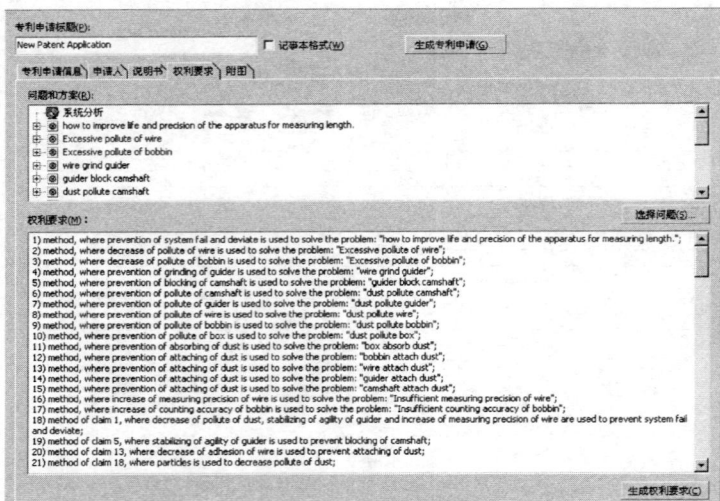

图 40.14　权利要求选项模板

5. 附图

在自己的专利申请中，插入一列具有标题及描述的附图，如图 40.15 所示。

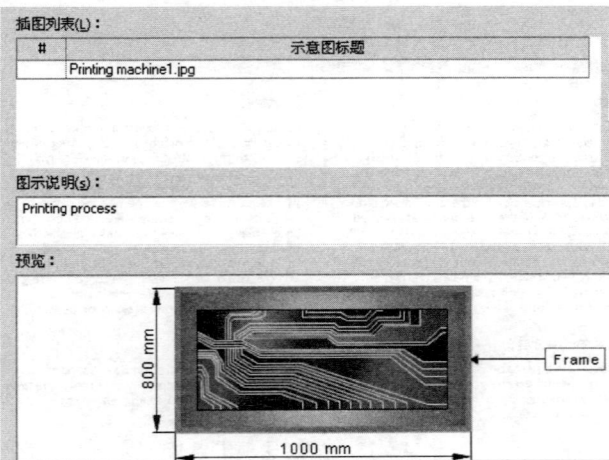

图 40.15　附图模板

三、专利申请文档生成

在完成了上述各部分工作后,可以直接单击"生成专利申请"按钮,生成专利申请文档,该文档为 rtf 格式,可以由 WORD 软件打开,进行编辑。如图 40.16 所示。

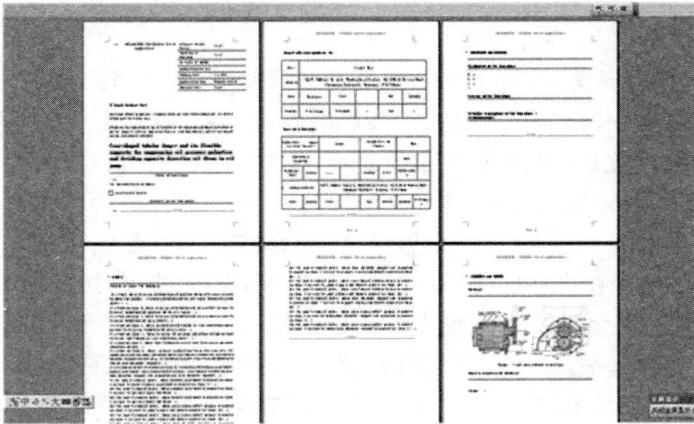

图 40.16　专利生成文档示意图

本章小结

申请专利是实现企业智力资产保护的重要手段之一。本章介绍了专利申请撰写方面的基础知识,并介绍了 Pro/Innovator™ 软件平台中"专利申请"模块,作为专利申请撰写的软件工具,其具备以下功能。

1)辅助用户撰写技术交底书初稿。

2)整理发明方案并构建组件模型,帮助发明人理解发明内容的实质。

3)自动形成权利要求书的主要部分。

4)帮助发明人获得高质量、高价值的专利申请。

第41章 统计过程控制

统计质量管理认为,波动分为随机波动和特殊波动,前者是普遍存在的,其影响也是持续、均匀的,实际对产品的绩效影响不大;后者则是由于一些特殊的原因造成的,外在表现就是产品偏离了设计要求,这是需要我们进行分析和消除的。如何分析呢?流程管理理论认为,客户感受到的一切产品特征,都是由产品的一些内在特性决定的,即 $Y = f(X)$。如果想提高产品的理想度,首先要找到这些产品特征中对客户最有价值的参数,即 MPV,以提高 MPV 的绩效;按照流程管理,这些参数最终会落实到改进 X 的性能上。我们在本书的前面也介绍过一些分析特殊波动原因的方法,如因果分析、假设检验、方差分析等。利用这些方法从影响 MPV 的众多因子中找到最关键的因素 X,制定改进方案并实施,就能够从根本上提高 MPV,提高产品的理想度。

当然,改进之后要保持 X 稳定在新的性能水平,以确保 MPV 稳定在新的绩效范围;反言之,如果 X 的波动超过一定范围,必然会引起 MPV 的波动,最终又引起产品的理想度降低。因此,聚焦在监控 X 上,就可以提前发现可能发生的问题,或者阻止已经发生问题的蔓延,达到预防的目的。以统计学理论为基础实现监控 X 的管理方法,就是统计过程控制(statistical process control,SPC),即对过程的关键参数进行统计、分析,及时发现特殊波动,以预防缺陷的产生,提高产品质量同时降低成本,从而提高产品理想度。

实施 SPC 的工具是控制图,其诞生于 20 世纪 20 年代。统计质量控制之父沃特·阿曼德·休哈特在 1924 年 5 月 16 日的备忘录,首次提出使用"控制图"(control chart)进行质量管理的建议。他认为波动存在于生产过程的各个方面,使用简单的统计工具,如抽样和概率分析就可以分析波动的表现和来源。他的《产品生产的质量经济控制》(*Economic Control of Quality of Manufactured Product*)于 1931 年问世,是公认的基本质量原理的起源。1939 年,休哈特完成另一部巨作《质量控制中的统计方法》(*Statistical Method from the Viewpoint of Quality Control*),他的观点和方法引起了质量领域人士的兴趣,并对他们的研究思路产生了重要影响,其中包括质量大师威廉·爱德华兹·戴明和约瑟夫·M·朱兰。

目前采用控制图进行过程控制的方法,广泛用于各种重复性高的流程中,不仅包括生产过程,也包括服务流程。

第一节 控制图的原理

在实际生活中,多数自变量 X 都是符合正态分布 $N(\mu, \sigma^2)$ 的,如图 41.1 所示。在以均值为中心,$\pm\sigma$ 的范围内,样本值落入其中的概率为 68.26%;$\pm2\sigma$ 的范围内,样本值的概率为 95.45%;$\pm3\sigma$ 的范围内,样本值的概率为 99.73%。那么在超出 $(\mu\pm3\sigma)$ 之外的区域内出现的概率为 $(1-99.73\%)=0.27\%$,从统计意义上看属于小概率事件,即可以以很小的风险判断其为特殊波动(称为异常点)。因此,休哈特建议把控制图的控制限设为 $(\mu\pm3\sigma)$,依此标准就可以在生产过程中很容易地判断出异常点,以实施纠正或改进措施。

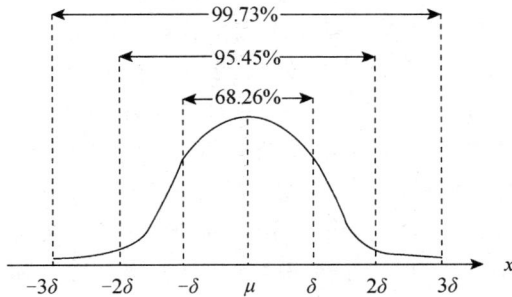

图 41.1 正态分布与概率

第二节 控制图的要素

将图 41.1 顺时针旋转 90 度,将随着时间产生的数据点逐一描绘,就得到了控制图,如图 41.2 所示。控制图的要素包括数据点、中心线和控制限三部分。

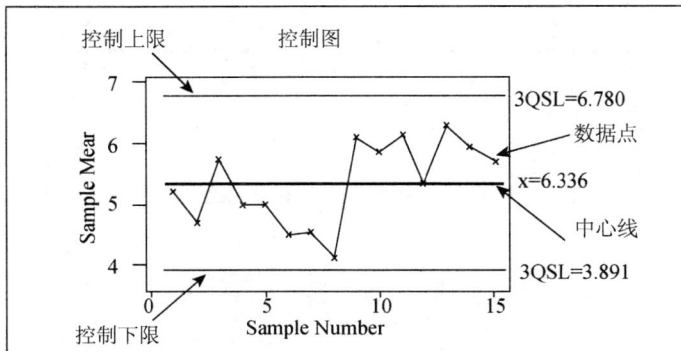

图 41.2 典型的控制图示例

数据点就是在控制图中出现的每个点,可以是连续数据的值,也可以是离散数据的值,不过后者多数是计数型的数据。每个点既可以是一个样本的取值,也可以是一组样本的统计量,这与控制图的类型有关。

中心线(central line,CL)多数是根据历史数据得出的均值 μ,有时在趋势图中会用中位数来代替。

控制限,分为控制上限(upper control limit,UCL)和控制下限(lower control limit,LCL),是判断数据点波动是否为异常点的依据。

控制限的设定,除了按照历史数据以外,还会有其他考虑。分析用的控制限,基本上都是用历史数据统计得出的,简单来说可以设为 UCL= $\mu + 3\sigma$,LCL= $\mu - 3\sigma$,其中 μ 就是中心线的位置,σ 是依据历史数据得出的标准差。而在实际使用时,在连续数据的控制图中,业界通用的是引入一个与样本数量相关的参数,代替"3"对标准差进行调整后得到控制限,而且针对不同的控制图,这个参数的取值也不同。

而控制用的控制图,其上下限还要考虑由客户需求而得出的设计要求,我们称之为规格限(specification limit),也分为规格上限(USL)和规格下限(LSL)。USL、LSL 与 UCL、LCL 相比,有四种关系,如图 41.3 所示。显然,我们自己的流程过程能力应该比客户需求更加严格,才能生产出客户满意的产品,正如图 41.3(d)所描述的关系。有时候,数据点因其实际意义具备一定的取值阈,那么设定控制限时应该取统计得到的控制限与值域的交集为最终的控制限。例如样本的值都是正的,但是计算得到的($\mu - 3\sigma$)<0,那么在使用时设定其控制限为 0,而不是($\mu - 3\sigma$)。

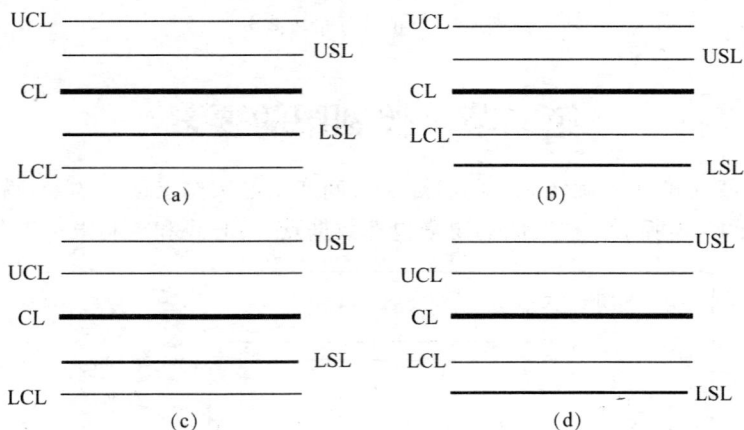

图 41.3　控制限与规格限的关系

第三节　常用的控制图

一、检测连续数据的控制图

常用于检测连续数据的控制图有四种,都是包括两张图。

1. 单值—移动极差控制图（I-MR Chart）

对每一个样本都进行检验，多用于自动化检测、取样耗时或成本高；样品均匀，无须多抽样等情境。I 是 individual，即单值，MR 是 moving range，即移动极差。

如果有 n 个样本，那么 I 图中的数据点是每个样本的数值 x_i，$i = 1, \cdots, n$，共有 n 个数据；其中心线位置是所有样本值的均值 $\overline{X}$。MR 图中每个数据点的值为（$x_{i+1} - x_i$），共有（$n-1$）个数据；其中心线位置是所有移动极差值的均值 $\overline{R}$。此控制图制作简单易操作，但是由于它的样本信息有限，判断的灵敏度是四种控制图中最低的。

2. 均值—极差控制图（$\overline{X}$-R Chart）

这种图适用于样本已经分组的检测。$\overline{X}$ 图中的每个数据点是每个分组的样本均值 μ_i，其中心线位置是包含所有分组在内的所有样本值的均值 $\overline{\overline{X}}$；R 图中的数据点则是每个样本分组的极差（$x_{max} - x_{min}$），即分组中的样本最大值减去样本最小值，其中心线位置是所有分组极差值的均值 $\overline{R}$。在以前计算多依赖于手工演算的时期，此控制图用于检测样本的波动状态。而现在，仅用于每个分组中的样本数量不太大的情况。

3. 均值—标准差控制图（$\overline{X}$-S Chart）

$\overline{X}$ 图与均值—极差控制图的 $\overline{X}$ 图一样，S 图中的数据点是每个分组的标准差 S，其中心线位置是所有分组标准差的均值 $\overline{S}$。此控制图的用途与均值—极差控制图一样，用于检测连续数据的波动状态，只是计算起来更复杂一些。得益于现代计算机及软件技术的发展和普及，这种控制图应用非常广泛。

4. 中位数—极差控制图（Me-R Chart）

R 图与均值—极差控制图的 R 图一样，Me 图中的数据点是每个分组的中位数（median），其中心线位置是所有分组中位数的均值 $\overline{Me}$。与均值—极差控制图相比，中位数的计算比均值更简单，但检测能力也更弱，因此这种控制图多用于现场就需要填入数据进行检测的情境。

以上四种控制图的中心线、控制限计算方式汇总如表 41.1 所示。

表 41.1   连续数据控制图的计算方式

控制图类型		中心线	控制上限	控制下限
单值—移动极差控制图	I 图	$\overline{X}$	$\overline{X} + E_2 \overline{R}$	$\overline{X} - E_2 \overline{R}$
	MR 图	$\overline{R}$	$D_4 \overline{R}$	$D_3 \overline{R}$
均值—极差控制图	$\overline{X}$ 图	$\overline{\overline{X}}$	$\overline{\overline{X}} + A_2 \overline{R}$	$\overline{\overline{X}} - A_2 \overline{R}$
	R 图	$\overline{R}$	$D_4 \overline{R}$	$D_3 \overline{R}$
均值—标准差控制图	$\overline{X}$ 图	$\overline{\overline{X}}$	$\overline{\overline{X}} + A_3 \overline{S}$	$\overline{\overline{X}} - A_3 \overline{S}$
	S 图	$\overline{S}$	$B_4 \overline{S}$	$B_3 \overline{S}$
中位数—极差控制图	Me 图	$\overline{Me}$	$\overline{Me} + A_4 \overline{R}$	$\overline{Me} - A_4 \overline{R}$
	R 图	$\overline{R}$	$D_4 \overline{R}$	$D_3 \overline{R}$

其中的参数 A_2、A_3、A_4、B_3、B_4、D_4、D_3、E_2 可以查阅控制限系数表得到。

二、检测计数型数据的控制图

常用于检测计数型数据的控制图有四种，都是包括一张图。

1. 不合格品率控制图（P-Chart）

这种图用于检测对象为不合格品率或合格品率等计数型数据，每次检测的样本数量可以不同。其中的数据点是每次抽样检测的不合格品率或合格品率 p_i，中心线的位置是历次检测的不合格品率或合格品率均值 $\overline{p}$，控制限为 $\overline{p} \pm 3\sqrt{\dfrac{\overline{p}(1-\overline{p})}{n}}$。如果每次检测的样本量 n 是不一样的，那么每个点的控制限都会有所不同，如图 41.4 所示。

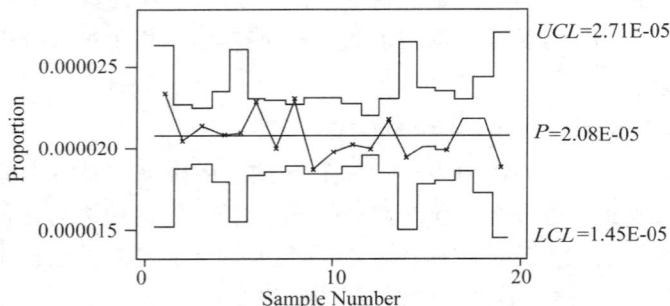

图 41.4　P-控制图示例

2. 不合格品数控制图（nP-Chart）

与不合格品率控制图类似，用于检测对象为不合格品数，要求每次检测的样本量是一样的，都是 n。图中的数据点是每次抽样的不合格品数 np_i，其中 p_i 是每次抽样的不合格品率，中心线的位置是历次检测的不合格品数均值 $n\overline{p}$，控制限为 $n\overline{p} \pm 3\sqrt{n\overline{p}(1-\overline{p})}$。

3. 缺陷数控制图（C-Chart）

用于总缺陷数服从泊松分布的情形，总体数量巨大，但是缺陷数很小，要求每次检测的样本量都是相同的。图中的数据点就是每次检测的缺陷数 c_i，中心线的位置是历次检测的缺陷数均值 $\overline{c}$，控制限为 $\overline{c} \pm 3\sqrt{\overline{c}}$。

4. 单位缺陷数控制图（U-Chart）

用于检测每个单位的缺陷数，每次抽样的样本量可以不同。图中的数据点就是每次抽样的单位缺陷数 μ_i，中心线的位置是历次检测的单位缺陷数均值 $\overline{u}$，控

制限为 $\bar{\mu} \pm 3\sqrt{\dfrac{\bar{\mu}}{n}}$，其中 n 是每次抽样的单位数。与 P 图类似，如果每次检测的样本量是不一样的，那么每个点的控制限都会有所不同。

在实际使用中，需要根据实际情况来判断，应该使用什么样的控制图，例如被检测的变量是连续数据还是离散数据？每次抽样的样本量是固定的还是可变的？计算方式和时间有要求吗？可以参考图 41.5 的方法确定控制图的类型。

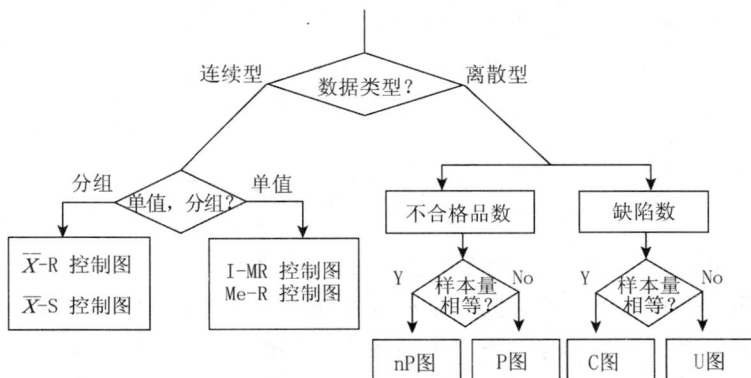

图 41.5 控制图类型的选择方法

第四节 异常点的判定规则

控制图的好处是将所有数据或其统计量，按照时间序列展开，直观地呈现在我们面前，以便于及时发现原本隐藏在流程中的特殊波动。那么如何"看图识异"？在第一节中，我们介绍了休哈特提出的一个判定异常的规则，后来经过实践和研究，又陆续增加了一些。按照我国的国家标准 GB/T4091—2001，判定连续数据异常点，一共有八条原则。下面我们逐一介绍这些判定原则，并用统计数据来检验其是否符合小概率事件原理。

在介绍之前，我们先看一下图 41.6，它将被检测对象的取值范围进一步细分为 A、B、C、D 四类。A 区位于中心线两侧 1 个 σ 的范围，B 区位于中心线两侧 σ 到 2σ 的范围，C 区位于中心线两侧 2σ 到 3σ 的范围，D 区位于中心线两侧 3σ 以外的范围。那么参照图 41.1，我们很容易得到变量取值落在图 41.6 中自上而下各区的概率。

上 D 区：$(1-99.73\%)/2=0.135\%$；
上 C 区：$(99.73\%-95.45\%)/2=2.14\%$；
上 B 区：$(95.45\%-68.26\%)/2=13.595\%$；
上 A 区：$68.26\%/2=34.13\%$。

由于正态分布的对称性，下面的四个区与上面对应的区概率相同。

原则 1　1 个点落在 D 区

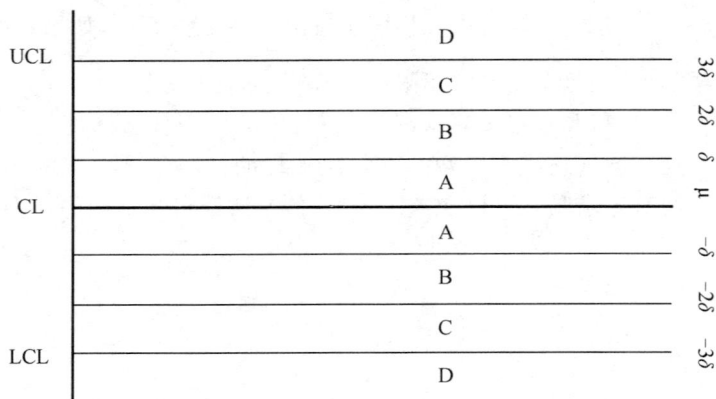

图 41.6　控制图的分区图

这个点出现在上、下 D 区的概率为 $0.135\% \times 2 = 0.27\%$，从统计意义上属于小概率事件。通常这表明被检测变量已经严重偏离了规定的范围，可能的原因有流程中出现了新工人、新方法，采用了新的原材料或机器；改变了检验方法或检验标准；操作者技能和积极性方面的转变等。

原则 2　连续 9 个点落在 CL 的同一侧

每个点落在 CL 一侧的概率是 0.5，那么这 9 个点出现的概率是 $(0.5)^9 \times 2 = 0.39\%$，从统计意义上说属于小概率事件。通常这表明被检测变量的均值已经偏向一侧。

原则 3　连续 6 个点递增或者递减

这 6 个点的排列共有 6! 种，呈递增或递减排列是其中的 2 种，因此这 6 个点如此分布的概率是 $\frac{2}{6!} = 0.28\%$，从统计意义上看属于小概率事件。通常这表明被检测变量平均值发生偏离，并且随着时间推移有波动越来越大的倾向。

原则 4　连续 14 个点依次上下交替

每个点比前一个点大或小的概率都是 0.5，那么 14 个点呈此种排列的概率是 $(0.5)^{13} \times 2 = 0.02\%$，从统计意义上说属于小概率事件。通常这表明被检测变量实际上是双重变量，需要继续调查后分开处理。

原则 5　连续 3 个点中有 2 个点落在 CL 同一侧的 B 区外侧

一个点落在 B 区以外某一侧，即 C＋D 区，每个点的概率是 $2.14\% + 0.135\% = 0.0228$；一个点不在此区的概率是 $1 - 0.0228$。另外，2 个点也可能位于中心线的另一侧，其概率同前所述。3 个点的排列共有 3! 种，呈如此排列是其中的 C_3^2 种，因此这 3 个点如此分布的概率是 $(0.0228)^2 \times (1-0.0228) \times 2 \times C_3^2 = 0.30\%$，从统计意义上说属于小概率事件。通常这表明被检测变量的波动变大，需要立即加以调查和改进。

原则 6　连续 5 个点中有 4 个点落在 CL 同一侧的 A 区外侧

一个点落在 A 区以外某一侧的概率是 B＋C＋D＝13.595％＋2.14％＋0.135％＝0.1587，一个点不在此区的概率是 1－0.1587；另外，4 个点也可能位于中心线的另一侧，其概率同前所述。5 个点的排列有 5! 种，呈如此排列的是其中 C_5^4 种，因此这 5 个点如此分布的概率是 $(0.1587)^4 \times (1-0.1587) \times 2 \times C_5^4 = 0.53％$，从统计意义上说属于小概率事件。通常这表明被检测变量的波动变大，需要立即加以调查和改进。

原则 7　连续 15 个点落在 A 区内

一个点落在 A 区的概率是 0.6826，那么 15 个点呈如此分布的概率是 $(0.6826)^{15} = 0.33％$，从统计意义上说属于小概率事件。这通常说明控制限设置得太宽了，没有体现出真正的过程控制的意义，需要调整控制限。

原则 8　连续 8 个点落在 CL 两侧，但没有 1 个点在 A 区内

一个点落在 A 区以外的概率是 $(1-A \times 2) = (1-0.6826)$，那么 8 个点呈如此分布的概率是 $(1-0.6826)^8 = 0.01％$，从统计意义上说属于小概率事件。通常这表明被控制变量是双重变量，需要继续调查后分开处理。

以上这些原则在用于连续数据的控制图时，建议全部采用；而对于离散数据的控制图，通常仅使用前面四个原则来判定异常点。

在不同的企业中，控制图的检测标准也会有所不同，例如有些企业的过程能力高，原则 1 中的标准是 $(\mu \pm 4\sigma)$，甚至 $(\mu \pm 5\sigma)$；原则 3 则是 7 个点递增或递减，也有一些原则废弃不用或者添加新的原则，这些都应该根据企业自身的要求和能力而谨慎制定。一旦制定好，就应该严格遵守。

由事先确定的判定原则发现的异常点，需要认真对待，分析每一个点产生的原因。如是否是不正确的数据录入造成的？是否是某个不会重复的特殊原因造成的？如果此时不采取纠正和控制措施，会造成什么影响？可以按照因果轴的方法加以分析，为后续决策提供信息。

第五节　统计过程控制方法的使用步骤

步骤一：根据实际场景选择被检测变量及合适的控制图类型，可以参考图 41.5。

步骤二：设计数据收集计划并收集数据。

步骤三：依据数据计算各项指标，如中心线位置、控制上限和控制下限，可以参考表 41.1。

步骤四：绘制控制图。

步骤五：依据判定异常点的原则，找出异常点，可以参考本章第四节的原则。

步骤六：调查异常点产生的原因，并决策后续操作。

第六节　统计过程控制实例

　　某公司的服务中心要判断其业务人员处理投诉的周期是否受控,连续收集了8周的数据,每周采样10个投诉单,其数据如表41.2所示,单位为小时。请按照统计过程控制的方法进行分析。

表 41.2　投诉单处理周期数据表

1	2	3	4	5	6	7	8
13	15.6	14.6	17.3	16.5	16.3	16.3	11.5
12.7	16.7	11.6	15.4	14.6	11.5	17.5	21.6
11.8	13.8	9.8	13.2	12.5	10.9	13.5	14.6
14.5	12.8	17.8	17.3	11.4	10.6	14.6	13.9
18.5	10.9	15.6	16.3	10.6	13.5	11.3	14.5
12.7	109	17.5	15.4	6	14.9	14.6	15.8
14.3	13	18.6	12.4	17.6	15.3	13.8	17.6
12.5	12.8	13.5	13.6	14.6	13.9	15.9	16.8
14.3	15.8	12.8	15.2	15.8	14.6	14.9	9.6
13.4	14.9	14.6	15.4	17.6	15.6	10.8	6.8

　　步骤一:分析。被检测变量为投诉处理周期,是连续数据,而且所有数据有明确的分组(按周采集),因此采用均值—标准差控制图。

　　步骤二:收集数据,如表41.2所示。

　　步骤三:计算。计算各分组的均值和标准差如表41.3所示。

表 41.3　案例的各组均值与标准差数据表

	第1周	第2周	第3周	第4周	第5周	第6周	第7周	第8周
u	13.77	23.53	14.64	15.15	13.72	13.71	14.32	14.27
s	1.89	30.08	2.83	1.65	3.65	2.04	2.09	4.21

　　所有样本的均值 $\overline{X}=15.39$,标准差均值 $\overline{S}=6.06$;查控制限的系数表,每个分组的样本容量为10,得: $A_3=0.975$, $B_3=0.284$, $B_4=1.716$;因此, $\overline{X}$ 图的控制上限 $UCL=\overline{X}+A_3\overline{S}=21.29$,控制下限 $LCL=\overline{X}-A_3\overline{S}=9.49$; $\overline{S}$ 图的控制上限 $UCL=B_4\overline{S}=10.39$,控制下限 $LCL=B_3\overline{S}=1.72$。

　　步骤四:绘制控制图,如图41.7、图41.8所示。

　　步骤五:判断异常点。依据第四节中的八条原则判定,均值图中第2周的数据高于UCL、标准差图中第四周的数据低于LCL,属于原则1,为异常点;按照其他原则均未发现异常点。

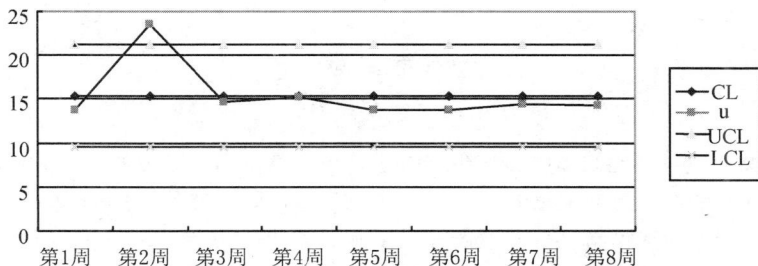

图 41.7 案例的均值控制图($\overline{X}$—Chart)

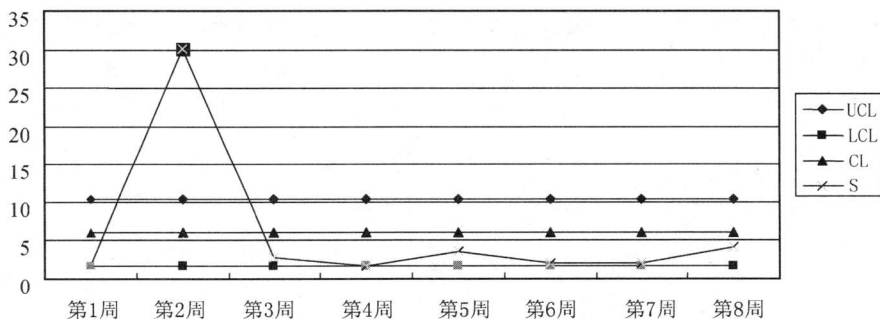

图 41.8 案例的标准差控制图(S—Chart)

步骤六:原因分析及改进措施。第 2 周有一个投诉单,处理周期为 109 小时,大大高于所有其他投诉单,影响到此分组的统计数据,需要调查此数据产生的原因,以便作出后续操作的决定,具体分析在此省略。

在实施统计过程控制中,绘制控制图涉及大量的计算,手工计算既操作繁复,又容易出错。目前市场上也有不少成熟的软件,可以自动完成步骤 3~5 的工作。流程监控人员只要在完成步骤二后将所有数据录入软件,就可以及时、准确地得到控制图,而且软件会自动显示出异常点,便于后续分析之用。

参考文献

[1] 福里斯特.实施6西格玛[M].阎国华,张蓓,盛莫凌,译.北京:机械工业出版社,2005.

[2] 约瑟夫·熊彼特.经济发展理论[M].何畏,易家详,译.北京:商务印书馆,1990.

[3] 彼德·圣吉.第五项修炼[M].郭进隆,译.上海:三联出版社,2005.

[4] 王燕.应用时间序列分析[M].北京:中国人民大学出版社,2005.

[5] 罗伯特·卡普兰.平衡计分卡:化战略为行动[M].广州:广东经济出版社,2004.

[6] 罗伯特·卡普兰.战略地图:化无形资产为有形成果[M].广州:广东经济出版社,2005.

[7] (美)项目管理协会.项目管理知识体系指南(第4版)(PMBOK指南)[M].北京:电子工业出版社,2009.